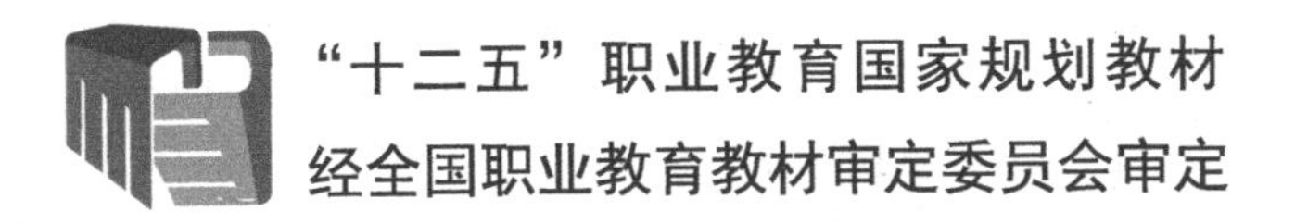

高等职业院校技能应用型教材

计算机控制技术

（第4版）

俞光昀　主　编
吴一锋　季菊辉　副主编

電子工業出版社
Publishing House of Electronics Industry
北京·BEIJING

内 容 简 介

本书以微处理器在智能化测量和自动控制中的应用为主线，简要地介绍了连续控制系统和计算机测控系统的工作原理和基本结构，从应用的角度介绍了计算机测控系统中主要使用的传感器和执行器，循序渐进地介绍了计算机测控系统的输入/输出技术、数据处理技术和抗干扰技术、常用的控制算法和控制参数确定技术、可编程序控制器的工作原理和应用技术等，还介绍了计算机测控系统的发展现状和正在飞速发展的机器人技术。本书列举了不同领域中使用的计算机测控系统实例，供不同行业的读者学习。本书在编写过程中尽量避免复杂的数学推导和理论分析，着重于实际应用。

本书可作为高等院校、职业院校自动控制、机电一体化、电气、机械及医疗仪器等专业的教学用书，也可作为从事计算机应用或自动化工作的工程技术人员的参考书。

图书在版编目（CIP）数据

计算机控制技术 / 俞光昀主编. —4 版. —北京：电子工业出版社，2020.8

ISBN 978-7-121-39345-7

Ⅰ. ①计… Ⅱ. ①俞… Ⅲ. ①计算机控制—高等学校—教材 Ⅳ. ①TP273

中国版本图书馆 CIP 数据核字（2020）第 141365 号

责任编辑：薛华强　　　特约编辑：田学清
印　　刷：北京七彩京通数码快印有限公司
装　　订：北京七彩京通数码快印有限公司
出版发行：电子工业出版社
　　　　　北京市海淀区万寿路 173 信箱　　　邮编：100036
开　　本：787×1 092　1/16　　印张：15.75　　字数：413 千字
版　　次：2002 年 6 月第 1 版
　　　　　2020 年 8 月第 4 版
印　　次：2024 年 12 月第 10 次印刷
定　　价：49.00 元

凡所购买电子工业出版社图书有缺损问题，请向购买书店调换。若书店售缺，请与本社发行部联系，联系及邮购电话：（010）88254888，88258888。

质量投诉请发邮件至 zlts@phei.com.cn，盗版侵权举报请发邮件至 dbqq@phei.com.cn。

本书咨询联系方式：（010）88254569，xuehq@phei.com.cn，QQ1140210769。

前　言

本书由高职高专计算机教材编委会征稿，经中国计算机学会教育委员会高职高专教育学组评审推荐，由电子工业出版社出版。

全书分为 11 章，以微处理器在智能化测量和自动控制中的应用技术为中心，介绍了组成计算机测控系统的各个环节，在选材上考虑了适应性（非自控专业读者）、实用性、系统性和完整性。第 1～3 章介绍了自动控制系统的基本知识及测控系统中使用的传感器和执行器，目的是为非自动控制系统专业的读者提供有关测量和控制方面的必要知识，包括自动控制系统的工作原理、被控对象的特性、对控制系统的基本要求、控制系统的组成和分类、传感器和执行器的原理和应用等。第 4～9 章介绍了开发计算机测控系统所需的各种技术，包括计算机过程输入/输出技术、数据处理技术、抗干扰技术、数字 PID 控制，以及可编程程序控制器、集散系统和 CIMS 系统简介等。近年来，机器人技术发展迅猛，机器人的研发和生产即将形成完整的产业链，因此第 10 章介绍了飞速发展的机器人技术，以便读者对机器人技术有一个概括的了解。第 11 章介绍了计算机测控系统设计的原则与步骤，还列举了由单片机、PLC 组成的微机测控系统实例，并介绍了数控机床的基本原理。本书在编写过程中，注重物理概念的叙述，避免复杂的数学推导，力求做到突出重点、通俗易懂、注重实用。

本书由俞光昀担任主编，吴一锋、季菊辉担任副主编。本书第 1 章、第 4 章、第 8 章、第 10 章和第 11 章由俞光昀编写；第 2 章、第 3 章和第 7 章由吴一锋编写；第 5 章、第 6 章和第 9 章由季菊辉编写。全书由俞光昀统一编排定稿。其他执笔者还有王炜、俞耘冰、赵泓、王耘雷、俞永薇、张凌雯。南京航空航天大学的顾宝根教授对本书的编写工作给予了热情的指导和帮助，并提出了许多宝贵的修改意见，在此表示诚挚的感谢。

本书在编写过程中吸取了许多院校的计算机控制技术教材的优点，得到了许多教师的帮助，在此一并表示感谢。

由于编者水平有限，书中难免有不妥之处，敬请同行和读者批评指正。

编　者

目录

第1章 计算机控制系统概述

当前，世界上大多数工业国家正处在由“工业经济”模式向“信息经济”模式转变的时期，技术进步因素对经济增长起 70%～80%的作用。“以高新技术为核心，以信息化为手段，提高工业产品的附加值”已经成为现代工业企业的重要发展目标，事实上也是各行各业的重要发展目标。现代工业企业的生产管理需要对大量的物理量、工艺参数、特性参数进行实时检测、监督管理和自动控制，这是现代化生产必不可少的基本手段。从单台计算机的直接监督控制到多级计算机监督控制系统，以及分布式、网络化、智能化的集控制和管理为一体的计算机控制系统，正在各行各业中得到越来越普遍的应用。因此，在我国实现现代化的过程中，计算机控制技术充当着极其重要的角色。

1.1 自动控制系统的工作原理

1.1.1 自动控制系统的任务

任何机器设备或生产过程都必须按照规定的要求运行。例如，为了使发电机正常发电，必须使发电机的输出电压保持在额定电压，尽量不受负荷变化和发电机转速波动的影响；为了使退火炉加工出合格的产品，就要使退火炉的温度在不同时刻达到规定的要求；为了使电冰箱能够冷冻食品，就要使冷冻室温度达到用户设定的温度，尽量不受环境温度或冷冻室中冷冻物品数量变化的影响。

在上述例子中，发电机、退火炉、电冰箱都是机器设备；电压、炉温、冷冻室温度是表征这些机器设备工作状态的物理量；而额定电压、规定的炉温、设定的冷冻室的温度就是机器设备在运行过程中对这些物理量的要求。所谓自动控制，就是在没有人直接参与的前提下，应用控制装置自动地、有目的地控制或操纵机器设备或生产过程，使它们处于一定的状态或达到特定的性能。因此，如果能够设计出某种装置，自动地使发电机的输出电压稳定在额定电压，使退火炉的温度在要求的时间内达到规定的温度，使电冰箱的冷冻室温度降低到用户的设定温度，则这些装置就是发电机、退火炉及电冰箱的自动控制装置。

虽然各种控制装置的具体任务不同，但其本质是对被控对象的某些物理量进行控制，自动保持其应有的规律性。

1.1.2 自动控制系统的工作原理

下面我们通过实例来说明自动控制和自动控制系统的基本概念。

图 1.1 所示是蒸汽加热器自动控制系统的示意图。冷流体从左端流入加热器，被蒸汽加热后的热流体从右端流出，供下一道工序使用。图 1.1 中的 TT 是 Temperature Transducer（温度变送器）的首字母缩写，SP 是 Set Point（设定值）的首字母缩写，TC 是 Temperature Controller（温度控制器）的首字母缩写。假设该系统已经处于平衡状态，热流体的出口温度已经稳定在设定值。在该系统中，许多因素都会影响热流体的出口温度，使之偏离设定值，这些因素称为干扰。现在假设由于某种原因，输入的冷流体流量突然增加，由于加热的蒸汽流量不可能同时增加，所以热流体的出口温度必然会降低。温度变送器将该温度值检测出来后传递给温度控制器，温度控制器将其与设定值进行比较，发现出口温度低于设定值，按照某种事先约定的控制算法，计算出调节阀的控制量，使调节阀的开度增大，从而使输入的蒸汽流量增加，出口温度得以提高。经过一段时间以后，出口温度恢复到设定值，从而达到了自动控制的目的。蒸汽加热器自动控制系统的工作过程方框图如图 1.2 所示。

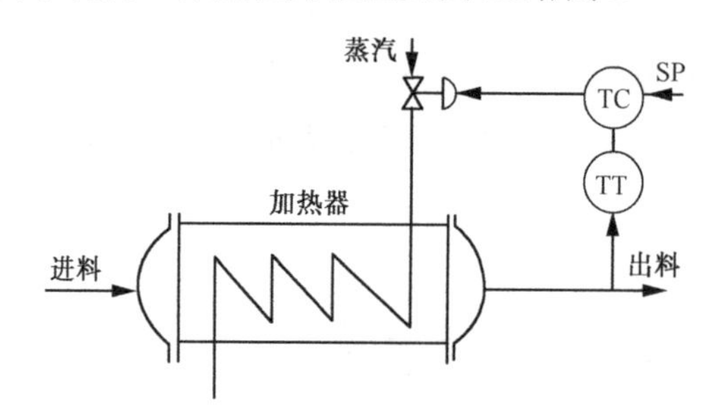

图 1.1　蒸汽加热器自动控制系统的示意图

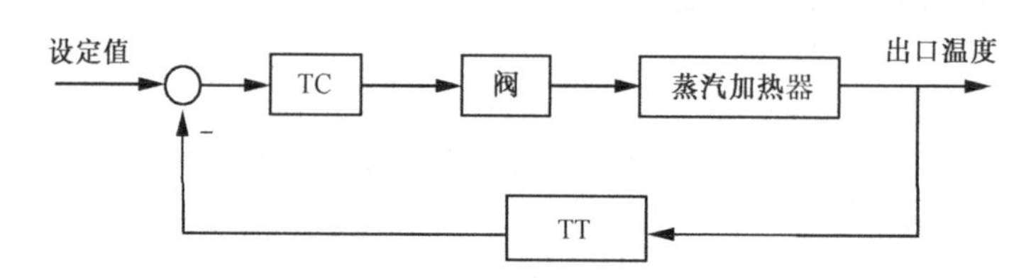

图 1.2　蒸汽加热器自动控制系统的工作过程方框图

在如图 1.2 所示的自动控制系统中，系统的输出量即加热器的出口温度由温度变送器反馈到系统的输入端，由温度控制器将设定值和反馈信号进行比较，求得实际输出信号和设定值之间的偏差；根据偏差的大小调节执行机构，由执行机构的输出（称为操纵变量）影响被控制量，达到减小或消除偏差的目的，使系统恢复到原先的平衡状态。这种系统将输出量反馈到输入端与设定值进行比较，故称为反馈控制系统。加入了反馈之后，整个系统构成了一个闭合回路，所以反馈控制系统又称为闭环控制系统。加入反馈的目的是检测偏差，而控制器的作用是纠正偏差。因此，反馈控制系统的工作原理就是检测偏差，纠正偏差。

1.1.3 自动控制系统的组成

虽然不同的控制系统由不同的元件组成，不同的控制系统的功能也不一样，但它们大多采用的是负反馈的工作原理。相同的工作原理决定了它们必然有类似的结构，如它们都有检测装置、比较装置、放大装置和执行装置等。

一般来说，一个自动控制系统由以下基本元件或装置组成。

（1）被控对象：自动控制系统需要进行控制的机器设备或生产过程。

（2）被控制量：被控对象要求实现自动控制的物理量。

（3）检测装置：对系统输出量进行测量的装置。

（4）比较装置：对系统的输入量和输出量进行比较，给出偏差信号。

（5）放大装置：对微弱的偏差信号进行放大，使之可以输出足够的功率。

（6）控制器：又称为校正装置，对偏差信号进行比例、积分、微分等控制运算的器件，产生控制信号操纵执行元件，用于改善系统的性能。

（7）执行装置：根据控制器的命令，改变操纵变量的大小，使被控制的输出量与设定值一致。

典型的自动控制系统的基本组成框图如图 1.3 所示，“–”号表示两个量相减，即负反馈。

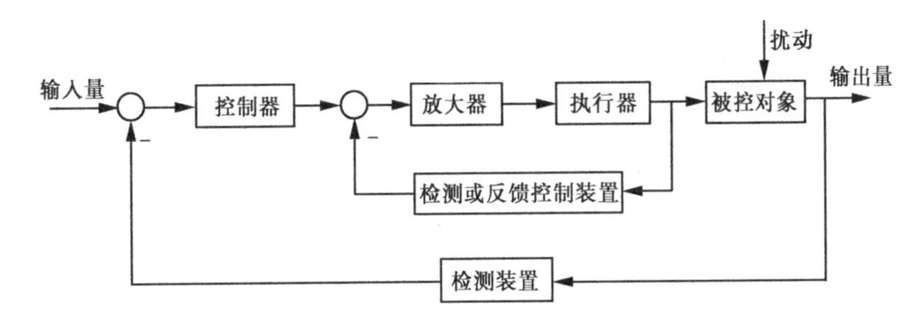

图 1.3　典型的自动控制系统的基本组成框图

输入信号从输入端沿箭头方向到达输出端的传输通路称为前向通路；输出信号由检测装置反馈到输入端的传输通路称为反馈通路；前向通路与反馈通路一起构成外闭环，称为主回路。此外，自动控制系统还有局部反馈及由它构成的内闭环。有两个以上反馈通路的系统称为多闭环系统。

一般来说，自动控制系统都有有用信号和扰动，它们都可以作为系统的输入信号。系统的有用信号决定系统的输出量的变化规律；而扰动是系统不希望的外作用，它会破坏有用信号对系统输出量的控制。但在实际系统中，扰动是不可避免的，如电源电压波动、工件数量变化、负载大小变化等都是实际存在的扰动。自动控制系统的输入信号一般是指有用信号。

1.1.4　自动控制系统的类型

如果控制系统中的输入量恒定不变，此类控制系统就称为定值控制系统。如果输入量按已知规律变化，该系统仍称为定值控制系统。在某些控制系统中输入量的变化不为人们所预知，但仍要求系统输出量能迅速地跟随输入量变化。典型的例子为火炮控制系统，它需要迅速跟随敌机的行踪，而敌机的运动规律是不能预先知道的。这类系统既要迅速跟随输入量变化，又要克服扰动对系统的影响，称为随动系统。显然，设计或分析随动系统比定值系统的要求高得多，但所用的基本理论几乎一样。

如果设定信号 $r(t)$的变化规律为已知函数，即事先确定的程序，则称这类控制系统为程序控制系统。下面以数字程序控制机床为例进行介绍。

数字控制是用数字量来控制机器部件运动的一种控制。在数字控制中，执行机构的运动可由数字控制器输出的二进制信息来控制。图 1.4 所示是数字程序控制机床的开环控制系统示意图，它由程序输入设备、运算控制器、执行器等组成。程序输入设备的作用是根据工件图纸的要求，选定加工过程，编制程序指令并将其送入运算控制器；运算控制器完成对指令脉冲的寄存、交换和计算，并输出控制脉冲给执行器；执行器将运算控制器送来的控制脉冲变成驱动机床运动的指令，工作机床完成程序指令的要求。执行器可以选用步进电动机。

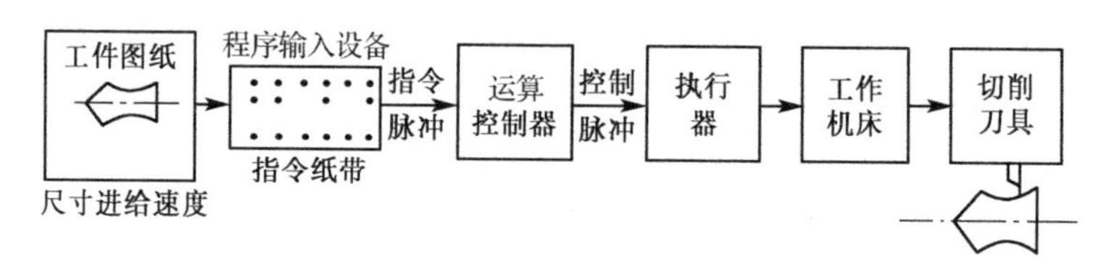

图 1.4 数字程序控制机床的开环控制系统示意图

数字程序控制机床的控制系统也可以是闭环控制系统，如图 1.5 所示。在闭环控制系统中执行器为电动机，变换放大器将控制脉冲转换成能对电动机进行控制的电压，进而使电动机驱动切削刀具，按图纸要求进行加工。

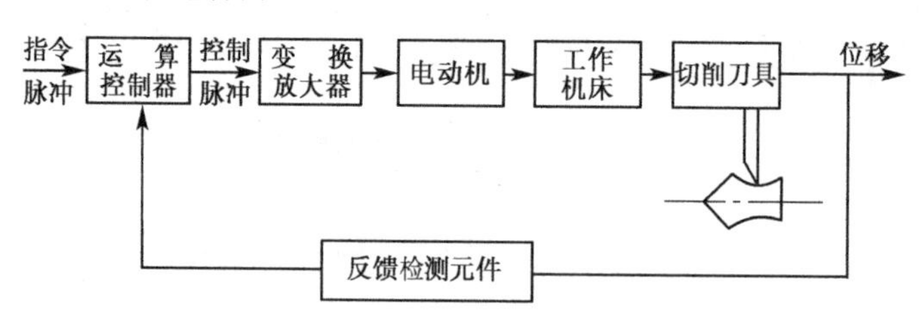

图 1.5 数字程序控制机床的闭环控制系统示意图

1.2 被控对象的特性

控制系统的基本要求有稳定、准确、快速三个方面。为了使一个控制系统满足这三个方面的要求，我们需要知道系统中各个环节及整个系统的特性。

所谓环节或系统的特性，是指它们的输出参数和输入参数之间的各种关系，即设定值与输出及干扰与输出之间的关系。

1.2.1 被控对象特性的类型

广义的被控对象特性可以通过两种方法测定：一是控制作用 $u(t)$做阶跃变化时，扰动 $f(t)$不变，测定被控对象的时间特性 $c(t)$；二是扰动 $f(t)$做阶跃变化时，控制作用 $u(t)$不变，测定被控对象的时间特性 $c(t)$。用图形表示时，前者称为控制通道的响应曲线，后者称为扰动通道的响应曲线。

响应曲线可分为以下四种类型。

1. 有自衡非振荡过程的响应曲线

如图 1.6 所示的有自衡的液体储槽和如图 1.7 所示的有自衡的蒸汽加热器都是具有这种特性的被控对象，其响应曲线分别如图 1.8（a）和图 1.8（b）所示。

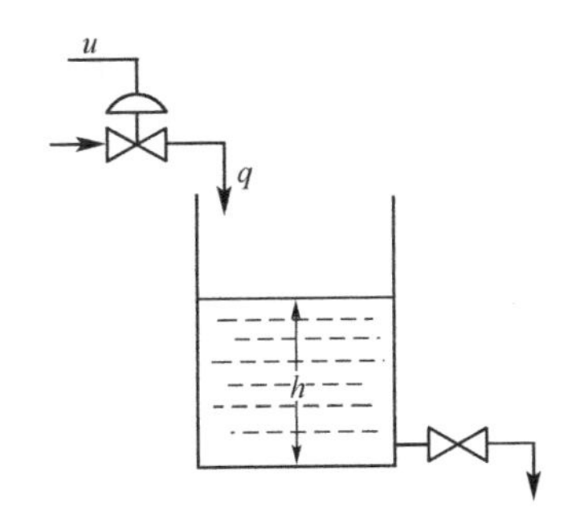

图 1.6　有自衡的液体储槽

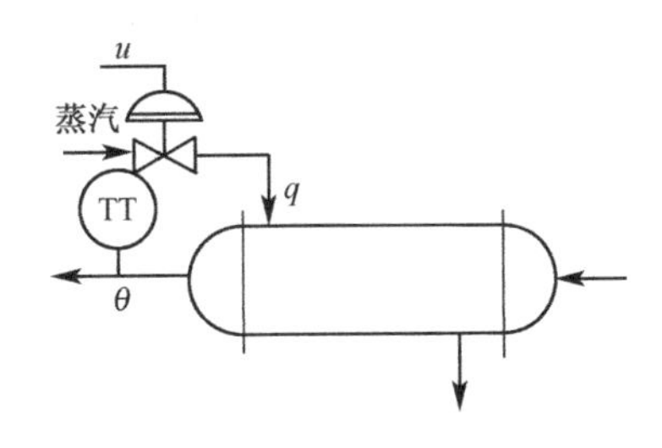

图 1.7　有自衡的蒸汽加热器

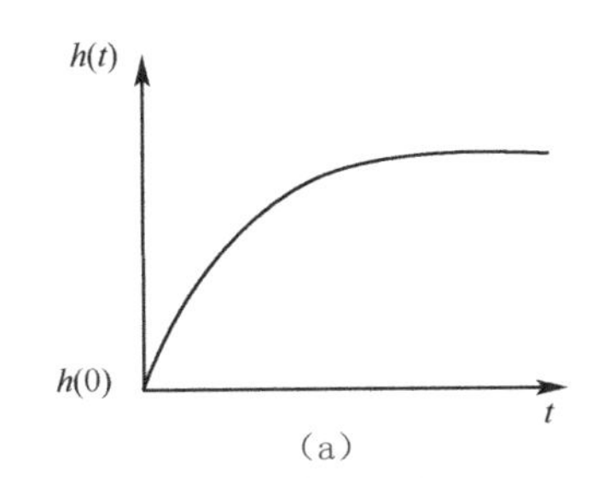

（a）

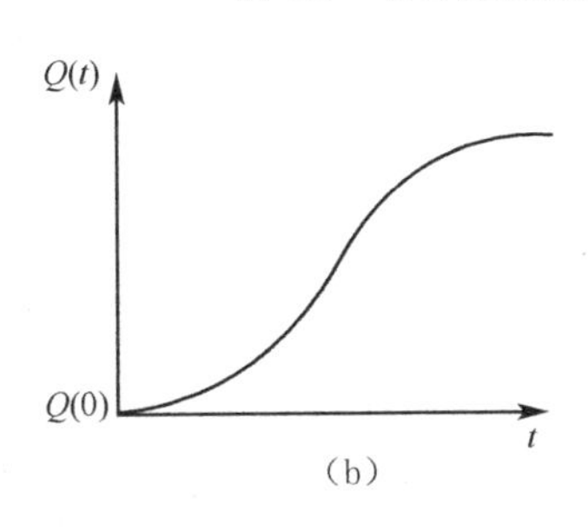

（b）

图 1.8　有自衡非振荡过程的响应曲线

在图 1.6 中，当进料阀开度增大，进料量增加时，液体储槽原有的物料平衡状态被破坏。由于进料量多于出料量，多余的液体在储槽内积累起来，使储槽的液位升高。随着液位的上升，出料量也因静压力的增加而增大。因此，进、出料量之差会逐渐减小，液位上升速度逐渐变慢。当进、出料量相等时，液位将稳定在一个新的位置上。显然，该被控对象会自发地趋于新的平衡状态。

图 1.7 所示的蒸汽加热器也有类似的特性。当蒸汽阀开度增大，流入蒸汽量增加时，热平衡被破坏。由于输入热量大于输出热量，多余的热量加热管壁，使管内流体温度升高，流体的出口温度随之上升。因此，随着输出热量的增多，输入、输出热量之差会逐渐减小，流体的出口温度的上升速度逐渐变慢，被控对象也能在新的出口温度下自发地建立新的热平衡。

这种被控对象在工业自动控制系统中最为常见，而且比较容易控制。

2. 无自衡非振荡过程的响应曲线

图 1.9（a）所示是一个无自衡的液体储槽，它与如图 1.6 所示的液体储槽的差别在于出料口处安装的不是节流阀，而是定量泵，因此当进料量增加后，液位的上升不影响出料量。当进料量做阶跃变化后，液位等速上升，不能建立新的物料平衡，其响应曲线如图 1.9（b）所示。

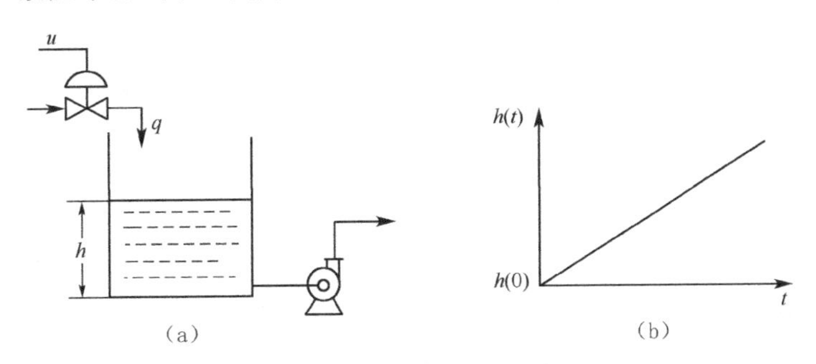

图 1.9　无自衡的液体储槽及其非振荡过程的响应曲线

无自衡非振荡的被控对象也可能出现如图 1.10 所示的响应曲线。通常无自衡非振荡的被控对象要比有自衡非振荡的被控对象难控制一些。

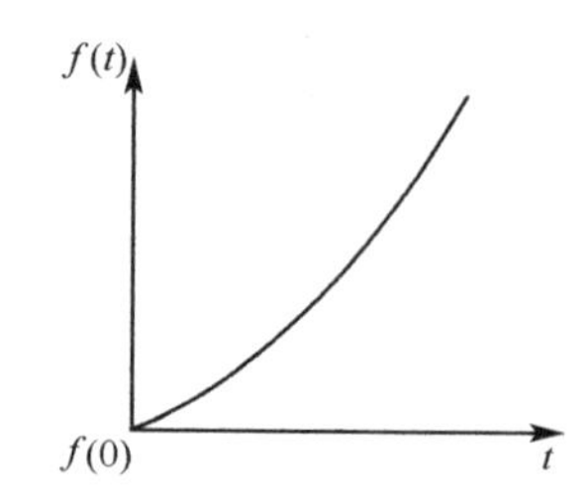

图 1.10　无自衡非振荡过程的响应曲线

3．有自衡振荡过程的响应曲线

有些被控对象在扰动或控制作用的阶跃输入下，会出现振荡现象。有自衡振荡过程的响应曲线如图 1.11 所示。有自衡振荡过程的被控对象也较难控制，一般这类被控对象并不多见。

4．具有反向特性的过程的响应曲线

少数被控对象会出现如图 1.12 所示的反向特性。在阶跃输入下，输出信号先降后升（或先升后降）。处理这类被控对象时，必须十分谨慎，因为它们一开始会给人以假象，容易导致错误的决策。输出信号明明要上升，但一开始是下降的，这有可能导致错误的控制动作。

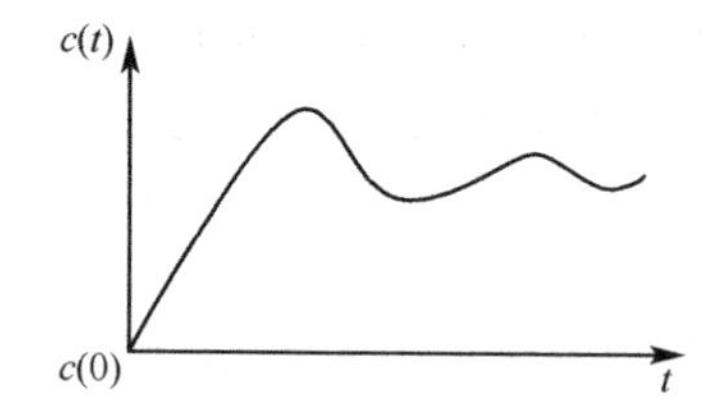

图 1.11　有自衡振荡过程的响应曲线

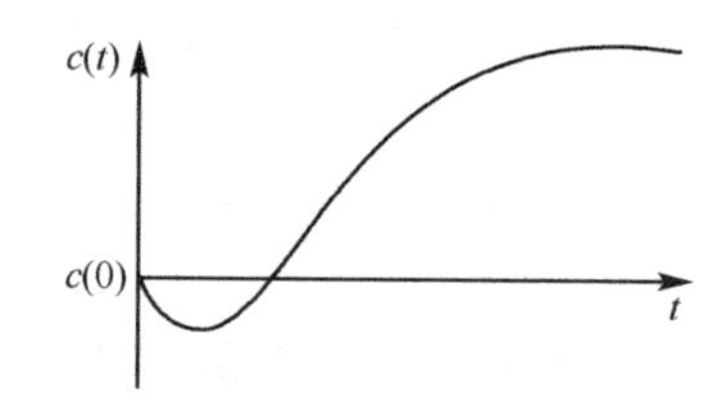

图 1.12　具有反向特性的过程的响应曲线

锅炉汽包的假液位现象是一个具有反向特性过程的典型例子。当用气量突然增加时，汽包的压力必然下降，随着压力的降低，沸腾将加剧，更多的气泡使液面汹涌上升。此时无论是肉眼观测，还是检测元件测量，都确认液位是上升的。然而，因为用气量即负荷的增加，从物料平衡关系角度看，出多于进，必然使液位下降。尽管液位下降过程一开始比较缓慢，但最终起决定作用。因此，这是一个先升后降的过程，具有反向特性。

1.2.2　被控对象特性的一般分析

描述有自衡非振荡的被控对象的特性参数有放大系数（也称稳态增益）K_0、时间常数 T_0 和时滞 τ。

1．放大系数 K_0

以直接蒸汽加热器为例，冷物料从加热器底部流入，经蒸汽直接加热至一定温度后，热物料由加热器上部流出，送至下一道工序。此时，热物料出口温度即被控变量 $c(t)$（或被控变量的测量值 $y(t)$），加热蒸汽流量即操纵变量 $q(t)$，而冷物料入口温度或冷物料流量的变化量

即扰动 $f(t)$。直接蒸汽加热器及其阶跃响应曲线如图 1.13 所示。

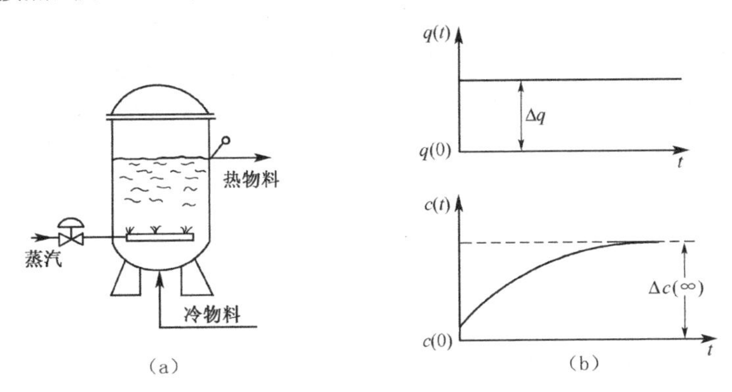

图 1.13　直接蒸汽加热器及其阶跃响应曲线

所谓通道，是指输入信号对输出信号的作用途径。控制通道是指操纵变量 $q(t)$对被控变量 $c(t)$的作用途径，而扰动通道是指扰动 $f(t)$对被控变量 $c(t)$的作用途径。物料出口温度 $c(t)$受控制作用（控制通道）和扰动（扰动通道）的影响，因此被控对象的放大系数及其他特性参数也将从控制通道和扰动通道两个方面进行分析与介绍。

（1）控制通道放大系数 K_0。假设被控对象处于原有稳定状态时，被控变量为 $c(0)$，操纵变量为 $q(0)$。当操纵变量（本例中的蒸汽流量）做幅度为Δq 的阶跃变化时，必将导致被控变量变化[如图 1.13（b）所示]，且有 $c(t)=c(0)+\Delta c(t)$（$\Delta c(t)$为被控变量的变化量），则被控对象的控制通道放大系数 K_0 为

$$K_0=\frac{\Delta c(\infty)}{\Delta q}=\frac{c(\infty)-c(0)}{\Delta q} \tag{1-1}$$

式中，$\Delta c(\infty)$——过渡过程结束时被控变量的变化量。

式 (1-1) 表明，被控对象的控制通道放大系数 K_0 反映了被控对象以初始工作点为基准的、被控变量与操纵变量在过渡过程结束时的变化量之间的关系，是一个稳态特性参数。所谓初始工作点，是指被控对象原有的稳定状态。通常把被控对象的生产能力或处理量称为负荷。在工业生产中线性被控对象并不多见，因此在不同的负荷下或在不同的工作点上，被控对象的控制通道放大系数 K_0 并不相同。由图 1.14 可知，在相同的负荷下，K_0 将随工作点的增多而减小，如 A、B、C 三点（对随动控制系统而言）；在相同的工作点上，K_0 也将随负荷的增大而减小，如 D、A、E 三点（对定值控制系统而言）。下面简要说明 K_0 的大小和变化对自动控制系统的影响。

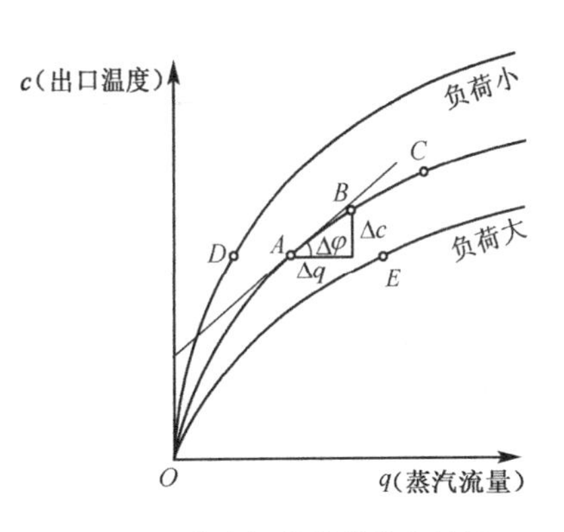

图 1.14　蒸汽加热器的稳态特性

① K_0 的大小。操纵变量 $q(t)$对应的放大系数 K_0 的值大，表示它的控制作用显著。假设工艺上有几种控制手段可供选择，应该选择 K_0 适当大一些的控制手段。

② K_0 的变化。控制系统的总放大系数 K 是广义对象放大系数和调节器放大系数的乘积，在系统运行过程中只有总放大系数 K 恒定时，才能获得满意的控制品质。如果被控对象的放大系数随负荷或工作点的改变而变化，则控制系统的总放大系数 K 也将随之变化，致使系统在某一工作点下适合的调节器参数在其他工况下显得不适合。当 K_0 变小时，被控变量将变化迟

缓；当 K_0 变大时，被控变量振荡将加剧。解决这一矛盾的常用方法是使广义对象中的执行器（如调节阀）也具有非线性特性，如选用对数特性的调节阀。这种调节阀的放大系数 K_v 在一定程度上可以补偿被控对象放大系数K_0的变化，使整个控制系统的总放大系数K的变化降到最小。

（2）扰动通道放大系数 K_f。在操纵变量 $q(t)$不变的情况下，被控对象受到幅度为Δf 的阶跃扰动，被控对象将从原有的稳定状态达到一个新的稳定状态。被控对象的扰动通道放大系数 K_f 为

$$K_f=\frac{\Delta c(\infty)}{\Delta f}=\frac{c(\infty)-c(0)}{\Delta f} \quad (1\text{-}2)$$

K_f的大小对控制过程所产生的影响比较容易理解。在相同的Δf 作用下，K_f越大，被控变量偏离设定值的程度越大，即使在组成控制系统后，情况也是如此。一个控制系统往往存在多种扰动，从静态角度看，应该着重注意的是出现次数频繁且 $K_f\Delta f$ 较大的扰动。当生产过程对系统控制指标的要求比较苛刻时，如果排除一些 $K_f\Delta f$ 较大的扰动，则可在一定程度上提高系统的控制质量。例如，对于如图 1.13 所示的直接蒸汽加热器而言，如果在加热蒸汽压力的波动对被控变量的影响极为严重时，在蒸汽管道上设置蒸汽压力定值控制系统，将会使这一扰动对被控变量的影响下降到很不明显的程度，从而提高系统的控制质量。

2．时间常数 T_0

控制过程是一个动态过程，时间常数 T_0 和时滞τ都是动态参数。

（1）时间常数 T_0 的物理意义。为了说明被控对象的时间常数的物理意义，先简单介绍一下电工学中 RC 电路的充电过程。RC 电路及其阶跃响应曲线如图 1.15 所示。

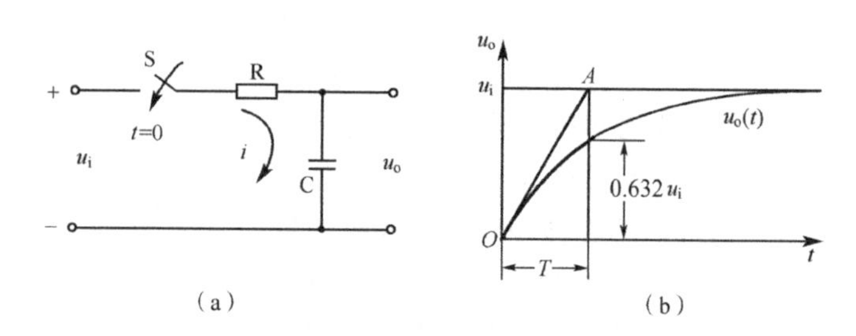

图 1.15　RC 电路及其阶跃响应曲线

在如图1.15(a)所示的电路中，假设开关S在$t=0$时合闸，且此时电容的端电压为$u_o(0)=0$，则根据基尔霍夫第二定律列出回路方程：

$$u_i=i\times R+u_o$$

式中，$u_o=\frac{1}{C}\int i\mathrm{d}t$。将 $i=\frac{\mathrm{d}u_o}{\mathrm{d}t}$ 代入上式得

$$u_i=RC\frac{\mathrm{d}u_o}{\mathrm{d}t}+u_o$$

一般将输出写在等式的左边，输入写在右边，于是得

$$RC\frac{\mathrm{d}u_o}{\mathrm{d}t}+u_o=u_i \quad (1\text{-}3)$$

式（1-3）即 RC 电路的阶跃响应。先求解这个一阶常系数线性微分方程，再代入初始条件，可得

$$u_o=u_i\left(1-\mathrm{e}^{-t/(RC)}\right)=u_i\left(1-\mathrm{e}^{-t/T}\right) \quad (1\text{-}4)$$

式中，$T=RC$，称为 RC 电路的时间常数。

由式（1-4）可知：

当 $t=0$ 时，$u_o=0$；

当 $t=T=RC$ 时，$u_o=u_i(1-e^{-1})=0.632u_i$；

当 $t\to\infty$时，$u_o=u_i(1-e^{-\infty})=u_i$。

T 越小，u_o 达到 $0.632u_i$ 的时间越短。时间常数 T 表征了 RC 电路充电过程的快慢。从理论上讲，一个 RC 电路或一个阻容电路，只有当时间趋于无穷大时，才能认为充电完毕或过渡过程结束。但是，当 $t=(3\sim5)T$ 时，由式（1-4）可知，$u_o=(0.950\sim0.993)u_i$，即环节的输出变化量已达到最终稳态值的 95.0%～99.3%，这时就可以认为充电完毕或过渡过程结束。

如果在式（1-4）两边对 t 求导，并令 $t=0$，则有

$$\left.\frac{\mathrm{d}u_o}{\mathrm{d}t}\right|_{t=0}=-u_i\left.\left(-\frac{1}{T}\mathrm{e}-t/T\right)\right|_{t=0}=\frac{u_i}{T} \tag{1-5}$$

由式（1-5）可知，在 $t=0$ 处，过渡过程的斜率（u_o 的变化初速度）为 $\frac{u_i}{T}$，因此若输出量 u_o 始终以初始速度变化，只要经过 T 时间，就可以达到稳态值。

由于许多工业被控对象都具有储存物料或能量的能力，所以可以像用电容来描述电容器储存电量的能力一样，分别用热容、液容、气容描述被控对象储存热量、液体和气体的能力。与导体在传递电流过程中存在阻力（电阻）一样，任何被控对象在物料或能量的传递过程中，总是存在一定的阻力，如热阻、液阻、气阻等。因此，许多工业被控对象具有像 RC 电路一样的阶跃响应。具有 RC 电路的被控对象在阶跃输入下，被控变量以非周期（不振荡）的形式变化，因此称为一阶非周期环节。同时被控变量是逐渐趋向稳态值的，在时间上有惯性，因此也称为一阶惯性环节。

（2）时间常数 T_0 对系统控制过程的影响。被控对象的时间常数 T_0 的大小对系统控制过程的影响一般要从控制通道和扰动通道两个方面进行分析。

① 控制通道。由时间常数 T_0 的物理意义可知，在相同的控制作用下，被控对象的时间常数 T_0 大，则被控变量的变化比较和缓，一般而言，这种被控对象比较稳定，容易控制，但调节过程比较缓慢；被控对象的时间常数 T_0 小，则情况相反。

② 扰动通道。对于扰动通道而言，时间常数 T_0 稍大有一定的好处，因为这相当于对扰动信号进行了滤波，使阶跃扰动对系统的作用显得比较和缓，所以这种被控对象比较容易控制。

3. 时滞τ

（1）滞后现象和时滞τ。大多数工业被控对象在输入信号变化后，输出信号需要间隔一段时间才发生变化，这种现象称为滞后现象。时滞τ是描述被控对象滞后现象的动态参数。当溶解槽的加料量变化时，需要经过纯滞后时间 $\tau=l/v$ 才能进入反应器，式中，l 表示皮带的长度，v 表示皮带移动的线速度，如图 1.16 所示。图 1.17 所示为具有纯滞后时间的阶跃响应曲线。若如图 1.13 所示的直接蒸汽加热器的检测点不紧靠出口，而在出口后有一段距离 l，设流体流速为 w，则检测到的温度是在 $\tau=l/w$ 时间以前容器内的温度。

（2）时滞τ对系统控制过程的影响。被控对象的时滞τ对系统控制过程的影响应按其与被控对象的时间常数 T_0 的相对值 τ/T_0 来考虑。同时，控制通道和扰动通道存在的时滞τ对系统控制过程的影响也不尽相同。

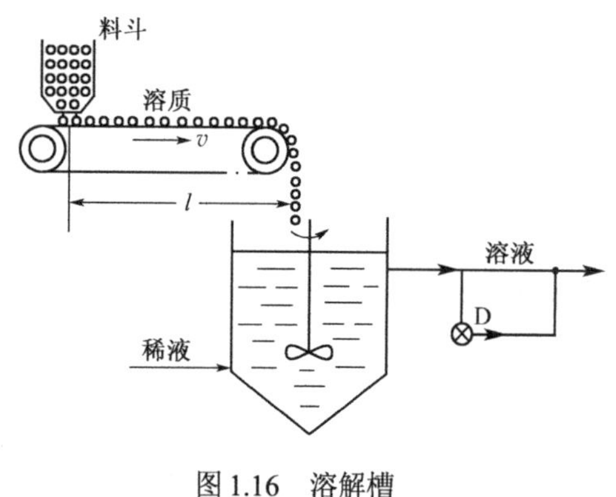

图 1.16　溶解槽

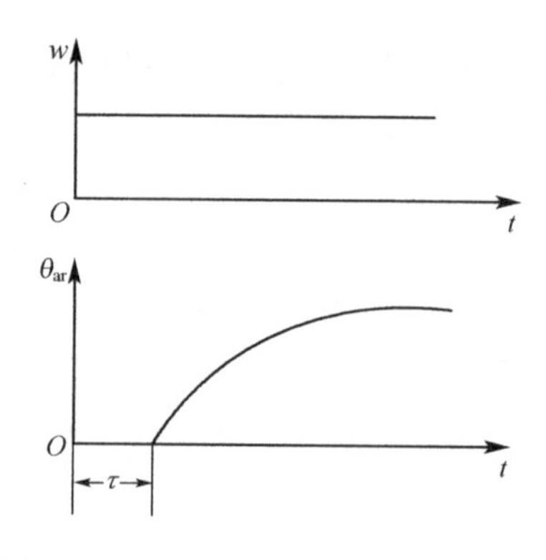

图 1.17　具有纯滞后时间的阶跃响应曲线

① 控制通道。不论时滞τ存在于操纵变量方面还是被控变量方面，都将使被控对象落后于控制作用的变化。例如，直接蒸汽加热器的温度检测点离物料出口有一段距离，容易使最大偏差或超调量增大，振荡加剧，这对过渡过程是不利的。一般认为$\tau/T_0 \leqslant 0.3$ 的被控对象较易控制，而$\tau/T_0>(0.5 \sim 0.6)$的被控对象往往须用特殊控制规律。

② 扰动通道。如果扰动通道存在纯滞后，则相当于将扰动作用推延一段纯滞后时间τ后才进入系统，而扰动在什么时间出现本来就是不可预知的，因此它并不影响控制系统的品质，即对过渡过程曲线的形状没有影响。例如，对于输送物料的皮带运输机而言，当加料量发生变化时，并不立刻影响被控变量，隔一段时间后才会影响被控变量。如果扰动通道存在容量滞后，则会使阶跃扰动的影响趋于缓和，被控变量的变化也相应缓和一些，因此对系统是有利的。

1.3　对控制系统的基本要求

控制系统在没有受到外作用时，总是处在一个稳定的平衡状态，系统的输出也保持原来的状态；当系统受到外作用时，其输出量必将发生相应的变化。在实际系统中，因为电路中存在储能元件电感 L、电容 C；在机械系统中，存在机械惯量，并且受电源电压或功率的限制，因此输出量不能按照人们希望的规律迅速达到，而需要一个过渡过程。当外作用不同时，其过渡过程也不同。在理想状态下，输出量应完全复现输入信号，但由于系统结构及其他因素的影响，当系统稳定时，给定量与系统反馈量之间会出现误差，称为稳态误差，它是衡量控制系统稳态控制精度的指标。

1.3.1　控制系统的典型外作用函数

为了对各种控制系统的性能进行统一评价，通常选定几种典型的外作用函数。目前在工程设计中常用的典型外作用函数有阶跃函数、斜坡函数、单位抛物线函数、单位脉冲函数等。

1．阶跃函数

阶跃函数的数学表达式为

$$f(t)=\begin{cases}0 & t<0 \\ R & t \geqslant 0\end{cases} \tag{1-6}$$

式（1-6）表示在 $t=0$ 时，出现幅值为 R 的阶跃函数，如图 1.18 所示。当 $R=1$ 时，阶跃函数称为单位阶跃函数，它是控制系统中应用最多的一种评价系统动态性能指标的典型外作用函数。例如，轧钢机电力拖动中钢坯送入轧辊的瞬间、接通给定电源的瞬间、增加加热蒸汽流量的瞬间等，都可以认为是阶跃函数作用于系统的实例。

2．斜坡函数

斜坡函数的数学表达式为

$$f(t)=\begin{cases}0 & t<0\\ Rt & t\geqslant 0\end{cases} \tag{1-7}$$

式（1-7）表示斜坡函数是从 $t=0$ 时刻开始随时间以恒定速率 R 增长的函数，如图 1.19 所示。例如，高速电梯从静止开始启动时的运动规律就是以斜坡函数规律进行加速的。当 $R=1$ 时，斜坡函数称为单位斜坡函数。

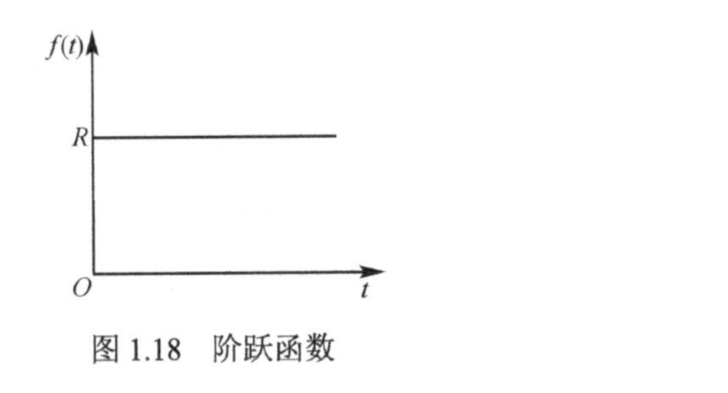

图 1.18　阶跃函数

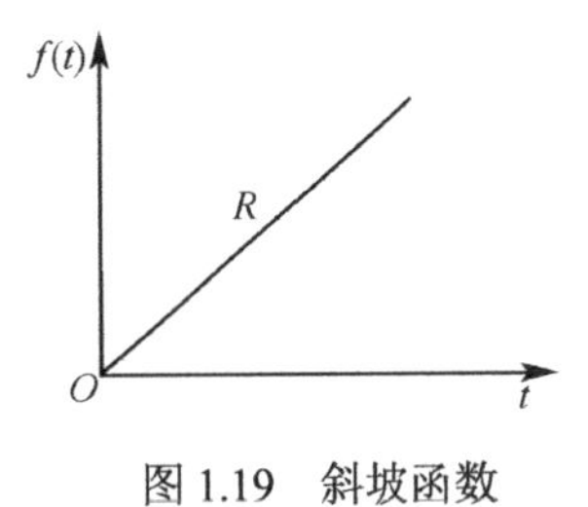

图 1.19　斜坡函数

3．单位抛物线函数

单位抛物线函数的数学表达式为

$$f(t)=\begin{cases}0 & t<0\\ \dfrac{1}{2}t^2 & t\geqslant 0\end{cases} \tag{1-8}$$

单位抛物线函数如图 1.20 所示。

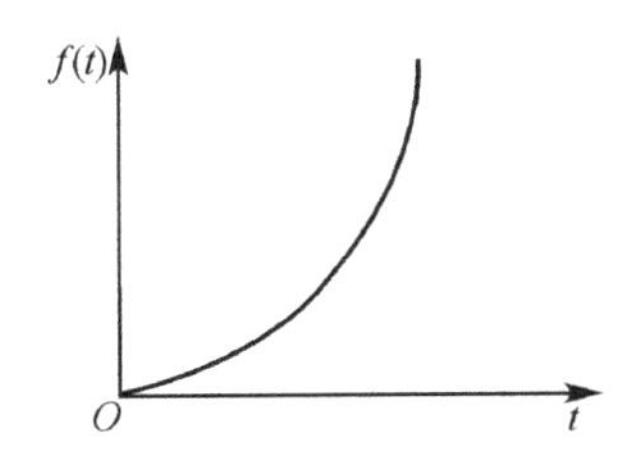

图 1.20　单位抛物线函数

4．单位脉冲函数

单位脉冲函数是一宽度为零、幅值为无穷大、面积为 1 的脉冲。图 1.21（a）所示是面积为 1 的矩形脉冲函数。单位脉冲函数[见图 1.21（b）]可以看成面积为 1 的矩形脉冲函数的 $\tau\to 0$ 时的极限。由于幅值为无穷大的阶跃函数的数学表达式为

$$f(t)=\begin{cases}0 & t<0\\ \infty & t\geqslant 0\end{cases} \tag{1-9}$$

所以单位脉冲函数的数学表达式为

$$f(t)=\lim_{\tau\to 0}\frac{1}{\tau}\left[1(t)-1(t-\tau)\right] \tag{1-10}$$

显然，当$\tau\to 0$时，它的积分值为1，即

$$\int_{-\infty}^{+\infty}\delta(t)\mathrm{d}t=1 \tag{1-11}$$

强度为A的脉冲函数可表示为

$$f(t)=A\delta(t)$$

单位脉冲函数是单位阶跃函数的导数，即

$$\delta(t)=\frac{\mathrm{d}}{\mathrm{d}t}1(t)$$

反之，单位脉冲函数的积分就是单位阶跃函数。

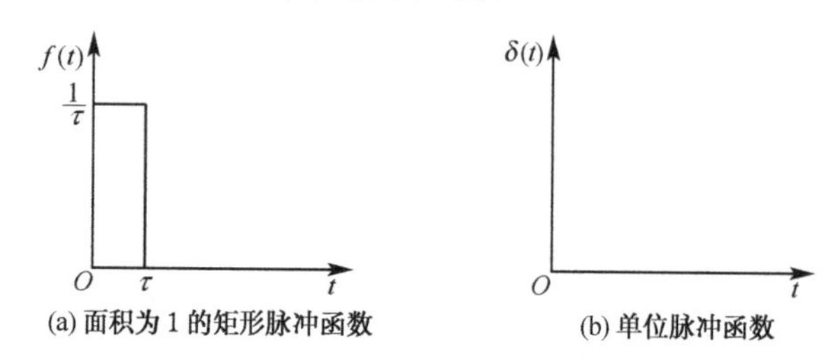

(a) 面积为1的矩形脉冲函数　　(b) 单位脉冲函数

图 1.21　脉冲函数

1.3.2　闭环控制系统的过渡过程

许多闭环控制系统在受到单位阶跃信号作用时可能的过渡过程曲线如图1.22所示。如果系统输出变量$c(t)$随着时间趋于稳定（曲线1、曲线2），则称这类系统是稳定的；反之，如果系统的输出变量$c(t)$随着时间而发散（曲线3），此时系统不可能达到平衡状态，这类系统就称为不稳定系统。显然，不稳定系统在实际中是不能应用的。

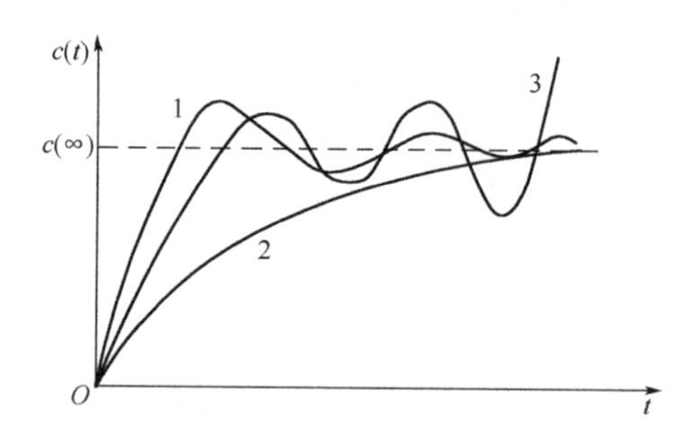

图 1.22　闭环控制系统的过渡过程曲线

1.3.3　闭环控制系统的控制指标

闭环控制系统最基本的要求是工作的稳定性、准确性（稳定精度）和快速性。一般用单位阶跃函数输入系统时的阶跃响应曲线的一些特征值来表征这些特性。

准确性是指闭环控制系统的稳态精度。系统设定值与系统稳定时的反馈值之差叫作稳态误差，它是表征系统稳态精度的一个性能指标。

在单位阶跃信号作用下，闭环控制系统的阶跃响应曲线如图1.23所示。为了评价系统的

动态性能，特规定了如下指标。

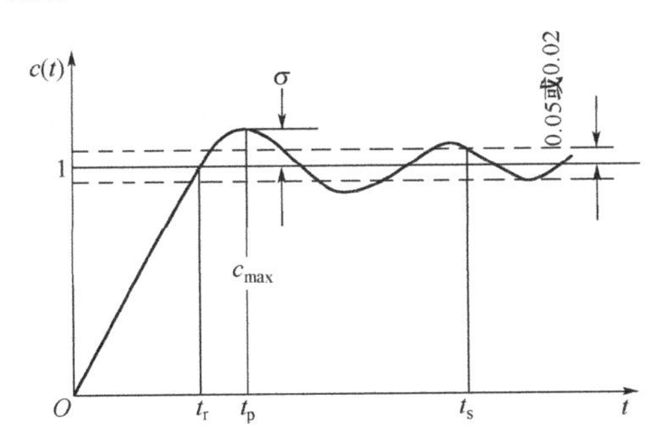

图 1.23　闭环控制系统的阶跃响应曲线

1．最大超调量或超调量σ

用下式定义闭环控制系统的最大超调量，即

$$\sigma = \frac{c(t_p) - c(\infty)}{c(\infty)} \times 100\% \qquad (1\text{-}12)$$

式中，$c(t_p)$——过渡过程曲线第一次达到的最大输出值；

$c(\infty)$——过渡过程曲线的稳态值。

在一般情况下，要求σ值为 5%～35%。过渡过程曲线达到第一个峰值所需的时间称为峰值时间 t_p。

2．上升时间 t_r

上升时间是指在过渡过程中，曲线从零上升到第一次达到稳态值的时间。对于无振荡的系统，将过渡过程曲线由稳态值的 10%上升到 90%的时间称为上升时间。

3．调节时间或过渡过程时间 t_s

输出量 $c(t)$与稳态值 $c(\infty)$之间的偏差达到允许范围（一般取稳态值的 5%或 2%），并维持在此允许范围内所需的时间，称为调节时间或过渡过程时间。

4．振荡次数 N

振荡次数是指在调节时间 t_s 内输出值偏离稳态值的振荡次数。

在上述几项指标中，上升时间 t_r 及调节时间 t_s 表征系统的快速性；超调量σ及振荡次数 N 表征系统的稳定性。但需要注意，调节时间受系统稳定性的影响。

1.3.4　计算机控制系统的综合控制指标

假设控制系统理想的输出和实际输出分别为 $x(t)$和 $y(t)$，我们定义误差（偏差）为

$$e(t)=x(t)-y(t) \qquad (1\text{-}13)$$

当系统有余差时可定义为

$$e(t)=y(\infty)-y(t) \qquad (1\text{-}14)$$

1．平方偏差积分指标 ITSE

$$J = \int_0^\infty e^2 \mathrm{d}t \qquad (1\text{-}15)$$

2．绝对值偏差积分指标 ITAE

$$J=\int_0^{\infty}|e|\,\mathrm{d}t \tag{1-16}$$

若用动态偏差 e 进行积分，正、负偏差将相互抵消。即使 e 值很大或剧烈波动，J 值也可能很小，所以要用 e^2 或$|e|$。

3．时间乘以平方偏差积分指标

$$J=\int_0^{\infty}te^2\mathrm{d}t \tag{1-17}$$

4．时间乘以绝对值的偏差积分指标

$$J=\int_0^{\infty}|e|t\mathrm{d}t \tag{1-18}$$

对于有余差的系统，存在 $e(\infty)$，四种形式的偏差积分指标值 J 都将趋于无穷大，无法判定系统的控制质量，此时可采用 $e(t)-e(\infty)$作为动态偏差项。

1.4 计算机控制系统的组成和分类

1.4.1 计算机控制系统的一般概念

将 1.1 节所述的控制系统中的比较器和控制器用计算机来代替，就组成了一个典型的计算机控制系统，如图 1.24 所示。

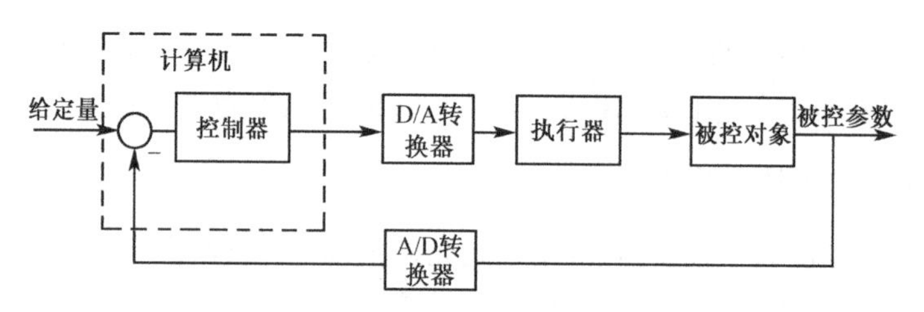

图 1.24 计算机控制系统基本框图

在控制系统中引进计算机，可以充分利用计算机的运算、逻辑判断和记忆等功能。在这里，给定量和反馈量都是二进制数，因此反馈信号需要经过将模拟量转换为数字量的 A/D 转换器。当计算机接收了给定量和反馈量后，就可以求得偏差，然后可以对该偏差用一定的控制规律进行运算（如 PID 运算），计算出控制量。由于计算机计算出的控制量是数字量，所以要由 D/A 转换器将数字量转换成模拟量输出到执行器，实现对被控制量的控制作用。显然，为了改变控制规律，只要改变计算机的程序就可以了。

从本质上来看，计算机控制系统的控制过程可以归纳为以下三个方面。

（1）实时数据采集：对被控制量的瞬时值进行检测和输入。

（2）实时决策：对实时的给定量与被控制量的数值进行一定的控制规律运算，决定控制量。

（3）实时控制：根据实时决策，适时地对执行装置发出控制信号。

上述过程中的实时概念是指信号的输入、计算和输出都要在一定的时间（采样间隔）内完成，使计算机控制系统能及时地检测、纠正偏差，以达到规定的要求，这就是计算机控制系统的基本功能。

1.4.2 计算机控制系统的硬件组成

计算机控制系统由计算机和工业对象两大部分组成，它包括硬件和软件。硬件是指计算机本身及其外围设备，软件是指管理计算机的程序及过程控制应用程序。

1. 硬件组成

典型的计算机控制系统的硬件组成框图如图 1.25 所示。硬件是由主机（CPU）、外部设备、I/O 接口、输入/输出通道，检测元件、执行器、操作台等组成的，系统可根据需要扩展其硬件。下面对各部分进行简要说明。

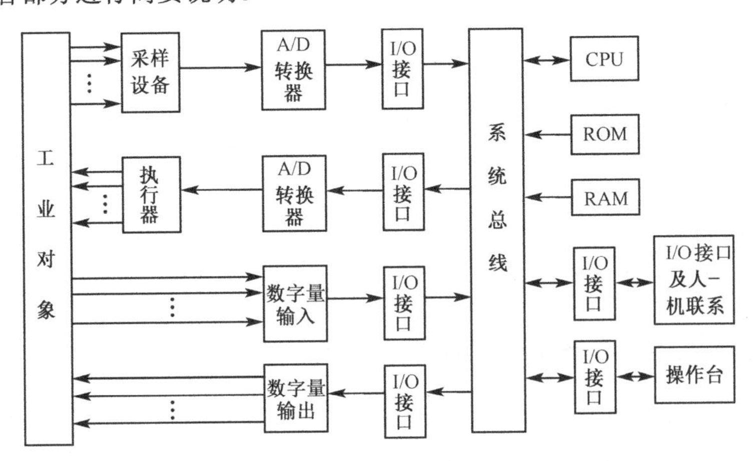

图 1.25 典型的计算机控制系统的硬件组成框图

（1）主机（CPU）。主机是计算机控制系统的核心，它通过接口可向系统的各个部分发出各种命令，同时对被控对象的参数进行巡回检测、数据处理，以及控制计算、逻辑判断等工作。主机是整个计算机控制系统的指挥部，其优劣直接影响系统的功能和接口电路的设计。需要指出的是，由于种种原因，国内的单片机教材普遍介绍的是 8051 系列的单片机，但是事实上，在组成计算机控制系统时，有很多性能更好的单片机可以选择。

（2）外部设备。常用的外部设备有输入/输出设备和外存储器，用来显示、打印、存储和传送数据。

输入设备有键盘、扫描仪等，主要用来输入程序和数据。

输出设备有打印机、显示终端、记录仪、声光报警器等，主要用来显示或记录各种信息和数据，以便人们及时了解控制过程。

外存储器有磁盘驱动器、磁带录音机、光盘驱动器等，具有输入/输出功能，主要用来存储程序和有关数据。

（3）I/O 接口和输入/输出通道。它们是主机与被控对象进行信息交换的纽带，因为外部设备和被控对象是不能直接由主机控制的，必须由“接口”来传送相应的信息和命令。常用的接口有并行接口、串行接口、直接数据传送接口等。绝大多数 I/O 接口都是可编程的，它们的工作方式可以通过编程设置。通道包括将模拟量转变为数字量的 A/D 转换器和将数字量转变为模拟量的 D/A 转换器等。

（4）检测元件和执行机构。在计算机控制系统中，为了实现对生产过程、其他设备或周围环境的测量和控制，必须对各种参数，如温度、压力、流量、成分、液位、速度、距离等，进行采集。因此，首先用检测元件（传感器）把非电量信号转变成电量信号；其次由变送器把这些电量信号转换成统一的标准信号（0～5V 或 4～20mA）；最后送入计算机。随着科学的发展，检测元件的品种越来越多，许多过去无法自动测量或控制的参数的自动化测量控制成了可能。

如果检测元件是计算机控制系统的感觉器官，那么执行机构就是计算机控制系统的手和脚。执行机构根据计算机发出的控制命令，改变操纵变量的大小，以克服偏差，使被控制量达到规定的要求。按照动力能源分类，执行机构可分为电动、气动、液压传动三大类型，还可以按照输出位移的形式、机械结构或使用环境等因素进行分类。

（5）操作台。它是人-机对话的联系纽带，可以向计算机输入程序、修改内存数据、显示被测参数和发出各种操作命令。操作台主要由以下四部分组成。

① 作用开关：作用开关包括电源、数据及地址选择开关和自动/手动切换开关等，它们通过接口可与主机相连，完成对主机或设备的启/停、修改数据、选择控制方式等功能。

② 功能键：功能键可向主机申请中断服务，它包括复位键、启动键、打印键、显示键、工作方式选择键等。

③ LED、LCD 或 CRT 显示屏：显示操作者所要求的内容或报警信号。

④ 数据键：用于输入或修改参数。

1.4.3 计算机控制系统的软件组成

软件是指完成各种功能的计算机程序的总和，如操作、管理、控制、计算和自诊断等。它是计算机控制系统的神经中枢，整个系统的动作都是在软件指挥下协调工作的。以功能来区分，它可分为系统软件、应用软件等，如表 1.1 所示。

表 1.1 计算机控制系统的软件组成

<table>
<tr><td rowspan="3">系统软件</td><td>程序设计系统</td><td colspan="2">程序设计语言
语言处理程序
服务程序</td></tr>
<tr><td>操作系统</td><td colspan="2">管理程序
磁盘操作系统程序</td></tr>
<tr><td>诊断程序</td><td colspan="2">调机程序
诊断修复程序</td></tr>
<tr><td rowspan="5">应用软件</td><td>过程监控程序</td><td colspan="2">巡回检测程序
数据处理程序
上下限检查和报警程序
操作台服务程序</td></tr>
<tr><td rowspan="3">过程控制程序</td><td colspan="2">判断程序
过程分析程序
开环控制程序</td></tr>
<tr><td>闭环控制程序</td><td>PID 控制程序
最优控制程序
复杂控制程序</td></tr>
<tr><td colspan="2">事故处理程序</td></tr>
<tr><td>公共应用程序</td><td colspan="2">基本运算程序
函数运算程序
信息管理程序
制表打印程序
服务子程序库</td></tr>
</table>

微型计算机的操作系统是系统软件的典型例子。应用软件常指为了控制输出量，由用户编写的，以实现对各个控制对象的各种要求的控制程序。

1.4.4 计算机控制系统的分类

从不同的出发点考虑，计算机控制系统可以有不同的分类。下面我们从计算机控制系统所完成的功能和计算机控制系统的结构两个方面讨论计算机控制系统的分类。

1．按完成的功能分类

（1）计算机监测系统。计算机监测系统（Computer Monitor System）又称为计算机数据采集与处理系统（Computer Data Acquisition System），其简化框图如图 1.26 所示。它对生产过程的工况和数据进行巡回检测，主要完成如下功能。

① 采集生产过程的有关数据；
② 接收操作人员的指令和信息；
③ 信息预处理，如滤波、平滑、分类等；
④ 数据存储；
⑤ 数据和工况显示、报道；
⑥ 故障报警；
⑦ 报表打印。

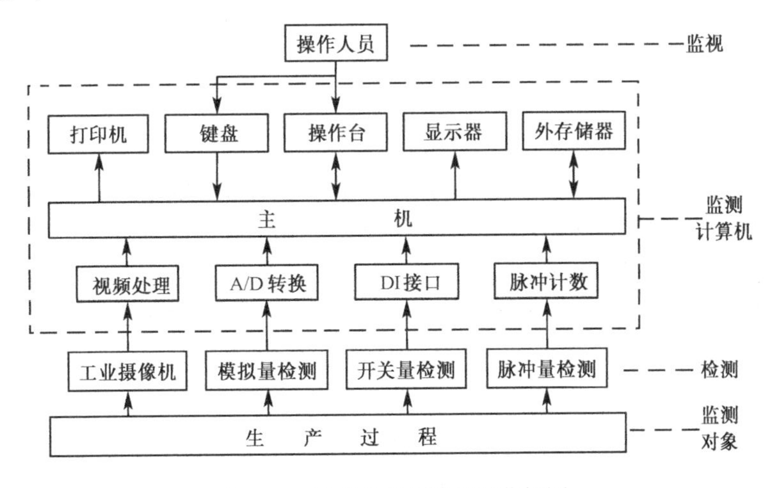

图 1.26　计算机监测系统简化框图

计算机监测系统的输出不直接作用于生产过程的执行机构，并且不直接影响生产过程的进行。它的输出只作用于有关的外部设备和人-机接口，为操作人员的分析判断提供信息的显示和报道，这是一种开环控制系统。

（2）计算机监督系统。计算机监督系统（Computer Supervisory System）具有分析决策能力。它在监测系统的基础上，充分利用计算机的快速计算、大量记忆、综合分析、逻辑判断等功能，对预处理后的信息进行二次加工，如各种常规计算、性能指标计算、数据和指标的图形生成、事故状态的判断和记录、险情预报预测、根据历史数据和当前工况提出操作建议等。计算机监督系统是计算机监测系统的提高，其结构与如图 1.26 所示的结构相似，但是所采用的计算机和外部设备的档次较高。计算机监督系统的软件包含更丰富的内容，如具有实时数据库、故障诊断专家系统、生产指导专家系统等。

与计算机监测系统一样，计算机监督系统不直接作用于生产过程的执行机构，并且不直接影响生产过程的进行，也是一种开环系统。但是它所提供的信息比计算机监测系统提供的信息更丰富，而且通常以多媒体的方式提供。

计算机监测系统和计算机监督系统的突出的优点是简单、可靠，特别是对尚未摸清的控制规律或正在建立控制对象的数学模型更为适用。应用这些系统可以得到大量统计数据，有利于建立比较接近实际的数学模型或控制规律；其缺点是生产对象仍需人工操作，故操作速度难以加快。

（3）直接数字控制系统。直接数字控制（Direct Digital Control，DDC）系统是在监测系统的基础上，增加了一种或多种控制策略，能够直接对生产过程进行控制。DDC 系统是闭环控制系统，它对被控制变量和其他参数进行巡回检测，与设定值比较后求得偏差，然后按事先规定的控制策略（如比例、积分、微分规律）进行控制运算，最后发出控制信号，通过接口直接操纵执行机构对被控对象进行控制。这种控制方式在工业生产中应用较普遍，其典型原理图如图 1.27 所示。

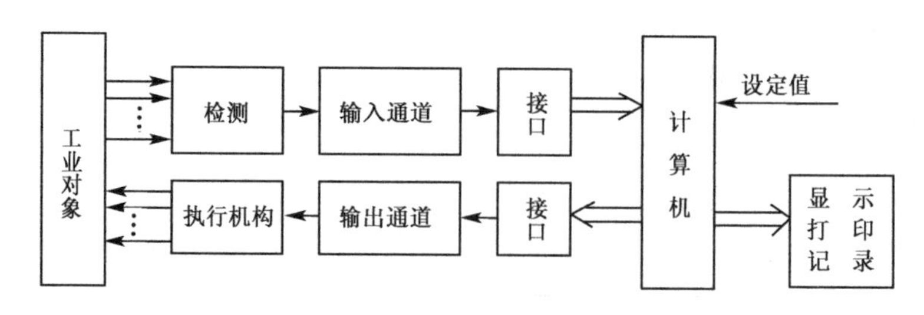

图 1.27　DDC 系统的典型原理图

（4）计算机监督控制系统。在 DDC 系统中，给定值是预先设定的，不能根据生产过程中工艺信息的变化及时修正，所以 DDC 系统不能使生产过程处于最优工作状态。

在计算机监督控制（Computer Superivsory Control，CSC）系统中，计算机能根据描述生产过程的数学模型或其他方法，自动地改变模拟调节器或 DDC 系统的给定值，使生产过程处于最优工况（如最低消耗、最低成本、最高产量等）。CSC 系统可以实现自适应控制，其示意图如图 1.28 所示。

由图 1.28 可知，该系统实际上是一个二级控制系统，CSC 计算机可以采用高档微型机，它与 DDC 计算机之间通过接口进行信息交换。CSC 计算机通过数学模型的最优化对 DDC 计算机或模拟调节器发出最优给定值，当 DDC 计算机或模拟调节器出现故障时，可由 CSC 计算机完成 DDC 计算机或模拟调节器的控制功能，这显然提高了整个系统的可靠性。

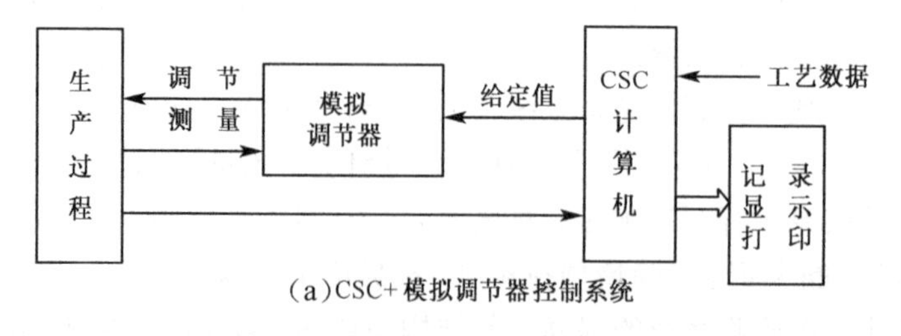

（a）CSC+模拟调节器控制系统

图 1.28　计算机监督控制系统的示意图

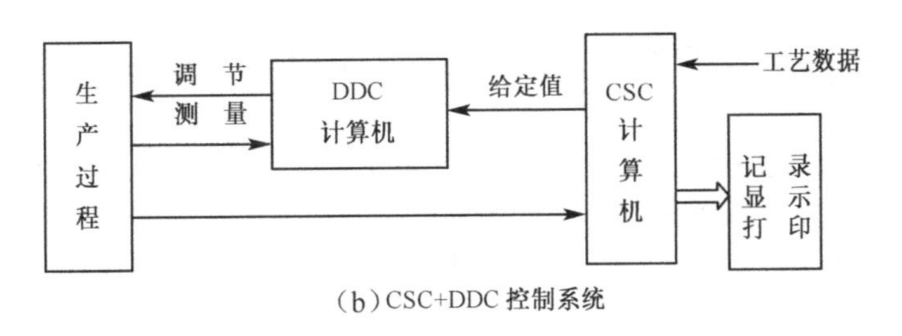

（b）CSC+DDC 控制系统

图 1.28　计算机监督控制系统的示意图（续）

2. 按系统结构分类

按系统结构分类，计算机控制系统可以分为以下四种类型。

（1）直接监控系统。直接监控系统（Direct Supervisory Control System）往往是单机控制系统，由一台计算机和有关的过程接口及必要的外围设备组成。一般来说，这种系统规模较小，结构比较简单，实用性强，价格较低，适合比较简单的对象。图 1.26 和图 1.27 所示的系统都是直接监控系统。但是，由于这种系统的所有功能都集中在一台计算机上，所以这种系统具有“危险集中”的缺点，一旦计算机出现故障，整个生产系统就有瘫痪的危险。因此，现流行的结构是一台微处理器只控制一个回路，从而减小风险。值得高兴的是，随着计算机软硬件技术的发展，计算机的性能包括可靠性已经大大提高了，直接监控系统的安全性已经无须顾虑太多了。

（2）分级监控系统。分级或多级监控系统（Multi-level Supervisory Control System）是一个综合的多机系统。由一台或几台计算机构成系统中的某一级，整个系统可以分成几级，级与级之间通过通信传递信息。图 1.28 所示的计算机监督控制系统就属于分级监控系统。

常见的分级监控系统包括两级，即过程监督级和直接测控级，如图 1.29 所示。

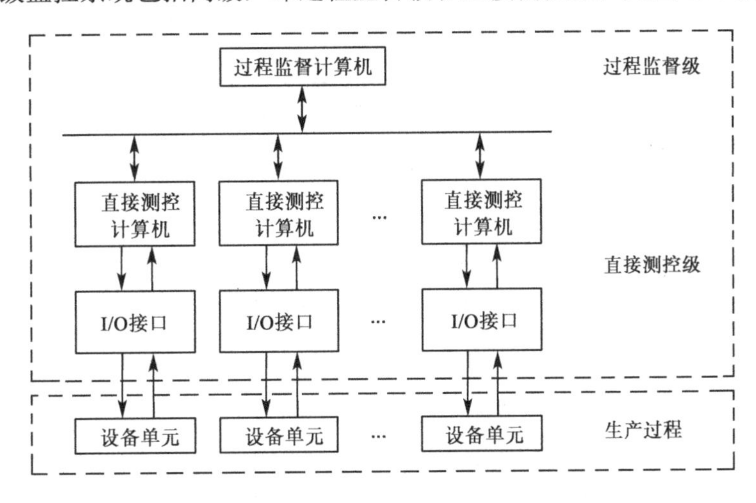

图 1.29　分级监控系统的组成框图

① 过程监督级。过程监督级处在系统的上级，对整个监控系统实现监督控制和管理。从管理的角度看，它的任务包括为生产决策者提供有关信息，根据生产计划制订调度方案，实现各设备之间的协调，使设备处于最佳运行状态；进行有关性能指标的计算，完成数据的组织和管理，显示和打印各种生产数据报表和图形；险情预测预报；记录和统计已经发生的事故。从监督控制的角度看，它的任务包括根据历史数据和当前生产情况进行优化控制或优化生产操作指导，向直接测控级计算机提供各种控制信息，如最优给定值或最优控制量等。由

于过程监督级处在分级监控系统的上级，所以过程监督计算机往往被称为上位机。在生产现场，过程监督计算机最好采用工业PC。

② 直接测控级。直接测控级安装在生产现场或设备附近，它对现场的生产过程或设备直接进行测量或控制，即完成数据采集、数据预处理、开环或闭环控制、故障报警和处理等测量控制功能；同时，还要接收和执行过程监督计算机的指令，并且向过程监督计算机传送实时信息。直接测控级计算机一般使用专用控制器或PLC。

（3）分布式控制系统。分布式控制系统（Distributed Control System，DCS）又称为分散式控制系统或集散控制系统，其基本思想是集中管理、分散控制。由于分散了控制，即分散了危险，因此系统的可靠性得到了提高。分布式控制系统的体系结构特点是层次化，把不同层次的多种监测控制和计划管理功能有机地、层次分明地组织起来，使系统的性能大为提高。分布式控制系统适用于大型复杂的控制过程，我国许多大型石油化工企业就是依赖各种形式的分布式控制系统来保证生产的优质和高产的。

一般来说，分布式控制系统分成四层，如图 1.30 所示。每一层都有一台或多台计算机，同一层的计算机及不同层的计算机通过网络进行通信，相互协调，构成一个严密的整体。每一层的功能如下。

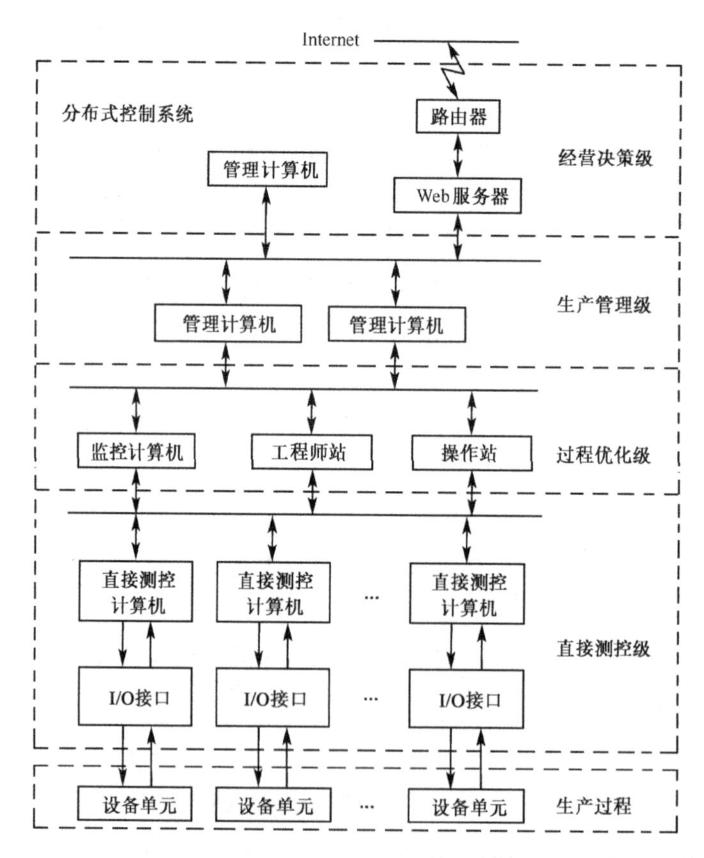

图 1.30　分布式控制系统的组成框图

① 第一层：直接测控级。这一层可能有多台计算机、PLC或专用控制器，它们分布在生产现场，类似于多级监控系统中的直接测控级，负责对现场设备的监测和控制。

② 第二层：过程优化级。这一层主要有监控计算机、工程师站和操作站，它们直接监视直接测控级中各站点的所有信息，集中显示，集中操作，并且实现各控制回路的组态、参数

的设定和修改，以及实现优化控制等。

③ 第三层：生产管理级。这一层主要有管理计算机，它们向决策者提供各种信息，以便做出生产计划、调度和管理方案，使计划协调，生产管理处于最佳状态。

④ 第四层：经营决策级。这一层的管理计算机是大中型计算机，具有很强的数据处理和科学计算能力，负责全厂或全公司的总体协调、计划管理和市场营销。它们和财务、人事、档案、仓库和经营等办公自动化系统连接，负责制定长期发展规划和近期发展计划，综合生产的计划、管理、销售和订货，了解和分析市场动向及企业的财务收支和预算，对企业进行总决策，向下下达任务，以实现企业的总调度。这一层还与 Internet 连接，以获得市场信息，实现电子商务。

（4）现场总线控制系统。现场总线控制系统（Fieldbus Control System，FCS）是 20 世纪 90 年代兴起的新一代工业控制技术。现场总线是连接智能现场设备和自动化系统的数字式、双向传布、多分支结构的通信网络。现场总线控制系统将组成控制系统的各种传感器、执行器和控制器用现场总线连接起来，通过网络传输传统控制系统中需要硬件连接才能传递的信号，完成各设备的协调，实现自动化控制。现场总线控制系统是一个开放式的互联网络，其结构如图 1.31 所示。

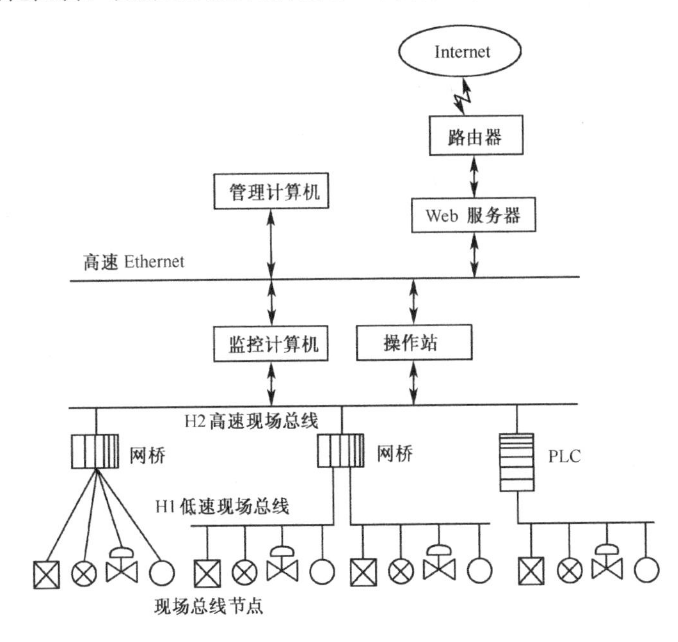

图 1.31　现场总线控制系统的结构

现场总线控制系统有两个显著的特点：一是信号传输实现了全数字化，克服了传统系统模拟信号传输过程中的信号衰减、精度下降和容易受到干扰等缺点，提高了信号传输的精度和可靠性；二是实现了控制的彻底分散，把控制功能分散到了现场设备和仪表中，使现场设备和仪表成了具有综合功能的智能设备和智能仪表，它们经过统一组态，可以构成各种控制系统，从而实现了彻底的分散控制。

本 章 小 结

本章从自动控制系统的工作原理入手，介绍了计算机控制系统的组成、类型和基本要求。自动控制系统研究的重点是反馈控制系统。为了维持某个参数恒定，需要将该参数引入系统形成负反馈，组成闭环定值控制系统。闭环控制系统的结构包括前向通道、反馈通道和干扰通道，其基本工作原理是检测偏差，纠正偏差。

控制系统的基本要求包括稳定、准确、快速三个方面。本章介绍了评价控制系统性能时常用的外作用形式，以及定值控制系统的传统控制指标和计算机控制系统中使用的综合指标。

计算机控制系统是由软、硬件两部分组成的。读者应了解软、硬件两部分所包含的主要部件。

自动控制系统和计算机控制系统有不同的分类方法，在实现现代化的过程中，计算机控制技术起着重要的作用。

练　习　1

1．试考虑如图 1.1 所示的蒸汽加热器自动控制系统可能会受哪些干扰的影响？

2．闭环控制与开环控制有什么不同？为什么自动控制系统要采用负反馈的闭环控制方式？

3．按给定值的不同，自动控制可分为哪几类？

4．一个简单的控制系统主要由哪几个环节组成？它们的作用分别是什么？

5．在简单的控制系统中，各个环节的输入和输出分别是什么？系统的输入和输出又是什么？

6．什么是被控对象特性？

7．描述一个有自衡非振荡被控对象的特性参数有哪些？它们的意义是什么？

8．什么是控制通道和扰动通道？

9．已知如题 9 图所示的储水槽水位控制系统，试分析当出水量突然增大时，该系统如何实现水位调节？

10．现有如题 10 图所示的换热器出料温度控制系统。

（1）试画出该系统的具体组成框图。

（2）指出该系统的被控对象、被控变量、操作变量。

（3）试简述当蒸汽压 P_s 突然增大 ΔP_s 后，该系统是怎样实现自动控制作用的。

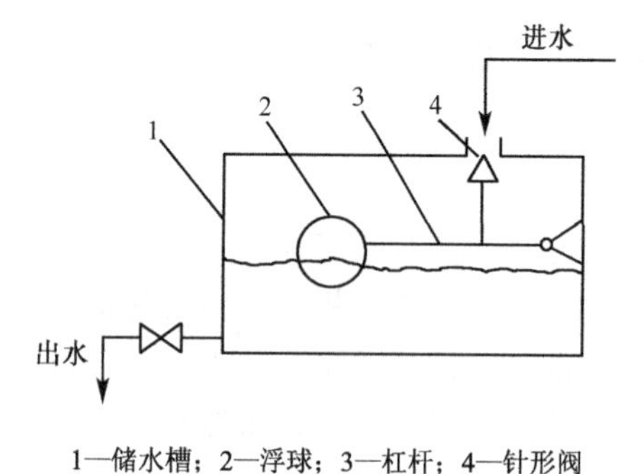

题 9 图　储水槽水位控制系统

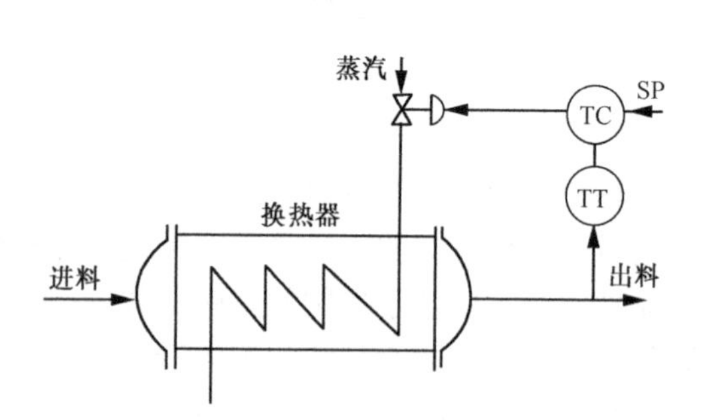

题 10 图　换热器出料温度控制系统

11．自动控制系统的过渡过程的单项控制指标有哪些？

第2章

传 感 器

2.1 传感器概述

2.1.1 传感器的作用及组成

传感器是一种能感知某一被测量（物理的、化学的或生物的信息），并能将被测信息变换成与之相对应的其他量（电量、光学量、机械量等）的器件或装置。由于工程检测中最需要的是把非电量变换成电量，所以人们习惯上称传感器是一种把被测非电量变换成电量的装置。传感器通常由敏感元件、转换元件和其他辅助元件组成，如图2.1所示。敏感元件是指传感器中能直接感受或响应被测量的部分；转换元件是指传感器中能将敏感元件感受或响应的被测量转换成适于传输或测量的电量信号的部分。

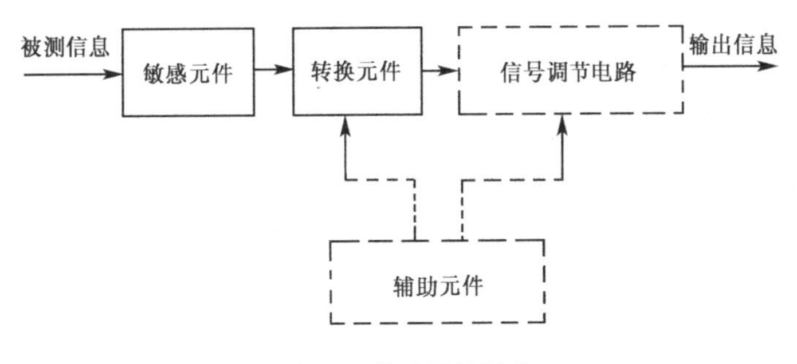

图2.1　传感器的组成

有些敏感元件能够将非电量信号直接转换成电量信号，因此不需要转换元件就可以组成传感器，这样的传感器称为直接转换型传感器，否则称为间接转换型传感器。

2.1.2 传感器的分类

传感器有许多种分类方法，但比较常用的有如下三种。

（1）按传感器的工作原理分类，传感器可分为电学式传感器、磁学式传感器、光电式传感器、电势式传感器、电荷传感器、半导体传感器、谐振式传感器、电化学式传感器等。

（2）按传感器的被测物理量分类，传感器可分为温度传感器、湿度传感器、压力传感器、位移传感器、流量传感器、液位传感器、力传感器、加速度传感器、转矩传感器等。

（3）按传感器输出信号的性质分类，传感器可分为输出信号为开关量（“1”和“0”或“开”和“关”）的开关型传感器、输出信号为模拟信号的模拟型传感器、输出信号为脉冲或代码的数字型传感器等。

表 2.1 所示是常见的被测量。

表 2.1　常见的被测量

分　类		被　测　量
非电量	机械量	力、力矩、位移、长度、厚度、速度、加速度、角度、角速度、质量、振动
	热工量	温度、热流量、压力、真空度、流量、流速、液位、物位、湿度、露点、水分
	光	照度、光强度、颜色、光位、光位移、紫外线、红外线、X 射线
	声	音压、噪声、声波
	磁	磁通、磁场、磁导率、磁阻
	气体	成分、浓度
	放射线	辐射计算率、辐射计量、反射线种类
	化学量	纯度、离子、离子浓度、成分、pH 值、粒度、黏度、密度
	生物及医学量	心音、心压、血流速度、脉搏、血流冲击量、血中气体成分、体温、细胞种类、尿素、血中蛋白、肌肉张力、酶、脑压
电量		电流、电压、频率、功率、电场、电位、电荷、阻抗、迁移率、电磁波

2.1.3　对传感器的主要技术要求

对传感器的技术要求因使用条件不同而不同，通常较全面的要求有以下 10 项。

（1）输入信号、输出信号应有一定的函数关系（通常是单值直线性的）。

（2）一定的灵敏度、精确度和响应速度。

（3）特性曲线具有重复性和随时间的稳定性。

（4）作用的方向性。

（5）少受外界因素如温度、倾斜、振动、湿度、电磁场等的影响。

（6）在周围有化学腐蚀性介质的情况下工作稳定。

（7）对机械、热、电有一定的过载能力。

（8）结构简单、加工经济、维修方便。

（9）不应有损于操作人员的身体健康和周围材料的寿命。

（10）防火、防爆性能好。

2.1.4　不同领域使用的传感器

传感器不仅能够在某种程度上代替人的感觉器官，而且能够突破人的生理界限，感受人难以感知的外界信息，所以被广泛地应用在工业、农业、环境保护、医学及人们的日常生活中。表 2.2 所示是不同领域使用的传感器。

表 2.2　不同领域使用的传感器

领　域	传感器种类	应 用 目 的
民用设备	温度、湿度、露点、光、磁性、气体、液位、流量、质量、压力、振动、污染、含氧量、红外线、放射线	方便、舒适、安全、卫生节能、提高生活质量
汽车	温度、压力、位移、转速、流量、液位、转矩、振动、气体、露点、车速、方位、照度	方便、舒适、提高性能、安全节能、自动化、减少污染

续表

领　域	传感器种类	应 用 目 的
工业仪器仪表	湿度、温度、压力、流量、液位、速度、pH 值、成分、气体、质量、放射线、形状、位移、转速、超声波、磁性	自动化、节省人力、生产工艺合理化、高产、优质、安全管理、防止公害、节能
防灾、防盗	气体、火焰、烟、温度、地震、漏水、防止闯入、红外线、振动、超声波、放射线	安全性、防止灾害、防盗
保健、医疗	温度、超声波、光、放射线、磁性、红外线、血压、血流、血栓检查、心电图、身长、体重、成分	机电化、自动化、防止残废及老年化政策、远距离诊断、人工脏器、环境卫生
农林、水产	温度、湿度、气体、霜、日照、照度、pH 值、成分、形状、质量、超声波、红外线	自动化、高产优质、节省人力、园艺设施、探测鱼群、保鲜、提高抗病抗灾能力
海洋、气象	温度、湿度、风向、风力、气压、雨量、盐分、潮位、波高、日照、浊度	自动检查、遥测、环保
资源能源	磁性、光、红外线、重力、超声波、地震波、放射线	探矿、局部能源利用

2.1.5 用于机器人的传感器

机器人不仅可以代替人的许多重复性工作，减轻人的劳动强度，而且可以不知疲倦地工作，并始终保持良好的工作质量。尤其是机器人可以在有毒、有腐蚀、有放射性物质，以及高空、深海、高寒、高温等恶劣危险的环境中工作，从而保证人类的安全。所以机器人的使用将越来越普遍。用于机器人的传感器如表 2.3 所示。

表 2.3　用于机器人的传感器

感　觉	测 量 对 象	传　感　器
视觉	目标有无	光电传感器
	尺寸	图像传感器
	图像	图像传感器、电视摄像器
	一维位置	电视摄像器
	距离	超声波传感器、电视摄像器
	颜色	加滤光器的光电传感器
	材料等级	辐射线、超声波
触觉	有无接触	触觉传感器
	压力	压电元件
	力	应变片
	滑动	振动传感器（压电元件）
	硬度	加应变片的弹簧
	形状	压电元件阵列

2.1.6 家用设施所需的传感器

随着生活质量的不断提高，家用设施的自动化程度将越来越高。表 2.4 所示是家用设施所需的传感器。

表 2.4　家用设施所需的传感器

家 用 设 施	所需的传感器
空调设备	温度传感器、湿度传感器、除霜传感器、压力传感器、气体传感器、气流传感器
全自动洗衣机、烤箱	温度传感器、湿度传感器、水位传感器、压力传感器、漂洗传感器、清洁传感器、衣物数量传感器
电磁炉	温度传感器、湿度传感器、重量传感器、红外线传感器、烹调传感器、气体传感器、味觉传感器
遥控装置	视觉传感器、超声传感器
磁带录像机、摄像机	视觉传感器、磁传感器、温度传感器、超声传感器、湿度传感器
气体/油料燃烧设备	湿度传感器、缺氧传感器、流量传感器、压力传感器、气体传感器、火焰传感器
制冷/加温设备、洗碟机、真空吸尘器	温度传感器、湿度传感器、气体传感器、压力传感器、流量传感器、空气流量传感器、熵传感器

2.1.7　医疗卫生保健领域使用的主要传感器

医疗卫生保健领域需要大量自动化的医疗、检测、化验、治疗设备，也需要大量的医疗保健产品。表 2.5 所示是医疗卫生保健领域使用的具有代表性的传感器。

表 2.5　医疗卫生保健领域使用的具有代表性的传感器

检测有机体的内容	测 量 范 围	频率（Hz）	典型传感器
冲击心动量	0～7mg 0～100μm	直流～40 直流～40	过载传感器 位移传感器
膀胱内压力	1～100cmH_2O	直流～10	压力传感器
血液流量	1～300mL/s	直流～20	流量传感器
血压　直接	10～400mmHg	直流～50	压力传感器
血压　间接	25～400mmHg 0～50mmHg	直流～60 直流～50	箍紧法应变仪
血液内的部分气体压强	30～100mmHg（p_{O2}） 40～100mmHg（p_{CO2}） 1～3mmHg（p_{N2}） 0.1～0.4mmHg（p_{CO}）	直流～2	玻璃电极质谱仪
血液 pH 值	6.8～7.8	直流～2	pH 计
心搏量	4～251min^{-1}	直流～20	染色稀释流量传感器
心电图（ECG）	0.5～4mV	0.01～250	皮肤电极
脑电图（EEG）	5～300μV	直流～150	头发电极
肌电图（EMG）	0.1～5mV	直流～110 000	镍电极
皮肤电图（EDG）	50～3500μA	直流～50	接触透镜型电极
视网膜电图（ERG）	0～1mV		
电流皮肤反射（GSR）	1～500kΩ	0.1～1	皮肤电极
胃酸	pH 值为 3～13	直流～1	pH 计
胃内压	0～100cmH_2O	直流～10	压力传感器
心音图	10^{-4}Pa 以上	5～2000	扩音器
体积描记器	根据内容	直流～30	电阻计
呼吸频率	2～50 次/min	0.1～10	应变器、电阻计、热敏电阻
呼吸流量	0～600L/min	直流～40	呼吸速度描记器

续表

检测有机体的内容		测量范围	频率（Hz）	典型传感器
体温		32～40℃	直流～0.1	热敏电阻
生物磁	磁 CG	0～5×10⁻⁷G	0.01～250	超导量子
	磁 EG	0～1×10⁻⁹G	直流～150	干扰器件
计算机 X 光（CT）		根据内容	—	Nal
温度记录仪		精度为 0.01～0.1℃	—	InSB 指示
超声层析图		精度为 0.1～0.5mm	1～1×10⁷	压电元件

2.2 机械量传感器

机械量包括力、力矩、位移、长度、厚度、速度、加速度、角度、角速度、质量、振动等，是生产和日常生活中最常见的物理量。机械量传感器既有传统的传感器，也有近年来新开发的新型传感器，种类繁多。

2.2.1 压电式压力传感器

压电式压力传感器是一种典型的有源传感器，又称为自发电式传感器或电势式传感器。压电式压力传感器的工作原理是某些晶体受力后在其表面产生电荷的压电效应。常见的压电材料有石英晶体、人工合成的多晶体陶瓷（如钛酸钡、钛酸铅等）。压电式压力传感器体积小、质量轻、结构简单、工作可靠，适用于动态力学的测量，而不适用于测量频率太低的被测量，也不能测量静态量。目前压电式压力传感器多用于加速度和动态力或压力的测量。除此之外，由于压电式压力传感器是一个典型的机-电转换元件，它在超声波、水声换能器、拾音器、传声器、滤波器、延时线、压电引信、煤气点火器等方面的应用已经很普遍了。

1．压电式压力传感器简述

压力敏感元件将被测压力信号转换成容易测量的电量信号作为输出，由显示仪表显示压力值，或者供控制系统使用。压电式压力传感器的基本结构如图 2.2 所示。由于压电材料的电荷量是一定的，所以在连接时要特别注意避免漏电。压电式压力传感器一般用于动能测量。压电式压力传感器的主要性能指标如下。

（1）精度：1%。

（2）测量范围：0.1～80 000kg/m。

（3）频率响应：1～100kHz。

（4）工作温度：-270～+200℃。

（5）温度响应：0.01%/℃。

（6）稳定性：1%。

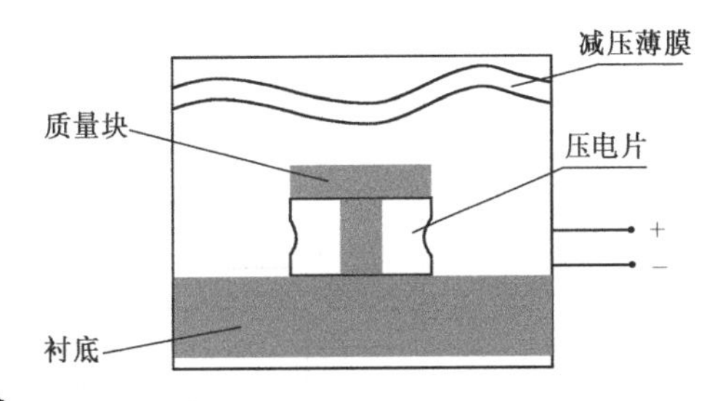

图 2.2　压电式压力传感器的基本结构

压电式压力传感器的优点是具有自生信号，输出信号强，频率响应较高，体积小，结构坚固；其缺点是只能用于动能测量，需要特殊电缆，在受到突然振动或过大压力时，自我恢复较慢。

2．压电式压力传感器的应用举例

压电式压力传感器的主要应用类型有拾音器、声呐、应变仪、气体点火仪、血压计、陀螺、压力和加速度测量仪、热电红外探测器、振动器、微音器、超声探测器、助听器、声光效应计量器等。图 2.3 所示是两种压电式压力传感器的使用等效图。

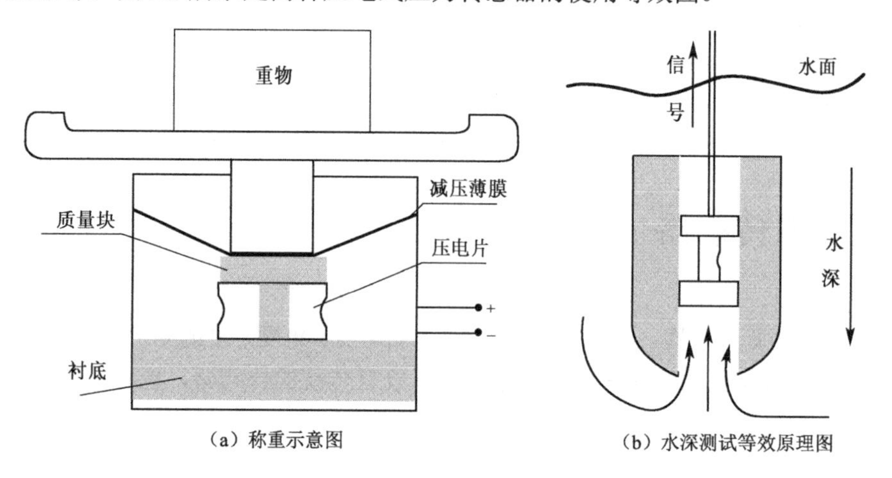

图 2.3　两种压电式压力传感器的使用等效图

图 2.3（a）是称重示意图，图 2.3（b）是水深测试等效原理图，不管是何种应用方式，电路的设计原理不变，均可采用组合方式。图 2.4 所示为压电式压力传感器的信息处理逻辑图。

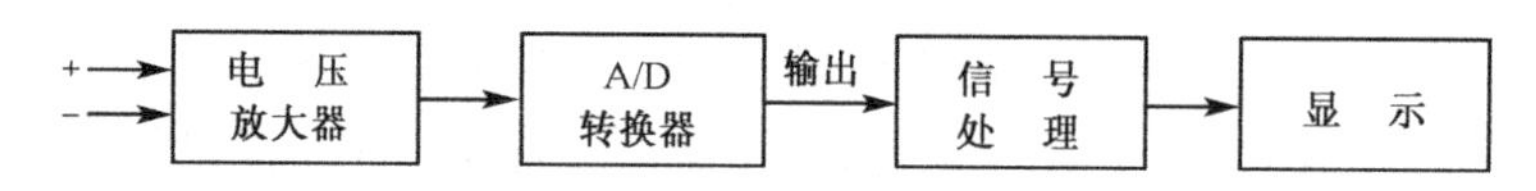

图 2.4　压电式压力传感器的信息处理逻辑图

压电式压力传感器的输出信号一般需要经过电压放大器进行信号放大，然后经 A/D 转换器输入单片机（MCU）进行信号处理。通常 A/D 转换器有并行和串行两种类型，一般并行 A/D 转换器的数据传送速度快；串行 A/D 转换器的引脚少，体积小。图 2.5 所示为压电式压力传感器与串行 A/D 转换器相连的信息处理图。

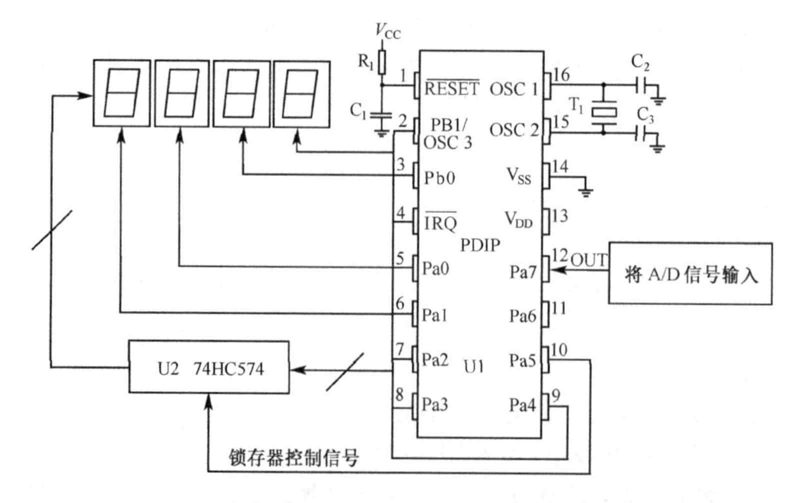

图 2.5　压电式压力传感器与串行 A/D 转换器相连的信息处理图

2.2.2 电感式接近传感器

1. 电感式接近传感器的工作原理

图 2.6 所示为电感式接近传感器的工作原理图。

电感式接近传感器通常是一组高频振荡电路，检测敏感元件为感应线圈，它是振荡电路的一个组成部分，在感应线圈的工作面上存在一个交变磁场，当被测金属物体接近感应线圈时，金属物体就会产生涡流而吸收振荡能量，使振荡减弱甚至停振，振荡与停振这两种状态经振荡电路转换成开关脉冲信号输出。从振荡到停振的幅度变化经过检波电路可以得到变化的交流信号，将此信号经放大电路或整形电路变换，即可得到理想的输出信号，测出接近物体的厚度和距离。图 2.7 所示是封装成一体的电感式接近传感器。

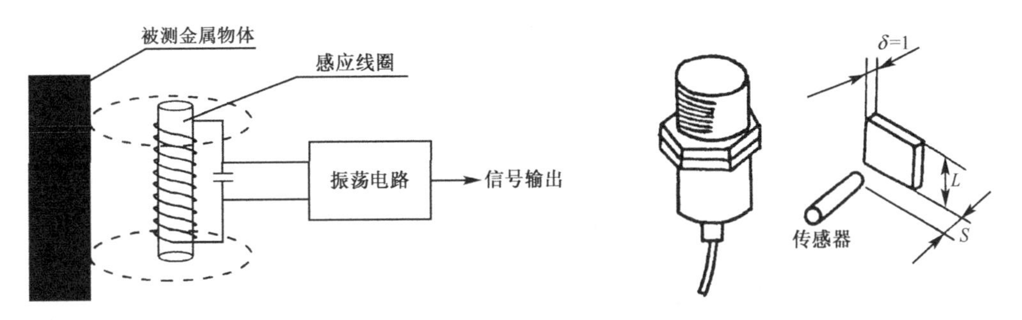

图 2.6　电感式接近传感器的工作原理图　　　　图 2.7　封装成一体的电感式接近传感器

根据应用需要，传感器有各种不同的封装外形，但工作原理均相同。图 2.8 所示是电感式接近传感器信息处理逻辑图。

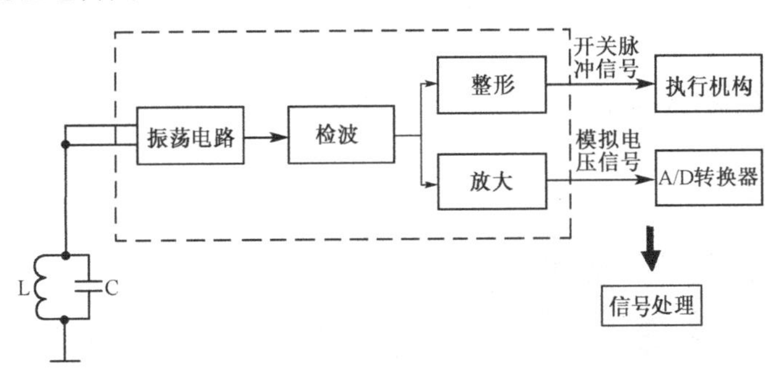

图 2.8　电感式接近传感器信息处理逻辑图

从图 2.8 中可以看出，振荡电路输出的信号经过不同电路处理将得到不同的输出形式。

2. 电感式接近传感器的应用举例

电感式接近传感器的输出信号通常有模拟电压信号和开关脉冲信号两种形式。在如图 2.9 所示的电路中，若模拟电压信号要送入单片机进行处理，需要经过 A/D 转换器的转换，先将模拟电压信号转变成数字信号，然后送入单片机进行处理。通常根据设计的功能要求和设定的参数编写应用程序，以及输入数字量的大小，测出接近物体的厚度和距离，然后通过 I/O 接口输出的信号控制相应的执行机构做出正确的反应或调整。图 2.9 所示为单片机与电感式接近传感器系统逻辑图。

如果传感器输出的是开关脉冲信号，则信号可以直接与单片机的 I/O 接口相连或控制执行机构。图 2.10 所示是流水线计数测量示意图。

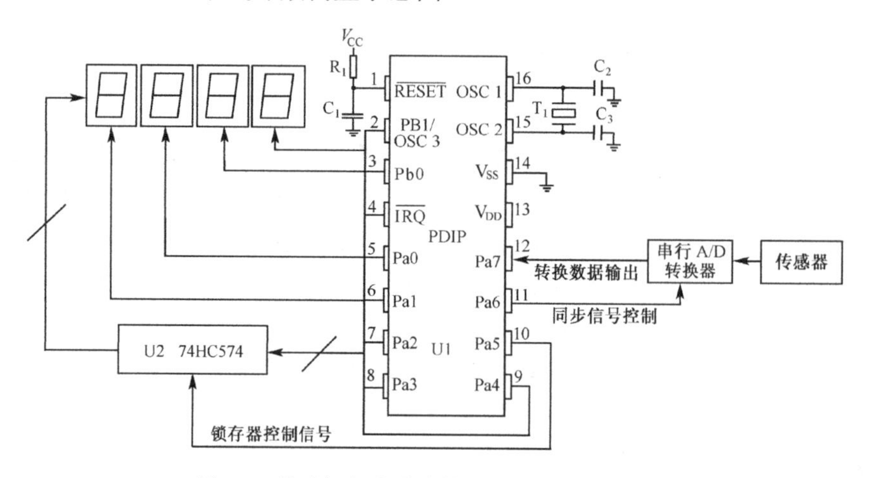

图 2.9 单片机与电感式接近传感器系统逻辑图

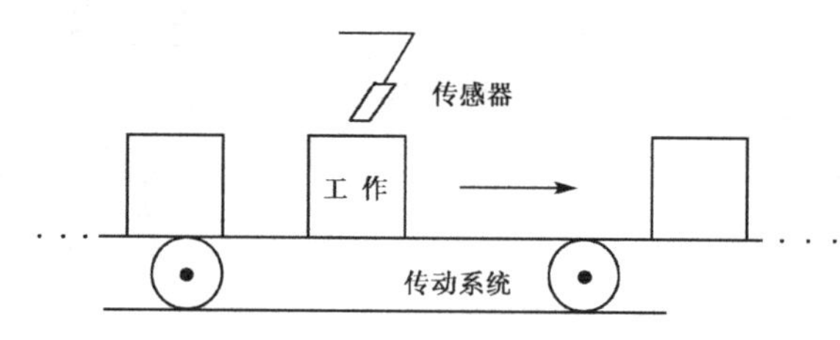

图 2.10 流水线计数测量示意图

每个被测金属物体接近传感器时，传感器就输出一个开关脉冲信号，用单片机统计出脉冲个数，就可以统计出被测金属物体的个数。

2.2.3 光栅位移传感器

1．光栅

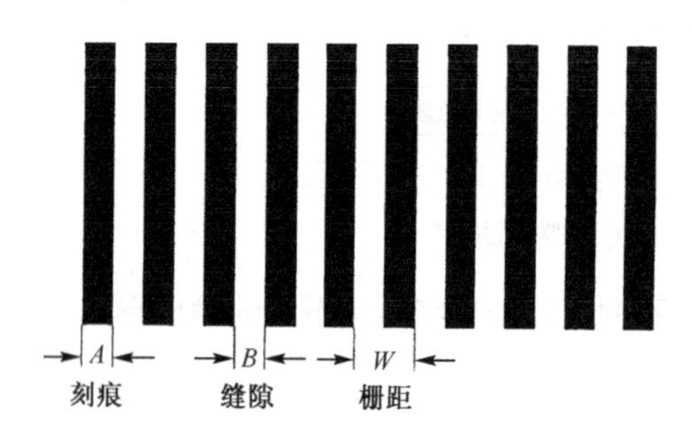

图 2.11 透射光栅结构等效图

由物理学的光学知识可知，由大量等宽等间距的平行狭缝组成的光学器件称为光栅，用玻璃制成的光栅称为透射光栅，其结构等效图如图 2.11 所示。透射光栅是在透明玻璃上刻出大量等宽等间距的平行刻痕，每条刻痕处是不透光的，而两条刻痕之间是透光的。光栅的刻痕密度根据工艺水平而定，一般每厘米为 10、25、50、100 条刻痕，精密光栅能够达到每厘米万条刻痕。图 2.11 中 A 为刻痕不透光部分；B 为玻璃透光部分；W 为两条平行光栅之间的栅距，且 $W=A+B$。

2．莫尔条纹

如果把两块栅距 W 相等的光栅平行安装，其中一块称为指示光栅，另一块称为主光栅，并且让它们的刻痕之间有较小的夹角θ，这时光栅上会出现若干条明暗相间的条纹，这种条纹称为莫尔条纹。图 2.12 所示为莫尔条纹放大等效图。

莫尔条纹是光栅非重合部分光线透过形成的亮带，它由一系列菱形图案组成。图 2.13 所示为莫尔条纹菱形放大图，图 2.12（a）与图 2.12（b）中的光栅刻痕和栅距都是相等的，但图 2.12（a）中主光栅的夹角大于图 2.12（b）中主光栅的夹角，即$\theta_a>\theta_b$。

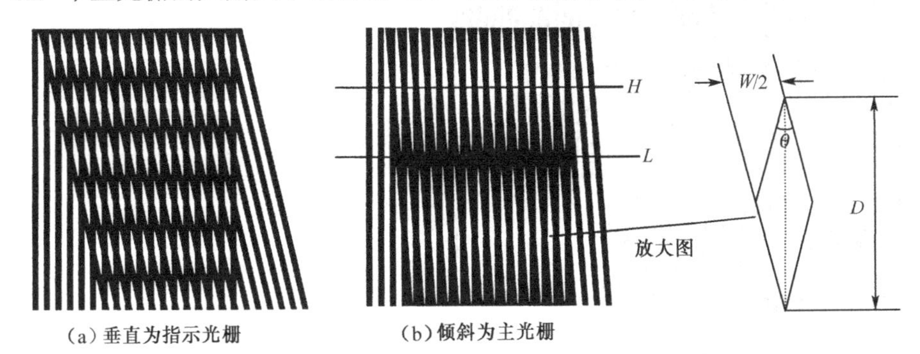

图 2.12　莫尔条纹放大等效图　　图 2.13　莫尔条纹菱形放大图

图 2.12（b）中的 H 线所经过的区域为亮区；L 线所经过的区域为暗区，它是由光栅的遮光效应形成的。以下是莫尔条纹的两个重要特性。

（1）当指示光栅不动，主光栅向左右移动时，莫尔条纹将沿着近于栅线的方向上下移动，查看莫尔条纹的移动方向即可确定主光栅的移动方向。

（2）莫尔条纹有位移的放大作用。当光栅沿着与刻线垂直方向移动一个栅距 W 时，莫尔条纹移动一个条纹间距 D。当两个等距光栅的栅间夹角 θ 较小时，主光栅移动一个栅距 W，莫尔条纹移动 KW 距离，K 为莫尔条纹的放大系数。θ 越小，K 越大，利用这一特性可以把看不见的栅距位移变成清晰可见的条纹，通过测量条纹的移动来检测光栅的位移，从而实现高灵敏的位移测量。

3. 光栅位移传感器的工作原理

图 2.14 所示为光栅位移传感器的工作原理示意图，光栅位移传感器由主光栅（移动光栅）、指示光栅（静止光栅）、光源、光学透镜和光电接收器组成。通常将主光栅与被测物体相连或安装在移动的被测物体上随被测物体移动，当主光栅产生位移时，莫尔条纹移动 KW 距离，这时光电接收器件记下通过某固定点的莫尔条纹的数目，计算出主光栅移动的距离，即可得出被测物体的位移量。图 2.15 所示为莫尔条纹移动图和双光电接收器光栅波输出波形图。由图 2.15 可知，用两个以上的光电接收器件即可测出物体的移动方向。

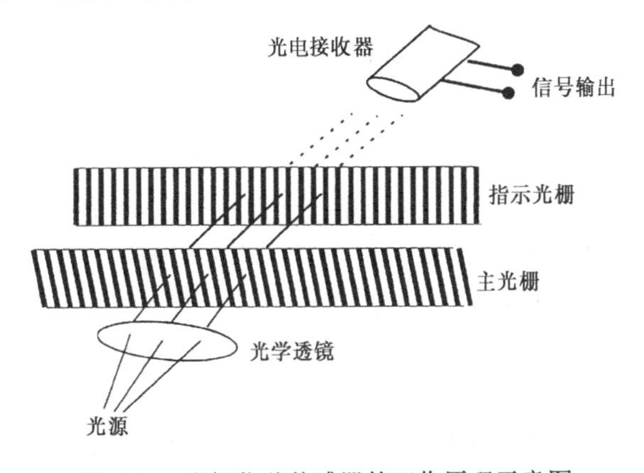

图 2.14　光栅位移传感器的工作原理示意图

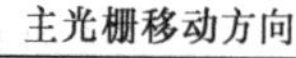
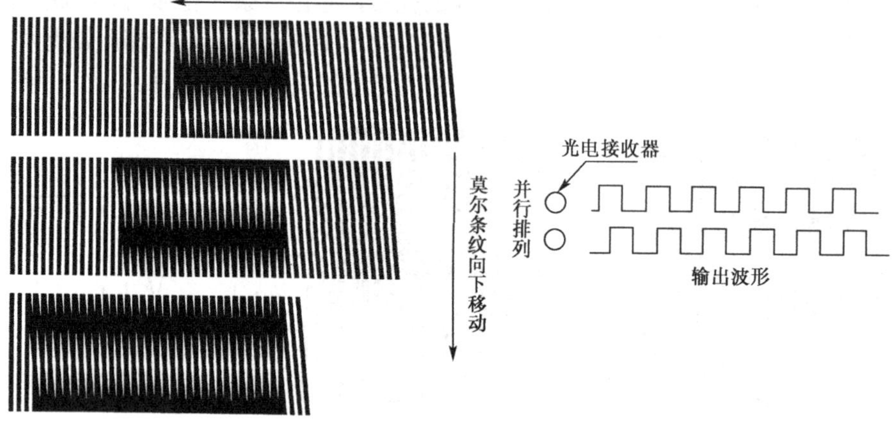

图 2.15　莫尔条纹移动图和双光电接收器光栅波输出波形图

4．光栅位移传感器的应用原理

由于光栅位移传感器的测量精度高（分辨率为 0.1μm）、动态测量范围宽（0～1000mm），可进行无接触测量，并且容易实现系统的自动化和数字化，因此通过改进光路设计，获得高倍数光学细分，再配以高倍数的电子细分技术，可以实现纳米级的位移测量分辨率。光栅位移传感器可以广泛地应用于超精加工、精密检测等领域，如超精加工机床、加工中心、三坐标测量机（CMM）等。图 2.16 所示是常用的圆形光栅编码器原理图，它将光栅等距离刻在圆形码盘上，构成一个圆形光栅编码器。通过光电转换可将旋转轴的转动量转换成相应的电脉冲或数字量，以获得精确的转动角位移，并输出给相应的计算机系统或数字测量仪表，实现精密测量和自动控制。

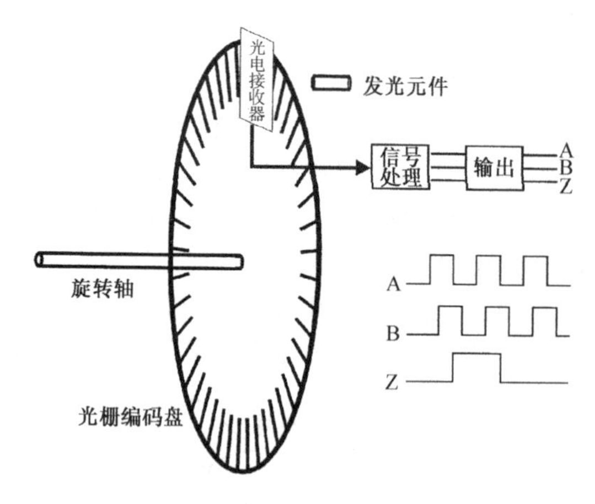

图 2.16　常用的圆形光栅编码器原理图

工作时，发光元件发出的光经过光栅编码盘后由光电接收器接收，当旋转轴不动时光栅编码盘也不动，光电接收器接收到的信号也不变；若旋转轴稍有变化，光栅编码盘也随之变化，由于发光元件和光电接收器的位置是固定不变的，光栅编码盘的变化引起边沿的光栅条切割光线，从而引起光电接收器的输出信号发生变化，变化的信号经过信号处理单元处理，其输出即互补输出的波形，其中信号 A 的波形与信号 B 的波形相差 1/4 个周期，通过对两路信号的时差分析，可以判断旋转轴的转动方向。信号 Z 是光栅编码盘旋转一周时输出的一个脉冲。结合三路输出信号和光栅编码盘上光栅的条数，既可以测出旋转轴的转动角速度（单位时间内转过的角度）和方向，又可以测出转过的圈数。

图 2.17 所示为圆形编码器与单片机相连的应用电路原理图。

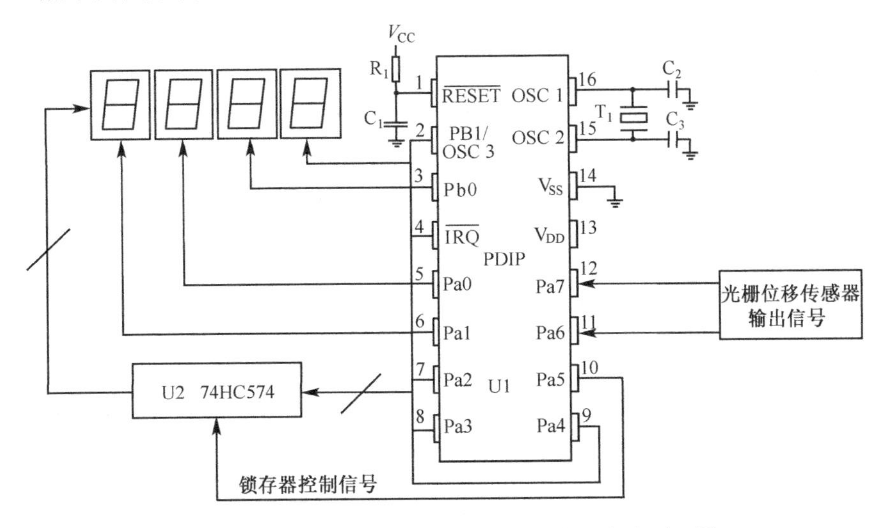

图 2.17　圆形编码器与单片机相连的应用电路原理图

2.3　热工量传感器

温度、热辐射、热流、湿度等热工量都是和人类的生活环境有密切关系的物理量。自古以来，这方面的许多测量方法已经得到普及，但是如今为了适应产业部门、科学研究、医疗、家用电器等方面的要求，仍在不断地研究开发新型传感器。其中，由于温度传感器不仅在各方面都有巨大需求，而且很多现象都有显著的温度效应，因此与温度有关的各种新型传感器不断被开发出来并得到应用。

2.3.1　集成温度传感器

集成温度传感器是近年来应用范围较广的新型温度传感器。它不仅是一个简单的传感器，还将辅助电路中的元件与传感元件同时集成在一块芯片上，使它同时具有校准、补偿、自诊断和网络通信的功能。集成温度传感器的体积、成本、价格降低，可靠性高，批量生产一致性好等优势是传统传感器所无法相比的。

1. 集成温度传感器的基本工作原理

集成温度传感器的温度传感部分采用一对匹配的半导体三极管作为温敏差分对管，集成温度传感器是利用它们之间的电压差所具有的良好正温度系数来制作的。图 2.18 所示是温度传感部分的工作原理图。图 2.18 中 VT_1 和 VT_2 是互相匹配的半导体三极管，I_1 和 I_2 分别是 VT_1 和 VT_2 的集电极电流，这时 VT_1 和 VT_2 的两个发射极和基极电压之差 ΔU_{be} 为

$$\Delta U_{be} = \frac{KT}{q}\ln\left(\frac{I_1}{I_2}\times\frac{S_2}{S_1}\right) = \frac{KT}{q}\ln\left(\frac{I_1}{I_2}\cdot\lambda\right)$$

式中，K——玻耳兹曼常数；

q——电子电荷量；

T——热力学温度；

I_1——VT_1的集电极电流；

I_2——VT_2的集电极电流；

λ——发射结面积 S_1 和 S_2 之比，是与温度无关的常数。

如果在较宽的温度范围内 I_1/I_2 恒定，则 ΔU_{be} 就是 T 的理想线性函数，这也是集成温度传感器的基本工作原理。各种不同电路和不同输出类型的集成温度传感器都是以此为基础设计的。

2．集成温度传感器的信号输出方式

集成温度传感器将温度从非电量信号转换成电量信号输出，方式有以下两种。

（1）电压输出型。电压输出型集成温度传感器感温部分的基本电路图如图 2.19 所示。当电流 I_1 恒定时，通过改变 R_1，可实现 $I_1=I_2$，当 VT_1 和 VT_2 的$\beta\geqslant 1$ 时，电路的输出电压可由式（2-1）确定，即

$$U_o = I_2R_2 = \frac{\Delta U_{be}}{R_1} = \frac{R_2}{R_1} \times \frac{KT}{q} \ln \lambda \tag{2-1}$$

式中，K——玻耳兹曼常数；

λ——发射结面积 S_1 和 S_2 之比。

因此，电路输出的电压与绝对温度成正比。

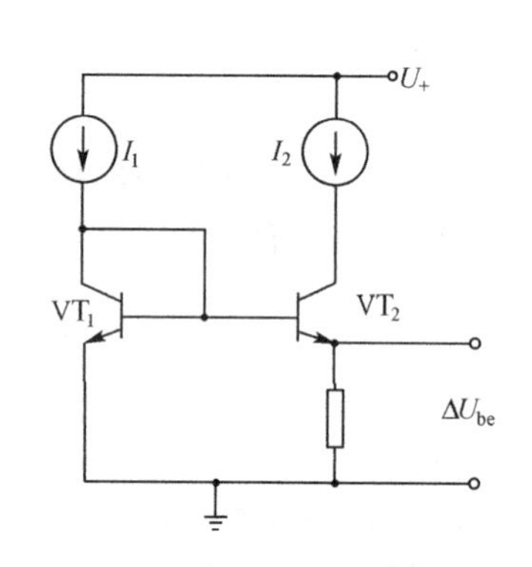

图 2.18　温度传感部分的工作原理图

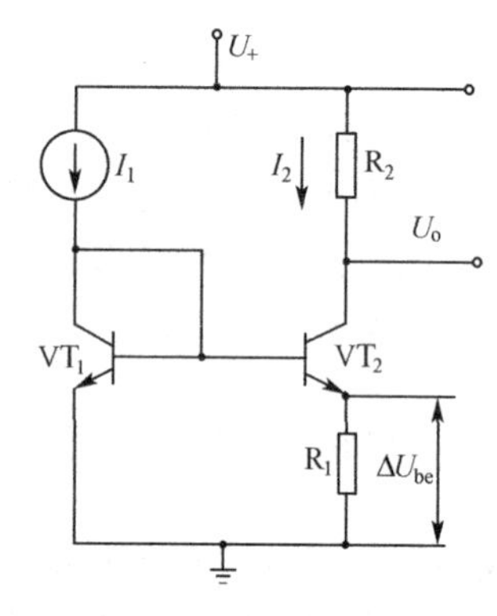

图 2.19　电压输出型集成温度传感器感温部分的基本电路图

（2）电流输出型。电流输出型集成温度传感器感温部分的基本电路图如图 2.20 所示。图 2.20 中的 VT_1 和 VT_2 在结构上完全一样，作为恒流源的负载，可以使电流 I_1 和 I_2 相等。VT_3 和 VT_4 是测温用的半导体三极管，其中 VT_3 是由 8 个半导体三极管并联在一起组成的，因此它的发射结面积等于 VT_4 发射结面积的 8 倍，即λ=8。当半导体三极管的$\beta\geqslant 1$ 时，流过电路的总电流可由下式确定：

$$I_T = 2I_1 = \frac{2\Delta U_{be}}{R} = \frac{2KT}{qR} \ln \lambda \tag{2-2}$$

式中，R 是在硅基板上形成的薄膜电阻，具有零温度系数。因此，电路输出的电流与热力学温度成正比。

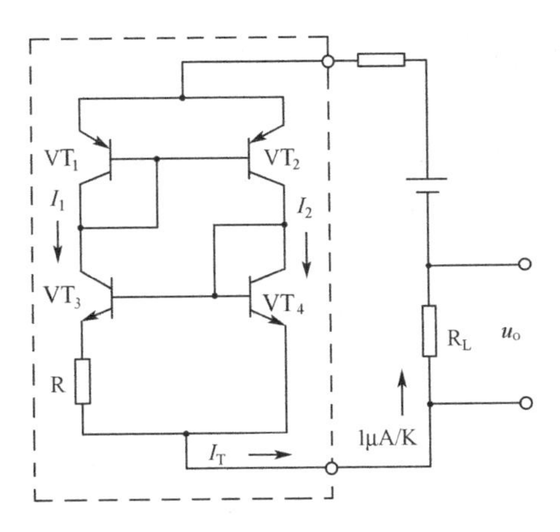

图 2.20　电流输出型集成温度传感器感温部分的基本电路图

3．集成温度传感器的应用举例

集成温度传感器与热敏电阻等温度传感器相比，具有良好的线性度和一致性。由于它把传感部分、放大电路、驱动电路、信号处理电路等集中在一个芯片上，所以具有体积小、使用方便等优点，在许多领域中得到广泛应用。图 2.21 所示是美国 DALLAS 公司生产的 DS1820 单线数字集成温度传感器的外形图，它具有微型化、低功耗、高性能、强抗干扰能力、易搭配微处理器等优点，特别适合构成多点温度测控系统，可直接将温度转化成串行数字信号供计算机处理，而且每片 DS1820 都有唯一的产品号并可存入其 ROM 中，以便在构成大型温度测控系统时在单线上挂任意多个 DS1820 芯片。从 DS1820 读出或写入信息仅需要一根接口线，供读/写及温度变换的功率来源于数据总线，该总线本身也可以向所挂接的 DS1820 供电，而无须额外电源。DS1820 能提供 9 位温度读数，无须任何外围硬件即可方便地构成温度检测系统。DS1820 采用 3 引脚 PR–35 封装或 8 引脚 SOIC 封装，引脚排列如图 2.21 所示。图 2.21 中的 GND 为地；DQ 为数据输入/输出端（单线总线），该引脚为漏极开路输出，常态下呈高电平；V_{DD}是电源引脚，不用时应接地；NC 为空引脚。

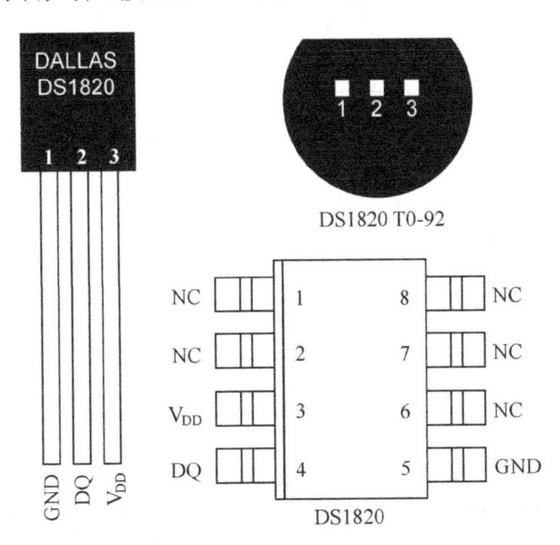

引脚定义：GDN—地；DQ—数据输入/输出端；

V_{DD}—电源引脚；NC—空引脚

图 2.21　DS1820 单线数字集成温度传感器的外形图

图 2.22 所示为 DS1820 的内部逻辑框图，它主要包括寄生电源、温度传感器、64 位 ROM

单线接口、存放中间数据的高速暂存器（内含便笺式 RAM）、用于存储用户设定的温度上下限值的 TH 触发器和 TL 触发器、存储与控制逻辑、8 位循环冗余校验码（CRC）发生器。寄生电源由二极管 VD_1、VD_2 和寄生电容 C 组成。电源检测电路用于判定供电方式。当寄生电源供电时，引脚 V_{DD} 接地，器件从单线总线上获取电源。当 I/O 线呈低电平时，由寄生电容 C 上的电压继续向器件供电。该寄生电源有两个优点：一是检测远程温度时无须本地电源；二是缺少正常电源时也能读 ROM。若采用外部电源 V_{DD}，则通过 VD_2 向器件供电。

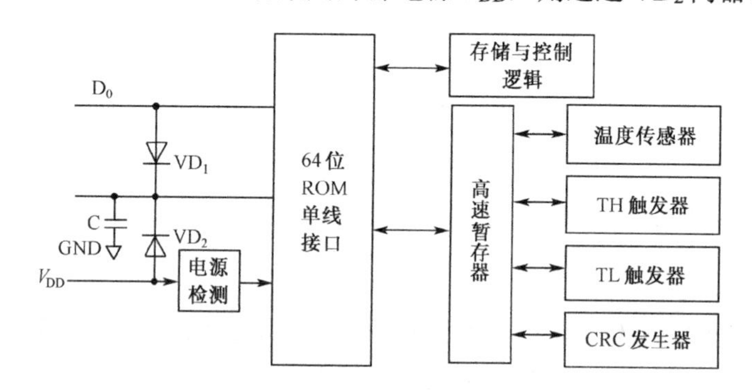

图 2.22　DS1820 的内部逻辑框图

DS1820 在测量温度时使用特有的温度测量技术，其温度测量逻辑框图如图 2.23 所示。

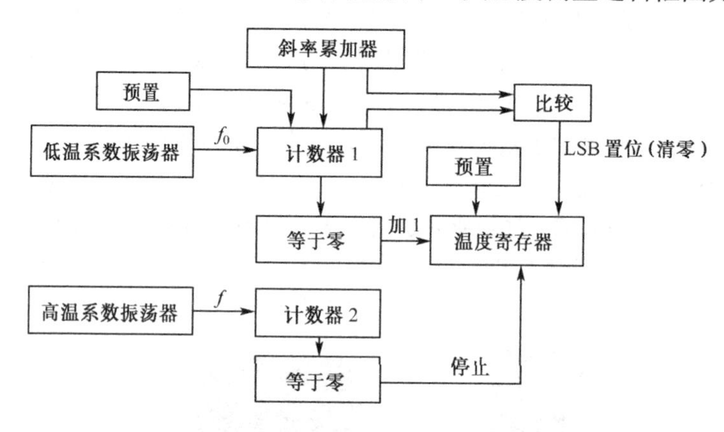

图 2.23　DS1820 温度测量逻辑框图

DS1820 内部的低温系数振荡器能产生稳定的频率信号 f_0，高温系数振荡器将被测温度转换成频率信号 f。当计数器 1 打开时，DS1820 对 f_0 计数，计数器 2 的接通时间由高温系数振荡器决定。芯片内部有斜率累加器，可对频率的非线性予以补偿。测量结果被存入温度寄存器中。一般情况下的温度值应为 9 位（1 位符号位），但因符号位扩展成高 8 位，故以 16 位补码形式读出。表 2.6 所示是 DS1820 温度和数字量的对应关系。

表 2.6　DS1820 温度和数字量的对应关系

温　度（℃）	输出的二进制码	对应的十六进制码
+125	0000000011111010	00FAH
+25	0000000000110010	0032H
+1/2	0000000000000001	0001H
0	0000000000000000	0000H

续表

温　度（℃）	输出的二进制码	对应的十六进制码
–1/2	1111111111111111	FFFFH
–25	1111111111001110	FFCEH
–55	1111111110010010	FF92H

在正常测温情况下，DS1820 的测温分辨率为 0.5℃，可采用下述方法获得高分辨率的温度测量结果：首先用 DS1820 提供的读暂存器指令（BEH）读出以 0.5℃为分辨率的温度测量结果；其次除去测量结果中的最低有效位（LSB），得到所测实际温度的整数部分 T_z；最后用 BEH 指令取计数器 1 的计数剩余值 C_s 和每摄氏度计数值 CD。考虑到 DS1820 测得的温度的整数部分以 0.25℃、0.75℃为进位界限，实际温度 T_s 可用下式计算：

$$T_s=(T_z-0.25)+(\mathrm{CD}-C_s)/\mathrm{CD} \tag{2-3}$$

2.3.2　高分子材料湿度传感器

1．高分子材料湿度传感器的类型

湿度传感器通常用于测定相对湿度、绝对湿度、露点等物理量。采用高分子材料制成的湿度传感器具有精度高、响应速度快、滞后时间短、可靠性高、重复性好、计测简便、制造容易等特点。这种湿度传感器的构造一般很简单，只要把高分子感湿材料放在上、下电极之间，使其成为不短路的装置即可。此外，为了使它的响应性更好，应该尽量使其薄膜化，一般膜厚度在 1μm 以下。采用高分子材料制成的湿度传感器按其工作原理大体可分为以下几种类型。

（1）采用电阻型高分子电解质材料制成的湿度传感器。高分子电阻式湿度传感器是目前发展迅速、应用较广的一类新型湿度传感器。它具有灵敏度高、线性度好、响应速度快、易小型化，以及制作工艺简单、成本低、使用方便等优点。高分子电阻式湿度传感器主要使用高分子固体电解质材料制作感湿膜，这种电解质材料的吸水性很强，它吸附水蒸气后，会导致阳离子和阴离子电离，使膜内的可移动离子增多，电阻大大下降。因此，高分子电阻式湿度传感器是利用离子传导导致电阻变化来进行湿度测量的。

图 2.24 所示是高分子电阻式湿度传感器的电阻与相对湿度的关系曲线。

（2）采用电容型高分子介质材料制成的湿度传感器。由于电容型高分子介质材料的介电常数较大，所以吸附水分以后，高分子薄膜的介电常数会增大，从而引起电容量的变化，此时，电容量的变化与湿度的大小有直接关系。因此，高分子电容式湿度传感器是利用电容变化的原理来进行湿度测量的。

高分子电容式湿度传感器本质上是一个电容器。图 2.25 所示为高分子电容式湿度传感器的结构图。

高分子薄膜上的电极是很薄的金属微孔蒸发膜，水分子可通过两端的电极被高分子薄膜吸附或释放。随着水分子的吸附或释放，高分子薄膜的介电常数会发生相应的变化。因为介电常数是随空气的相对湿度的变化而变化的，所以只要测定电容值 C 就可测得相对湿度。传感器的电容值可由下式确定，即

$$C=ES/D \tag{2-4}$$

式中，E——高分子薄膜的介电常数；

D——高分子薄膜的厚度；

S——电极的面积。

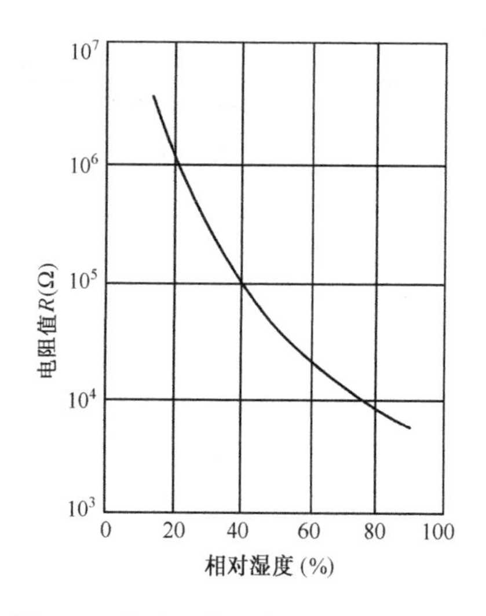

图 2.24 高分子电阻式湿度传感器的电阻与相对湿度的关系曲线

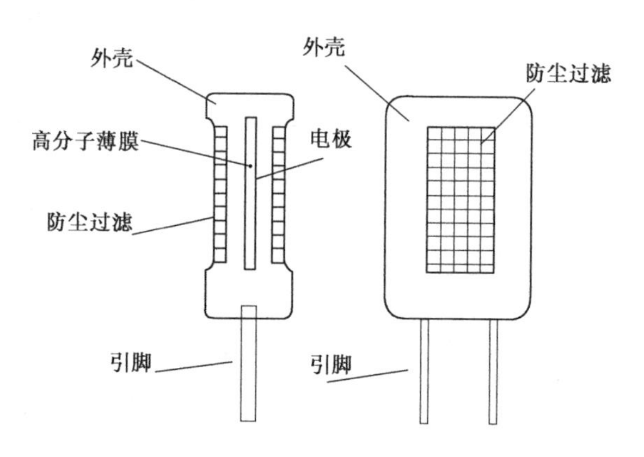

图 2.25 高分子电容式湿度传感器的结构图

目前，大多采用醋酸丁酸纤维素作为高分子薄膜的制作材料，这种材料制成的薄膜吸附水分子后，水分子之间不会有相互作用，尤其是当采用多孔金属电极时，可使传感器具有响应速度快、无湿滞等特点。高分子电容式湿度传感器的电容值与相对湿度的关系曲线如图 2.26 所示。

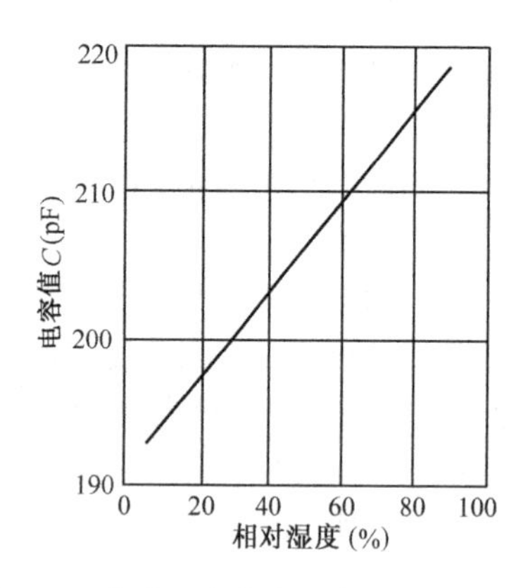

图 2.26 高分子电容式湿度传感器电容值与相对湿度的关系曲线

（3）采用膨胀性高分子薄膜制成的湿度传感器。把预先在膨胀性高分子材料中加入了导电性粉末（石墨、金属等）的高分子薄膜作为感湿材料使用。由于高分子材料吸附水分子后会膨胀，导电粉末间的距离发生变化，因此电阻值增大，根据电阻值的变化，就可以测量湿度的大小。

（4）采用涂敷吸湿性高分子材料制成的湿度传感器。在吸湿时，涂敷吸湿性高分子材料的共振频率会发生变化，这种变化与湿度的大小有关，因此，利用这种原理可以进行湿度测量。

虽然采用高分子薄膜材料制成的湿度传感器具有许多优点，但是也存在着一定的问题，即这种湿度传感器在有有机溶剂的情况下，或者在 80℃以上的高温环境中都不能使用。在上述情况下，使用多孔陶瓷作为感湿材料是比较合适的。

2．高分子材料湿度传感器的应用举例

图 2.27 所示为单片机-高分子电容式湿度控制调节系统逻辑图，单片机-高分子电容式湿度控制调节系统将传感器作为一个谐振电容串联在 U3 的谐振回路中，U3 是时基 555 多谐振荡器电路，振荡频率由 RC 决定。若电阻值固定不变，当高分子电容式湿度传感器的电容值随着湿度变化而变化时，电路输出的振荡频率也会随之变化，单片机的 I/O 接口 Pa7 作为信号的输入端，监视 U3 输出端 3 的频率变化，通过程序换算出频率变化与湿度变化的关系，即可直接显示出对应的相对湿度。如果是高分子电阻式湿度传感器，则只需将电容值固定，即可监测 U3 输出端的输出频率变化值。

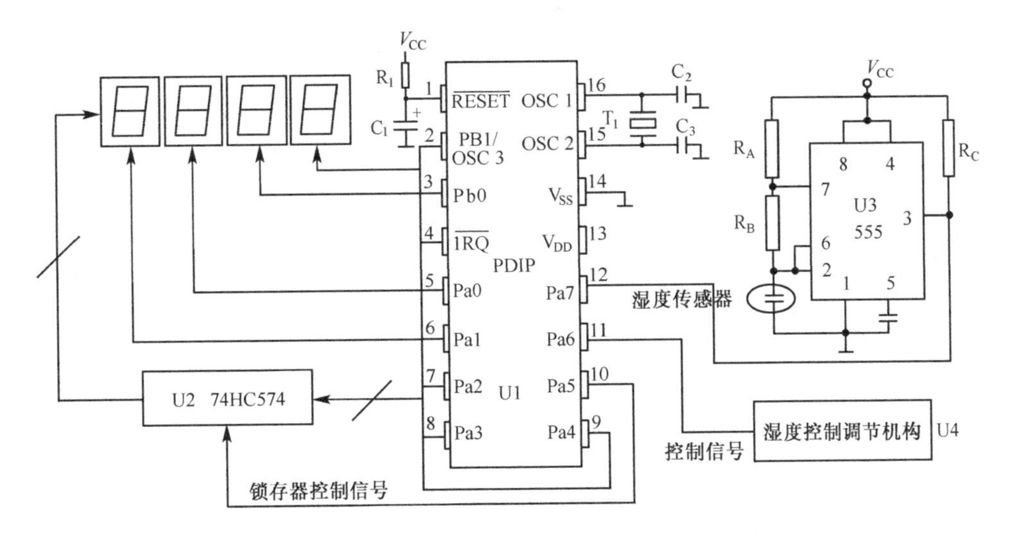

图 2.27 单片机-高分子电容式湿度控制调节系统逻辑图

2.3.3 涡流流量传感器

1．涡流流量传感器的工作原理

如果在流动的流体中插入圆柱体或棱柱体等棒状障碍物时，障碍物两侧就会交替地产生相互翻转的涡旋，下游就会形成规则的涡旋列，这种涡旋列就是流体力学中的卡门涡旋列，如图 2.28 所示。另外，在流动方向，棒状障碍物后面的流体由于形成涡旋列而发生振动，其振动频率等于涡流频率 f，与流体有如下关系：

$$
\begin{aligned}
f &= Sr \cdot \bar{v}/d \\
&= Sr \cdot \frac{1}{d} \cdot \frac{Q}{A}
\end{aligned}
\tag{2-5}
$$

式中，f——涡流频率；

Sr——斯特劳哈尔（Strouhal）数，它是一个无量纲数，是雷诺数在一定范围内的一个定值；

$\bar{v}$——流体的平均流速；

d——插入障碍物正对流向的宽度，如果是圆柱体则指直径；

A——流路的截面积；

Q——流体的流量。

式（2-5）说明，Sr 在一定范围内，涡流频率 f 和流量成正比。因此，只要测出涡流频率，就可以由此得出流体的流量，这就是涡流流量传感器的工作原理。

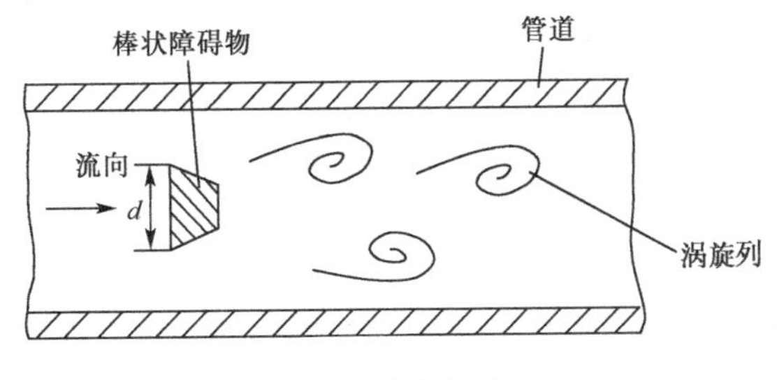

图 2.28 卡门涡旋列

2．涡流流量传感器的结构

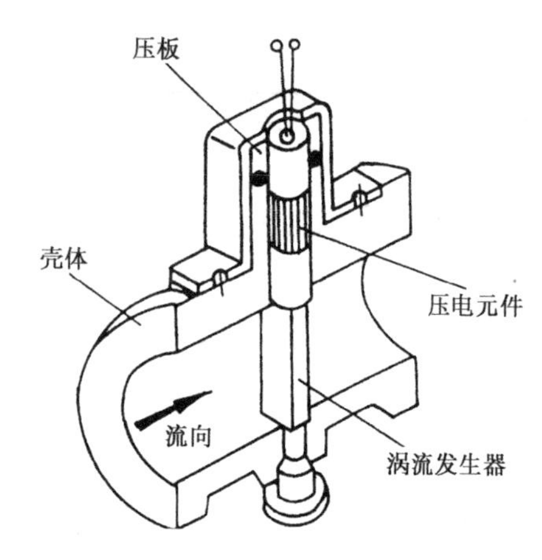

图 2.29　涡流流量计的结构示意图

图 2.29 所示是涡流流量计的结构示意图。涡流流量传感器常被称为涡流流量计，由外壳、涡流发生器和频率检测元件组成。涡流发生器的下端沿纵向自由支撑，上端固定在外壳的孔内，通过密封圈和压板加以固定。图 2-29 中的涡流发生器与流体接触部分的截面为梯形，这种形状可以提高所产生的涡流的稳定性，使流速与涡流频率具有良好的线性。当涡流发生时，其内部将产生一定的应力，这种应力经涡流发生器内部安装的压电元件检测后，再由电路对得到的信号进行处理，就可以得到与涡流频率对应的脉冲频率，最后以模拟电压的形式输出。

3．涡流流量传感器的特性

涡流流量传感器有以下特性。

（1）测量涡流频率的检测元件一般设置在涡流发生器内部，与流体隔离，因此，涡流流量传感器可以对所有流体进行流量检测，不受流体密度和黏度影响，量程大，零点稳定。

（2）在流体的通道上设置的涡流发生器是固定的，传感器没有运动部分，从而保证了传感器长期使用的可靠性。

（3）由于只是一根棒状的涡流发生器阻碍流体流动，所以压力损失很小。

（4）涡流流量传感器测量流体的温度为-40～300℃，流体的最高压力可达 30MPa。

（5）涡流频率和流速呈线性关系，涡流流量传感器测定流速的范围如下：液体流速最大为 10m/s，气体流速最大为 90m/s。

4．使用涡流流量传感器应注意的问题

（1）当被测流体的流速偏低时，流体将产生不稳定涡流，此时应适当减小管道的口径以提高流速。

（2）当测定附着性流体时，如果涡流发生器上附着过多的流体，则会使测量误差增大。

（3）传感器应安装在管道振动小的位置，并固定在牢固可靠的支架上。

5．涡流流量传感器的应用

涡流流量传感器的检测电路如图 2.30 所示。

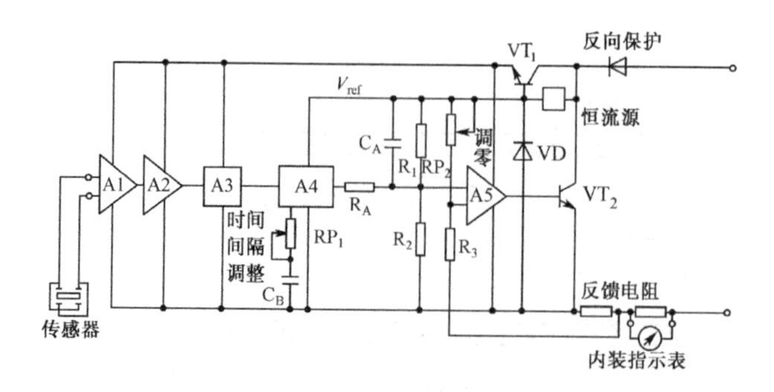

图 2.30　涡流流量传感器的检测电路

涡流使压电元件产生交流电荷，电荷转换器 A1 将该电荷转换成交流电压。交流电压经放大器 A2 输入施密特触发电路，从而得到与涡流频率对应的脉冲频率。电荷转换器和放大器的另一个功能是消除叠加在涡流信号上的噪声成分。施密特触发电路输出的脉冲由构成 F/V 转换器的倍频器 A4 倍频，再由 R_A 和 C_A 转换成模拟电压，模拟电压经 A5 和 VT_2 电路变换成 4～20mA 的电流信号。

当流量计的口径为 80mm，流速为 0.3～6m/s 时，与流量相对应的频率误差在±0.5%以内。

2.4 光传感器

光传感器是利用光敏元件将光信号转换成电量信号的传感器，它的敏感波长在可见光波长附近，包括红外线波长和紫外线波长。光传感器不只局限于对光的探测，它还可以作为探测元件组成其他传感器。在对非电量信号进行检测时，只要将这些非电量信号转换为光信号的变化即可。

根据光的电磁理论，光是一种频率很高的电磁波。人们能看见的可见光的波长范围为 0.4～0.76μm；人们不能看见但可借助仪器检测出来的有红外光（波长为 0.76～1000μm）、紫外光（波长为 0.4～0.0005μm）；其他人们不能看见的不同波长的电磁波有无线电波、X 射线和 γ 射线等。不同范围的电磁波的频率不同，能量不同，特性也不同。红外光波段具有的特征是热辐射，紫外光波段具有的特征是荧光效应。图 2.31 所示为对应波长和频率的光谱图，其中波数为波长的倒数。

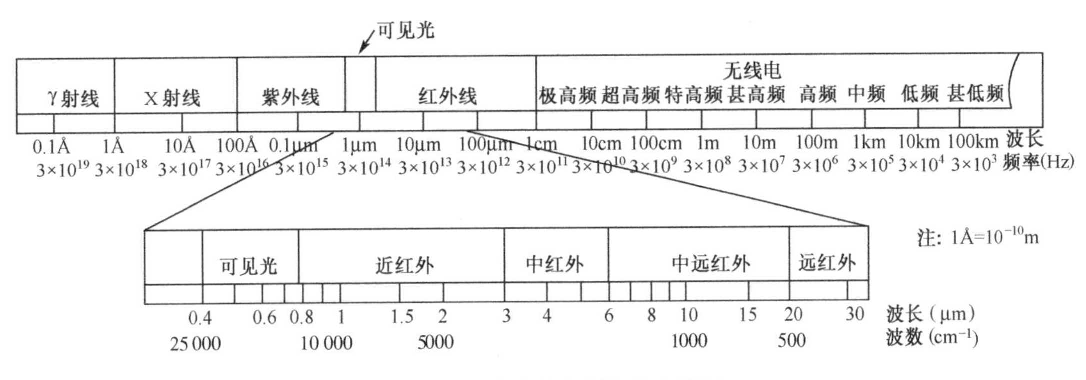

图 2.31 对应波长和频率的光谱图

光传感器是目前产量最多、应用范围最广泛的传感器之一，在自动控制和非电量电测技术中占有非常重要的地位。

2.4.1 光电式传感器

光电式传感器简称光电器件，它的物理基础是光电效应。由于光电式传感器反应速度快，能实现非接触测量，而且精度高、可靠性好、分辨率高，半导体光敏器件具有体积小、质量轻、功耗低、便于集成等优点，所以在现代测量和控制系统中应用非常广泛。

所谓光电效应，是指一些金属、金属氧化物、半导体材料在光的照射下释放电子的现象。根据光电效应可制成不同的光电转换器件，这种光电转换器件也称作光敏器件。

光电效应可分为两类：第一类是在光的作用下物体中的电子能从物体表面逸出，这种现象叫作外光电效应或光电反射效应，外光电效应多产生于金属和金属氧化物内，光电管、光电倍增管都属于外光电效应；第二类是在光的作用下所释放的电子不从物体表面逸出，只在物体内部运动，并使其电特性发生变化，这种现象叫作内光电效应，内光电效应多产生于半导体材料内。

内光电效应又分为光电导效应和光生伏特效应。当半导体材料受到光照射，入射光子的能量大于其禁止带宽时，半导体内载流子数目会增多，从而改变半导体的电导率，使半导体的阻值减小，这种物理现象称为光电导效应。光敏电阻等就属于光电导效应。当半导体的PN结受到光照射，入射光子的能量大于其禁止带宽时，PN结两侧会产生光生电动势，这种现象就是PN结的光生伏特效应。光电池、光敏晶体管就属于PN结的光生伏特效应。

1．光电管和光电倍增管

（1）光电管。根据外光电效应制成的光电管的种类很多，典型的是真空光电管。图2.32所示是光电管结构示意图和连接电路。光电管由一个阴极K和一个阳极A组成，阴极K表面涂有光电材料，和阳极A共同封装在一个真空玻璃泡内。阴极K和电源负极相连，阳极A通过负载电阻与电源正极相连，使管内形成电场。当有光照射阴极时，电子便从阴极逸出，在电场的作用下被阳极收集，形成电流 I，该电流 I 及负载电阻 R_L 上的电压会随光照的强弱而变化，从而将光信号转变为电量信号。

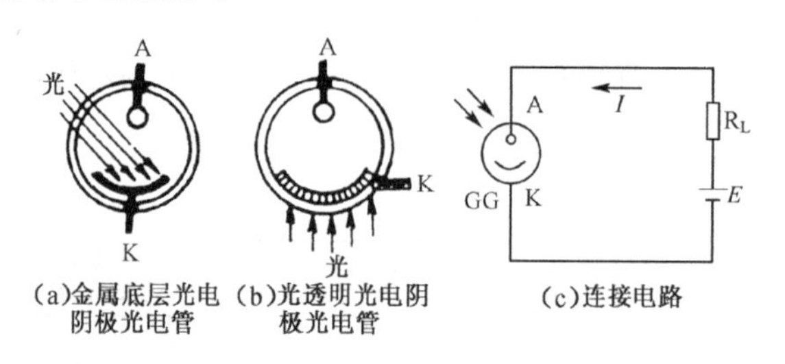

图2.32　光电管结构示意图和连接电路

（2）光电倍增管。当入射光很微弱时，光电管产生的电流很小，只有零点几微安，不易被检测，测得的误差也大。为了提高灵敏度，常用光电倍增管对光电流进行放大。在光电管的阴极和阳极之间安装若干个倍增极 $VD_1,VD_2,\cdots,VD_n$，就构成了光电倍增管。光电倍增管结构形式很多，如图2.33所示的是几种光电倍增管的结构原理图，有直线形结构、圆形“鼠笼式”和盒-网结构等。

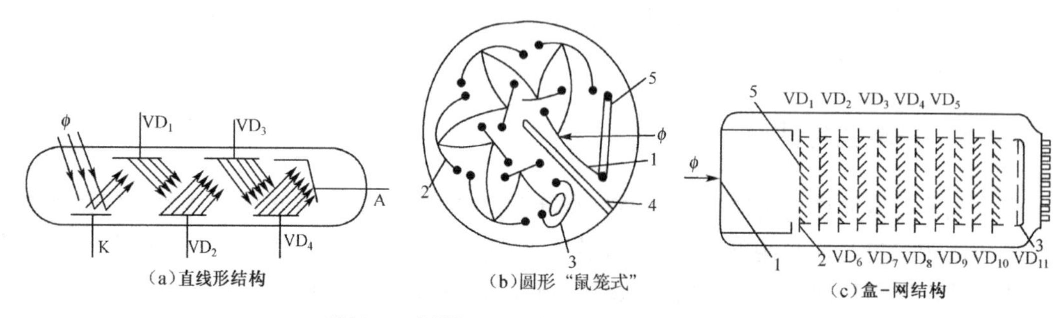

1—阴极；2—倍增极；3—阳极；4—绝缘隔板；5—栅网

图2.33　几种光电倍增管的结构原理图

光电倍增管的工作原理是建立在光电发射和二次发射的基础上的。工作时，倍增极电位是逐级增高的，当入射光照射光电阴极K时，立即有电子逸出，逸出的电子受到第一个倍增极VD_1的正电位作用，加速打在VD_1倍增极上，产生二次电子发射。同理，VD_1发射的电子在VD_2更高正电位作用下，再次被加速打在VD_2倍增极上，VD_2又会产生二次电子发射。这样，逐级前进，直到电子被阳极收集为止。

图2.34所示是由光电倍增管组成的路灯光电控制器的电路。白天，当光电管VT_1的光电阴极受到较强的光照射时，光电管产生的光电流会使场效应管VT_2栅极上的正电压增高，漏源电流增大，这时运算放大器IC的反相输入端的电压约为2.1V，所以运算放大器输出为负电压，VD_7截止，VT_3也处于截止状态，继电器K不工作，其触点K_1为常开状态，因此路灯不亮。到了傍晚时分，环境光逐渐减弱，光电管VT_1的电流也减小，使得场效应管VT_2栅极电压和源极电流随之减小，这时运算放大器IC反相输入端上的电压为负电压，其输出电压为13V，因此VD_7导通，VT_3也随之饱和导通，继电器K工作，其触点K_1闭合，路灯被点亮。到第二天清晨，由于光照增强，电路再自动转换为关闭状态。

为了防止晚间雷雨天的闪电或突然短时的强光照射，使电路造成误动作，在电路中，由电容C_1、电阻R_1及光电管的内阻构成一个延时电路，延时时间为3～5s，这样，即使有短时的强光作用（如闪电），也不会使电路翻转，仍能保持电路的正常工作。

为了防止自然光从亮到暗变化时的不稳定现象，电路中还接有正反馈电阻R_{11}。R_{11}的一端接在运算放大器IC的输出端，另一端经电阻R_6、电阻R_7分压后接在IC的同相端。由于有了正反馈，只要电路转换，电路就会处于稳定状态。

电路中的VD_1是温度补偿二极管，用来补偿场效应管VT_2栅、源极之间结压降随温度的变化；二极管VD_2、VD_3是为了保护运算放大器而设置的；VD_4、VD_5则主要用来防止反向电压进入放大器；VD_8为续流二极管。

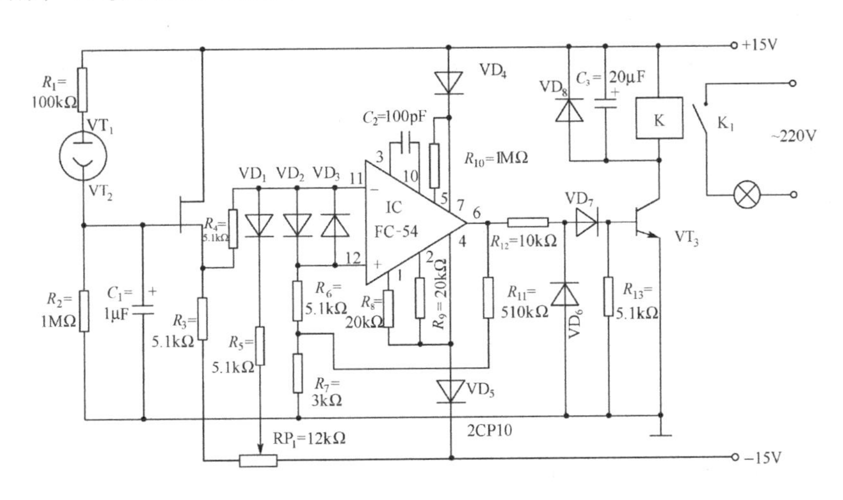

图2.34 由光电倍增管组成的路灯光电控制器的电路

2. 光敏器件

光敏器件是指能将光照的变化转换成电量信号的器件，它们都是用半导体材料制成的，属于半导体传感器。光敏器件的工作原理是基于内光电效应的。光敏器件的种类很多，常见的光敏器件有光敏电阻、光敏二极管、光敏三极管（光敏晶体管）、光控晶闸管、光敏开关管等。

（1）光敏电阻。光敏电阻是一种用光电导材料制成的没有极性的光电元件，也称光导管。它是基于半导体光电导效应工作的。常见的光敏电阻由硫化镉（CdS）材料制成。

由于半导体在光的作用下电导率变化的现象只局限于光照射的物体表面薄层，因此，在制作光敏电阻时，只要把掺杂的半导体薄膜沉积在绝缘基体上就可以形成光敏电阻。为了提高光敏电阻的灵敏度，光敏电阻的电极一般制成梳状电极。由于半导体材料怕潮，因此光敏电阻常用带透光窗户的金属外壳密封起来。因为光敏电阻没有极性，纯粹是一个电阻器件，所以，使用时既可加直流电压，也可加交流电压。

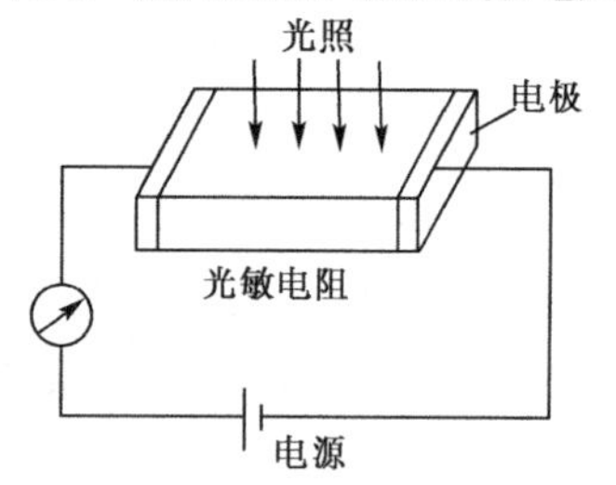

图 2.35　光敏电阻的工作原理图

图 2.35 所示是光敏电阻的工作原理图。当无光照射时，光敏电阻的阻值（暗电阻）很大，根据制作光敏电阻的材料的不同，暗电阻的阻值为 1～100MΩ，由于光敏电阻的阻值太大，所以电路中电流很小。当光敏电阻受到一定波长范围的光照射时，它的阻值（亮电阻）急剧减小，使电路中的电流迅速增加。根据电流的变化可知照射光线的强弱。

光敏电阻的主要技术特性有以下几点。

① 暗电阻，暗电流。将光敏电阻置于无光照射的黑暗环境中测得的光敏电阻的阻值称为暗电阻。这时，在给定的工作电压下测得的光敏电阻中的电流称为暗电流。

② 亮电阻，亮电流。在有光照射的情况下测得的光敏电阻的阻值称为亮电阻，亮电阻一般为几千欧姆。这时，在所加的工作电压下测得的电流称为亮电流。

③ 光敏电阻的光谱特性。使用不同材料制成的光敏电阻有不同的光谱特性。图 2.36 所示是三种光敏电阻（硫化镉、硫化铊、硫化铅）的光谱特性。由图 2.36 可知，不同的光敏电阻对不同波长的入射光有不同的灵敏度。

④ 光敏电阻的光电特性。在一定的电压作用下，光敏电阻的光电流 I_Φ（暗电流与亮电流之差）与照射的光通量Φ的关系称为光电特性。图 2.37 所示是典型的光敏电阻的光电特性曲线。由图 2.37 可知，光电特性具有非线性。

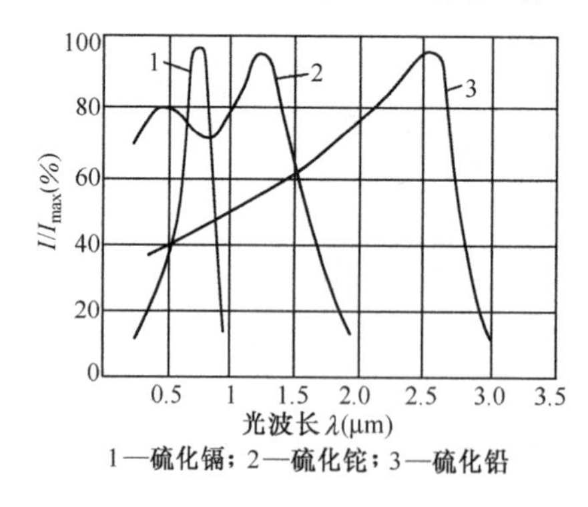

图 2.36　三种光敏电阻的光谱特性

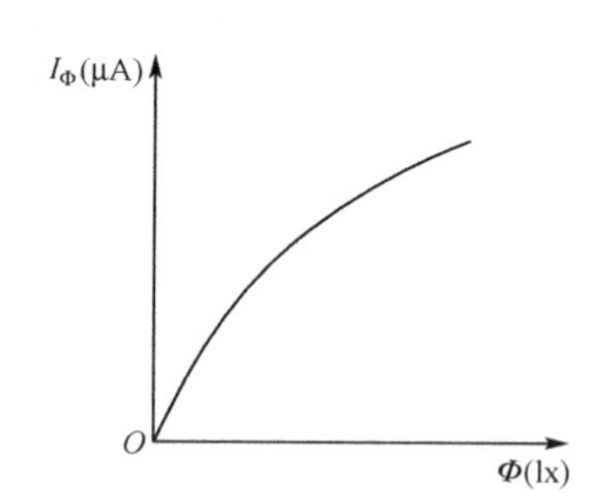

图 2.37　典型的光敏电阻的光电特性曲线

⑤ 时间常数。光敏电阻受到光照射时，光电流要经过一定时间才能达到稳定值。同样，光照射停止后，光电流也要经过一定时间才能恢复到暗电流。光敏电阻的这种光电流随光强度变化的惯性，用时间常数τ来表示。时间常数反映了光敏电阻对光照射反应的快慢程度。不同材料的光敏电阻有不同的时间常数。

光敏电阻的用途很广，常用于照相机、防盗报警器、火灾报警器等。由于光敏电阻光电特性的非线性，光敏电阻不太适宜用作测量元件。

（2）光敏二极管和光敏三极管。光敏二极管的结构与普通二极管相似，大多数半导体二极管和三极管都对光敏感，所以普通二极管和三极管都用金属壳或其他壳体密封起来，以防光照射，影响其性能。而光敏二极管是装在透明玻璃外壳中的，PN 结装在管的顶部，上面用一个透镜制成窗口，以便入射光集中在 PN 结上。PN 结具有光电转换功能，所以称为 PN 结光电二极管或光敏二极管。普通的半导体二极管加反向电压时，管中流过的电流称为反向饱和电流，它由少数载流子漂移运动形成。如果将光敏二极管也加上反向电压（见图 2.38），当无光照射时，它与普通二极管一样，电路中只有很小的反向饱和漏电流，称为暗电流，一般为 10^{-8}～10^{-9}A，二极管处于截止状态。当有光照射时，PN 结附近受光子轰击，使被束缚在价带中的电子获得能量，跃迁到导带成为自由电子，同时，价带中产生自由空穴，这些电子-空穴对对多数载流子影响不大，而对 P 区和 N 区的少数载流子来说，其数目却大大增加，在反向电压作用下，反向饱和漏电流增大，这种反向饱和漏电流称为光电流。这时，相当于光敏二极管导通，且光照度越大，光电流就越大。

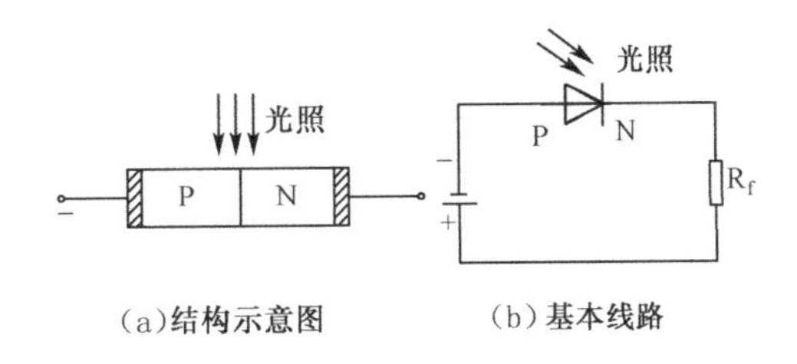

图 2.38　光敏二极管的结构示意图和基本电路

光敏三极管与反向偏压的光敏二极管很相似，只不过它有两个 PN 结，它在把光信号转换成电量信号的同时，又将信号电流放大，光敏三极管的光电流比相应的光敏二极管的光电流大（$1+\beta$）倍。图 2.39 所示是光敏三极管的结构示意图和基本电路。光敏三极管的结构与普通三极管十分相似，不同的是光敏三极管的基极往往不接引线，尤其是硅光敏三极管，由于其漏电流很小，常小于 10^{-9}A，所以一般没有基极外接点。

由于硅和锗半导体材料在反向偏置下的 PN 结的暗电流十分微弱，因此常使用这两种材料制成结型光敏二极管和结型光敏三极管。用硅材料制成的光敏管的暗电流和温度系数比锗光敏管要小得多，而且制作硅光敏管的平面工艺比较容易精确地控制管芯的结构，因此硅光敏管的发展超过了同类型的锗光敏管。

光敏二极管和光敏三极管的基本特性如下。

① 光谱特性。图 2.40 所示是光敏二极管和光敏三极管的光谱特性曲线。由图 2.40 可知，当入射光的波长增加时，其相对灵敏度会下降，这是因为光子能量太低，不足以激发电子-空穴对。同样，当入射光的波长减小时，其相对灵敏度也会下降，这是因为光子在半导体表面附近就被吸收，透入深度小，在表面激发的电子-空穴对不能达到 PN 结。从图 2.40 还可以看出，硅光敏二极管和硅光敏三极管的光谱响应的长波为 1100nm，短波为 400nm，而锗光敏二极管和锗光敏三极管的光谱响应的长波和短波分别在 1800nm、500nm 附近。两者的峰值波长分别为硅光敏管：900nm、锗光敏管：1500nm，又因为锗光敏管的暗电流较大，性能较差，所以在可见光或探测炽热状态物体时，一般都用硅光敏管；而在红外光段进行探测时，用锗光敏管则比较适宜。

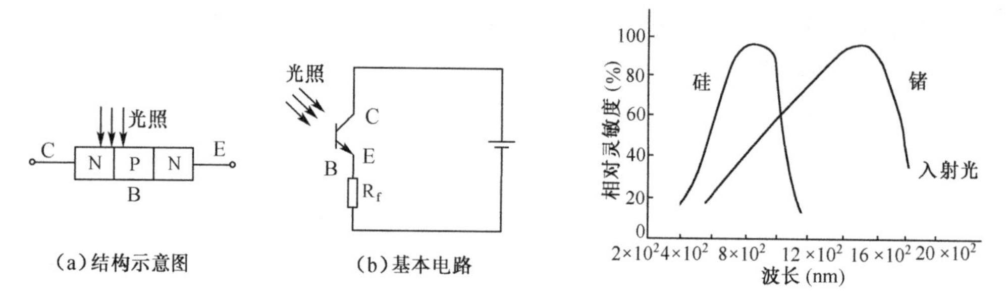

图2.39 光敏三极管的结构示意图和基本电路　　图2.40 光敏二极管和光敏三极管的光谱特性曲线

② 伏安特性。图2.41所示是硅光敏管在不同照度下的伏安特性曲线。由图2.41可知，光敏三极管的光电流比相同管型的光敏二极管大百倍。此外，在零偏压时，光敏二极管仍有光电流输出，而光敏三极管则没有。

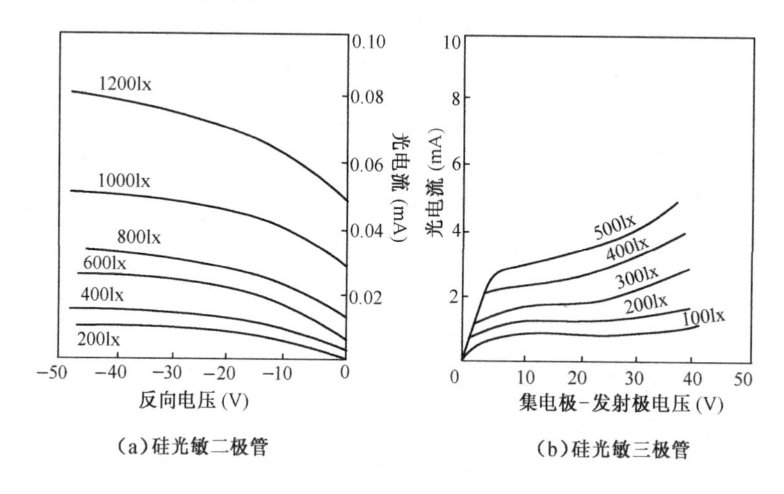

图2.41 硅光敏管在不同照度下的伏安特性曲线

③ 光照特性。图2.42所示是硅光敏管的光照特性曲线。由图2.42可知，硅光敏二极管的光照特性曲线的线性较好；而硅光敏三极管在照度较小时，光电流随照度增加较小，在大电流时有饱和现象（图中未画出），这是因为硅光敏三极管的放大倍数在小电流和大电流时都要下降。

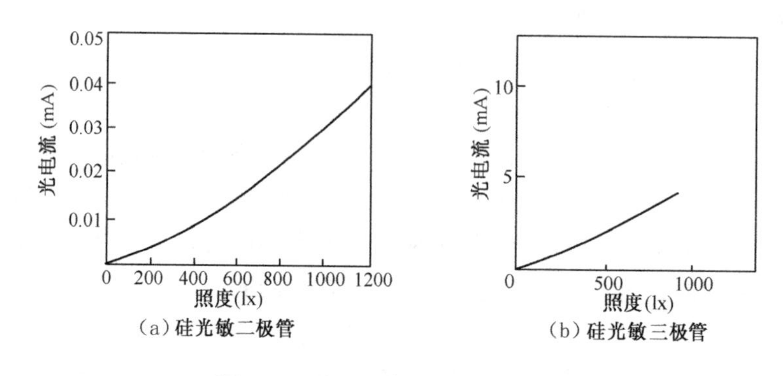

图2.42 硅光敏管的光照特性曲线

④ 频率响应。光敏管的频率响应是指当光敏管受到具有一定频率的调制光照射时，其输出的光电流（或负载上的电压）随频率变化的关系。光敏管的频率响应与其本身的物理结构、

工作状态、负载及入射光波长等因素有关。图 2.43 所示是硅光敏管的频率响应曲线。对于锗光敏管，入射光的调制频率要求在 5000Hz 以下，硅光敏管的频率响应要比锗光敏管的频率响应好。

⑤ 温度特性。光敏二极管和光敏三极管的温度特性是指其暗电流和光电流与温度的关系，如图 2.44 所示。温度变化对光电流影响很小，而对暗电流影响很大。

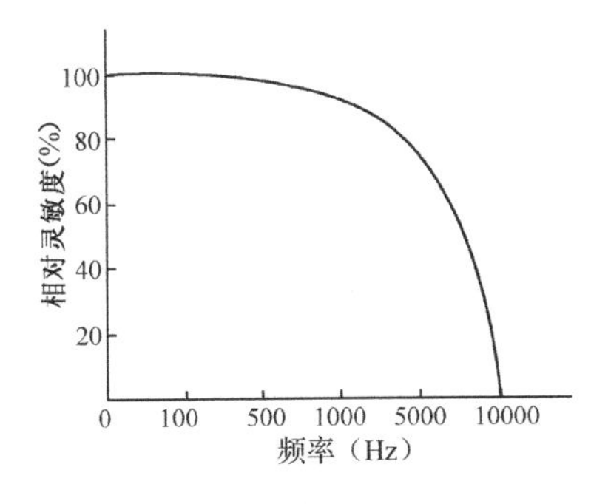

图 2.43　硅光敏管的频率响应曲线

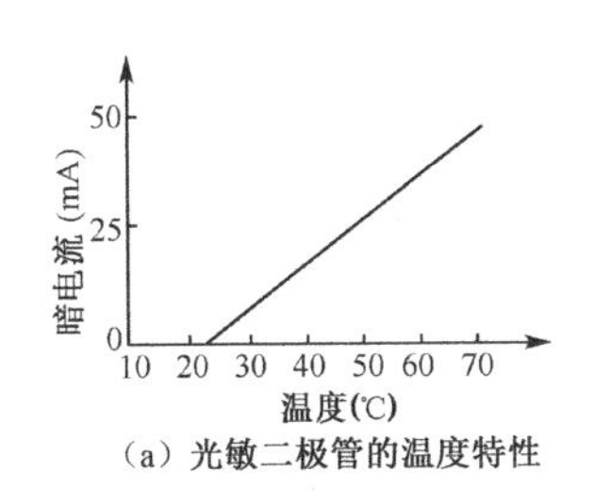

（a）光敏二极管的温度特性

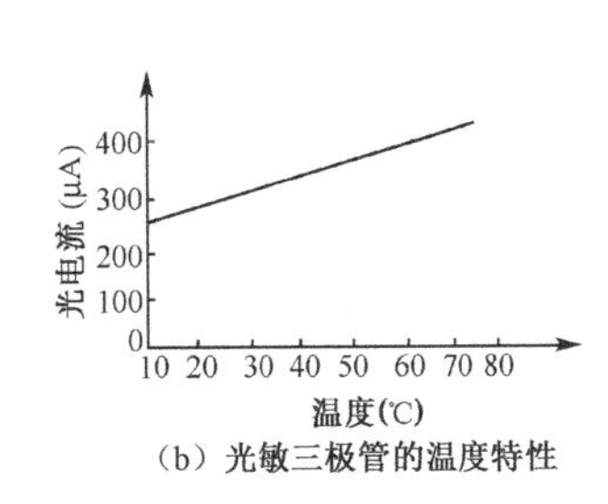

（b）光敏三极管的温度特性

图 2.44　光敏管的温度特性曲线

（3）光控晶闸管。光控晶闸管是指由光辐射触发而导通的晶闸管，又称为光控可控硅。光控晶闸管的典型应用电路如图 2.45 所示。当无光照射时，光控晶闸管 VS_1 阻断，此时电容 C_1 充电，当充电电压达到 VS_2 的转折电压时，VS_2 被触发导通。当有光照射时，光控晶闸管 VS_1 导通，电容 C_1 被短路，VS_2 断开。

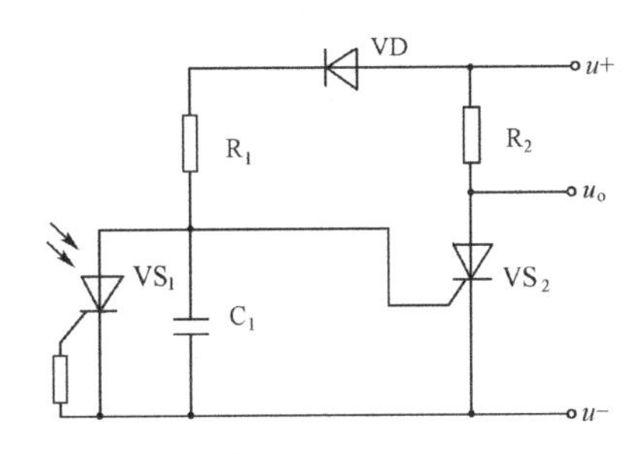

图 2.45　光控晶闸管的典型应用电路

（4）光敏开关管。光敏开关管是一种用光来触发导通的两端晶闸管光敏器件。在光敏开关管两端加上正向电压，有光照射时该管就会饱和导通。光触发导通的过程很短，一般仅需几微秒。光敏开关管一旦导通，即使失去光照射，也处于导通状态，呈现出对光照的记忆性。在光敏开关管两端加上反向电压，即使有光照射到光敏开关管上，也不会导通。

光敏开关管对自然光源和白炽光源都有良好的响应特性，对砷化镓红外发光管的响应特性更灵敏。由于光敏开关管灵敏度高，使用简单方便，再加上在开关状态下工作比一般光敏二极管和光敏三极管优越得多，所以它在自动控制、安全保护、防盗报警及电子设备的高功能化方面有广泛应用。

下面介绍两种光敏开关管的典型应用电路。

① 光继电器电路。图 2.46 所示是光继电器电路图。变压器 T 的次级输出 16V 交流电压作为继电器 K 和光敏开关管的工作电压。当无光照射光敏开关管时，光敏开关管不导通；当有光照射光敏开关管时，光敏开关管相当于一个半波整流二极管，在交流电正半周时导通，负半周时截止。半波脉动电流经 C_2 滤波，推动继电器 K 工作。当失去光照射时，交流电的过零电压使光敏开关管关断，继电器停止工作。这种光控继电器在各种光电计数、光电报警、光电液位、料位控制及自动控制中有广泛应用。

② 光记忆电路。图 2.47 所示是光记忆电路图。在光敏开关管的两端加有正向直流电压，当有光照射时，光敏开关管导通并始终保持这一状态。若想使光敏开关管关断，必须按动一次开关 S 切断电源，才能恢复到阻断状态。

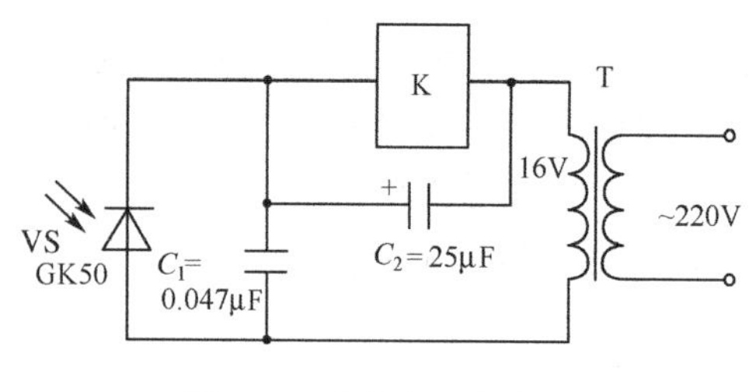

图 2.46 光继电器电路图

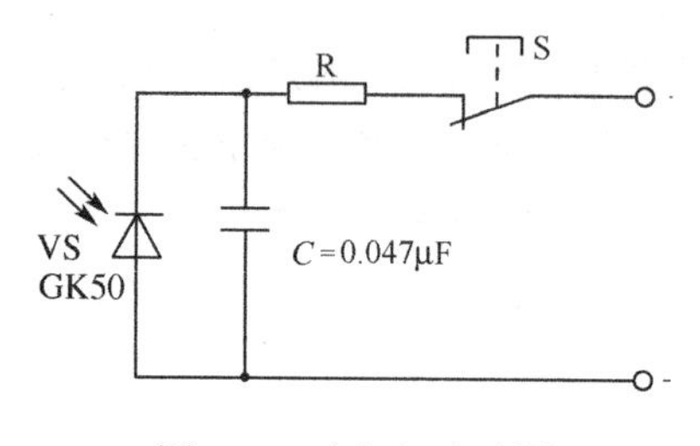

图 2.47 光记忆电路图

3．光电池

光电池在光照作用下实质上就是电源，电路中有了这种器件就不再需要外加电源了。

光电池的种类很多，有硒光电池、氧化亚铜光电池、锗光电池、硅光电池、磷化砷光电池等。因为硅光电池具有稳定性好、光谱范围宽、频率特性好、换能效率高、耐高温辐射等一系列优点，所以硅光电池最受重视。

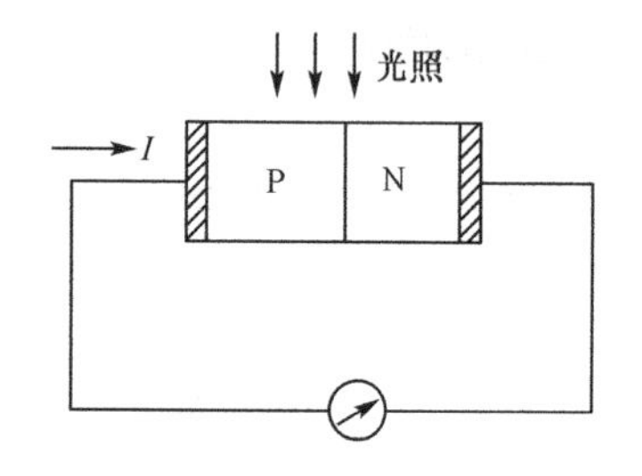

图 2.48 光电池的工作原理示意图

图 2.48 所示是光电池的工作原理示意图。光电池是一种直接将光能转换为电能的光电器件，它是一个大面积的 PN 结。当光照射到 PN 结上时，在 PN 结的两端产生电动势（P 区为正，N 区为负）。如果在 PN 结两端装上电极，再用一只内阻很高的电压表接在两个电极上，就可以发现 P 区和 N 区之间存在电动势。如果用导线将 P 区和 N 区连接起来，并串联一只电流表，电流表中就会有电流流过，这就是 PN 结的光生伏特效应。

光电池的基本特性有以下几点。

（1）光谱特性。光电池对不同波长的光的灵敏度是不同的。图 2.49 所示是硅光电池和硒光电池的光谱特性曲线。由图 2.49 可知，不同材料的光电池的光谱响应峰值所对应的入射波长是不同的。从特性曲线还可以看出，硅光电池的光谱响应波长范围是 400～1200nm，比硒光电池的光谱响应波长范围大。因此，硅光电池可以在很宽的波长范围内应用。

（2）光照特性。在不同的光照度下，光电池的光电流和光生电动势是不同的。图 2.50 所示是硅光电池的开路电压和短路电流与光照的关系曲线。由图 2.50 可知，短路电流在很大范围内与光照度呈线性关系；开路电压（负载电阻的阻值 R_L 无限大时）与光照度的关系是非线性的，而且在光照度为 2000lx 时就趋于饱和了。因此光电池在作为测量器件使用时，应利用短路电流与光照度呈线性关系的特点，把它当作电流源使用，而不要把它当作电压源使用。

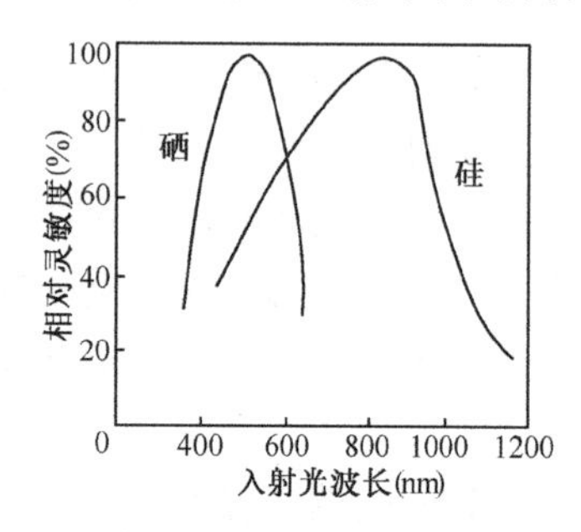

图 2.49 硅光电池和硒光电池的光谱特性曲线

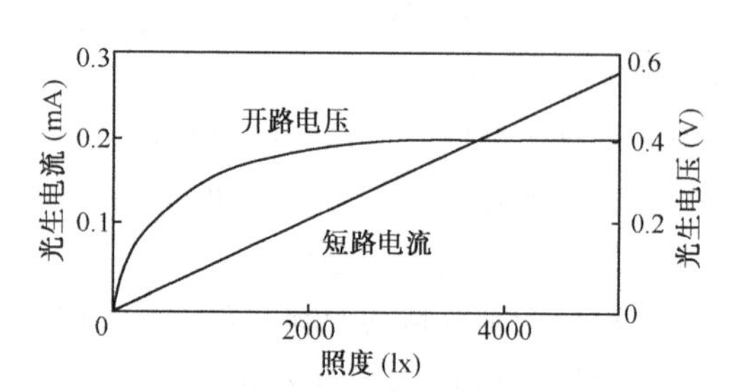

图 2.50 硅光电池的开路电压和短路电流与光照的关系曲线

光电池的短路电流是指当外接负载电阻相对于它的内阻来说很小时的电流值。负载越小，光电流与光照度之间的线性关系越好，且线性范围越宽。图 2.51 所示是硅光电池在不同的负载情况下的光照特性。由图 2.51 可知，当负载电阻为 100Ω，光照度在 0～1000lx 范围内变化时，光照特性是比较好的；而负载电阻超过 200Ω，则线性逐渐变坏。

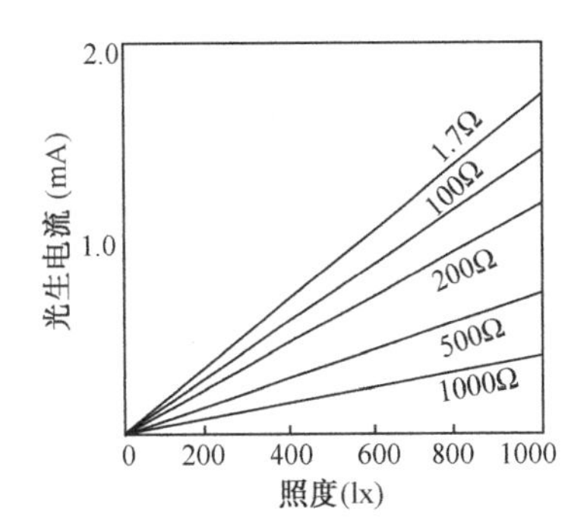

图 2.51 硅光电池在不同的负载情况下的光照特性

（3）频率响应。当光电池作为测量、计算、接收器件时，常用调制光作为输入。光电池的频率响应是指输出电流随调制光变化的关系。图 2.52 所示是光电池的频率响应曲线。由图 2.52 可知，硅光电池具有较好的频率响应，而硒光电池则差一些。因此，在高速计数的光电转换中一般都采用硅光电池。

（4）温度特性。光电池的温度特性是指开路电压和短路电流随温度变化的关系，由于它关系到应用光电池的仪器设备的温度漂移，影响测量精度、控制精度等重要指标，因此，温度特性是光电池的重要特性之一。图 2.53 所示是硅光电池在 1000lx 光照度下的温度特性曲线。由图 2.53 可知，开路电压随温度上升下降很快，而短路电流随温度的变化是缓慢的。因此，温度对光电池有很大的影响，在使用中，最好能保持温度恒定，或者采取温度补偿措施。

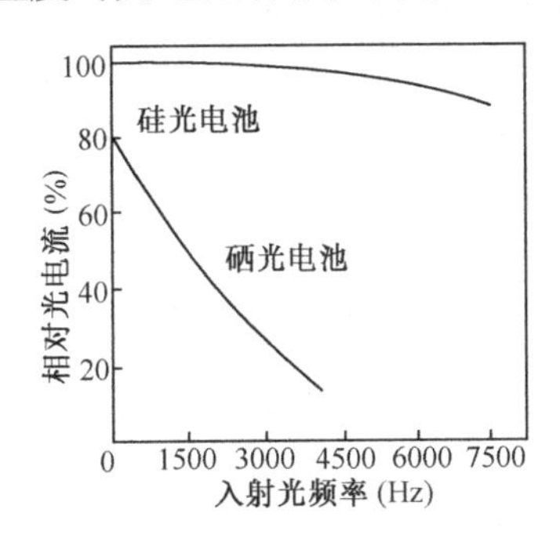

图 2.52 光电池的频率响应曲线

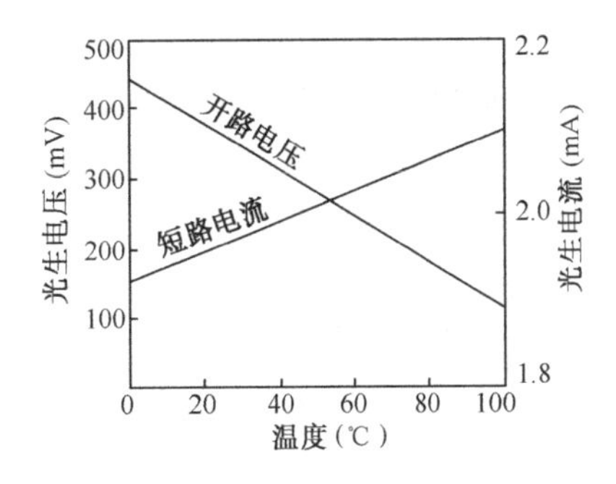

图 2.53 硅光电池在 1000lx 光照度下的温度特性曲线

（5）稳定性。当光电池密封良好、电极引线可靠、应用合理时，光电池的性能是相当稳定的，使用寿命也很长。尤其是硅光电池，其性能比硒光电池的性能更稳定。光电池的性能除了与光电池的材料及制造工艺有关，在很大程度上还与使用环境密切相关。例如，高温和强光照射会使光电池的性能变坏，而且使用寿命也会缩短，这一点在使用中要特别注意。

4. 光耦器件

光耦器件是由发光器件和光敏器件组合在一起的四端器件。它的输入端通常配置砷化镓发光二极管，实现电/光转换。在它的输出端通常采用光敏二极管、光敏三极管，实现光/电转换。光耦器件的输入与输出之间是绝缘的，只能由光来传输信号。

光耦器件按使用目的不同，可分为光电耦合器和光断续器。光电耦合器主要用于电路间的隔离；而光断续器作为一个非接触式传感器，在许多场合都有应用。

（1）光电耦合器。光电耦合器是将发光器件与受光器件组合封装在同一个密封体内的器件，发光器件和受光器件及信号处理电路可集成在一块芯片上。工作时，将电量信号加到输入端，使发光器件发光，而受光器件在发光器件光辐射的作用下输出光电流，从而实现“电—光—电”两次转换，通过光进行输入端和输出端之间的耦合。由于光电耦合器是以光为传输信号的媒介，因此它具有以下特点。

① 光电耦合器实现了以光为媒介的传输，保证了输入端和输出端之间的绝缘电阻都很高，一般都大于 $10^{10}\Omega$，耐压也高，具有优良的隔离性。

② 具有传输单向性。信号只能从发光源单向传输到受光器件，而不会反馈，输出信号不会影响输入端。

③ 发光源使用的砷化镓发光二极管具有低阻抗等特点，可以抑制干扰，消除噪声。

④ 当使用不同类型的器件组成逻辑电路时，用光电耦合器可以很好地解决电路中不能共电源或阻抗不同的器件相互隔离的问题。

⑤ 响应速度快，可用于高频电路。

⑥ 结构简单，体积小，寿命长，无触点。

由于光电耦合器具有上述特点，所以被广泛应用在电路隔离、电平转换、噪声抑制、无触点开关及固态继电器等场合。

（2）光断续器。光断续器是一种专门用来检测物体有无的光传感器。它的结构和光电耦合器的结构相似，也有一个发光器件和一个受光器件，将电量信号转换成光信号，然后将光信号转换成电量信号输出。光断续器大致可分为透光型和反光型两类。

① 透光型光断续器。透光型光断续器的发光器件和受光器件有一定的间隔，中间为物体穿过用的凹槽。当无物体穿过时，发光器件的辐射光直接照射在受光器件上，将光信号转换成电量信号输出；当有物体穿过时，发光器件辐射的光被遮挡，受光器件无光照射，也就没有输出信号，这样便可识别物体的有无。透光型光断续器主要用于光电控制、光电计量等电路中，还可以用于检测物体的有无、运动方向及转速测量等方面。

② 反光型光断续器。反光型光断续器的发光器件和受光器件以一定的角度并排安装，发光器件发出的光被物体反射，受光器件对其进行检测并将其转换为电量信号输出。反光型光断续器主要用于光电接近开关、光电自动控制、物体识别等方面，还可以作为医用光电传感器使用。

5．光电式传感器的应用

下面以脉冲式光电传感器为例说明光电式传感器的应用。

脉冲式光电传感器是将光脉冲转换为电脉冲的装置。图 2.54 所示是光电式数字转速表原理图。在被测转速的电动机上固定一个调制盘，将光源发出的恒定光调制成随时间变化的调制光。当有光照射到光电器件上时，光电器件就产生一个电脉冲信号，然后经放大器整形后记录。

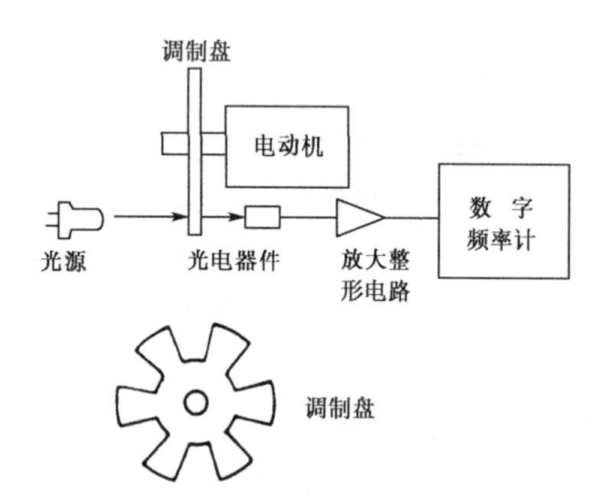

图 2.54　光电式数字转速表原理图

如果调制盘上开有 M 个缺口，测量电路计数时间为 T(s)，被测转速为 N(r/min)，则计数值 C 为

$$C=MTN/60 \tag{2-6}$$

为了使读数 C 能直接读出转速 N 值，一般取 $MT=60\times10^n$（n=0,1,2,…）。

2.4.2　红外光传感器

红外光传感器是根据红外波段具有热辐射的特性来检测物体辐射红外线的敏感器件，通常分为热电型和量子型两类。这两类红外光传感器不仅在性能上有差异，而且工作原理也不相同。热电型红外光敏器件首先把红外光能量转换成本身温度的变化，然后利用热电效应产生相应的电量信号。热电型红外光敏器件一般灵敏度低、响应速度慢，但有较宽的红外波长响应范围，而且价格便宜，一般常用于温度的测量及自动控制。量子型红外光敏器件可直接把红外光能转换成电能，其灵敏度高、响应速度快，但红外波长响应范围窄，有的在低温条件下才能使用。用量子型红外光敏器件组成的红外光传感器广泛应用在遥测、遥感、成像、测温等方面。本节主要介绍热电型红外光传感器。

1．热电型红外光传感器的原理

在某些电介质晶体中，不加外电场就存在电极化，这种极化强度称为自发极化强度，晶体是否具有自发极化强度取决于晶体的对称性。通常不对称晶体没有对称中心，由于它们在加压时会出现极化，因此称为压电晶体。在压电晶体中，只有自发极化的晶体在晶体发生温度变化时才会产生热释电效应，因此称这种晶体为热释电晶体或热释电体，又称热电元件。热电元件常用的材料有单晶、压电陶瓷及高分子薄膜。

通常，晶体自发极化所产生的束缚电荷被来自空气的附集在晶体外表面的自由电子中和，使其自发极化电荷不能显示出来。但当温度变化时，晶体结构中的正负电荷重心产生相对位移，晶体自发极化值就会发生变化，晶体表面的电荷耗尽，电中和的条件被破坏而产生一个电场。如果沿垂直方向将晶体切成薄片，并且在两表面淀积金属电极时，随着薄片温度的变化，两电极间就会出现一个与温度变化速率 $\mathrm{d}T/\mathrm{d}t$ 成正比的电压。若在两电极间接上阻值为 R 的负载，则在外电路中将产生电流，负载中的电流即热释电电流，其电流的变化为

$$I=A\sigma\frac{\mathrm{d}T}{\mathrm{d}t} \tag{2-7}$$

式中，A——金属电极表面积；

σ——热释电系数（a/R，其中 a 是常数，R 为负载电阻）；

$\mathrm{d}T/\mathrm{d}t$——温度变化速率。

因此，热释电电流只与热释电材料的温度变化速率有关，与温度本身无关。热释电探测器用于探测运动目标或温度不断变化的目标，对于静止物体而言，需要对入射的辐射进行调制才能检测。图 2.55 所示为热电型红外光传感器的原理图。

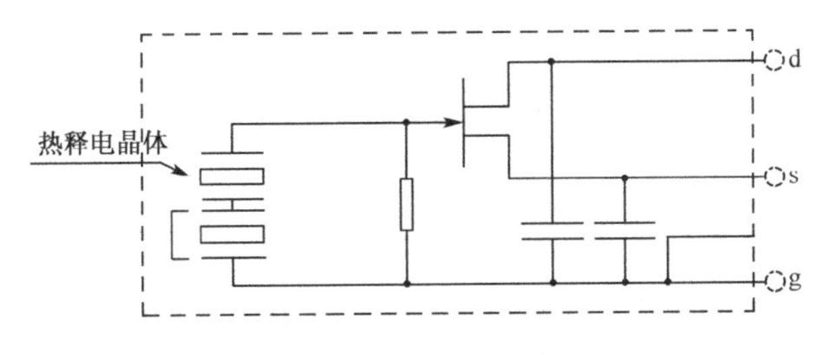

图 2.55　热电型红外光传感器的原理图

2．热电型红外光传感器的应用举例

图 2.56 所示为热电型红外光传感器的外形尺寸和内部等效电路图，其中热释电晶体由电阻等效。

图 2.57 所示为常用的热电型光传感器与信号放大部分连接的应用电路图。图 2.57 中 IR_1 和 IR_2 是双灵敏元热释电红外感温器件，采用双灵敏元互补方法的目的是抑制温度变化产生

的干扰，提高传感器的工作稳定性；源极电阻 R_2 是热释电器件的输出负载，用于将输出电流转换成电压；IC_1、IC_2 分别是比较和放大部分，R_3、C_2 是比较器的输入基准。当热释电器件在 R_2 上产生的电压大于比较器基准电压时，比较器输出电压翻转，经 IC_2 放大后输出信号，从而供给后续电路控制信号。

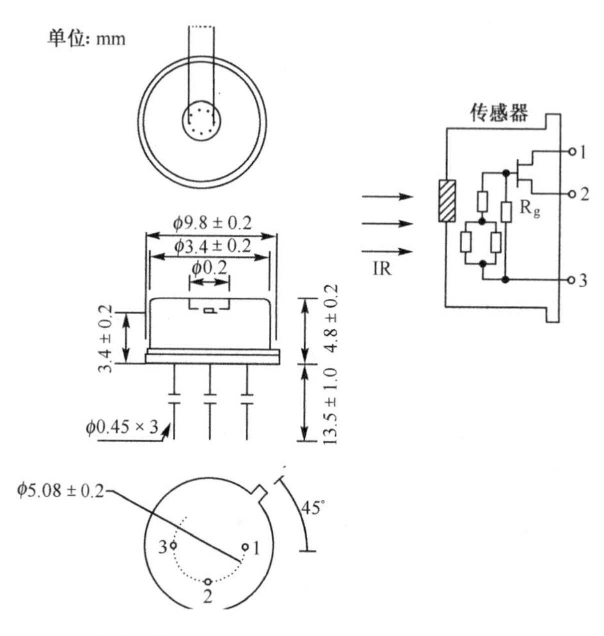

图 2.56　热电型红外光传感器的外形尺寸和内部等效电路图

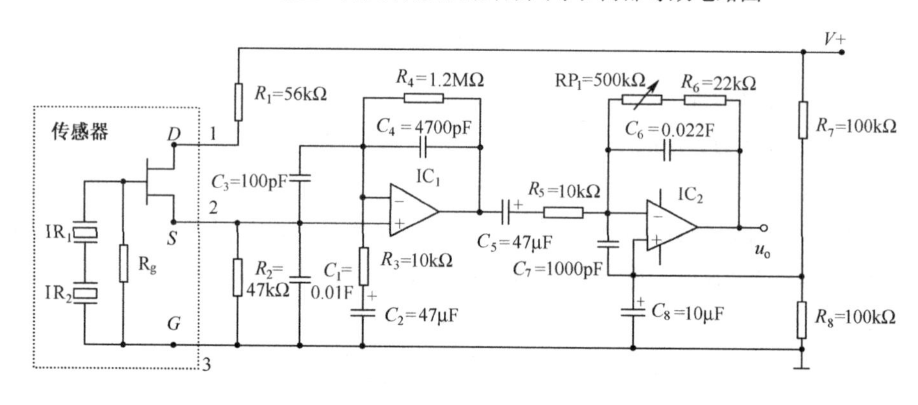

图 2.57　常用的热电型光传感器与信号放大部分连接的应用电路图

2.4.3　紫外线传感器

紫外线传感器是一种专门用来检测紫外线的光电器件。它对紫外线特别敏感，尤其是对木材、化纤植物、纸张、油类、塑料橡胶及可燃性气体等物质燃烧时产生的紫外线反应更为强烈，甚至可以检测到 5m 以内打火机火焰发出的紫外线，而且紫外线传感器受光角度宽、响应速度快。但是，紫外线传感器对太阳光和白炽灯光不敏感，还会受高压水银灯、γ射线、闪电及焊接弧光的干扰。尽管如此，紫外线传感器的应用还是很广泛，它主要用作火灾报警敏感器件，所以也称为火灾报警传感器。紫外线传感器广泛用于石油、气体燃料的火灾报警，也可以用于宾馆、饭店、办公室、仓库等重要场合的火灾报警。

1. 紫外线传感器的工作原理

紫外线传感器的工作原理如图 2.58 所示。在紫外线传感器的阴极和阳极间加上电压，当紫外线透过石英玻璃管照射到光电管的阴极上时，由于阴极涂敷有电子放射物质，阴极就会发射光电子，在强电场的作用下，光电子被吸向阳极。光电子在高速运动时与管内气体分子相碰撞，最终使阴极和阳极间充斥着大量的光电子和离子，引起辉光放电现象，从而在电路中形成很大的电流。当没有紫外线照射时，阴极和阳极之间没有电子和离子的流动，阴极和阳极间呈现相当高的阻抗。

图 2.59 所示是紫外线传感器的基本电路和输出波形。图 2.59 中 R_1 和 C_1 形成充放电回路，其时间常数称为阻尼时间，电极间残留离子的衰变时间一般为 5～10ms。当入射紫外线的光通量低于某个值时，在输出端就可以得到与入射紫外线的光通量成正比的脉冲数；但若光通量大于此值，由于电容 C_1 放电，管内电流就饱和了。因此紫外线传感器适合于光电开关，而不适合于精密的紫外线测量。

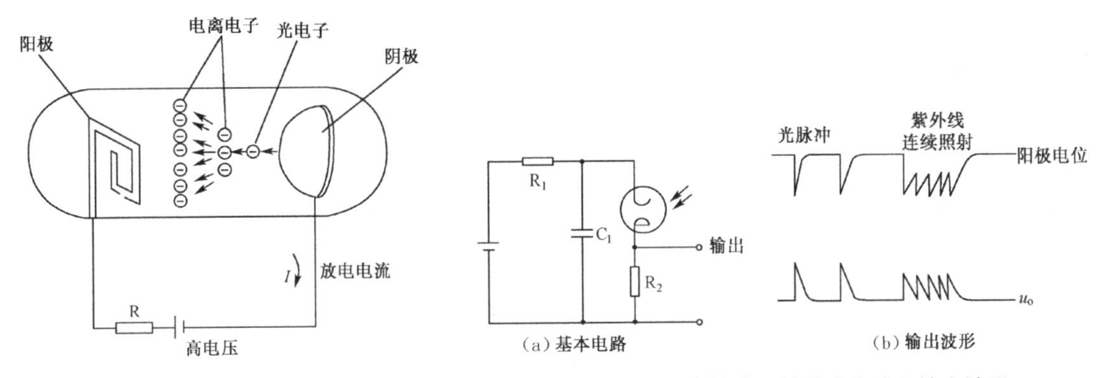

图 2.58 紫外线传感器的工作原理　　图 2.59 紫外线传感器的基本电路和输出波形

2. 紫外线传感器的结构

图 2.60 所示是紫外线传感器的外形结构图。其中，顶式结构如图 2.60（a）所示，卧式结构如图 2.60（b）所示。紫外线传感器的结构类似于光电管的结构，在玻璃管内有两个电极，一个是阴极，另一个是阳极。阴极为一圆帽或一长形平板，阳极则为一弯曲的金属丝。玻璃管是用石英材料制成的，目的是让紫外线很好地通过。石英玻璃管内封入了特殊的气体。

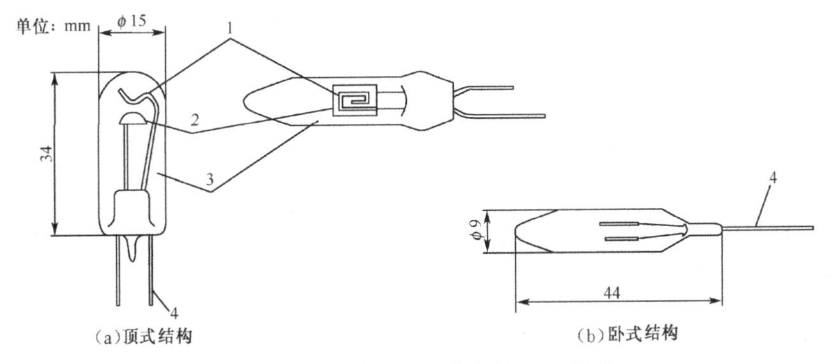

1—阳极；2—阴极；3—石英玻璃管；4—引脚

图 2.60 紫外线传感器的外形结构图

3．紫外线传感器的主要技术特性

紫外线传感器的主要技术特性如表 2.7 所示。

表 2.7 紫外线传感器的主要技术特性

主要技术特性 \ 传感器型号	R244	R286	R1753-01
光谱特性（nm）	85～260	85～260	185～260
最大灵敏度波长（nm）	195±5	195±5	200±5
放电起始电压（V）	310max	310max	260max
平均放电电流（mA）	1	1	3
放电维持电压（V）	350	320	185
典型工作电压（V）	350±35	325±35	300～350
极限工作电压（V）	575	400	420
最大工作电流（mA）	10	30	50
背景噪声（dB）	<10	<10	<5
灵敏度（次/min）	5000	5000	—
工作温度范围（℃）	–20～125	–20～60	–20～125
质量（g）	3	1.5	5
连续放电寿命（h）	10 000	10 000	10 000

2.5 其他传感器

2.5.1 气敏传感器

由于气体的种类繁多，性质差异较大，所以仅用一种类型的气敏传感器不可能检测所有气体，而只能检测某一类特定的气体。例如，固态电解质气敏传感器的主要测量对象是无机气体，如 CO_2、H_2、Cl_2、NO_2、SO_2 等。声表面波气敏传感器的主要测量对象是各种有机气体，如卤化物、苯乙烯、碳酰氯、有机磷化合物等。氧化物半导体气敏传感器的主要测量对象是各种还原性气体，如 CO、H_2、CH_4、NH_3 等。由于这类传感器的制造成本低，信号测量手段简单，工作稳定性良好，检测灵敏度相当高，因此，广泛应用于工业和民用自动控制系统，而且是当前应用最普遍、最具有实用价值的一类气敏传感器。本节主要对这类传感器进行简单介绍。

1．电阻型半导体气敏元件

电阻型半导体气敏元件的表面吸附有被测气体时，其电阻值会随被测气体浓度的改变而变化。由于这种反应是可逆的，因此传感器可反复使用。使用时通常用加热器对气敏元件加热，以便加速这种反应。

图 2.61 所示是半导体气敏元件吸附被测气体后的电阻变化情况。当半导体气敏元件在洁净空气中开始通电加热时，其阻值先是急剧下降，几分钟后达到稳定状态；然后，阻值会随着被测气体的吸附情况而变化。P 型半导体气敏元件的阻值上升，N 型半导体气敏元件的阻值下降。

2．SnO_2（二氧化锡）气敏元件

SnO_2气敏元件是一种工艺比较成熟、使用比较广泛的气敏元件，其结构如图 2.62 所示。

SnO_2 气敏元件是基体材料 SnO_2 添加一定的催化剂后和加热器、测量电极烧结在一起制成的，然后将加热器和测量电极焊接在塑料底座的引脚上，并罩上两层不锈钢丝网，起防尘保护作用。

SnO_2 气敏元件可用来对 CH_4、C_4H_{10}、CO、H_2、C_2H_5OH 等进行测量，其特性曲线如图 2.63 所示。

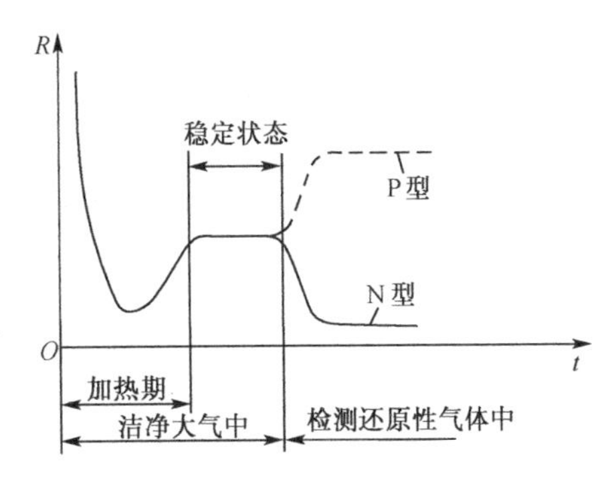

图 2.61　半导体气敏元件吸附被测气体后的电阻变化情况

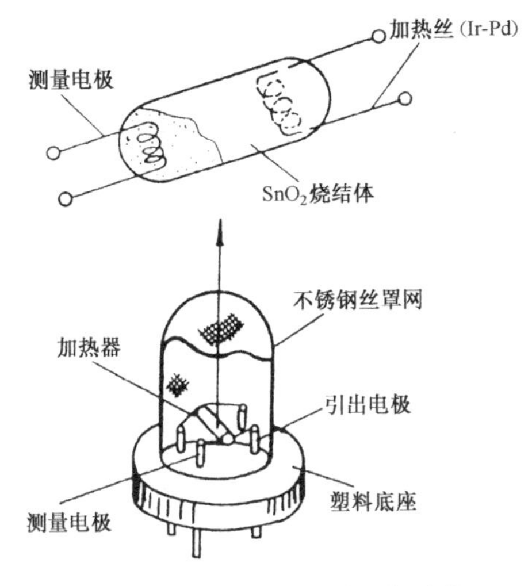

图 2.62　SnO_2 气敏元件的结构

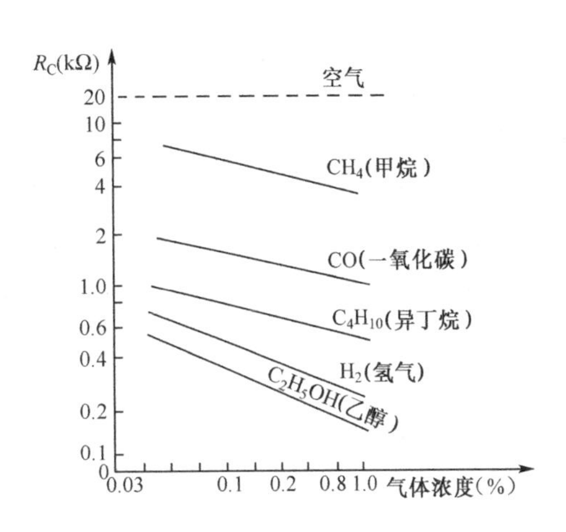

图 2.63　SnO_2 气敏元件的特性曲线

3．Fe_2O_3 系列气敏元件

液化石油气、天然气、煤气是主要的民用燃料。液化石油气和天然气的主要成分是甲烷，煤气的主要成分是一氧化碳和氢气。如果居民使用的各种燃气发生泄漏，那么就有可能造成严重的后果，所以对上述可燃性气体的检测是十分重要的。目前检测上述可燃性气体的气敏元件主要是 Fe_2O_3 系列气敏元件。

Fe_2O_3 系列气敏元件包括γ-Fe_2O_3 和α-Fe_2O_3 两种气敏元件。

γ-Fe_2O_3 气敏元件是由 Fe_2O_3 粉料压制成型后在高温下烧结而成的，内部有测量电阻和金或铂电极，外部也有加热体。γ-Fe_2O_3 气敏元件对丙烷很敏感，但对甲烷不敏感。α-Fe_2O_3 气敏元件对甲烷和丁烷都非常敏感，并且不会因为水蒸气和乙醇的影响而产生误差，所以特别适用于家用可燃性气体的报警。

4．气敏传感器的应用

可燃性气体，尤其是有毒气体，万一发生泄漏，将会引起火灾或意外人身、设备伤害事故。所以检测空气中有无这种气体是保持环境卫生和保证消防安全的重要措施。图 2.64 所示是由半导体气敏传感器组成的有毒气体探测报警器。

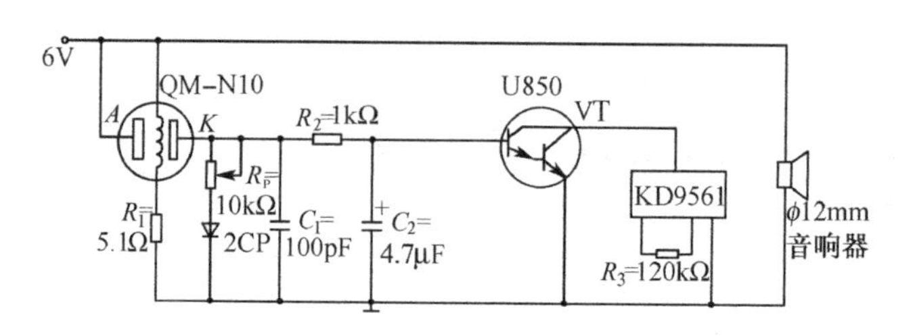

图 2.64　由半导体气敏传感器组成的有毒气体探测报警器

图 2.64 中使用的传感器是 QM-N10 N 型半导体气敏传感器。当空气洁净时，A、K 两点间的电阻很大，流过电位器 R_P 的电流很小，K 点电位很低，达林顿管 U850 截止；当空气中含有有毒气体时，A、K 两点间的电阻迅速降低，通过 R_P 的电流增大，K 点电位升高，向电容 C_2 充电，当 C_2 充电到 U850 的导通电位时，U850 导通，驱动集成发声芯片 KD9561 发出报警音响。当空气中的有毒气体浓度下降，K 点电位低于 1.4V 时，U850 又截止，停止报警。

图 2.65 所示是可燃性气体浓度检测电路原理图，它可对家庭煤气、一氧化碳、液化石油气等的泄漏实现监测报警。图 2.65 中 U257B 是 LED 条形驱动器集成电路，其输出量（LED 被点亮的个数）与输入电压呈线性关系。LED 被点亮的个数取决于输入端 7 引脚电位的高低。通常 7 引脚电位电压低于 0.18V 时，其输出端 2～6 引脚均为低电压，LED_1～LED_5 均不亮。当 7 引脚电位等于 0.18V 时，LED_1 点亮；当 7 引脚电压为 0.53V 时，LED_1 和 LED_2 均点亮；当 7 引脚电压为 0.84V 时，LED_1～LED_3 均点亮；当 7 引脚电压为 1.19V 时，LED_1～LED_4 均点亮；当 7 引脚电压等于 2V 时，LED_1～LED_5 全部点亮。U2578 的额定工作电压范围为 8～25V，输入电压最大为 5V，输入电流为 0.5mA，功耗为 690mW。采用低功耗、高灵敏的 QM-N10 型气敏检测管，它和电位器 R_P 组成气敏检测电路，气敏检测信号从 R_P 的中心端旋臂取出。

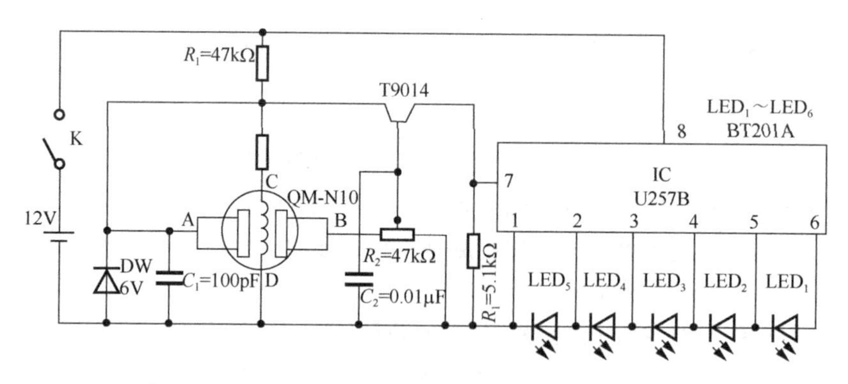

图 2.65　可燃性气体浓度检测电路原理图

当 QM-N10 不接触可燃性气体时，其 A、B 两电极间呈高阻抗，使得 7 引脚电压趋于 0V，相应地，LED_1～LED_5 均不亮。当 QM-N10 处在一定的可燃性气体浓度中时，其 A、B 两电极间电阻变得很小，这时 7 引脚存在一定的电压，使得相应的发光二极管点亮。可燃性气体的浓度越高，LED_1～LED_5 依次被点亮的个数越多。

2.5.2　超声波传感器

超声波是指频率在 20kHz 以上的机械波。超声波传感器是检测这种超声波的传感器。

1. 超声波传感器的特点

超声波的传感技术具有以下特点。

（1）超声波能以纵波、横波、表面波、薄板波等各种方式在气体、液体、固体或它们的混合物等介质中传播，也可以在光不能通过的金属、生物体中传播，是进行物质内部探测的有效手段。

（2）由于超声波比电磁波传播的速度慢，在相同的频率下，超声波波长短，容易提高测量的分辨率。

（3）利用介质对超声波传播时音响特性的影响，可以测量物质的状态。

因此，利用超声波可以解决许多电磁波无法解决的问题。由于在探测物质内部情况时使用的是超声波，所以超声波传感器又称为超声波探头。另外，由于超声波能够发生超声波振动，所以也叫超声波振子。

2. 超声波传感器的分类

超声波传感器可以是超声波发射装置，也可以是既能发射又能接收超声波回波的装置。超声波传感器按其结构可分为直探头、斜探头、双探头和液晶探头，按其工作原理又可分为压电式、磁致伸缩式、电磁式等。由于压电式超声波传感器使用最普遍，本节仅简单介绍压电式超声波传感器。

压电式超声波传感器主要由压电晶片、吸收块（阻尼块）、保护膜等组成，如图 2.66 所示。压电晶片多为圆板形，其厚度与超声频率成反比，两侧镀有银层，以便作为导电的极板。阻尼块的作用是降低晶片的机械品质，吸收声能量，以便激励的脉冲停止时，晶片迅速停止振荡。

3. 超声波传感器的应用

超声波传感器广泛应用于超声波治疗和超声波检测（测厚、探伤、检漏、成像等）、超声波清洗、超声波加工（钻孔、切削、研磨、抛光、焊接、金属拉管、拉丝、轧制等）、超声波处理（搪锡、淬火、电镀、净化水）等方面。图 2.67 所示是透射法超声波探伤原理图。

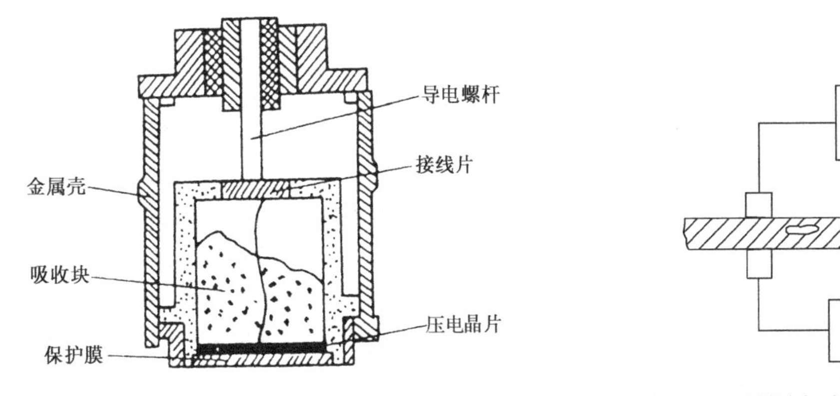

图 2.66　压电式超声波传感器的结构　　　图 2.67　透射法超声波探伤原理图

利用超声波进行探伤，是一种非破坏性检测，即无损探伤。当超声波发送器向被测材料发送超声波时，如果材料内部存在缺陷，材料的不连续性成为超声波传输的障碍，超声波通过这种障碍时只能透射一部分声能，因此，接收器接收到的信号比无缺陷材料处接收到的信号要小，从而可以检测到材料内部的缺陷。

利用检测超声波的反射回波的方法也可以将探伤仪做成反射式，从而方便操作。

2.5.3 霍尔传感器

霍尔传感器是利用霍尔效应实现的一种传感器，由于它具有灵敏度高、线性好、稳定性高、体积小、耐温高等一系列优点，所以得到了广泛的应用。

1. 霍尔效应

半导体薄片垂直地处于磁感应强度为 B 的磁场中，如果在薄片的对应边通以控制电流 I，则在半导体的另外两边将产生一个霍尔电势，电势的大小与控制电流和磁感应强度 B 的乘积成正比，如图 2.68 所示。这一现象称为霍尔效应，半导体薄片称为霍尔元件。

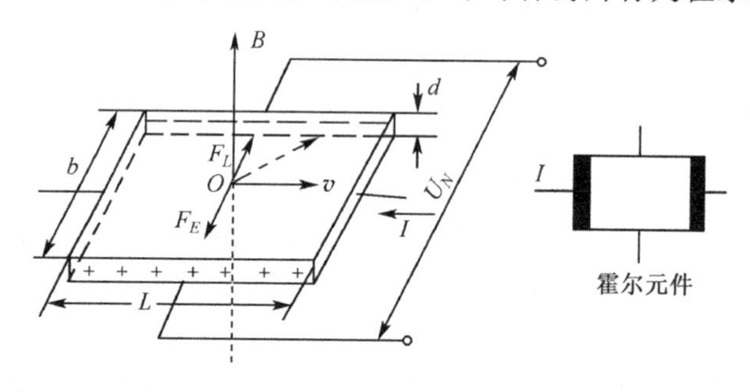

图 2.68　霍尔效应与霍尔元件

2. 霍尔传感器的分类

由霍尔元件及有关电路组成的传感器称为霍尔传感器。电路部分不仅能实现信号的放大，还能实现温度补偿、不等位电势补偿等功能。目前霍尔传感器已经集成化，由于其外形与集成电路相同，所以又称为霍尔集成电路。如果传感器输出的是模拟信号，而且利用输出信号的线性区，即线性型霍尔传感器；如果霍尔传感器输出的是高低电平数字信号，则称为开关型霍尔传感器。

（1）单端输出型霍尔传感器。UGN-3501T 是典型的单端输出型霍尔传感器，其结构与外形如图 2.69 所示。标记 H 代表霍尔。

图 2.70 所示是霍尔输出与磁感应强度的关系。当磁感应强度在−0.15～+0.15T 的范围内时，输出电势与磁感应强度之间具有较好的线性关系。

（2）双端输出型霍尔传感器。UGN-3501M 是典型的双端输出型霍尔传感器，采用 8 引脚封装，其框图如图 2.71 所示。引脚 1、8 为输出端，引脚 5～7 接调零电位器。

图 2.72 所示是双端输出型霍尔传感器的输出电势与磁感应强度的关系。图 2.72 中 $R_{5\text{-}6}$ 是指引脚 5、引脚 6、引脚 7 之间所接的电阻的阻值，阻值越小，输出越大，但线性度越差，所以阻值的选择应兼顾灵敏度和线性度两方面。

（3）开关型霍尔传感器。开关型霍尔传感器的工作特性曲线如图 2.73 所示，它反映了外加磁场与传感器输出电平的关系。当外加磁场感应强度高于 B_{OP}（“开” 工作点）时，输出电平由高变低，传感器处于开状态。当外加磁场感应强度低于 B_{RP}（“关” 工作点）时，输出电平由低变高，传感器处于关状态。

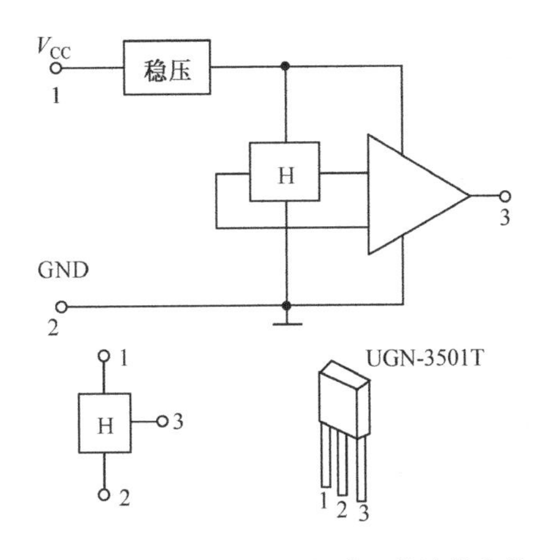

图 2.69　单端输出型霍尔传感器的结构和外形

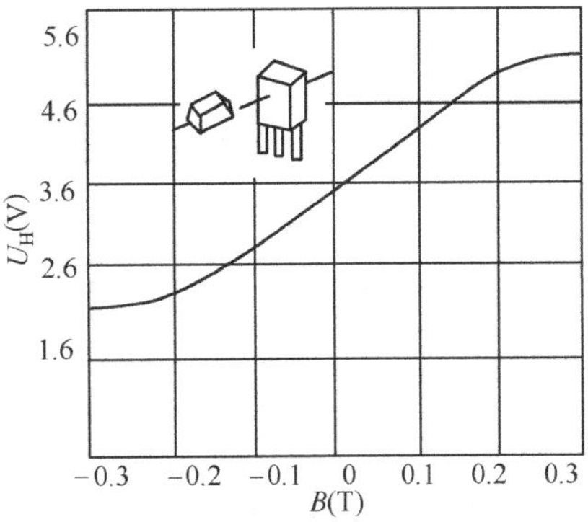

图 2.70　霍尔输出与磁感应强度的关系

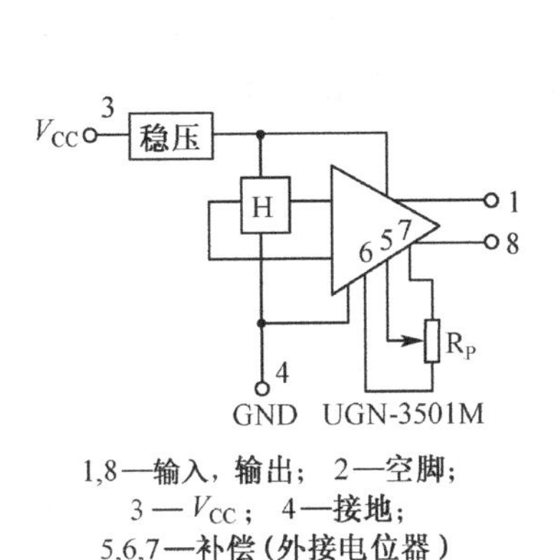

图 2.71　双端输出型霍尔传感器的框图

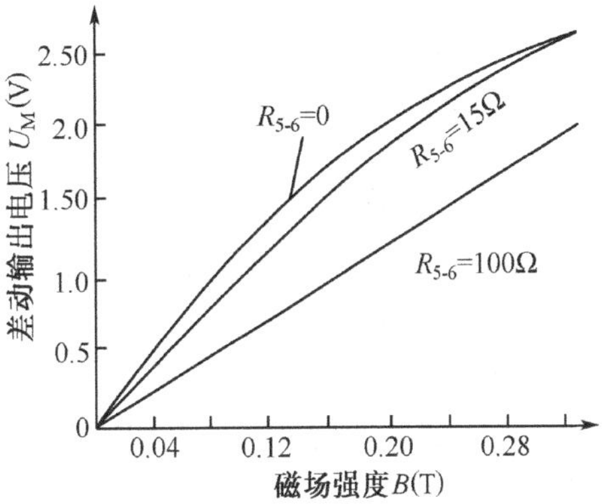

图 2.72　双端输出型霍尔传感器的输出电势与磁感应强度的关系

3．霍尔传感器的应用

霍尔传感器的应用十分广泛，在测量领域，可用于测量磁场、电流、位移、压力、振动、转速等；在通信领域，可用于放大器、振荡器、相敏检波，以及混频、分频和微波功率测量等；在自动化领域，可用于无刷直流电动机、速度传感器、位置传感器、自动计数器、接近开关、自动电力拖动系统和霍尔自整角机构成的伺服系统等。

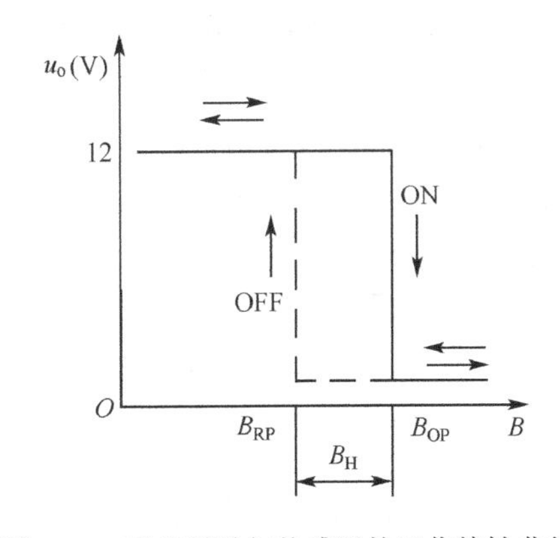

图 2.73　开关型霍尔传感器的工作特性曲线

图 2.74 所示是四汽缸霍尔汽车点火装置。在与发电机主轴连接的磁轮鼓上装有与汽缸数相应的四块永久磁钢。当发电机主轴带动磁轮鼓转动，磁钢转到开关型霍尔传感器位置时，该传感器立即输出一个与汽缸活塞运动同步的脉冲信号，并由此脉冲信号去触发晶体管功率开关，使点火线圈两侧产生很高的感应电压，火花塞产生火花发电。这种点火装置与传统的机械式电器点火装置相比，点火时间更准确、可靠性更高。

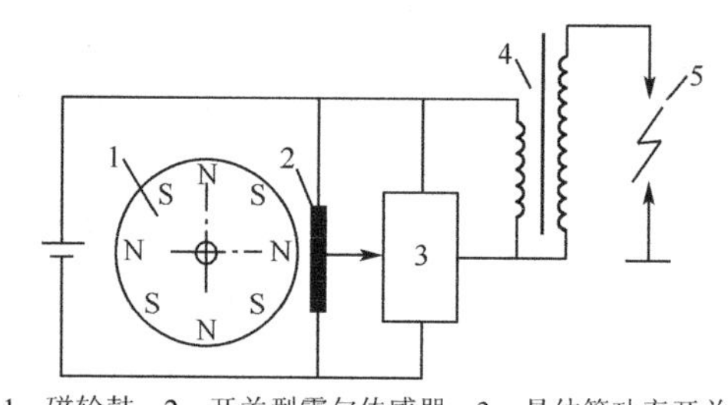

1—磁轮鼓；2—开关型霍尔传感器；3—晶体管功率开关；
4—点火线圈；5—火花塞

图 2.74 四汽缸霍尔汽车点火装置

2.5.4 数字式传感器

上述所涉及的传感器属于模拟式传感器，这类传感器将非电量参数转变为电量参数（如电流、电压），因此，若用数字显示出来或输入计算机使用，就需要使用 A/D 转换器将模拟量变成数字量。数字式传感器则可将被测参数直接转换成数字信号输出。数字式传感器有以下优点。

（1）精确度和分辨力高。

（2）抗干扰能力强，便于远距离传输。

（3）信号易于处理和存储。

（4）可以减少读数误差。

因此，数字式传感器引起了人们的普遍重视。然而到目前为止，数字式传感器的种类还不多。根据工作原理不同，它可分为脉冲式传感器（如光栅传感器、感应同步器、磁栅传感器等）和频率输出式传感器（如振弦式传感器、振筒式传感器和振膜式传感器）。本节以码盘式传感器为例对数字式传感器进行简单介绍。

码盘式传感器建立在编码器基础上，只要编码器保证一定的制作精度，并配置合适的读出部件，这种传感器就可以达到较高的精度。另外，码盘式传感器结构简单，可靠性高，因此在空间技术、数控机械系统等方面获得了广泛的应用。

编码器按原理分有电触式、电容式、感应式、光电式等，这里只讨论光电式编码器。光电式编码器又称为光学编码器。

编码器包括码盘和码尺，前者用于测角度，后者用于测长度。因为测长度的码尺的实际应用较少，所以这里只讨论码盘。

编码器又可以分为增量编码器和绝对编码器两大类，这里仅讨论绝对码编码器。

1．工作原理

光学码盘式传感器用光电方法把被测角位移转换成由数字代码形式表示的电量信号。

图 2.75 所示是光学码盘式传感器的工作原理示意图。由光源 1 发出的光线，经柱面镜 2 变成一束平行光或会聚光照射到码盘 3 上。码盘由光学玻璃制成，其上刻有许多同心码道，每位码道上都有按一定规律排列着的若干透光和不透光部分，即亮区和暗区。通过亮区的光线经狭缝 4 后，形成一束很窄的光束照射到光电元件 5 上，光电元件的排列与码道一一对应。当有光照射时，对应于亮区和暗区的光电元件的输出相反，如前者为“1”，后者为“0”。光电元件的各种信号组合反映了按一定规律编码的数字量，代表了码盘转角的大小，因此轴的转

角转换成了代码。

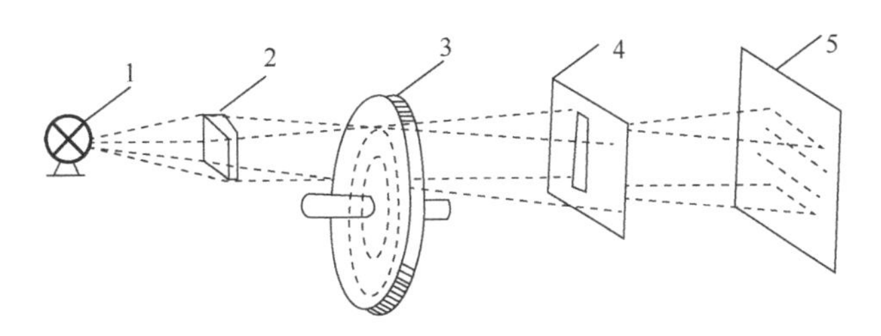

图 2.75　光学码盘式传感器的工作原理示意图

2．码制与码盘

图 2.76 所示是一个 6 位的二进制码盘。最内圈为 C_6 码道，一半透光、一半不透光。最外圈为 C_1 码道，一共分成 2^6=64 个黑白间隔。每一个角度方位对应于不同的编码，如零位对应于 000000（全黑），第 23 个方位对应于 010111。测量时，只要根据码盘的起始和终止位置就可确定转角，与转动的中间过程无关。

二进制码盘具有以下特点。

（1）n 位（n 个码道）的二进制码盘具有 2^n 种不同编码，其容量为 2^n，其最小分辨力为 $\theta_1=360°/2^n$，其最外圈角节距为 $2\theta_1$。

（2）二进制码为有权码，编码 $C_n,C_{n-1},\cdots,C_1$ 对应于由零位算起的转角为 $\sum_{i=1}^{n} C_i\, 2^{i-1}\theta_1$。

（3）在码盘转动中，C_k 变化时，所有 C_j（$j<k$）应同时变化。

二进制码盘为了达到“1”左右的分辨力，需要采用 20 位或 21 位码盘。对于一个刻画直径为 400mm 的 20 位码盘而言，其外圈间隔稍大于 1μm，不仅要求各个码道刻画精确，而且要求彼此对准，这给码盘制作造成了很大困难。

二进制码盘不能有微小的制作误差，只要有一个码道提前或延后改变，就可能造成输出的粗误差。为了消除粗误差，可以采用双读数头法，双读数头法的缺点是读数头的个数增加了一倍。当编码器位数很多时，光电元件安装位置的选取也有困难，所以现在广泛使用循环码代替二进制码。

图 2.77 所示是一个 6 位的循环码码盘。循环码码盘转到相邻区域时，编码中只有一位发生变化，并且不会产生粗误差，这是循环码码盘获得广泛应用的原因。

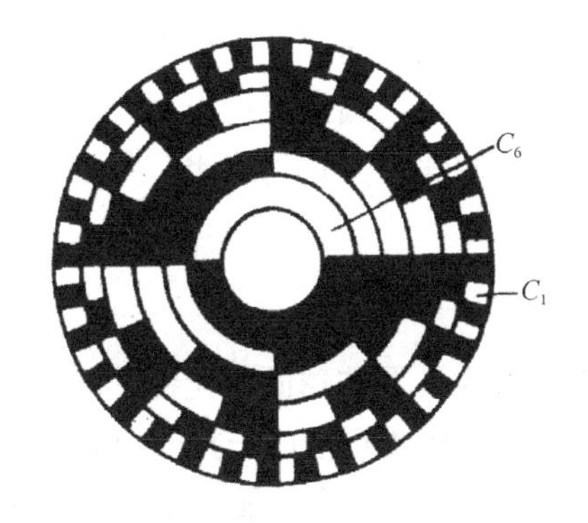

图 2.76　6 位的二进制码盘

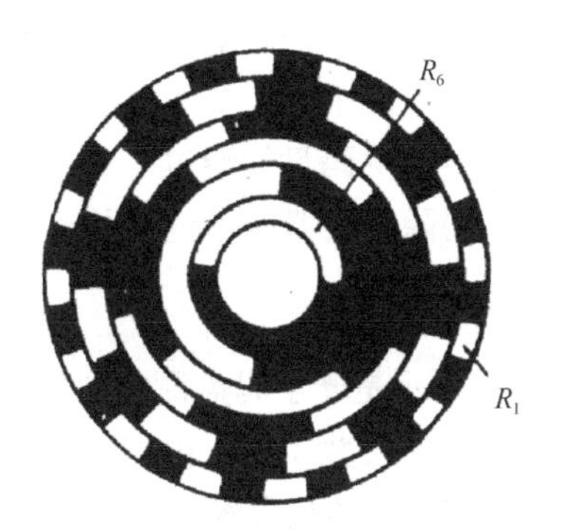

图 2.77　6 位的循环码码盘

3．二进制码与循环码的转换

4 位二进制码与循环码对照表如表 2.8 所示。循环码和二进制码之间存在一定的转换关系，即

$$C_n=R_n$$
$$C_i=C_{i+1} \oplus R_i$$
$$R_i=C_{i+1} \oplus C_i$$

表 2.8　4 位二进制码与循环码对照表

十进制数	二进制码	循环码	十进制数	二进制码	循环码
0	0000	0000	8	1000	1100
1	0001	0001	9	1001	1101
2	0010	0011	10	1010	1111
3	0011	0010	11	1011	1110
4	0100	0110	12	1100	1010
5	0101	0111	13	1101	1011
6	0110	0101	14	1110	1001
7	0111	0100	15	1111	1000

循环码是无权码，直接译码存在困难，一般先把它转换为二进制码后再译码。图 2.78 所示为将循环码转变为二进制码的电路。图 2.68（a）为并行变换电路，图 2.68（b）为串行变换电路。并行转换速度快，所用元件较多。串行转换所用元件少，速度慢。

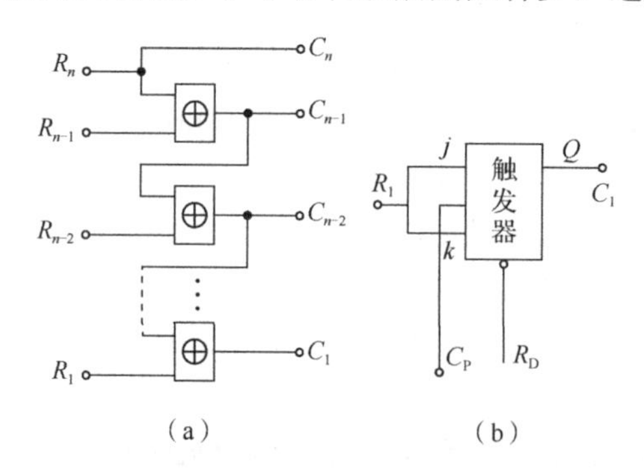

图 2.78　将循环码转变为二进制码的电路

大多数编码器都是单盘的，即全部码道在一个圆盘上，结构简单，使用方便。但是在位数要求增多的情况下，若要求具有很高的分辨力，则制造困难，圆盘直径也要大。这时可采用双盘编码器，两码盘间通过一个增速轮系相连，相互之间保持一定的速比，并采用电气逻辑纠错，以消除编码器的进位误差。

4．应用

图 2.79 所示是光学码盘测角仪的原理图。光源 1 通过大孔径非球面聚光镜 2 形成均匀狭长的光束照射到码盘 3 上。根据码盘处的转角位置，位于狭缝 4 后面的一排光电元件 5 输出相应的电量信号。该信号经放大、鉴幅整形、纠错后，再经当量变换，最后进行译码显示。

编码器的分辨力所代表的角度不是整齐的数，显示器总是希望以时、分、秒来表示，因此在译码显示之前使用脉冲当量变换电路将码盘读数转换成时、分、秒数值。

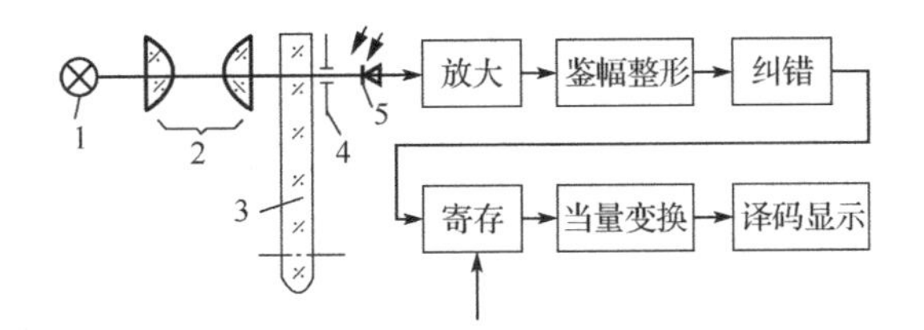

图 2.79　光学码盘测角仪的原理图

本章小结

传感器是自动测控系统的感觉器官，一个测控系统配备了良好的传感器就会像人一样耳聪目明，所以为了设计制造适合现代生产、生活需要的高质量测控装置，就必须具备必要的传感器知识。

不同的物理量需要用不同的传感器进行测量，但是同一种传感器可以直接或间接地测量不同的物理量。有些传感器需要和被测物理量接触才能测量，而有些传感器可以实现非接触测量，甚至实现遥测遥感。为了设计出高性价比的测控系统，选择传感器时要综合考虑传感器的使用目的、性能指标、环境条件、成本等方面。随着现代科学技术的飞速发展，传感器的发展也异常迅速，灵活地应用各种各样的传感器可以设计出功能强大、性能优越的现代测控系统。希望读者注意学习和收集各种传感器的技术资料，尤其是新型传感器的技术资料，以便利用最新的传感器技术设计出高性价比的产品。

练　习　2

1. 什么叫传感器？传感器包括哪几部分？是不是所有的传感器都包括这几部分？
2. 对传感器主要有哪些技术要求？
3. 试列举与日常生活、工作有关的各种物理量。
4. 试列举你所了解的自动测控系统中使用的传感器。
5. 本章介绍的各种传感器可以测量什么物理量？
6. 与其他传感器相比，光传感器有哪些突出的优点？
7. 与其他传感器相比，半导体传感器有哪些突出的优点？
8. 光敏三极管为什么只有两个引脚？
9. 光敏二极管与光敏三极管相比有何特点？
10. 可用哪些传感器组成防火报警装置？
11. 试设计一个自动计数装置，统计进入图书馆的读者人数。
12. 夜视镜中使用了什么传感器？
13. 试比较光敏电阻、光电池、光敏二极管和光敏三极管的性能差异。
14. 试设计一个非接触式路灯控制开关。
15. 数字式传感器和模拟式传感器的主要区别是什么？
16. 数字式传感器有哪些优点？

第3章 执 行 器

3.1 执行器概述

执行器是自动调节系统中一个重要的组成部分，其作用是接收计算机发出的控制信号，并把它转换成调整机构的动作，使生产过程按照预先规定的要求正常进行。

为了使生产过程正常进行，除了全盘考虑调节方案、合理采用一系列有效的措施，执行器的选择和使用是否得当也是极为重要的一个方面。有些生产现场的执行器是直接安装在工艺设备上的，直接与介质接触，通常在高温、高压、高黏度、强腐蚀、易结晶、易燃易爆、剧毒等条件下工作。当执行器选择或运用不当时，往往会给生产带来许多困难，甚至造成严重的生产事故。因此，对于执行器的选用、安装和维修等环节，必须给予足够的重视。

3.1.1 执行器应具备的主要技术特征

执行器除了必须具备一般自动控制元件的性能，还有以下几个明显的技术特征。

1．较好的线性关系

执行器的输出和输入之间应具有较理想的线性关系，或者在某一范围内能进行线性化处理。

2．时间常数小

执行器作为一个单独的控制环节来说，时间常数要小，响应要迅速、准确，尽量避免出现超前和滞后现象。

3．抗干扰能力强

性能优良的执行器在工作过程中不能出现误动作，一般的电磁干扰不影响其工作性能。

3.1.2 执行器的分类及特点

执行器有各种各样的形式，但一般根据所需能量的形式（液压、气动和电动）和输出机构的特性来进行分类。

根据所使用的能源形式划分的三类执行器的特点如表 3.1 所示。

表 3.1　根据所使用的能源形式划分的三类执行器的特点

项　目	气动执行器	电动执行器	液压执行器
构造	简单	复杂	简单
体积	中	小	大
配管配线	较复杂	简单	复杂
推力	中	小	大
动作滞后	大	小	小
维护检修	简单	复杂	简单
使用场合	适于防火防爆	不适于防火防爆	要注意火花
价格	低	高	高

气动执行器的特点是结构简单、价格低、防火防爆；电动执行器的特点是体积小、种类多、使用方便；液压执行器的特点是推力大、精度高。

执行器由执行机构和调节机构组成。执行机构是指产生推力或位移的装置；调节机构是指直接改变能量或物料输送量的装置，通常是指调节阀。在电动执行器中执行机构和调节机构是可分的两个部件；在气动执行器中两者是不可分的，是统一的整体。

3.2　气动执行器

以压缩空气为动力的执行器称为气动执行器。

气动执行器主要分为薄膜式与活塞式两大类，其中气动薄膜式执行器应用最广。气动执行器由于结构简单、输出推力大、动作可靠、维修方便、适用于防火防爆场合，所以被广泛应用在化工、炼油生产中，在冶金、电力、纺织等工业部门也得到了广泛使用。

3.2.1　气动执行器的基本结构和工作原理

1. 气动薄膜式执行器

气动薄膜式执行器分为有弹簧和无弹簧两种。图 3.1 所示是有弹簧气动薄膜式执行器的结构示意图，它由膜片、推杠、平衡弹簧等部分组成，是执行器的推动装置。当信号压力通过上膜盖 1 和膜片 2 组成的气室时，在膜片上产生一个推力，使推杆 4 下移并压缩平衡弹簧 3，当弹簧的反作用力和信号压力在膜片上产生的推力平衡时，推杆稳定在一个对应的位置上，推杆的位移改变了阀门阀芯的开度，即执行器的输出。

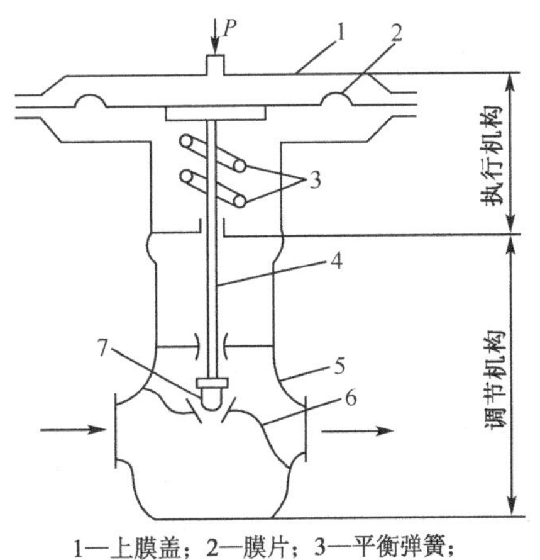

1—上膜盖；2—膜片；3—平衡弹簧；4—推杆；5—阀体；6—阀座；7—阀芯

图 3.1　有弹簧气动薄膜式执行器的结构示意图

气动执行器有正作用和反作用两种形式。当输入气压信号增加时推杆向下移动，称为正作用；反之，当输入气压信号增加时推杆向上移动，称为反作用。在工业生产中口径较大的调节阀通常采用正作用形式。

气动薄膜式执行器的静态特性表示平衡状态时信

号压力与推杆位移的关系为

$$PA=KL \tag{3-1}$$

式中，P——调节器的输出压力信号；

A——薄膜的有效面积；

K——弹簧的弹性系数；

L——执行器推杆的位移。

可见，执行器推杆位移 L 和输入气压信号成正比。

2. 气动活塞式执行器

气动活塞式执行器也分为有弹簧和无弹簧两种。图 3.2 所示是无弹簧气动活塞式执行器的示意图，其主要部件为汽缸，汽缸内活塞随汽缸两侧压差变化而移动。活塞的两侧分别输入固定信号和可变信号，或者两侧都输入可变信号。气动活塞式执行器的输出特性有比例式和两位式两种。两位式是根据输入活塞两侧操作压力的大小，活塞从高压侧被推向低压侧；比例式是在两位式的基础上加有阀门定位器，使推杆的位移和信号压力呈比例关系。

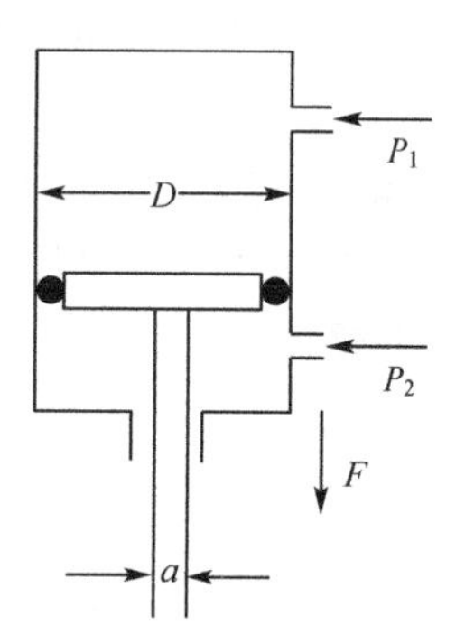

图 3.2 无弹簧气动活塞式执行器的示意图

3. 电量信号气动长行程执行器

电量信号气动长行程执行器是一种电-气复合式执行器，它可以将来自计算机的模拟输出信号转换为相对应的位移（角位移或直线位移），用以调节挡板、阀门等。

3.2.2 气动执行器与计算机的连接

气动执行器与计算机的连接极为方便，只要将电量信号经电气转换器转换成标准的 0.02～0.1MPa 气压信号之后，即可与气动执行器配套使用。例如，上海自动化仪表一厂生产的 QBH-1 型气动毫伏变送器可以将不同的毫伏级输入信号转换成 0.02～0.1MPa 气动信号输出；DQ-2 型电气转换器可以将 0～10mA 的直流信号转换成 0.02～0.1MPa 气动信号输出。

3.3 电动执行器

电动执行器是工程上用得最多、使用最方便的一种执行器，分为电动机式和电磁式两大类。

在计算机控制系统中，所用的电动机或执行器有两种：一种是用于直接拖动一般机械和机床等动力源的通用电动机；另一种是用于控制电动机的微特电动机，这类电动机一般体积都不太大，功率较小，具有高可靠性、高精度和快速响应等特点。

3.3.1 伺服电动机

伺服电动机也称为执行电动机，在信号来到之前，转子静止不动；信号来到之后，转子立即转动；信号消失之后，转子又能立即自行停转。由于这种“伺服”性能，因此将这种控制性能较好、功率不大的电动机称为伺服电动机。常用的伺服电动机有交流伺服电动机和直流伺服电动机两大类。

1. 交流伺服电动机

（1）交流伺服电动机的特点。交流伺服电动机的任务是将电量信号转换为轴上的角位移或角速度的变化。

交流伺服电动机的输出功率一般是 0.1～100W，最常用的是 30W 以下的，其电源频率为 50Hz 时，电压是 36V、110V、220V、380V；电源频率为 400Hz 时，电压是 20V、26V、36V、115V。

（2）交流伺服电动机的控制方法。交流伺服电动机不仅具有启动和停止的伺服性，还具有对转速大小和方向的可控性。根据不同的用途，可采用以下三种不同的控制方法。

① 幅值控制：保持控制电压的相位不变，仅通过改变其幅值来进行控制。

② 相位控制：保持控制电压的幅值不变，仅通过改变其相位来进行控制。

③ 幅-相控制：同时改变控制电压的幅值和相位来进行控制。

（3）交流伺服电动机的驱动电路。图 3.3 所示是单相交流伺服电动机驱动电路，它仅控制伺服电动机静止、旋转和停转。在该电路中，用晶体管放大器放大计算机输出端口的信号。当输出端口为低电平时，光电耦合器接通，直流大功率继电器的线圈中流过来自直流电源 E 的电流，使电磁接触器的接点闭合，从而使电动机启动；当输出端口为高电平时，伺服电动机停止旋转。

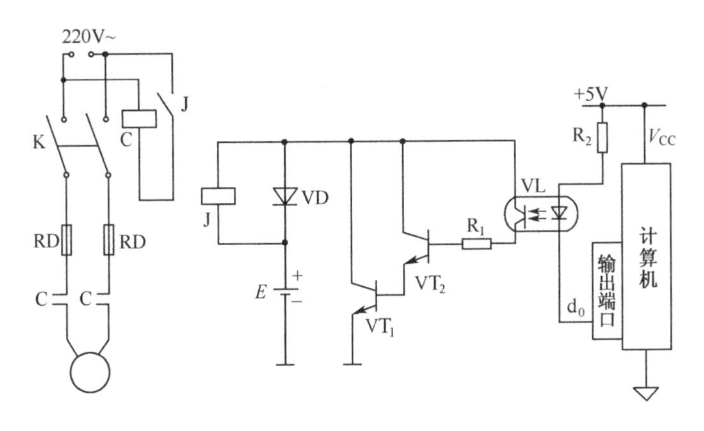

图 3.3 单相交流伺服电动机驱动电路

2. 直流伺服电动机

（1）直流伺服电动机的特点。直流伺服电动机的输出功率一般为 1～600W，但也有数千瓦的，电压有 6V、9V、12V、24V、27V、48V、110V、220V 等。

直流伺服电动机具有励磁绕组和电枢绕组两个绕组。电流通过励磁绕组时会产生磁通，电流通过电枢绕组时，电枢电流与磁通相互作用产生转矩，使直流伺服电动机投入工作。这两个绕组中的一个断电时，电动机立即停转。

（2）直流伺服电动机的控制方法。直流伺服电动机可由励磁绕组励磁，用电枢绕组来进行控制；或者由电枢绕组励磁，用励磁绕组来进行控制。理论和实践都充分证明了电枢控制比较理想，所以系统中多采用电枢控制，励磁控制只用于小功率电动机中。

（3）直流伺服电动机的应用。图 3.4 所示是使用直流伺服电动机进行速度和位置控制的实例。从计算机输出端口给减法计数器输出一个转轴位置的目标值，使直流伺服电动机旋转，再把转轴编码器产生的电脉冲反馈给减法计数器，每来一个脉冲，减法计数器就从目标值减去 1，直至减法计数器的内容减为 0，直流伺服电动机转到目标位置而停止旋转。

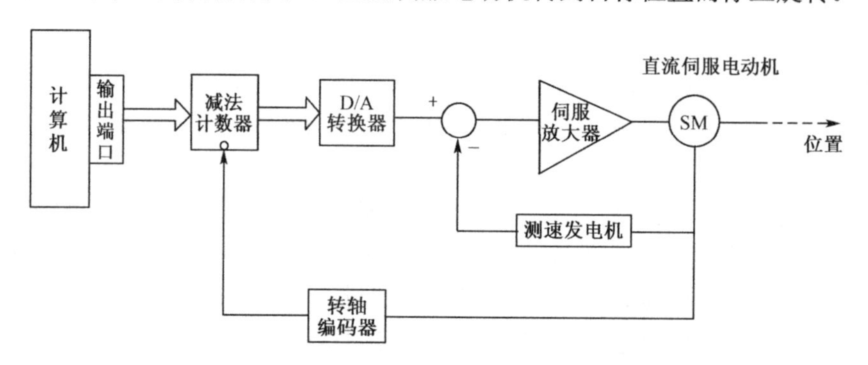

图 3.4 使用直流伺服电动机进行速度和位置控制的实例

3.3.2 步进电动机

步进电动机种类繁多，我们仅对在数控机床中广泛应用的步进电动机加以说明。通常应用在数控机床中的步进电动机按结构可分为反应式和永磁反应式；按相数可分为三相和多相；按输出力矩大小可分为伺服式和功率式。下面介绍反应式步进电动机的工作原理。

1. 反应式步进电动机的工作原理

图 3.5 所示是一种三相反应式步进电动机的原理图，定子上嵌有星形连接的三相绕组，每对磁极上绕有一相绕组；转子上没有绕组，其铁芯是由硅钢片或软磁性钢片叠成的。

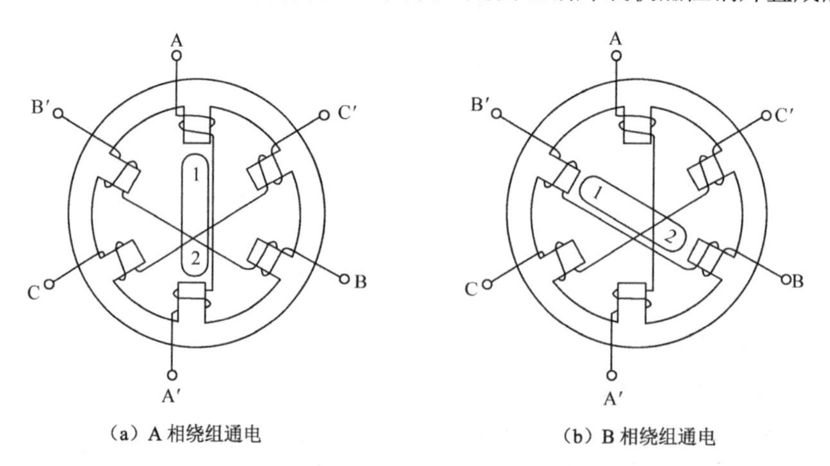

（a）A 相绕组通电　　（b）B 相绕组通电

图 3.5 三相反应式步进电动机的原理图

当只有 A 相绕组通电时，气隙磁场与 A 相绕组轴向重合，如图 3.5（a）所示。转子受磁场拉力旋转到与 A 相绕组轴线对齐，此时定子和转子之间取最大磁导位置，转子只受径向力，而无切向力，故此位置使转子具有自锁能力。如果只有 A 相绕组通电换接为只有 B 相绕组通电，转子便转到使其轴线与 B 相绕组轴线重合的位置，如图 3.5（b）所示。因此，三相绕组轮流通电，每换接一相，磁场轴线沿 A→B→C 方向转过 60°，步进电动机的转子在空间内也转过相同的角度，该角度称为步距角。

从一相通电换接到另一相通电，称为一拍；每一拍，转子转过一个步距角。换接可按 A→B→C→A 方式，也可按 A→C→B→A 方式，两者使步进电动机转向相反，可用来控制步进电动机的正、反转。上述三相反应式步进电动机每次只有一相绕组通电，在一个循环周期内换接三次，所以称为三相单三拍方式。

三相反应式步进电动机还可以按三相双三拍方式运行，即按 AB→BC→CA→AB 方式通电，每次接通两相绕组。这种方式的工作原理与三相单三拍方式的工作原理相同，只是转子步进后停在两相绕组轴线之间，步进空间角度也是 60°。若按 AC→CB→BA→AC 方式通电，三相反应式步进电动机也能反转。

如果步进电动机按 A→AB→B→BC→C→CA→A 方式通电，则一个循环周期内共换接六次，故称为三相六拍方式。按这种方式运行时，转子轴线交替与绕组轴线或两绕组轴线中间位置对齐，所以步距角是三相单三拍方式的一半，为 30°。

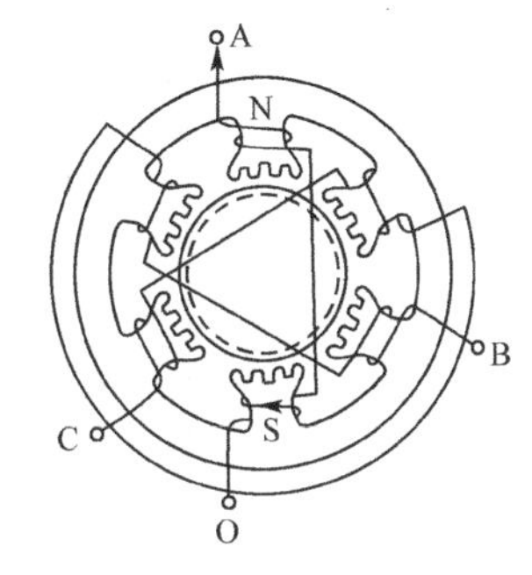

图 3.6　实际的三相反应式步进电动机

实际的三相反应式步进电动机如图 3.6 所示。转子铁芯和定子磁极上均有小齿，且齿距相等。实际的三相反应式步进电动机的步距角有 3.75°/7.5°，3°/6°，1.875°/3.7°，1.5°/3°，0.9°/1.8°，0.75°/1.5°，0.36°/0.72°，10′/20′等，可根据需要选择。

2．步进电动机控制系统的原理

为了控制步进电动机正转或反转一定的步数，就要控制施加在三相绕组上的电流。图 3.7 所示是步进电动机与单片机的连接电路图。

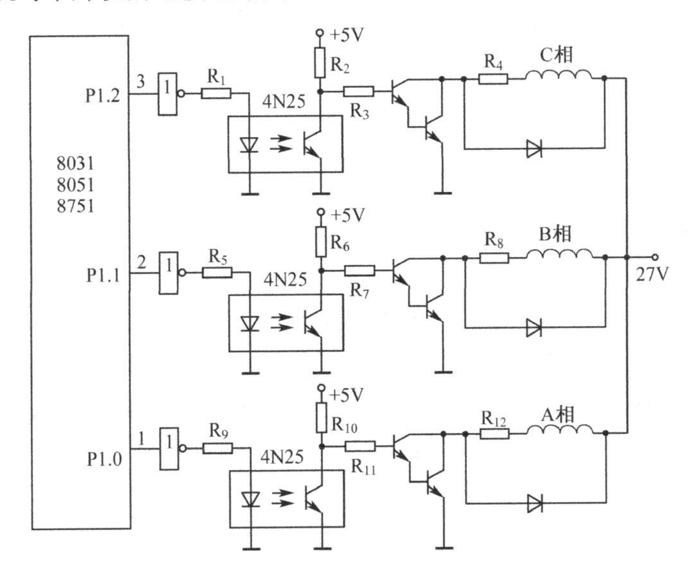

图 3.7　步进电动机与单片机的连接电路图

在图 3.7 中，步进电动机与单片机的 I/O 接口连接，也可以通过 8255、8155 等可编程接口芯片与单片机连接。为了抗干扰，或者为了避免功放电路的高电平信号进入单片机，在驱动器和单片机之间加了一级光电隔离器。

图 3.8 所示是双三拍式步进电动机控制的程序流程图。图 3.8 的 A 中存放的是向某个方向转动的步数，进入程序前应在转向标志单元中设置正（1）反（0）转标志。进入程序后，首先判断转动方向，然后按要求的转向控制相应的 I/O 接口，使对应的绕组通电，直到步数减到零。延时时间的长短用来控制某相绕组通电时间的长短，实际上也就控制了步进电动机的转速。

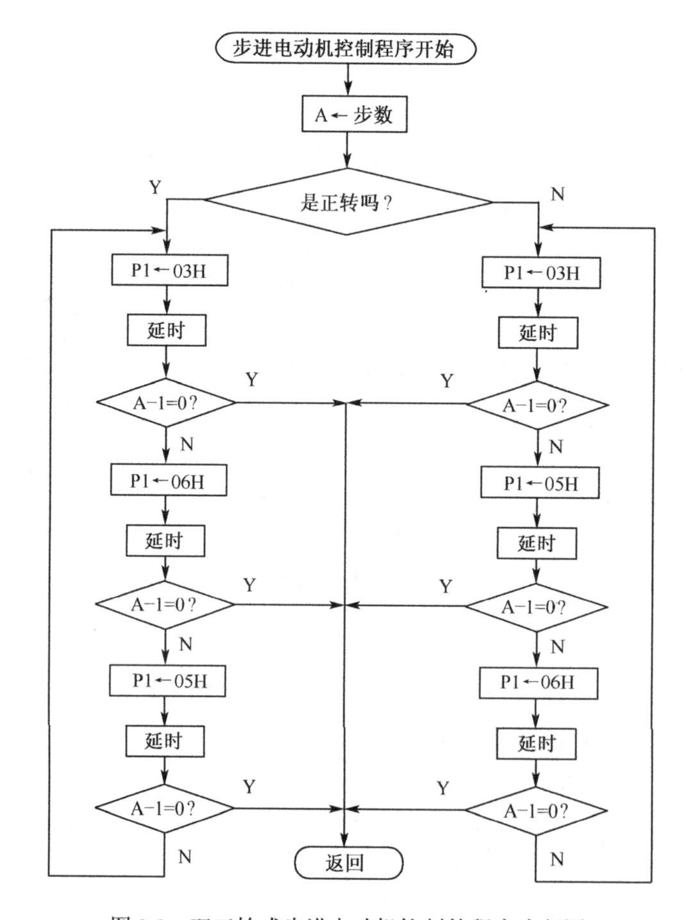

图 3.8　双三拍式步进电动机控制的程序流程图

3.3.3　调节阀

根据不同的使用要求，调节阀有直通单座阀、直通双座阀、蝶阀、三通阀、隔膜阀、角形阀等。图 3.9 所示是调节阀的结构示意图。

根据流体力学的观点，调节阀是一个局部阻力可变的节流元件。通过改变阀芯的行程可改变调节阀的阻力系数，以达到控制流量的目的。

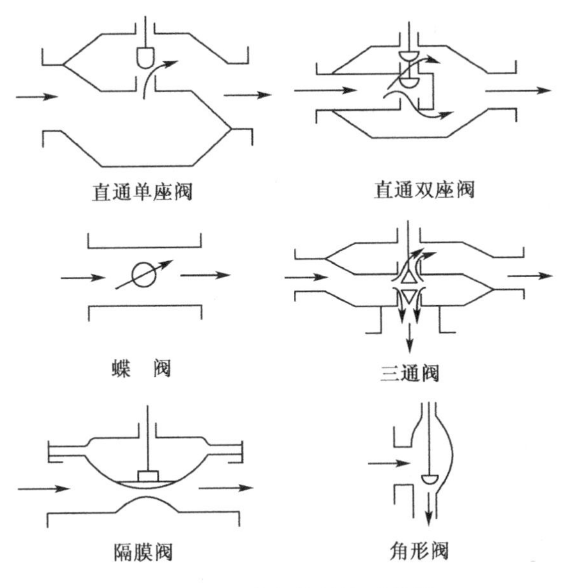

图 3.9　调节阀的结构示意图

3.3.4　电磁阀

电磁阀在自动控制系统中使用广泛，其结构图如图 3.10 所示，它由线圈、固定铁芯、可动铁芯和阀体等组成。当线圈不通电时，可动铁芯受弹簧作用与固定铁芯脱离，阀门关闭；当线圈通电时，可动铁芯受到磁力的吸引克服弹簧作用与固定铁芯吸合，阀门打开。这样，就控制了液体或气体的流动，从而使油缸或汽缸推动物体做机械运动。

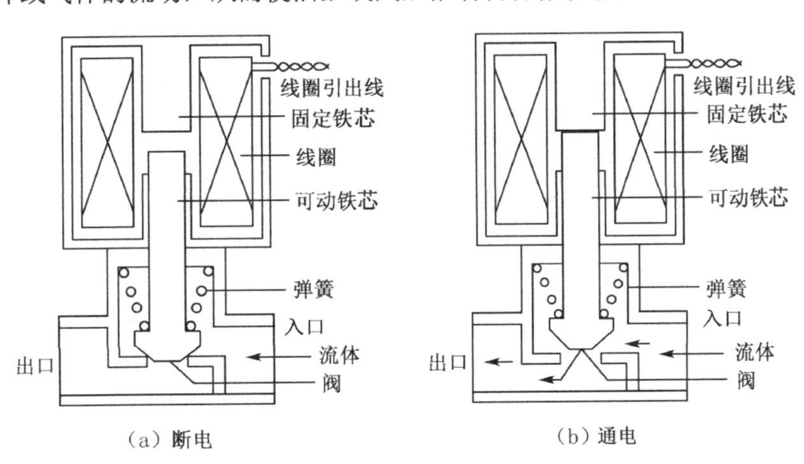

图 3.10　电磁阀的结构图

电磁阀有交流和直流之分。交流电磁阀使用方便，但容易产生颤动，启动电流大，并会引起发热。直流电磁阀工作可靠，但需专门的直流电源，电压有 12V、24V 和 48V。电磁阀有很多种类，常用的电磁阀有两位三通、两位四通、三位四通等。这里的位是指滑阀的位置，通是指流体的通路。

由于电磁阀是由线圈的通断电来控制的，所以很容易与微处理器连接。图 3.11 所示是交流电磁阀与计算机的连接电路图。

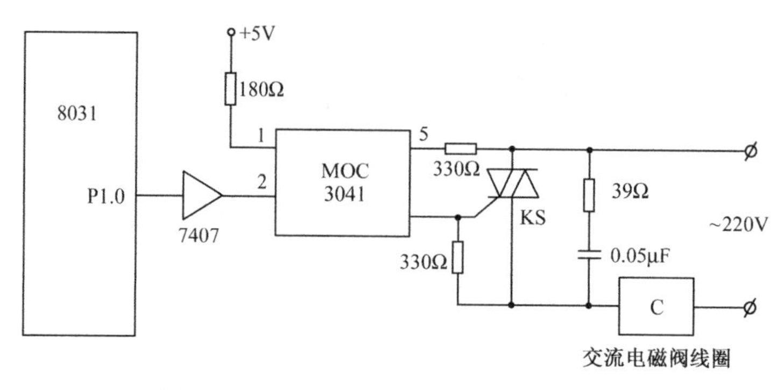

图 3.11　交流电磁阀与计算机的连接电路图

3.3.5　固态继电器

在继电器控制中，由于采用电磁吸合方式，在开关瞬间，触点容易产生火花，从而引起干扰；对于交流高压等场合，触点还容易氧化，从而影响系统的可靠性。

固态继电器（Solid State Relay）简称 SSR。它是用晶体管或可控硅代替常规继电器的触点开关，并且在前级与光电耦合器融为一体，因此，固态继电器实际上是一种带光电耦合器的无触点开关。根据结构形式，固态继电器可分为直流型固态继电器和交流型固态继电器。

由于固态继电器的输入控制电流小，输出无触点，所以与电磁式继电器相比，具有体积小、质量轻、无机械噪声、无抖动和回跳、开关速度快、工作可靠等优点。因此，它在计算机控制系统中得到了广泛应用，大有取代电磁继电器之势。

1．直流型 SSR

直流型 SSR 的原理电路图如图 3.12 所示。

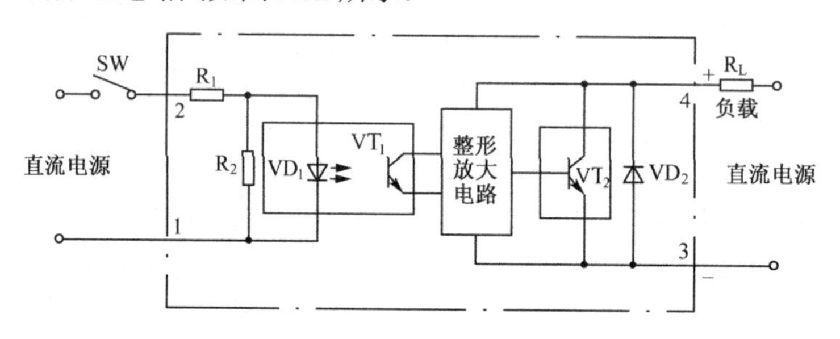

图 3.12　直流型 SSR 的原理电路图

从图 3.12 可以看出，其输入端是一个光电耦合器，因此，可用 OC 门或晶体管直接驱动。它的输出端经整形放大后带动大功率晶体管，输出工作电压为 30～180V（5V 开始工作）。

直流型 SSR 主要用在带有直流负载的场合，如直流电动机控制、直流步进电动机控制和电磁阀等。图 3.13 所示为采用直流型 SSR 控制三相步进电动机的原理电路图。

图 3.13 中 A、B、C 为步进电动机的三相绕组，每相由一个直流型 SSR 控制，可分别由 8031 单片机的 P1 口的 P1.2～P1.0 来控制。只要按照一定的通电顺序，就可以实现对步进电动机的控制。

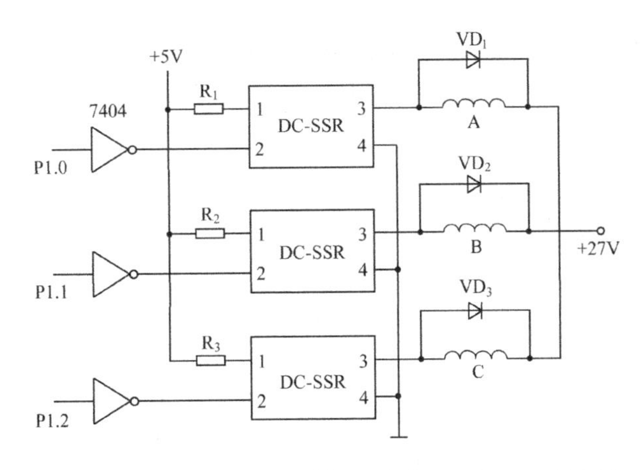

图 3.13　采用直流型 SSR 控制三相步进电动机的原理电路图

2. 交流型 SSR

交流型 SSR 可分为过零型和移相型两类。它采用双相可控硅作为开关器件，用于交流大功率驱动场合，如交流电动机控制、交流电磁阀控制等。交流过零型 SSR 的原理电路图如图 3.14 所示。对于交流移相型 SSR，在输入信号时，不管负载电流相位如何，负载端立即导通；而交流过零型 SSR 必须在负载电源电压接近零且输入控制信号有效时，输入端负载电源才导通。当输入的控制信号撤销后，不论哪一种类型，它们都是在流过双向可控硅的负载电流为零时才断开，其输出波形图如图 3.15 所示。

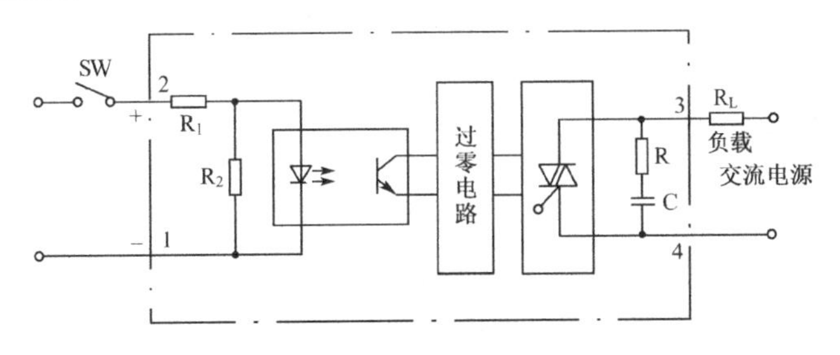

图 3.14　交流过零型 SSR 的原理电路图

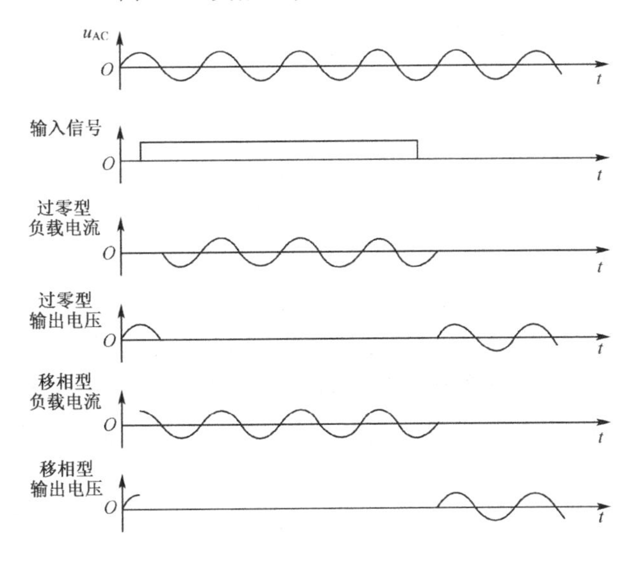

图 3.15　交流型 SSR 的输出波形图

图 3.16 所示是交流型 SSR 控制交流电动机转向的原理电路图。在图 3.16 中，改变交流电动机的通电绕组，即可控制电动机的旋转方向，可以用这种方式控制流量调节阀的开和关，从而实现对管道中流体流量的控制。

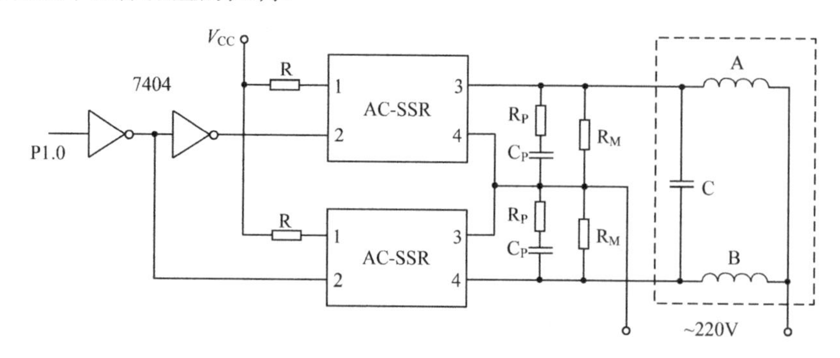

图 3.16 交流型 SSR 控制交流电动机转向的原理电路图

在图 3.16 中，当控制端 P1.0 为低电平时，上面的 SSR 导通，下面的 SSR 截止，使交流电流过 A 相绕组，电动机正转；反之，当控制端 P1.0 为高电平时，上面的 SSR 截止，下面的 SSR 导通，使交流电流过 B 相绕组，电动机反转。图 3.16 中的 R_P、C_P 组成浪涌电压吸收回路，通常 R_P 为 100Ω左右，C_P 为 0.1μF。R_M 为压敏电阻，用作过电压保护，其电压的取值范围通常为电源电压有效值的 1.6～1.9 倍。选用交流型 SSR 时要注意它的额定电压和额定电流。

3.4 液压执行器

液压执行器可以输出较大的推力。液压执行器由控制元件和执行元件组成。在液压执行器中，输入量是控制装置的位移，输出量是执行元件的位移。

图 3.17 所示是一个三位置液压电磁阀，其液压缸中活塞的巨大推力是通过液压电磁阀来控制的，而液压电磁阀是由其内部的螺线管通入电流控制的。图中螺线管是执行器，当给绕在铁芯上的线圈通电后，能产生电磁力，这个力用来变换或切断电磁阀本身的油路。在 A、B 两个螺线管断电的状态下，从液压泵来的油不能流入活塞两腔，所以活塞停止不动。我们把这个状态称为该电磁阀的中间位置。螺线管 A 或 B 接通时，可从两个方向变换油路。在图 3.17 中，螺线管 A 接通，液压泵的油从电磁阀的管口 P 出来进入 A 口，再流到动力做功筒的管口 X，于是活塞被很大的力推出，这时油便从管口 Y 流入电磁阀的管口 B 再流入 T，最后返回油箱。反之，螺线管 B 接通，液压泵的油从电磁阀的管口 P 进入 B 口，再流入动力做功筒的管口 Y 并拉回活塞，这时油便从动力做功筒的 X 口流到电磁阀的 A 口，再从 T 口返回油箱。因此，用计算机按一定的顺序控制螺线管 A 和螺线管 B 的接通和断开，就能够自由推动大型机械。电磁阀螺线管用的电源电压大多数是交流 220V 或 380V，但也有用其他电源电压的。

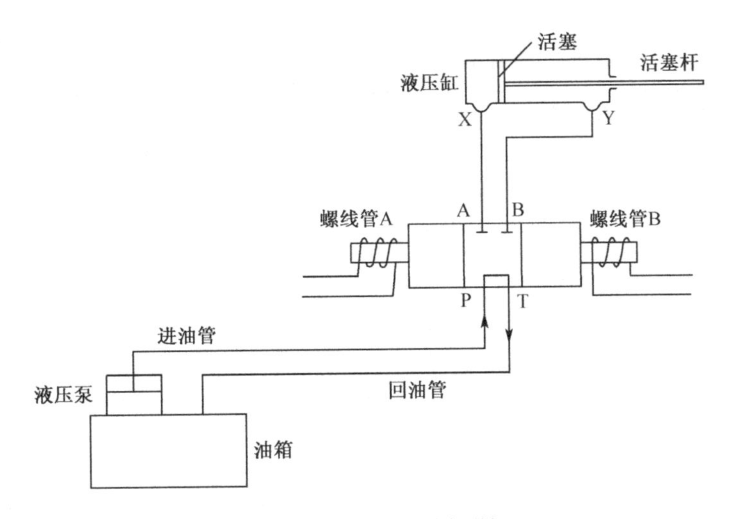

图 3.17　三位置液压电磁阀

图 3.18 所示是用微处理器控制液压电磁阀的电路图，它表示把图 3.17 中的电磁阀螺线管的控制信号接在微处理器的输出端口上，由微处理器控制液压电磁阀。

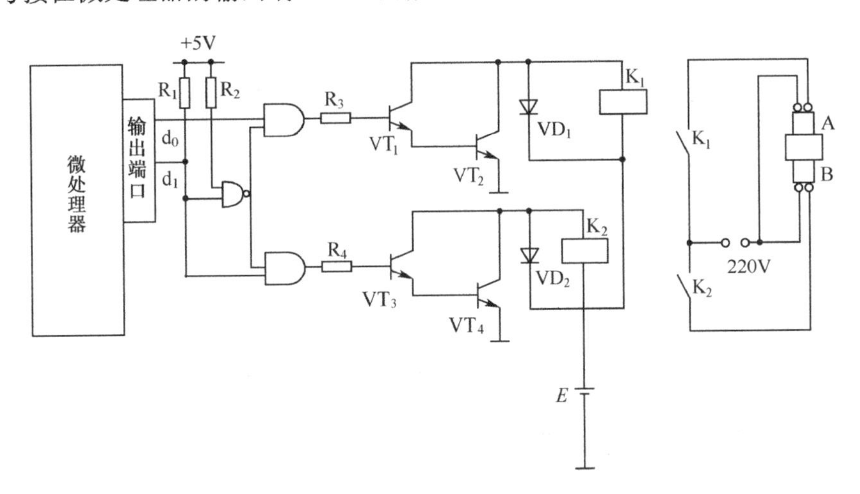

图 3.18　用微处理器控制液压电磁阀的电路图

3.5　防爆栅和自动/手动、无扰动切换

3.5.1　防爆栅

为了使电动仪表防爆炸，长期以来人们进行了不懈的努力。传统的防爆仪表有充油型、充气型、隔爆型等，目的是把可能产生危险火花的电路与爆炸性物质隔离开来。安全火花仪表在电路设计上根据爆炸发生的原因采取措施，把电路在短路、开路及误操作等各种状态下可能产生的火花限制在爆炸性物质的点火能量以下，所以它与气动、液动仪表一样是本质安全防爆仪表。各种爆炸性混合物按最小引爆电流的分级如表 3.2 所示。

表 3.2　各种爆炸性混合物按最小引爆电流的分级

级　别	最小引爆电流（mA）	爆炸性混合物种类
Ⅰ	$i > 120$	甲烷、乙烷、汽油、甲醇、乙醇、丙酮、氨、一氧化碳
Ⅱ	$70 < i < 120$	乙烯、乙醚、丙烯腈等
Ⅲ	$i \leqslant 70$	氢、乙炔、二硫化碳、煤气、水煤气、焦炉煤气等

但是，如果不限制从控制室到现场仪表的电源线的电压和电流，即使现场使用的都是本质安全防爆仪表，也不可能保证整个系统是安全防爆的，因为电源线有可能会引起火花或爆炸。因此，现场仪表与控制室之间要通过防爆栅相连。安全火花防爆系统的基本结构如图 3.19 所示。

防爆栅又称为安全保持器，是一种对送往现场的电压和电流进行严格限制的单元，可保证在各种事故状态下进入现场的电功率在安全范围以内，因此它是组成安全火花防爆系统必不可少的环节。

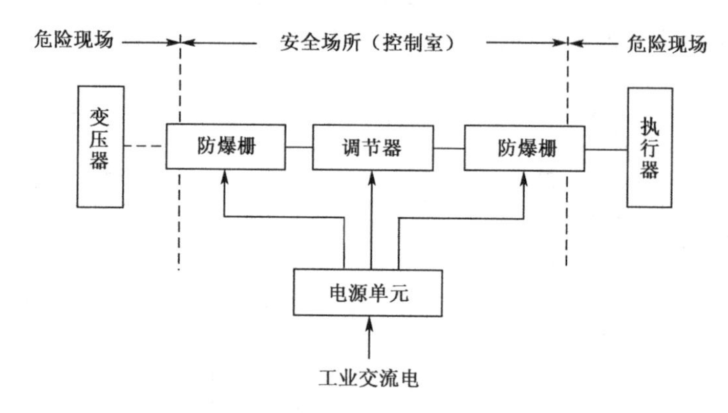

图 3.19　安全火花防爆系统的基本结构

3.5.2　自动/手动、无扰动切换

控制系统正常运行时，系统处于自动状态；而在调试阶段或出现故障时，系统应切换到手动状态。图 3.20 所示为自动/手动切换处理框图。

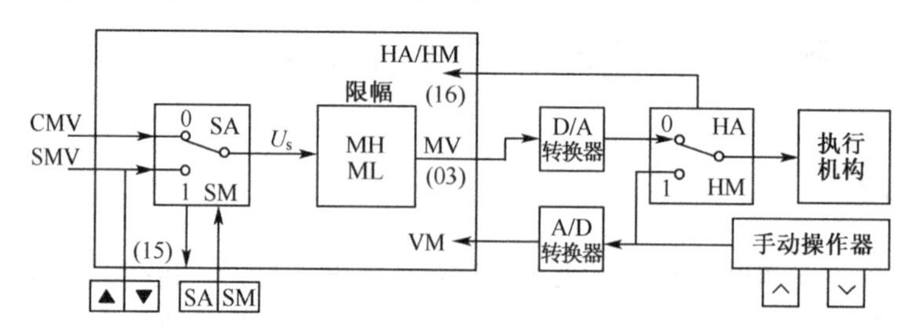

图 3.20　自动/手动切换处理框图

1．软自动/软手动

当开关量 SA/SM 切向 SA 位置时，系统处于正常的自动状态，称为软自动（SA）；反之，切向 SM 位置时，控制量来自操作键盘或上位计算机，此时系统处于手动状态，称为软手动

（SM）。一般在调试阶段，采用软手动（SM）方式。

2．控制量限幅

为了保证执行机构工作在有效范围内，需要对控制量进行上、下限限幅处理，使 MH≥MV≥ML，经 D/A 转换器转换成模拟信号，再经过信号处理后输出 0～10mA（DC）或 4～20mA（DC）的标准模拟信号。

3．自动/手动

对于一般的计算机控制系统，可采用手动操作器作为计算机的后备操作。当切换开关处于 HA 位置时，控制量 MV 通过 D/A 转换器输出，此时系统处于正常的计算机控制方式，称为自动状态（HA 状态）；反之，若切向 HM 位置，则计算机不再承担控制任务，由操作人员通过手动操作器输出 0～10mA（DC）或 4～20mA（DC）信号，对执行机构进行远程操作，称为手动状态（HM 状态）。

4．无扰动切换

无扰动切换又称为无平衡无扰动切换，是指在进行手动到自动或自动到手动的切换之前，不必由人工进行手动输出控制信号与自动输出控制信号之间的对位平衡操作，就可以保证切换时不会对执行机构的现有位置产生扰动。

为了实现从手动到自动的无平衡无扰动切换，在手动（SM 或 HM）状态下，尽管不进行 PID 计算，但应使给定值（CSV）跟踪被控制量（CPV），同时要把历史数据清零，即把上一次、前一次及以前的偏差清零，还要使 u_{k-1} 跟踪手动控制量（MV 或 VM）。当切向自动（SA 或 HA）状态时，由于 CSV=CPV，因此偏差为 0，而 u_{k-1} 又等于切换瞬间的手动控制量，保证了 PID 控制量的连续性。当然，这一切需要有相应的硬件电路配合。

当从自动（SA 与 HA）切向软手动（SM）时，只要计算机应用程序工作正常，就能自动保证无扰动切换。当从自动（SA 与 HA）切向硬手动（HM）时，通过手动操作器电路，也能保证无扰动切换。

从输出保持状态或安全输出状态切向正常的自动工作状态时，同样需要进行无扰动切换，因此可采取类似的措施。

自动/手动切换数据区需要存放软手动控制量 SMV、开关量 SA/SM 状态、控制量上限限幅值（MH）和下限限幅值（ML）、控制量 MV、切换开关 HA/HM 状态，以及手动操作器输出 VM。

本章小结

执行器是自动调节系统的一个极其重要的环节，根据使用的能量形式，执行器分为气动、液动、电动三大类型。气动执行器结构简单、输出推力大、动作可靠、维修方便、具有防火防爆等突出优点，广泛应用在化工、炼油、冶金、电力、纺织等具有易燃易爆物的场所。液压执行器推力大、精度高，但是结构复杂、价格较贵，故较少使用。电动执行器使用最为广泛。

本章主要介绍了执行器的基本工作原理及和计算机的连接方法，目的是为学习和设计计算机控制系统打下必要的理论基础。我们在选择执行器时，还会发现许多具体的技术问题，需要进一步学习，可以参阅各种与执行器有关的技术手册或说明书。

一个控制系统要稳定可靠地工作，必须解决安全防爆问题，除了选择合适的火花安全控制元器件，从控制室到现场仪表还要配置防爆栅才能构成安全火花防爆系统。为了使控制系统连续可靠地工作，系统还要具有自动/手动、无扰动切换功能，使系统在调试或发生故障时由人工进行操作控制，并且在系统恢复正常后能无扰动地切换到自动控制状态。

练　习　3

1. 三类执行器各有什么优缺点？

2. 执行器分为执行机构和调节机构两部分，它们各起什么作用？

3. 电磁阀和调节阀有什么不同？

4. 伺服电动机与普通的作为动力使用的电动机有什么区别？

5. 直流伺服电动机的控制方式有哪两种？哪一种使用更普遍？

6. 交流伺服电动机可用哪几种方式进行控制？

7. 步进电动机有哪几种类型的步距角？应该根据什么原则选择步距角？

8. 步进电动机三相双拍式和三相单三拍式通电方式的步距角都是60°，但是两种通电方式有何区别？前者有什么优点？

9. 为什么说安全火花仪表是本质安全防爆仪表？

10. 为什么自动/手动切换要实现无扰动切换？

11. 什么叫对位操作？

第 4 章

计算机过程输入/输出技术

在计算机测控系统和数字测量仪表中，被控或被测的各种模拟信号不能直接输入计算机，而要经过 A/D 转换变成数字信号，才能输入计算机进行加工处理。同样，经计算机加工处理的数字信号也不能直接作用于执行机构，而要经过 D/A 转换变成模拟信号，才能作用于执行机构。

在计算机测控系统和数字测量仪表中，完成信息传递和变换的装置称为过程输入/输出通道，这些通道是连接计算机和生产过程等外部世界的桥梁。

4.1　模拟量输入通道

模拟量输入通道的任务是将模拟量输入信号进行变换、采样、放大、A/D 转换，变换成二进制数字量输入计算机。典型的模拟量输入通道的形式如图 4.1 所示。

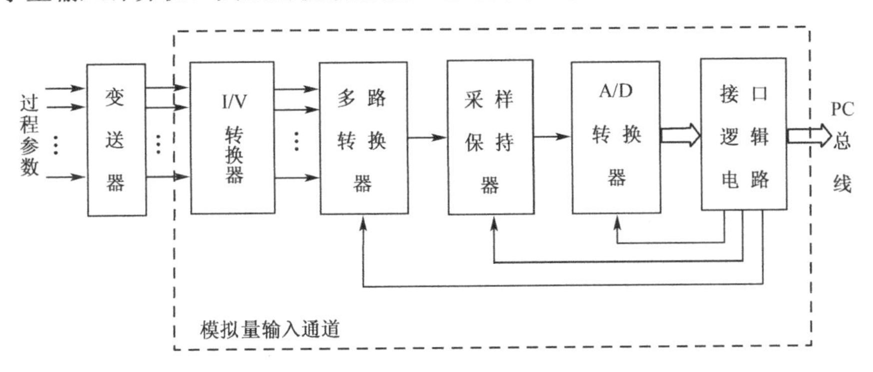

图 4.1　典型的模拟量输入通道的形式

4.1.1　输入信号的处理

为了保证 A/D 转换的精度，模拟信号在施加到 A/D 转换器之前要进行适当的处理。

1. 信号滤波

在模拟量输入信号中，常常混有干扰信号，应该通过滤波尽可能地滤除输入信号中的噪声。滤波的方法有软件、硬件之分。硬件滤波常采用 RC 滤波器和有源滤波器。有源滤波器可以用较小的 RC 完成低频，甚至超低频滤波。

1）滤除工频干扰的滤波器

图 4.2 所示是无源双 T 形电阻网络窄带带阻滤波器电路，该电路可以有效地滤除工频干扰。R 的阻值可以按式（4-1）进行选择。

$$f_{\mathrm{N}}=\frac{1}{2\pi RC} \tag{4-1}$$

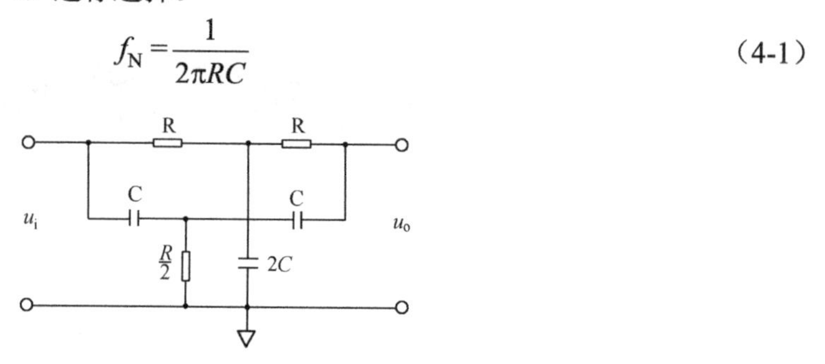

图 4.2　无源双 T 形电阻网络窄带带阻滤波器电路

图 4.3 所示的有源双 T 形电阻网络窄带带阻滤波器比无源双 T 形电阻网络窄带带阻滤波器有更高的品质因素。在图 4.3 中，$C\leqslant 1\mu F$，R 的阻值按式（4-1）计算。用软件方法进行数字滤波可以滤除频率更低的干扰。

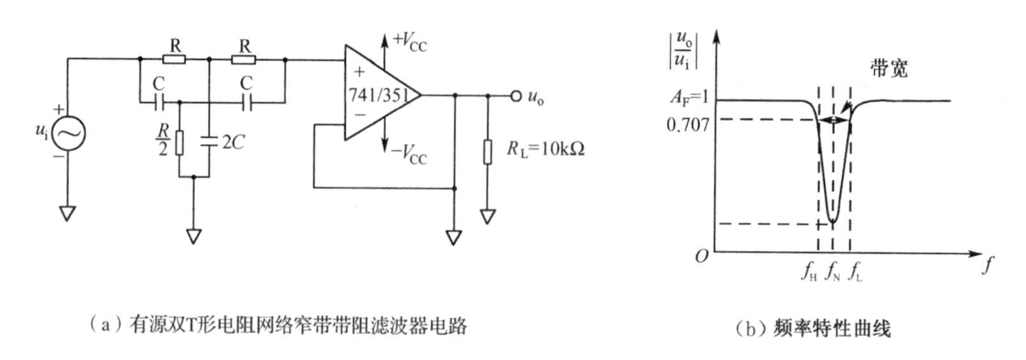

（a）有源双T形电阻网络窄带带阻滤波器电路

（b）频率特性曲线

图 4.3　有源双 T 形电阻网络窄带带阻滤波器电路及其频率特性曲线

2）低通有源滤波器

图 4.4 所示是一阶低通有源滤波器电路及其幅频特性。高于 f_0 的信号迅速衰减，只有低于 f_0 的信号才能顺利通过，所以称为低通滤波器。

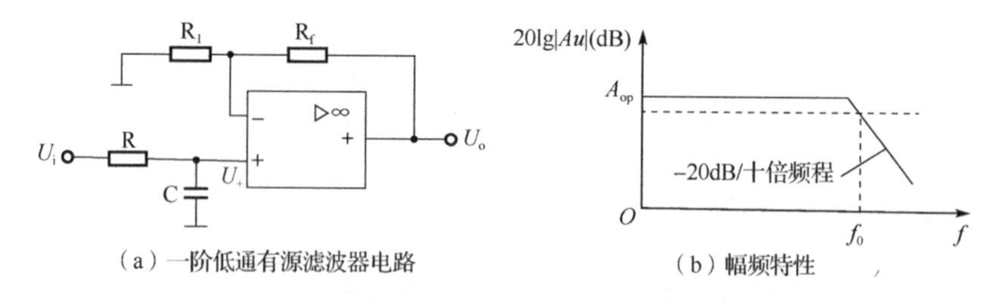

（a）一阶低通有源滤波器电路

（b）幅频特性

图 4.4　一阶低通有源滤波器电路及其幅频特性

图 4.5 所示是二阶低通有源滤波器电路及其幅频特性。高于 f_0 的信号比在一阶低通有源滤波器中衰减得更快。

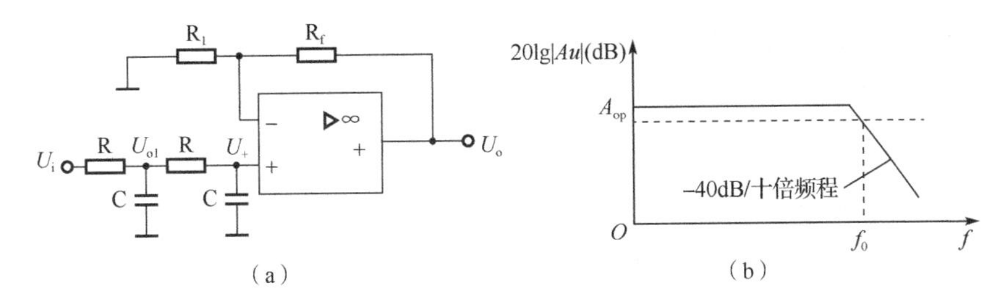

图 4.5　二阶低通有源滤波器电路及其幅频特性

上述两种有源滤波器的 R、C 值可以根据 $f_0=\dfrac{1}{2\pi RC}$ 计算。

3）高通有源滤波器

高通有源滤波器与低通有源滤波器相反，允许高频信号通过，抑制或衰减低频信号。一阶 RC 高通滤波器电路及其幅频特性如图 4.6 所示。

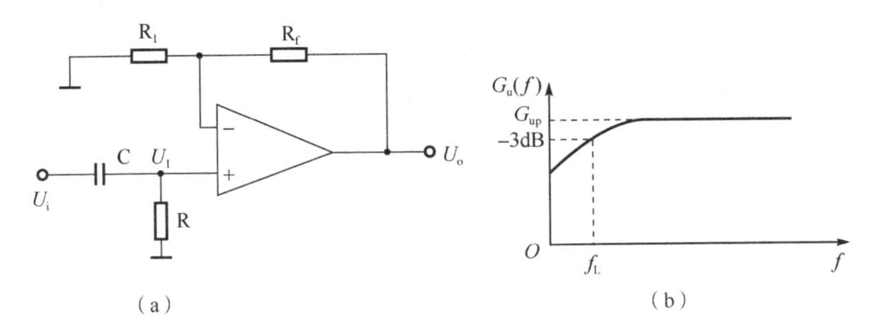

图 4.6　一阶 RC 高通滤波器电路及其幅频特性

图 4.7 所示是二阶 RC 高通滤波器电路及其幅频特性。

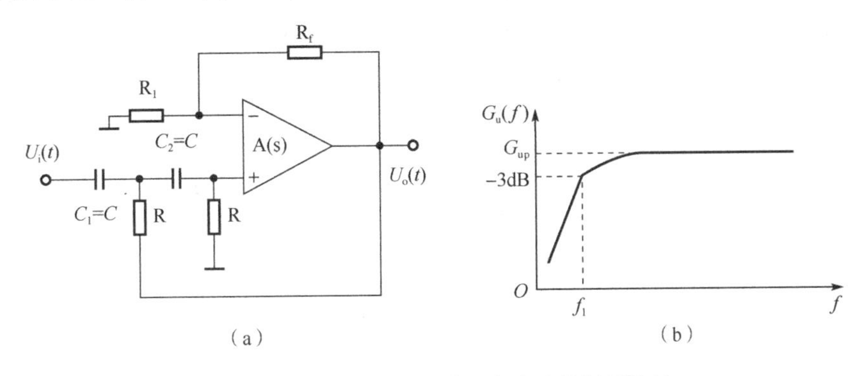

图 4.7　二阶 RC 高通滤波器电路及其幅频特性

根据下限截止频率的计算公式：

$$f_{\mathrm{L}}=\frac{1}{2\pi RC}$$

可以选定 R、C 的值。

2．电流/电压（I/V）转换

输入信号可能是毫伏级电压信号、电阻信号、电流信号等，应该转换成统一的信号电平，既可以变成 0～50mV 的小信号电平，也可以变成 0～5V 的大信号电平，因此从变送器来的

0～10mA 或 4～20mA 的标准信号一般须进行 I/V 转换。

1）无源 I/V 转换器

无源 I/V 转换利用如图 4.8 所示的无源 I/V 转换电路实现。对于 0～10mA 的输入信号，可取 R_1=100Ω，R_2=500Ω，且 R_2 为精密电阻，则 0～10mA 的输入电流对应于 0～5V 的电压输出。对于 4～20mA 的输入信号，可取 R_1=100Ω，R_2=250Ω，R_2 为精密电阻，则 4～20mA 的输入电流对应于 1～5V 的电压输出。

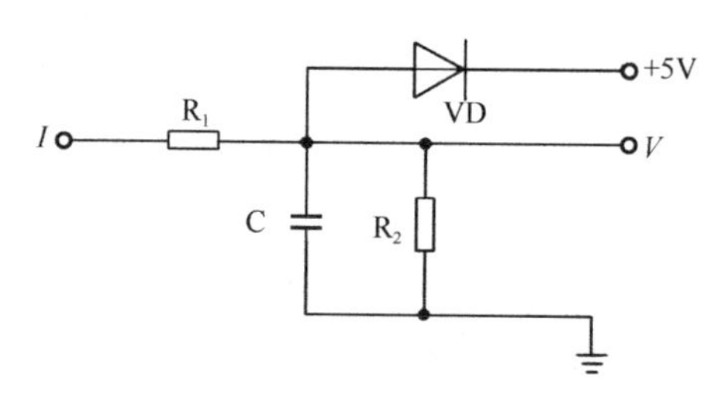

图 4.8　无源 I/V 转换电路

2）有源 I/V 转换器

有源 I/V 转换电路如图 4.9 所示。该电路实际上是一个同相电压放大器，0～10mA 的输入电流在电阻 R_1 上产生输入电压。若 R_1=200Ω，当 I=5mA 时，则产生 1V 的输入电压。该同相电路的放大倍数为

$$A=1+\frac{R_4}{R_3} \tag{4-2}$$

若取 R_3=100kΩ，R_4=150kΩ，R_1=200Ω，则 0～10mA 的输入电流对应于 0～5V 的电压输出。若取 R_2=100kΩ，R_4=25kΩ，R_1=200Ω，则 4～20mA 的输入电流对应于 1～5V 的电压输出。由于该电路采用同相输入，所以应使用共模抑制比较高的运算放大器。实际使用时，若 R_4 再串联一个精密电位器，则可以对输出电压值进行调节。

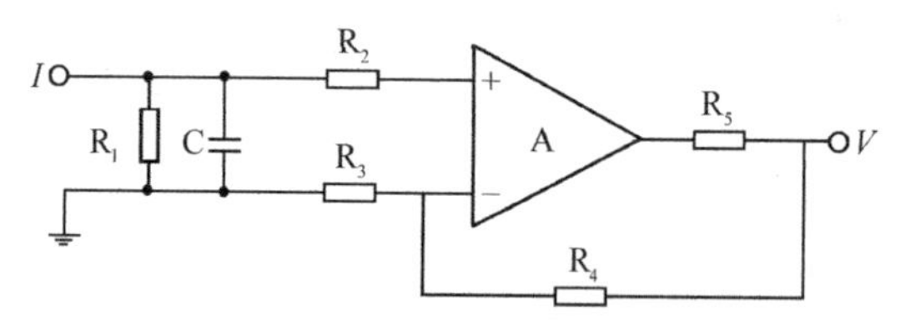

图 4.9　有源 I/V 转换电路

3．信号放大或衰减及量程自动转换

为了统一信号电平，除了采用电阻分压网络，还可以对从传感器来的信号用运算放大器进行放大或衰减。每一路可以用一个变送器来实现，但是这样必然会增加系统成本。为了降低成本，可在 A/D 转换器之前设置一个程控增益放大器，不同的输入信号可以用程序来设置相应的放大系数。

根据测量值的大小，手工选择万用表的量程进行测量，以提高测量的精度。在计算机测控系统中，对于一定分辨率的传感器和显示器，当被测信号的变动范围很宽时，为了提高测量精度，计算机测控系统应该具有量程自动转换的能力。

量程自动转换可采用程控放大器来实现。采用程控放大器后，可以通过改变放大器的增益，使幅值小的信号增大增益，幅值大的信号减小增益，进入 A/D 转换器的信号满量程达到均一化。一个具有 3 条增益控制线的程控放大器具有 8 种可能的增益，如表 4.1 所示。如果不需要 8 种增益，使用 2 条增益控制线可实现 4 种增益，而用 1 条增益控制线则可实现 2 种增益，只要将未使用的增益控制线接固定电平即可。利用程控放大器进行量程自动转换的原理如图 4.10 所示。

表 4.1　增益与增益控制线的关系表

增　益	数字代码		
	A_5	A_4	A_3
1	0	0	0
2	0	0	1
4	0	1	0
8	0	1	1
16	1	0	0
32	1	0	1
64	1	1	0
128	1	1	1

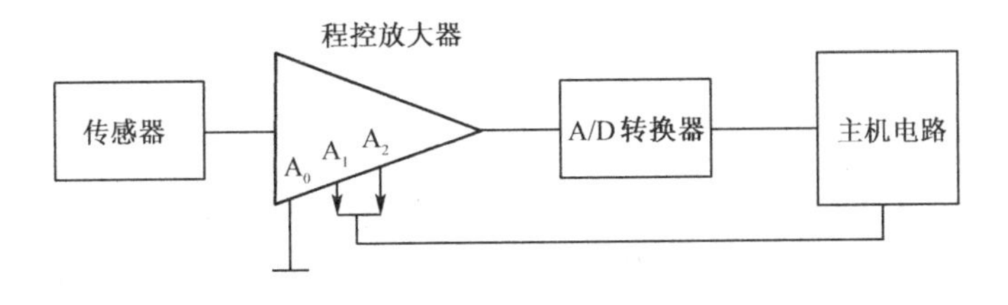

图 4.10　利用程控放大器进行量程自动转换的原理

在图 4.10 中，程控放大器采用 2 种增益，由计算机测控系统的软件控制。设图 4.10 中的传感器是一个压力传感器，最大测量范围为 0～1MPa，相对精度为±0.1%。在测量范围 0～0.1MPa 内，该传感器仍然有±0.2%的相对精度。针对这样一种传感器，可以采用程控放大器实现量程自动分挡，即量程自动转换，这两挡分别是 0～1MPa 和 0～0.1MPa。当信号在 0～0.1MPa 范围内时，放大器采用大的增益，以提高计算机测控系统的分辨率和测量精度；当测量信号超过 0.1MPa 时，由软件将程控放大器的增益减小，从而扩大测量范围。

若选用 $3\frac{1}{2}$ 位的 A/D 转换器，当处在 0～1MPa 量程时，程控放大器的增益为 1，即增益控制线为 000B。当被测压力为最大值 1MPa 时，A/D 转换器的输出为 1999。当测量结果在 0.1～1MPa 范围内时，程控放大器保持这样的增益。当 A/D 转换器的输出结果小于 200 时，说明传感器送到 A/D 转换器的信号已经低于 0.1MPa，所以控制软件将程控放大器的增益控制线改为 011B，使程控放大器的增益扩大到 8，即 0.1MPa 对应的 A/D 转换器的输出为 1600，显然这使测量的分辨率和测量精度都得到了提高。而当小量程且 A/D 转换器的输出大于 1600 时，软件将程控放大器的增益控制线改为 000B，再回到大量程测量，从而实现量程的自动转换。设置程控放大器增益的控制软件流程图如图 4.11 所示。

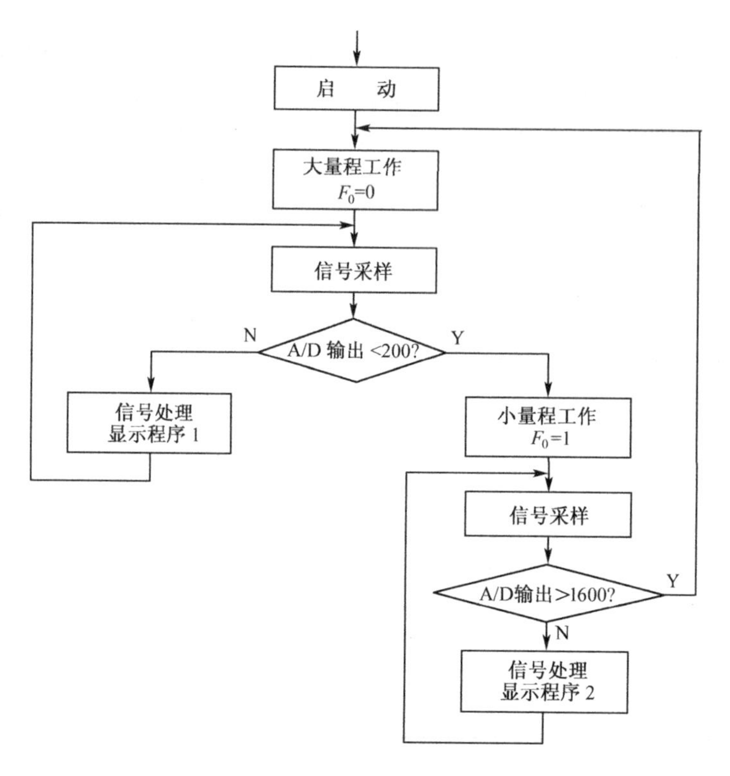

图 4.11 设置程控放大器增益的控制软件流程图

4．非线性补偿

大多数传感器的输出信号与被测参数之间存在着非线性关系，如铂铑-铂热电偶在 0～1000℃之间时电阻与温度关系的非线性度约为 6%。非线性度的线性化也有硬件和软件之分。应用硬件方法时，是利用运算放大器构成负反馈来实现的。例如，对于铂铑-铂热电偶，在热电偶灵敏度较高的区域，负反馈作用强一些，以反馈电路的非线性补偿热电偶的非线性，从而获得输出电流和温度之间的线性关系。DDZ-III 型变送器就加入了这种非线性校正电路。利用软件实现非线性补偿的方法将在第 5 章中介绍。

4.1.2 模拟多路开关

模拟多路开关的作用是将各被测模拟量按某种方式，如顺序采样方式或随机方式，分时地输入共用放大器或 A/D 转换器中。

1．多路开关的种类

多路开关有机械接触式和电子式两大类。

常用的机械接触式多路开关是干簧继电器，其原理图如图 4.12 所示。当线圈通电时，簧片吸合，开关接通。这类开关具有结构简单、闭合时接触电阻小、断开时阻抗高、工作寿命长、不受环境温度影响等优点，多在小信号、中速度场合使用。由单个干簧继电器组成的多路开关采用开关矩阵方式，如图 4.13 所示的开关矩阵可对 64 个点进行检测，利用 CPU 对 X 轴和 Y 轴的选通电路进行控制，可以达到巡回检测的目的。

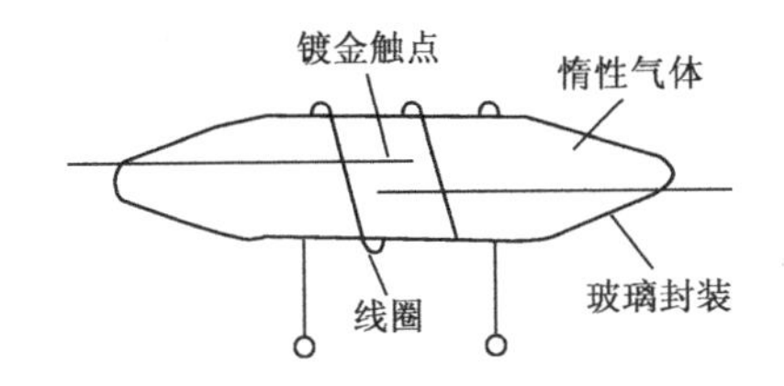

图 4.12　干簧继电器的原理图

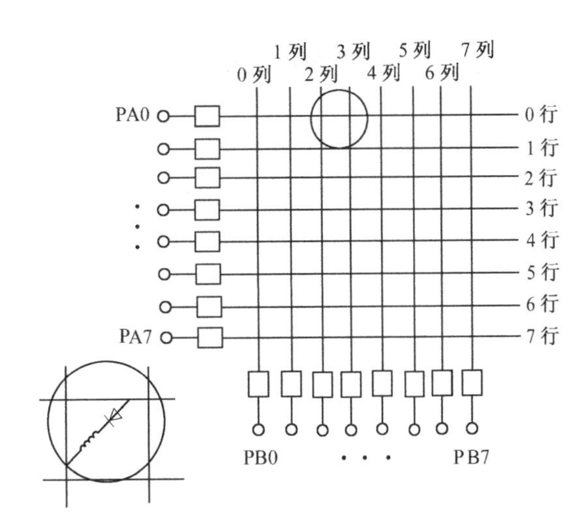

图 4.13　由干簧继电器组成的开关矩阵

在计算机测控系统和数字测量仪表中，使用更为普遍的是由晶体管或场效应管组成的电子无触点开关。这类开关采样速度快，工作频率高，可用于 1000 点/秒以上的高速采样，而且体积小，寿命长；其缺点是导通电阻大，驱动部分和开关元件部分不独立，影响了小信号测量的精度。图 4.14 所示是单端 8 通路开关 CD4051 的原理图及真值表。它有三根二进制控制输入端 A、B、C，片内有二进制译码器，改变 A、B、C 的数值，可译出 8 种状态，分别选中一个开关接通。当禁止端 INT 为高电平时，不论 A、B、C 为何值，8 个通路都不能接通。

多路开关有“一到多”“多到一”和双向开关之分。“多到一”是多通道输入、单通道输出，多用于 A/D 转换。“一到多”则反之，多用于 D/A 转换。

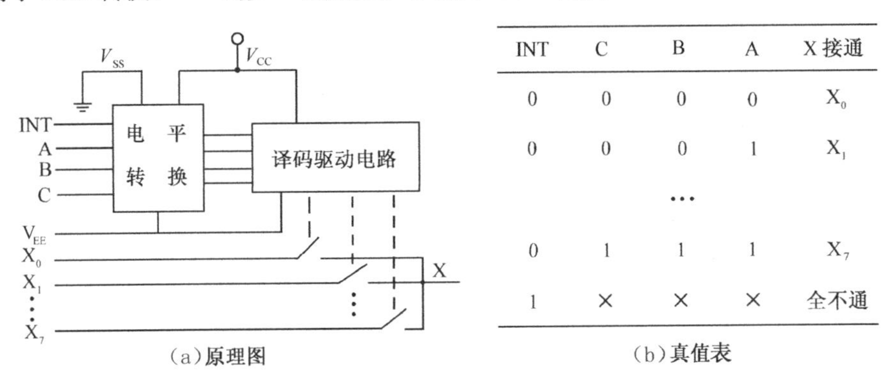

(a)原理图

INT	C	B	A	X 接通
0	0	0	0	X_0
0	0	0	1	X_1
		…		
0	1	1	1	X_7
1	×	×	×	全不通

(b)真值表

图 4.14　单端 8 通路开关 CD4051 的原理图及真值表

2．多路开关的连接方式

多路开关的基本连接方式如图 4.15 所示。

图 4.15（a）所示是单端输入方式，一般用于高电平输入信号。由于一个通道传送一路信号，通道利用率高。但这种方式无法消除共模干扰，所以当共模干扰和信号电平相比幅值较大时，不宜采用。

图 4.15（b）所示是差动输入方式，模拟量双端输入、双端输出接到运算放大器上。由于运算放大器的共模抑制比较高，抗干扰能力较强，一般用于低电平输入、现场干扰较严重、信号源和多路开关距离较远，以及信号有各自独立的参考电压等场合。

图 4.15（c）所示是伪差动输入方式，和如图 4.15（a）所示的差动输入方式的不同点是模拟地和信号地接成一点，而且应该是所有信号的真正地，也是各输入信号唯一的参考地（它可以浮置于系统地）。由于模拟地和信号地接成一点，因此这种方式可以抑制信号源和多路开关所具有的共模干扰（如工频干扰），适合于信号源距离较近的场合。由于在保持全通道使用场合的前提下，提高了对干扰的抑制能力，所以这是一种经济实用的连接方式。

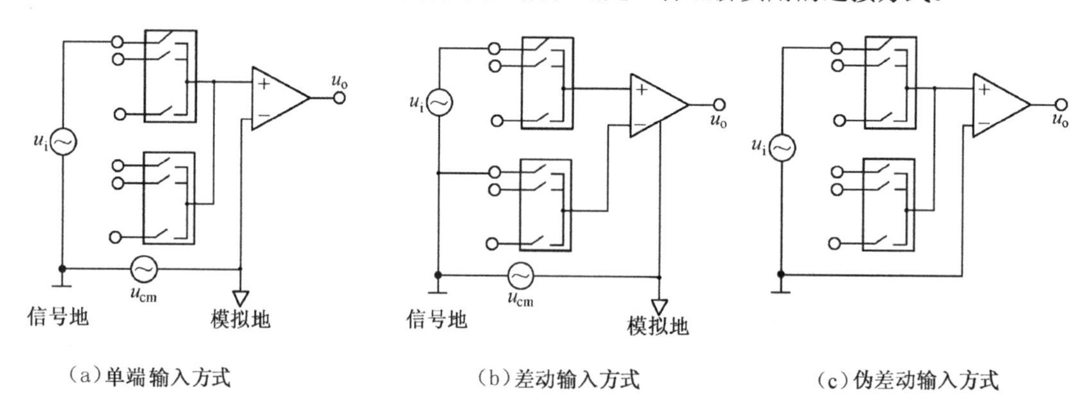

图 4.15　多路开关的基本连接方式

在实际应用中，输入信号可能很多，电平高低可能相差很大，应该按电平分类，对电平相近的信号归类采样。为了减少开关本身的漏电流，可采用干簧开关进行一次采样、电子开关进行二次采样的混合系统。由干簧开关和电子开关组成的混合系统如图 4.16 所示。

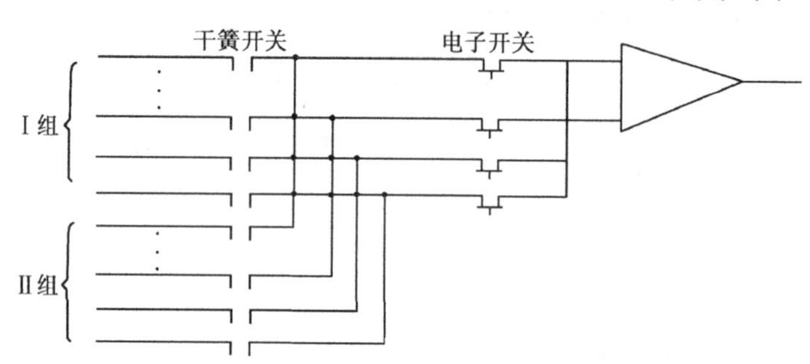

图 4.16　由干簧开关和电子开关组成的混合系统

4.1.3　程控增益放大器

下面介绍两种程控增益放大器。

1．程控增益高速放大器（PGA102）

PGA102 是一种高速、数字程控增益放大器，由 CMOS/TTL 电平选择增益为 1、100 或 1000。每种增益都有独立的输入端，所以具有输入多路器功能。同一芯片上的金属膜电阻经激光修正后，增益精度非常高。

PGA102 的内部结构如图 4.17 所示，其增益选择和基本连接如图 4.18 所示，不同输入端的增益和 1 引脚、2 引脚的电平关系如表 4.2 所示。

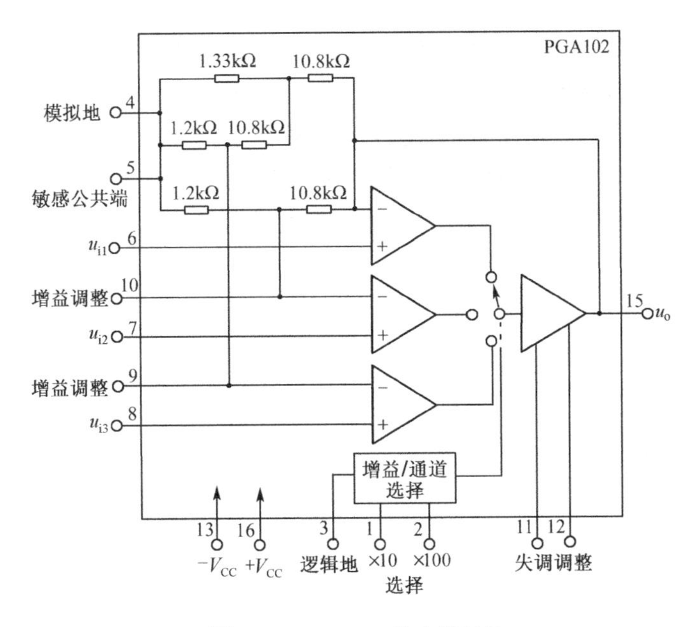

图 4.17 PGA102 的内部结构

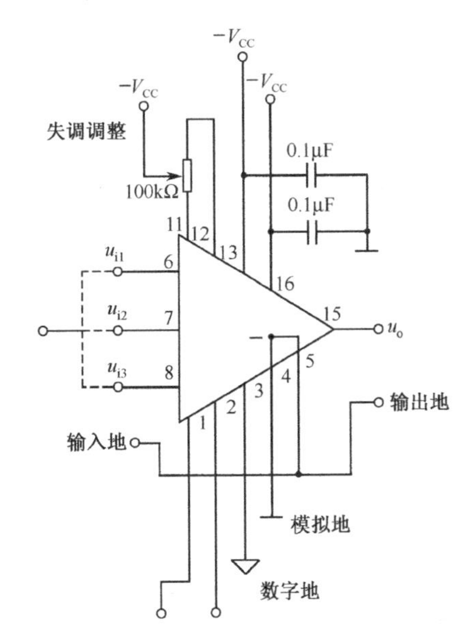

图 4.18 PGA102 的增益选择和基本连接

表 4.2 不同输入端的增益和 1 引脚、2 引脚的电平关系

输　入	增　益	1 引脚	2 引脚
		×10	×100
u_{i1}	$G=1$	0	0
u_{i2}	$G=10$	1	0
u_{i3}	$G=100$	0	1
无　效	无　效	1	1

注：逻辑电压是相对于 3 引脚的

逻辑 0：0～0.8V

逻辑 1：2V～$+V_{CC}$

PGA102 的输入级失调电压经激光修正后，一般无须调整。按如图 4.19 所示的方法可对每个通道的失调电压进行调整。

PGA102 的增益精度是非常高的，一般无须调整。按图 4.20 可对增益 10 和 100 进行细调。若需要更大的增益（如 20、200），或者更小的增益（如 5、50），则可按如图 4.21、图 4.22 所示的方法连接。增益精度和漂移都和外接电阻的精度有关。

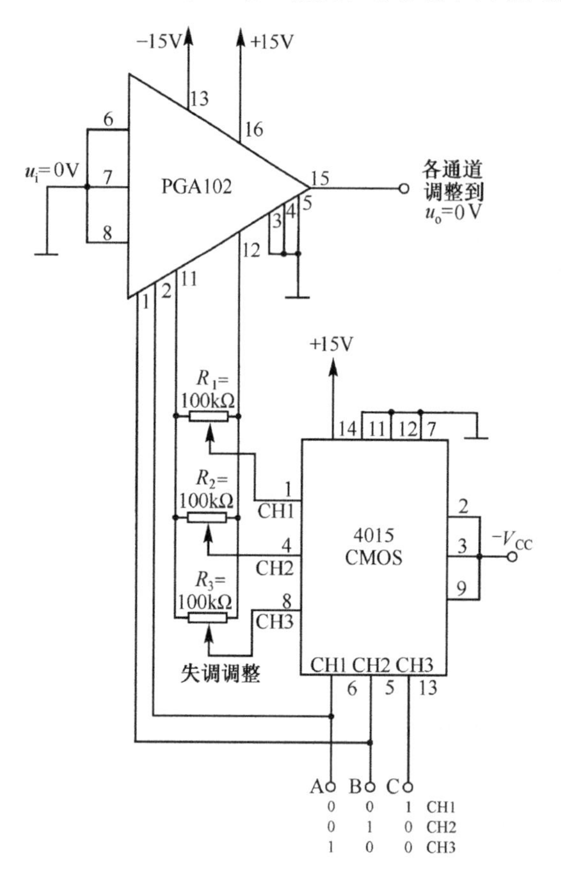

图 4.19　每个通道的失调电压调整

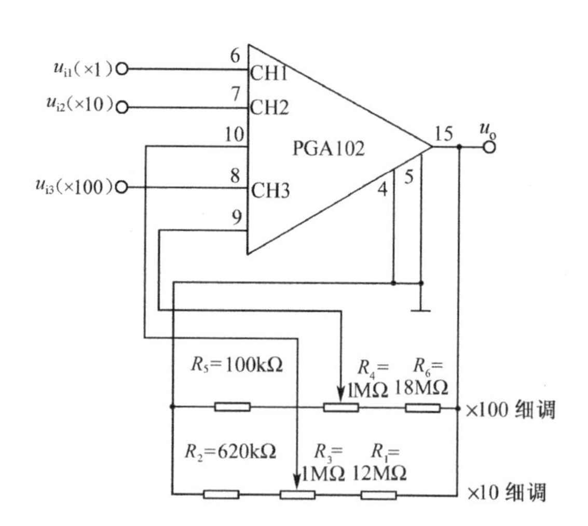

图 4.20　对增益 10 和 100 进行细调

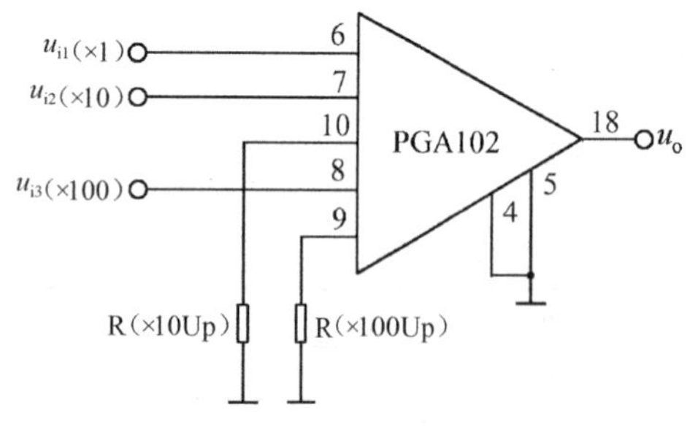

$$R(\times 10\text{Up})=\frac{108\text{k}\Omega}{G(\times 10\text{Up})-10}$$

$$R(\times 100\text{Up})=\frac{103\text{k}\Omega}{G(\times 100\text{Up})-100}$$

图 4.21　获得更大的增益

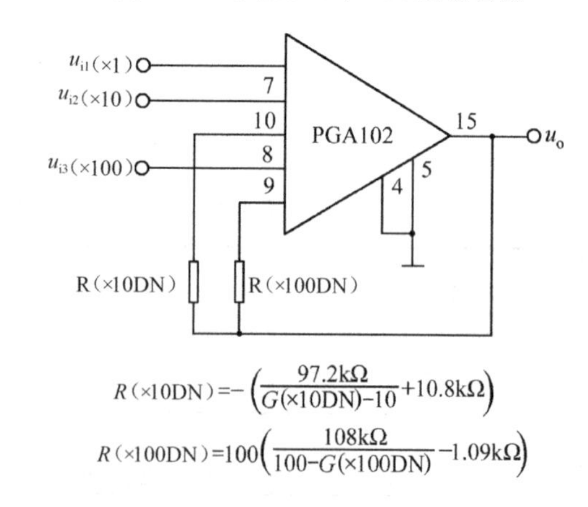

$$R(\times 10\text{DN})=-\left(\frac{97.2\text{k}\Omega}{G(\times 10\text{DN})-10}+10.8\text{k}\Omega\right)$$

$$R(\times 100\text{DN})=100\left(\frac{108\text{k}\Omega}{100-G(\times 100\text{DN})}-1.09\text{k}\Omega\right)$$

图 4.22　获得更小的增益

PGA102 由塑料和陶瓷 16 引脚 DIP 封装，其引脚排列图如图 4.23 所示。

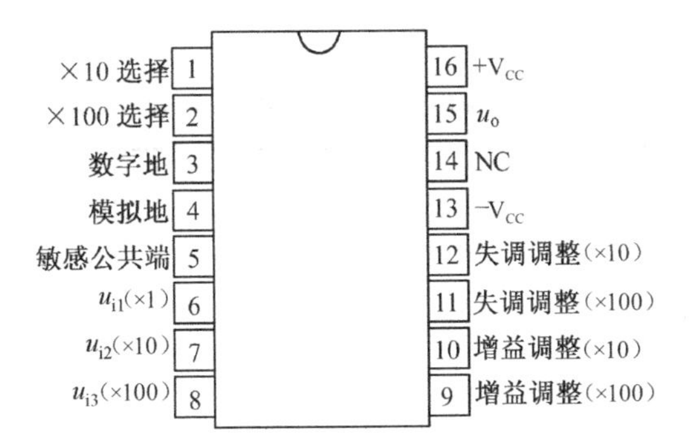

图 4.23　PGA102 的引脚排列图

2．程控增益仪表放大器（AD625）

AD625 是 Analog Devices 公司生产的精密仪表放大器，可用作非标准增益放大器或价廉的软件可编程精密增益放大器，适用于低噪声、高共模抑制比和低漂移的应用。AD625 的功能框图如图 4.24 所示，图 4.25 是 AD625 的简化电路图。

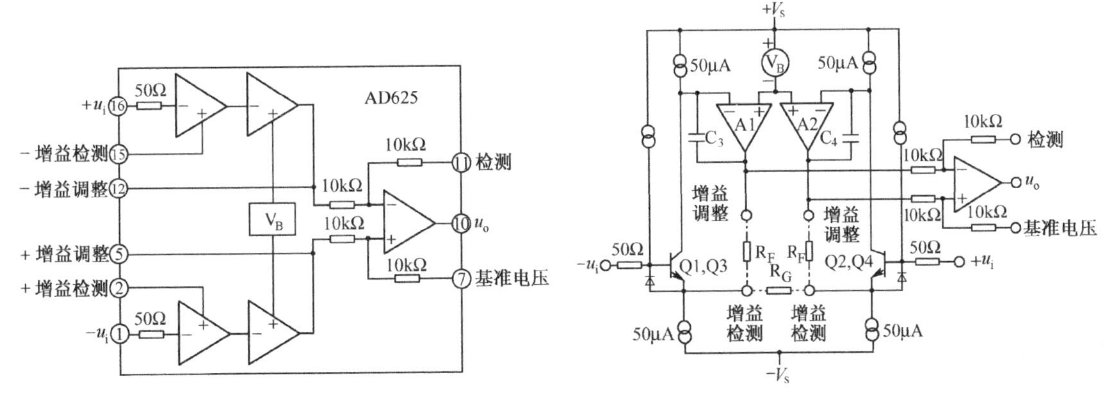

图 4.24　AD625 的功能框图　　　　图 4.25　AD625 的简化电路图

1）固定增益电阻编程增益放大器

（1）固定增益电阻编程增益放大器电路图。使用电阻编程模式，只需要三个外接电阻（一个 R_G 和两个 R_F）就可以选择 1～10 000 范围内的任何增益，如图 4.26 所示。由于增益检测电流对共模电压不敏感，所以电阻编程 AD625 的共模抑制比与两个反馈电阻的匹配程度无关。

（2）电阻选择。反馈电阻 R_F 是由用户根据所需的增益选定的。由于 AD625 是用 R_F = 20kΩ测试的，所以建议在 R_F=20kΩ附近选取。

增益电阻 R_G 的阻值可根据式（4-3）计算：

$$R_G = 2R_F/(G-1)\ (\text{k}\Omega) \tag{4-3}$$

式中，G——计划实现的增益。

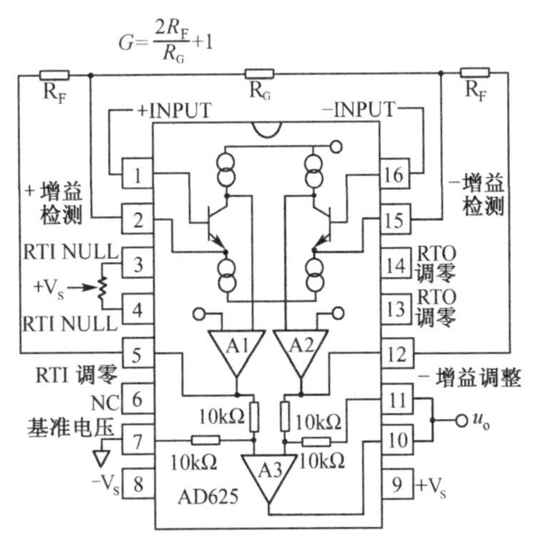

图 4.26　固定增益电阻编程增益放大器

表 4.3 所示是设置常用增益所使用的 R_F 和 R_G 的阻值，其电阻精度为 1%时，增益误差不超过±0.5%。

表 4.3　设置常用增益所使用的 R_F 和 R_G 的阻值

增　益	R_F（kΩ）	R_G
1	20	∞
2	19.6	39.2kΩ
5	20	10kΩ
10	20	4.42kΩ
20	20	1.1kΩ
50	19.6	806Ω
100	20	402Ω
200	20.5	205Ω
500	19.6	78.7Ω
1000	19.6	39.2Ω
4	20	13.3kΩ
8	19.6	5.62kΩ
16	20	2.67kΩ
32	19.6	1.27kΩ
64	20	634Ω
128	20	316Ω
256	19.6	154Ω
512	19.6	76.8Ω
1024	19.6	38.3Ω

2）软件可编程增益放大器（SPGA）

软件可编程增益放大器实际上是用软件控制多路开关，使放大电路在不同时刻接入阻值不同的 R_F 和 R_G，从而使放大器在不同时刻具有不同的增益。

图 4.27 所示是具有 1、4、16、64 四种增益选择的软件可编程增益放大器。用程序改变 A1 和 A0 的值，就可以选定其中一种增益。

在有些软件可编程增益放大器中，多路开关的道通电阻会引起明显的增益误差和漂移，AD625 增加了增益检测和增益驱动引脚后，使多路开关道通电阻的影响降低到了可以调零的范围。

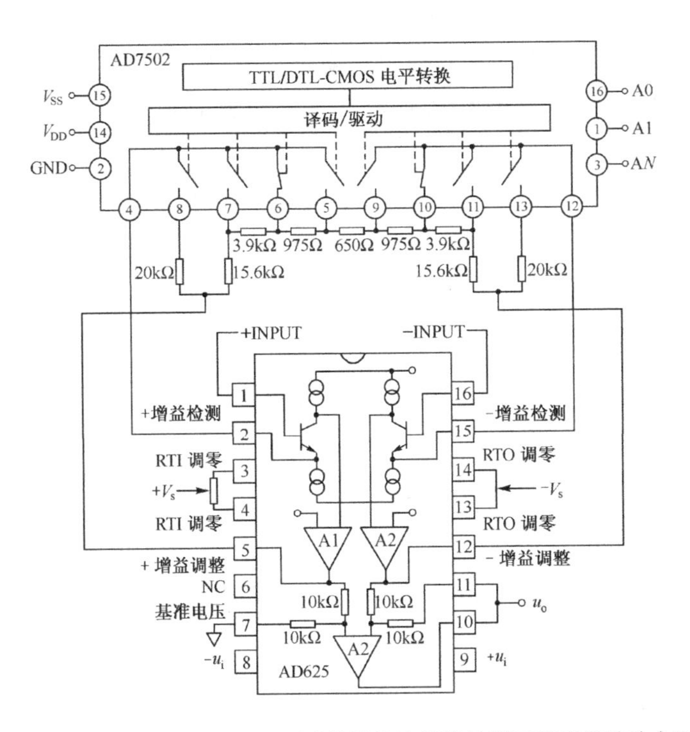

图 4.27　具有 1、4、16、64 四种增益选择的软件可编程增益放大器

4.1.4　采样和采样定理

1．采样过程

计算机进行测量或控制时，只能每隔一定时间进行一次测量或控制循环。在每次循环中，首先输入信息，即将模拟信号加到 A/D 转换器上，转换成数字信号输入计算机；其次执行数据处理或控制程序，计算出测量结果或控制量；最后输出。测量控制循环如图 4.28 所示。

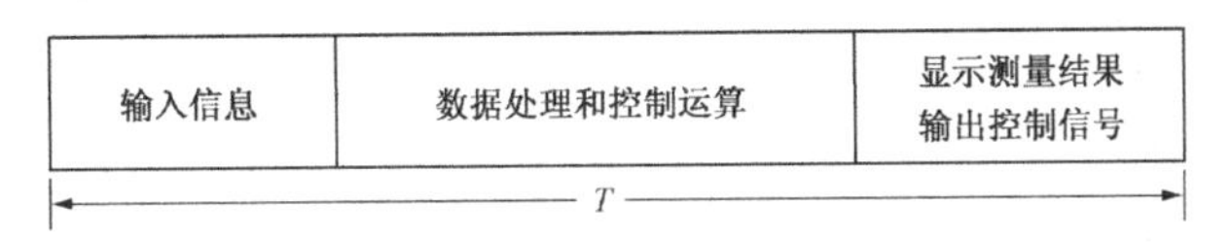

图 4.28　测量控制循环

计算机不断重复上述循环，每隔一定时间间隔 T 逐点采集模拟信号的瞬时值，这个过程就是采样，时间间隔 T 称为采样周期。

采样过程是由采样开关实现的，如图 4.29 所示。采样开关每隔一定时间间隔 T 闭合一次，于是原来在时间上连续的模拟信号 $f(t)$就变成了时间上离散的采样 $f^*(t)$。

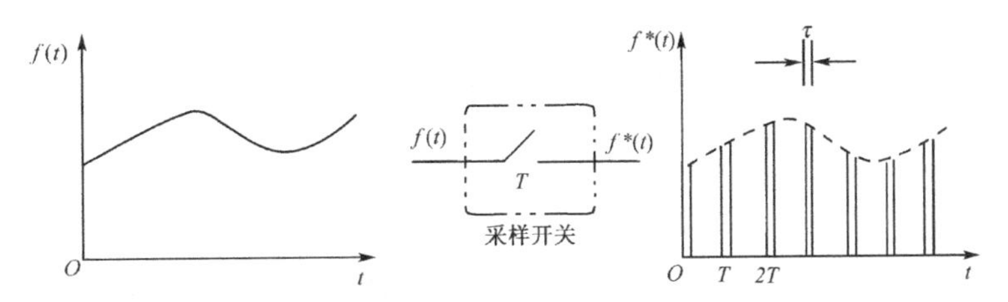

图 4.29　信号的采样过程

通常采样的持续时间非常短，所以可以将采样信号 $f^*(t)$ 看作一个有强度、无宽度的脉冲序列，也可以看作单位脉冲序列被 $f(t)$ 调幅的结果，如图 4.30 所示。

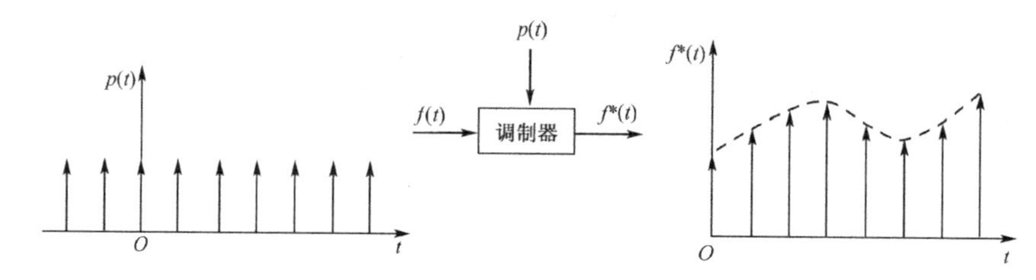

图 4.30　$f(t)$ 对单位脉冲函数的调制作用

2．采样定理

根据采样过程不难理解，采样周期 T 越短，采样信号 $f^*(t)$ 就越接近连续信号 $f(t)$ 的变化规律；反之，T 越大，$f^*(t)$ 就可能反映不了 $f(t)$ 的变化规律。为了使采样信号 $f^*(t)$ 反映连续信号 $f(t)$ 的变化规律，采样频率 ω_s（$\omega=2\pi/T=2\pi f$）最少应该是 $f(t)$ 的频谱 $F(\mathrm{j}\omega)$ 的最高频率 ω_{max} 的两倍，即

$$\omega_s \geqslant 2\omega_{max} \tag{4-4}$$

这就是著名的采样定理，即香农定理。

3．采样周期的经验数据

香农定理给出了采样频率的下限，即采样周期的上限，在这个范围内，采样周期越小，越接近连续控制，实际上常取 $\omega_s \geqslant (5\sim10)\omega_{max}$。常见的模拟信号的采样周期如表 4.4 所示。

表 4.4　常见的模拟信号的采样周期

模 拟 信 号	采样周期（秒）
流量	1～5，优选 1～2
压力	3～10，优选 6～8
液位	6～10
温度	15～20
成分	15～20

4．量化和 A/D 转换器字长的选择

当我们衡量一个物品的价值时，最小单位是分，其价值只能是分的整数倍。采样信号在时间上是离散的，但在幅值上是连续的。对采样信号进行编码，并用数字表示时，只能用最小单位 q（称为最小量化单位）的整数倍来表示，因此存在“舍”“入”问题，即存在量化误差。图 4.31 所示是“有舍有入”的量化过程示意图。

执行量化动作的装置是 A/D 转换器，字长为 n 的 A/D 转换器把 $Y_{min}\sim Y_{max}$ 范围内变化的连续信号变换成 0～（2^n-1）范围内的数字信号，量化误差为 $\pm\frac{1}{2}q$。例如，当 q=20mV 时，量化误差为±10mV。

为了把量化误差限制在允许的范围内，A/D 转换器的字长应足够长。确定字长时应该考虑的因素包括输入信号的动态范围和分辨率。

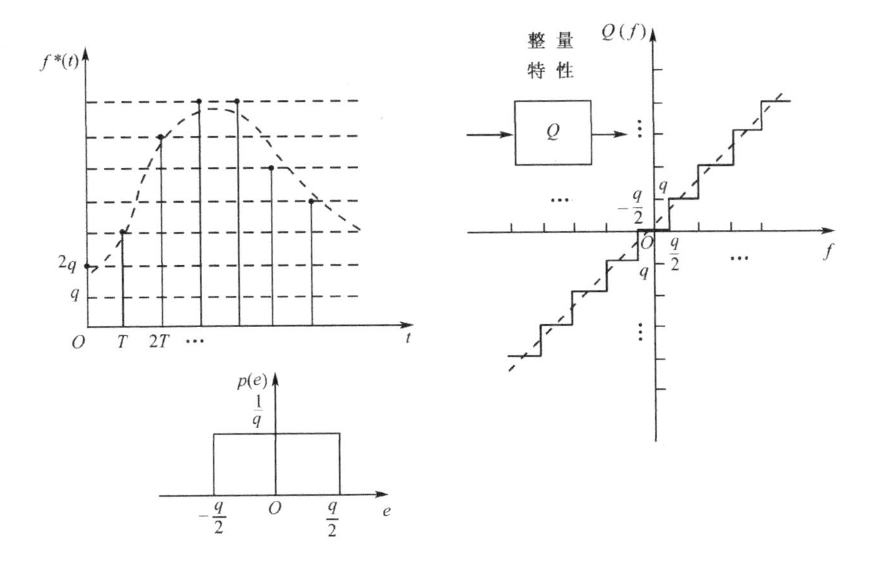

图 4.31 “有舍有入”的量化过程示意图

（1）输入信号的动态范围。设输入信号的最大值和最小值之差为

$$X_{max}-X_{min}=(2^{n1}-1)\lambda \text{（mV）}$$

式中，$n1$——A/D 转换器的字长；

λ——转换当量（mV/bit）。

于是动态范围为

$$2^{n1}-1=\frac{X_{max}-X_{min}}{\lambda}$$

因此，A/D 转换器的字长为

$$n1 \geqslant \log_2\left(1+\frac{X_{max}-X_{min}}{\lambda}\right) \tag{4-5}$$

（2）分辨率。有时要求以分辨率的形式给出 A/D 转换器的字长。分辨率的定义是

$$D=\frac{1}{2^{n1}-1} \tag{4-6}$$

例如，8 位的分辨率为

$$D=\frac{1}{2^8-1}\approx 0.003\ 921\ 5$$

所以，如果所要求的分辨率为 D，则字长为

$$n1 \geqslant \log_2(1+\frac{1}{D}) \tag{4-7}$$

例如，测量 0～200℃范围内的温度，要求分辨率不低于 0.005（1℃），则 A/D 转换器的字长为

$$n1 \geqslant \log_2(1+\frac{1}{D})=\log_2(1+\frac{1}{0.005})\approx 7.65$$

即 A/D 转换器的字长 $n1$ 应为 8 位。

5．采样保持器

（1）孔径误差。采样是把变化的模拟信号在某一时刻的值采出来，经过 A/D 转换变成

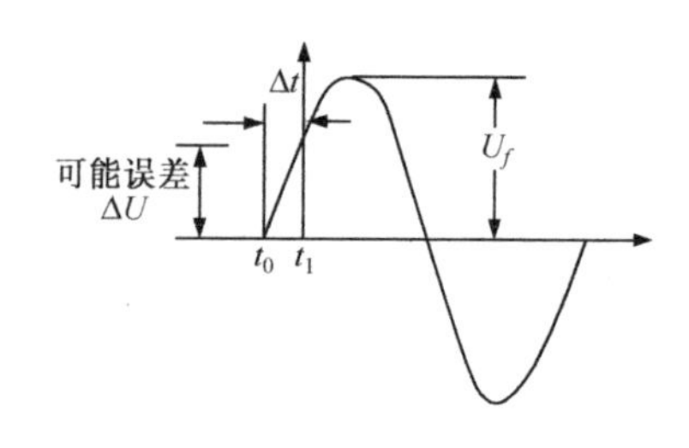

图 4.32　孔径误差

数字信号。例如，对正弦信号在 t_0 时刻的值进行采样，理想值应为零，但是由于在 A/D 转换时间Δt 内，模拟信号已发生变化，所以 A/D 转换器的输出不再为零了，由此产生的误差称为孔径误差（见图 4.32）。最大可能的孔径误差发生在模拟信号变化率最大的地方。

设模拟信号为

$$U=U_f\sin2\pi ft$$

$$\frac{\mathrm{d}U}{\mathrm{d}t}=U_f2\pi f\cos2\pi ft$$

最大变化率为

$$\frac{\mathrm{d}U}{\mathrm{d}t}=U_f\,2\pi f$$

最大可能误差为

$$\Delta U_{\max}=U_f\,2\pi f\,\Delta t$$

显然，最大可能误差$\Delta U_{\max}$应该在允许的转换精度内。假设 12 位的 A/D 转换器的转换时间为 100μs，孔径误差为

$$\frac{1}{2}\text{LSB}=\frac{1}{2}\times10.24/2^{12}=1.25\ (\text{mV})$$

因此有

$$U_f2\pi f\Delta t\leqslant1.25\times10^{-3}$$

若 U_f=5V，则可以求出

$$f_{\max}\leqslant\frac{1.25\times10^{-3}}{5\times2\pi\times100\times10^{-6}}=0.5\ (\text{Hz})$$

即要求输入信号的频率不能超过 0.5Hz，显然这样的限制对于变化较快的信号是无法满足的。

（2）采样保持器（S/H）。采样保持器又称采样保持放大器（SHA），其原理图如图 4.33 所示，它由模拟开关、储能元件和缓冲放大器组成。当施加控制信号后，K 闭合，模拟信号迅速向电容充电到输入电压值。之后，控制信号被去除，K 断开，A/D 转换器对保持在电容 C_H 上的电压进行整量化。由于充电时间远小于 A/D 转换时间，采样保持器的电压下降率又较低，因此大大减小了孔径误差。

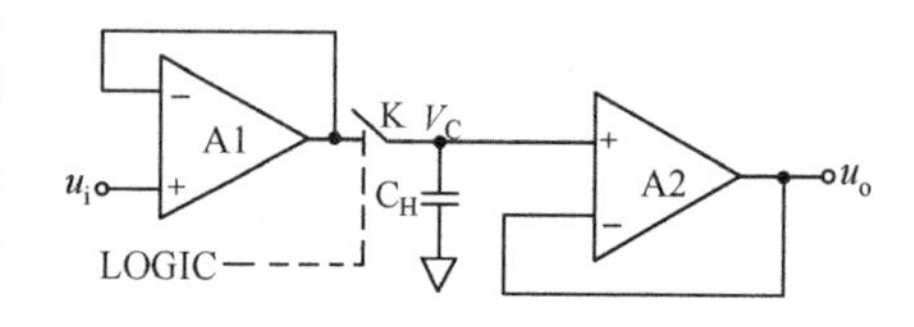

图 4.33　采样保持器的原理图

采样保持器的主要性能参数包括获得时间、孔径时间、输出电压衰减率、直通馈入等。

① 获得时间：给出采样指令后，跟踪输入信号到满量程并稳定在终值误差带（0.05%～0.2%）内变化和滞留的最短时间。

② 孔径时间：保持指令给出后到采样开关真正断开所需要的时间。

③ 输出电压衰减率：保持阶段由各种泄漏电压所引起的放电速度。

④ 直通馈入：输入信号通过采样保持开关的极间电容通到保持电容上的现象。

（3）常用的采样保持器。常用的采样保持器有 LF398、AD582 等，其结构原理图如图 4.34 所示。它们的采样或保持控制电平采用 TTL 逻辑，LF398 的采样控制电平为“1”，保持控制电平为“0”，AD582 则相反。有的采样保持器采用脉冲控制采样或保持。OFFSET 用于零位调整。保持电容一般是外接的，选择时要折中考虑采样速度、获得时间、输出电压衰减率等

因素，常选用 510～1000pF，以及由聚苯乙烯、聚四氟乙烯制成的高质量电容。

需要指出的是，当被测信号变化缓慢，A/D 转换器的转换时间也足够短时，可以不用采样保持器。

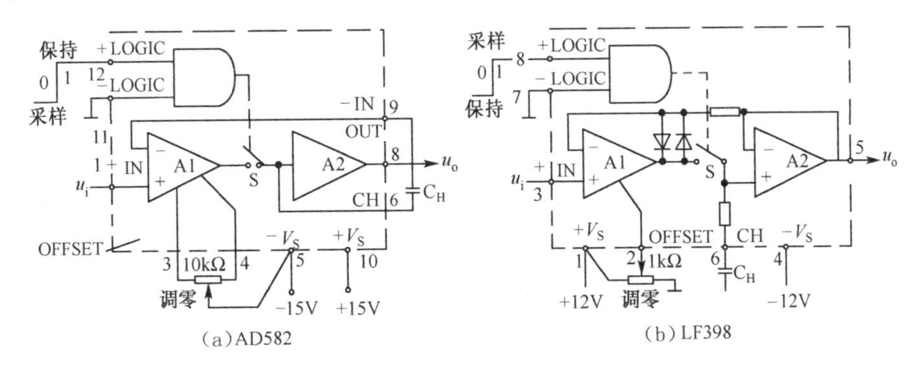

图 4.34 采样保持器的结构原理图

4.1.5 A/D 转换器及其和中央处理器（CPU）的连接

A/D 转换器是把模拟电压或电流转换成数字量的集成电路器件。常用的 A/D 转换方式有逐次逼近式和双斜积分式。逐次逼近式的转换速度快（几微秒至几百微秒），但抗干扰能力差，常用的有 8、10、12 位之分；双斜积分式的转换速度慢（几十毫秒至几百毫秒），但抗干扰能力强，常用的有 $3\frac{1}{2}$ 位（相当于二进制数的 11 位）的 MC14433、$4\frac{1}{2}$ 位（相当于二进制数的 12 位）的 ICL7135 等。

A/D 转换器的主要技术指标有转换时间、分辨率、量程、线性误差、对基准电源的要求等。

（1）转换时间：完成一次模拟量到数字量的转换所需的时间。

（2）分辨率：数字量的最低有效位所对应的权值，常用数字量的位数表示。

（3）量程：所能转换的电压范围。

（4）线性误差：在满量程输入范围内，偏离理想的线性转换特性的最大误差，常用 LSB 的分数表示，如 $\frac{1}{2}$ LSB 或±1LSB。

（5）对基准电源的要求：有些 A/D 转换器，如 ADC0809、AD7533 等，不需要外接基准电源，而 AD7522、ADC1210 等需要外接基准电源。基准电源的精度对整个系统的精度会产生很大的影响，必要时要考虑外接精密基准电源。

各种型号的 A/D 转换器都有启动转换引脚、转换结束引脚和数据输出引脚，A/D 转换器和 CPU 的连接问题其实就是如何处理上述三种引脚和 CPU 的连接问题。

1. 8 位 A/D 转换器和 CPU 的连接

8 位 A/D 转换器的数据输出寄存器多数具有三态输出功能，数据输出线可以直接挂接在 CPU 的数据总线上，即能和 CPU 直接配套。下面以 ADC0809 为例进行说明。

ADC0809 是采用 CMOS 工艺制造的 8 位 8 通道、单片 28 引脚、双列直插式 A/D 转换器。ADC0809 的内部结构如图 4.35 所示，它包括 MUX 和 ADC 两部分。其中带树状电子开关的 256 电阻 T 形电阻网络用于实现 A/D 转换功能。这种器件不需要在外部进行零点和满度调整，总的不可调误差为$\pm\frac{1}{2}$LSB，具有锁存的TTL三态输出，可以直接和CPU相连，无须另加接口连接电路。当模拟电压在0～5V范围内时，只需要使用单一的+5V电源即可。

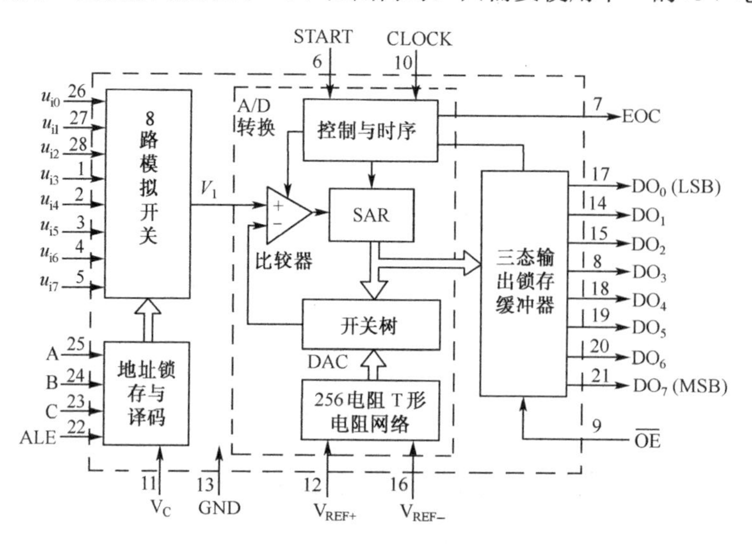

图4.35　ADC0809的内部结构

使用多通道A/D转换器时，首先要指定输入通道，其次启动A/D转换，最后读出A/D转换结果。读取A/D转换结果的方法有三种。

（1）定时法。CPU延时等待大于A/D转换时间，在确保A/D转换结束之后再读取A/D转换结果。

（2）查询法。CPU在启动A/D转换后，就开始不停地查询A/D转换器的转换结束标志，转换一结束，立即读取A/D转换结果。

（3）中断法。CPU在启动A/D转换后，继续执行其他任务，由A/D转换结束标志引起中断，在中断服务程序中读取A/D转换结果。

图4.36所示是用中断法读取A/D转换结果时，ADC0809与8031单片机的连接电路，图中用单片机数据总线的低3位选择模拟量输入通道。A/D转换器的芯片在系统中相当于一个外围芯片，用P2.7低电平有效作为片选信号，所以u_{i0}～u_{i7} 8个通道的地址分别为7FF8H～7FFFH。当片选信号与$\overline{WR}$有效信号相配合，利用$\overline{WR}$下降沿使START及ALE信号变高电平有效来锁存地址信号。在$\overline{WR}$上升沿时刻，START信号由高电平变低电平启动A/D转换。选择模拟量通道和启动A/D转换的任务是由下列两条指令完成的。

```
        MOVX        DPTR, #7FFXH        ; ADC任一通道地址送DPTR
        MOVX        @DPTR, A            ; 启动转换
```

转换结束后，EOC变成高电平有效，向CPU申请中断。CPU响应中断后，在中断服务程序中读取A/D转换结果。

主程序中设置的中断控制程序如下。

```
INTAD:  SETB     IT1                ; 设置外部中断1为边沿触发方式
        SETB     EA                 ; CPU开中断
        SETB     EX1                ; 允许外部中断1
        MOV      DPTR, #7FF8H       ; 启动ADC，对IN0通道进行A/D转换
```

```
        MOVX    @DPTE, A
          ⋮
```

外部中断 1 的中断服务程序如下。

```
0013H:  MOV     DPTR, #7FF8H    ; 读 A/D 转换结果到内存 50H 中
        MOVX    A, @DPTR
        MOV     50H, A
        MOVX    DPTR, A         ; 启动 ADC，对 IN0 进行 A/D 转换
        RETI                    ; 中断返回
```

当对 u_{i0}～u_{i7} 所有通道进行 A/D 转换时，应在程序中加入修改地址的指令。

2．12 位 A/D 转换器和 CPU 的连接

12 位 A/D 转换器和 8 位计算机连接时要将转换结果的低 8 位和高 4 位分两次读入 CPU。图 4.37 所示是 12 位 A/D 转换器 ADC1210 与 8031 单片机的连接方法。ADC1210 的特点如下。

（1）输出数据寄存器无三态功能。

（2）用脉冲启动转换，启动转换输入端是 $\overline{SC}$。

（3）转换结束产生 $\overline{CC}$ 信号。

（4）需要外接时钟。

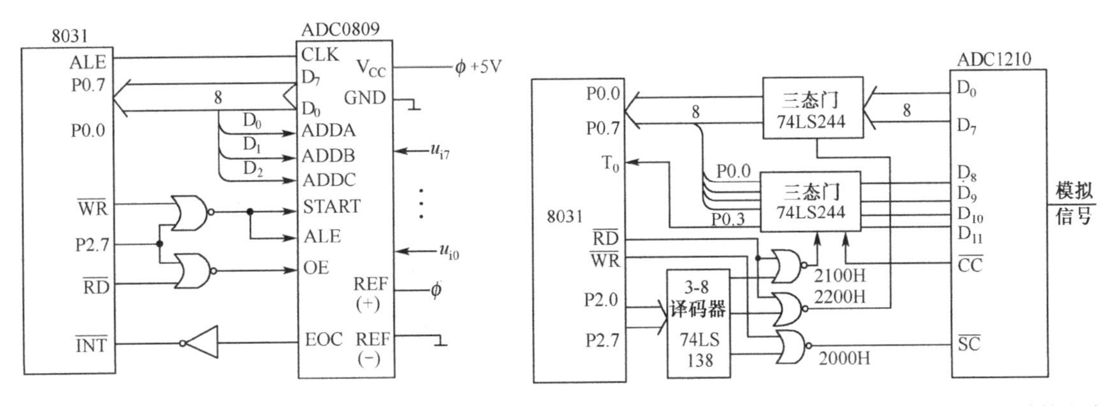

图 4.36　ADC0809 与 8031 单片机的连接电路　　图 4.37　12 位 A/D 转换器 ADC1210 与 8031 单片机的连接方法

因此，ADC1210 数据输出要经三态门才能与 8031 单片机的数据总线相连。在图 4.37 中，采用查询法读取 A/D 转换结果，转换结束信号 $\overline{CC}$ 经三态门与 P3.4（T_0）连接。按图 4.37 所示的连接方法分配给三态门和启动转换控制端的端口地址分别设为 2100H、2200H 和 2000H。相应的 A/D 转换程序如下。

```
ADC12:  MOV     R0, #10H        ; 设置数据缓冲区地址
        MOV     DPTR, #2000H
        MOVX    @DPTR, A        ; 启动 A/D 转换
WAITCC: JB      P3.4, WAITCC    ; 转换未结束等待
        MOV     DPTR, #2100H    ; 转换结束读入高位数据
        MOVX    A, @DPTR
        ANL     A, #0FH         ; 屏蔽高 4 位
        MOV     R0, A           ; 保存高位数据
```

```
        INC     R0
        MOV     DPTR, #2200H        ；读入低 8 位数据
        MOVX    A, @DPTR
        MOV     R0, A               ；保存低 8 位数据
```

3．V/F 转换器与 CPU 的连接

V/F 转换器（VFC）通过把电压信号转变为频率信号来实现 A/D 转换，VFC 与微处理器连接具有许多优点。

① 接口简单：每一路模拟信号只占用微处理器的一位 I/O 接口线。

② 输入方式灵活：既可以作为 I/O 输入，也可以作为中断方式输入，还可以作为计数器输入，因此能够满足不同系统的要求。

③ 抗干扰能力较强：究其原因，一方面是因为 V/F 转换的过程本身是对输入信号不断积分的过程，对干扰有一定的平滑作用；另一方面是因为其输出的频率信号相当于一位数字量，便于采用光电隔离消除干扰。

④ 易于远距离传输：因为 VFC 的输出已经是一个串行信号，适合用双绞线进行远距离传输，尤其是采用光纤作传输介质时，可构成一个不受电磁干扰影响的长距离传输系统。

⑤ 与标准逻辑器件或耦合器件连接方便：因为 VFC 采用的是单独数字地的集电极开路输出方式。

VFC 的缺点是转换时间较长，一般需要几毫秒至几十毫秒，因此适合使用在信号变化较慢的场合。

（1）VFC 原理。VFC 其实是一个振荡频率随控制电压变化的电压控制振荡器。图 4.38 所示是电荷平衡式 VFC 的原理图。

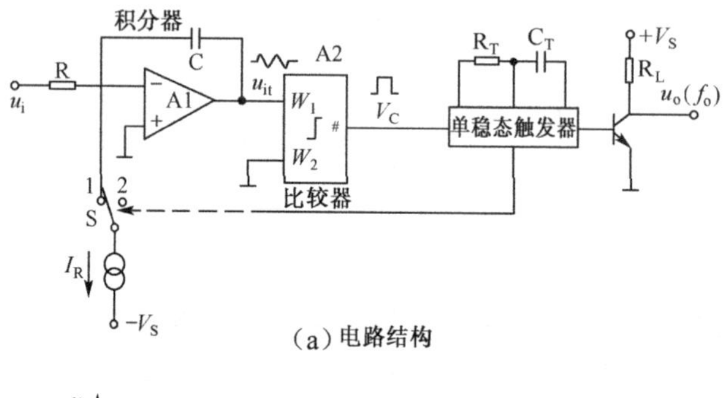

（a）电路结构

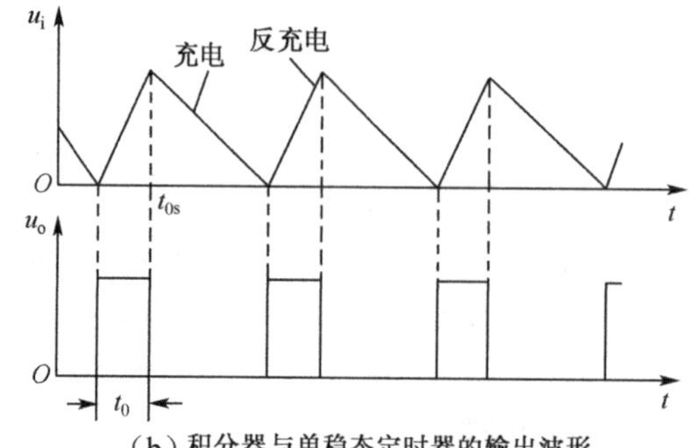

（b）积分器与单稳态定时器的输出波形

图 4.38　电荷平衡式 VFC 的原理图

在图 4.38（a）中，运算放大器 A1 和 RC 电路组成一个积分器；A2 为零电压比较器；I_R 为恒流源，它与模拟开关 S 组成一个积分器反充电电路。

设开始时，单稳态触发器的输出恰好为低电平，恒流源与 A1 的反相输入端开路，因此流过积分器的电流只有 u_i/R，该电流对积分电容 C 充电，使积分器输出 u_{it} 下降。当 u_{it} 下降到 0V 时，零电压比较器 A2 发生跳变，触发单稳态触发器输出一个宽度为 t_0 的正脉冲。该正脉冲使模拟开关 S 切换到位置 1，恒流源向积分器反向充电。由于设计保证 $I_R>u_{inmax}/R$，在此期间积分器以反向充电为主，所以 u_{it} 线性上升直到 t_{0s} 结束时，模拟开关重新切换到位置 2，又开始了 u_i 对 C 的充电过程，如此周而复始，便在输出端产生了一个如图 4.38（b）所示的具有一定频率的脉冲信号。

充电电荷量与反充电电荷量应该是相平衡的，即

$$I_R \times t_0 = \frac{u_i}{R} \times T$$

因此输出振荡频率为

$$f=\frac{1}{T}=\frac{1}{I_R R t_0}u_i \tag{4-8}$$

由式（4-8）可知，VFC 的输出频率和输入电压成正比。因为当输入电压增加时，积分时间缩短，单稳态触发器的翻转时间 t_0 也缩短，使输出频率增加。

（2）利用 VFC 构成 A/D 转换器。目前市场上已有各种集成电路 VFC 可供选择，如 Analog Devices 公司的 ADVFC32、AD537、AD458、AD650、AD651、AD654；National Semiconductor 公司的 LM131、LM132 及 LM331；Burr-Brown 公司的 VFC32、VFC42/52、VFC100、VFC320 等。

图 4.39 所示是由 AD654 组成的 A/D 转换器。

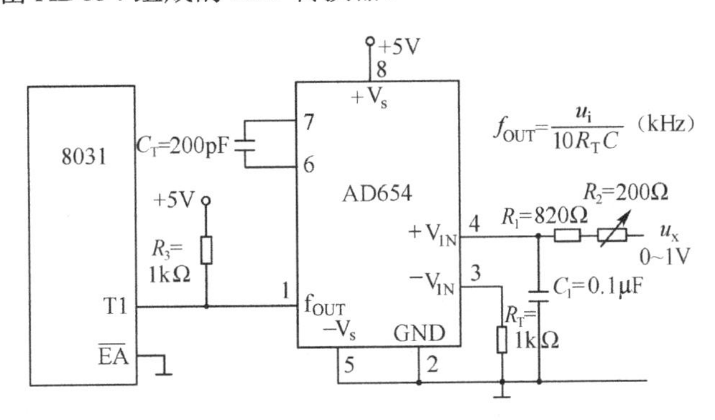

图 4.39　由 AD654 组成的 A/D 转换器

在图 4.39 中，设模拟量输入电压为 0～1V，从 AD654 的输出引脚 1 可输出 0～500kHz 的脉冲。引脚 1 接至单片机定时器/计数器 T1 的外输入端，以便对 VFC 的输出脉冲进行计数。定时器/计数器 T0 设置为定时方式，定时时间为 100ms（设系统时钟频率为 6MHz），每 100ms 产生一次中断，由 T0 的中断服务程序读取 T1 的计数结果，因此 T1 统计的是 100ms 时间间隔内 VFC 输出的脉冲个数，计数结果存放在内存 RAM 的 30H 和 31H 中，再经过标度变换即可求得输入模拟量的值。设置 T0、T1 的程序段及 T0 中断服务的程序（8031 程序）如下。

```
          ORG 000BH                ; T0溢出中断入口
          CLR      TR1             ; 关T1
          CLR      TR0             ; 关T0
          AJMP     COUNT           ; 转读计数值字程序

          ORG 0100H
SETT0T1:  MOV      TMOD, #51H      ; 设T1为计数方式1，T0为定时方式1
          MOV      TL1, #00H       ; T1计数器清零
          MOV      TH1, #00H
          MOV      TL0, #0B0H      ; 置T0初值，每100ms产生一次中断
          MOV      TH0, #3CH
          SETB     PT0             ; 设T0为高优先级中断
          SETB     ET0             ; 允许T0中断
          SETB     EA              ; 允许所有中断
          SET      TR0             ; 启动T0
          SET      TR1             ; 启动T1
                   ⋮               ; 程序的其他部分
COUNT:    MOV 30H, TL1             ; T1计数值存入RAM中
          MOV 31H, TH1
          MOV TH1, #00H            ; T1清零，以便再计数
          MOV TL1, #00H
          MOV TL0, #0B0H           ; 给T0重新赋计数器初值
          MOV TH0, #3CH
          RETI                     ; 中断返回
```

4.2 模拟量输出通道

模拟量输出通道的任务是将计算机输出的数字量，如控制量或其他需要显示和记录的数字量信息，转换成标准的模拟电压或电流作用到执行机构、显示器或记录仪上。由于执行机构一般不能依靠脉冲工作，所以需要将第 k 时刻的输出保持到第 k+1 时刻，即输出通道要使用保持器。

4.2.1 模拟量输出通道的结构形式

根据所使用的输出保持器的形式，模拟量输出通道可以分为模拟量保持和数字量保持两种结构形式。

1. 模拟量保持结构形式——多个通道共用D/A转换器的结构形式

多个通道共用D/A转换器的结构形式如图4.40所示，这种形式使用一个D/A转换器在微处理器控制下分时工作，即通过多路开关，依次把D/A转换器输出的模拟电压传送给采样

保持器。为了使保持电压不下降太多，最好不断进行刷新。这种形式的优点是只使用一个 D/A 转换器，但由于它是分时工作的，而且还要使用多路开关和采样保持器，因此只适用于通道数量多、速度要求不高的场合。这种形式的可靠性较差。

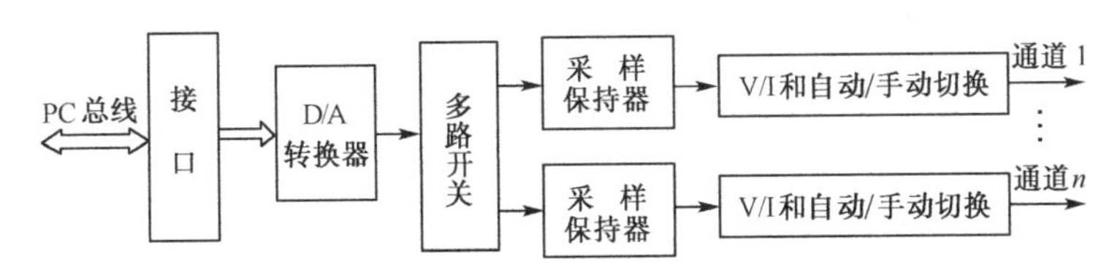

图 4.40　多个通道共用 D/A 转换器的结构形式

2. 数字量保持式——一个通道一个 D/A 转换器的结构形式

一个通道一个 D/A 转换器的结构形式如图 4.41 所示，这种形式的模拟量输出通道与微处理器之间通过独立的接口缓冲器传送信息。这是一种数字保持方式，其优点是转换速度快、工作可靠，某一路 D/A 转换器发生故障后不会影响其他通路的工作；其缺点是使用了较多的 D/A 转换器。随着大规模集成电路技术的发展，该缺点逐渐被克服，这种形式也正变得越来越受欢迎。

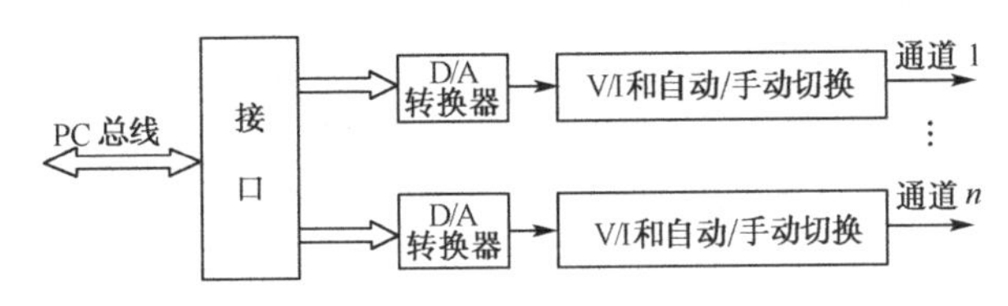

图 4.41　一个通道一个 D/A 转换器的结构形式

4.2.2　D/A 转换器和 CPU 的连接

D/A 转换器是将数字量转换成模拟量的集成电路器件，其输出模拟量与参考电压和输入的二进制数呈比例关系。常用的 D/A 转换器的分辨率有 8、10、12 位等，其结构大同小异，通常都带有两级缓冲寄存器。本身不带缓冲寄存器的 D/A 转换器与 CPU 连接时，在数据输入端要增加数据锁存器。D/A 转换器有并行和串行两种类型。串行 D/A 转换器的速度较慢，但是由于只有一个输入端，占用微处理器的 I/O 引脚数大大减少，所以可以应用在低价格的场合，如儿童玩具、家用电器。D/A 转换器的主要技术指标有分辨率、建立时间、线性误差等，它们的定义和 A/D 转换器的性能指标的定义十分相似。

1. 8 位 D/A 转换器与 CPU 的连接

下面以 DAC0832 为例进行介绍。DAC0832 是双立直插式、电流型输出的 8 位 D/A 转换器，其内部结构如图 4.42 所示。它有一个 8 位输入寄存器、一个 8 位 DAC 寄存器、一个 8 位 D/A 转换器及选通逻辑四个部分。

DAC0832 各引脚的功能如下。

（1）ILE：输入锁存允许。

（2）$\overline{CS}$：片选，和 ILE 共同对 $\overline{WR_1}$ 能否起作用进行控制。

（3）$\overline{WR_1}$：写信号 1。将数据输入并锁存于输入寄存器中，当 $\overline{WR_1}$ 有效时，$\overline{CS}$ 和 ILE 必

须同时有效。

（4）$\overline{WR_2}$：写信号 2。将锁存于输入寄存器的数字传递到 DAC 寄存器，与 $\overline{XFER}$ 必须同时有效。

（5）$\overline{XFER}$：传递控制信号，控制 $\overline{WR_2}$。

（6）I_{OUT1}：D/A 转换器电流输出 1。DAC 寄存器为全 1 时，输出电流最大；DAC 寄存器为 0 时，输出电流为 0。

（7）I_{OUT2}：D/A 转换器电流输出 2。I_{OUT2}=常数–I_{OUT1}，所以它和 I_{OUT1} 构成互补输出方式。

（8）R_{FB}：反馈电阻，作为外部运算放大器的分路反馈电阻，为 D/A 转换器提供电压输出。

（9）V_{REF}：基准电压输入，+10～–10V。

（10）V_{CC}：数字电源电压，+5～+15V，最佳为 15V。

（11）AGND：模拟地。

（12）DGND：数字电路地。

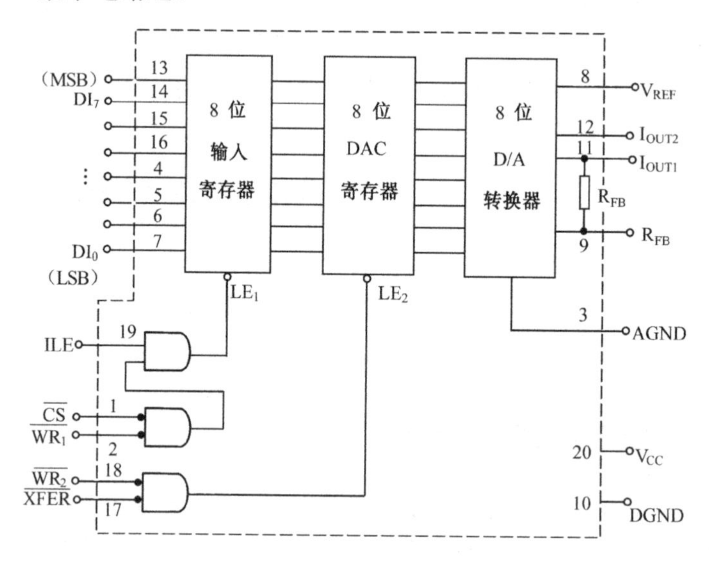

图 4.42　DAC0832 的内部结构

图 4.43 所示是 DAC0832 和 MCS51 单片机的连接图，图中 DAC0832 以单缓冲方式工作。单片机执行下面的指令后，即可完成一次 D/A 转换。

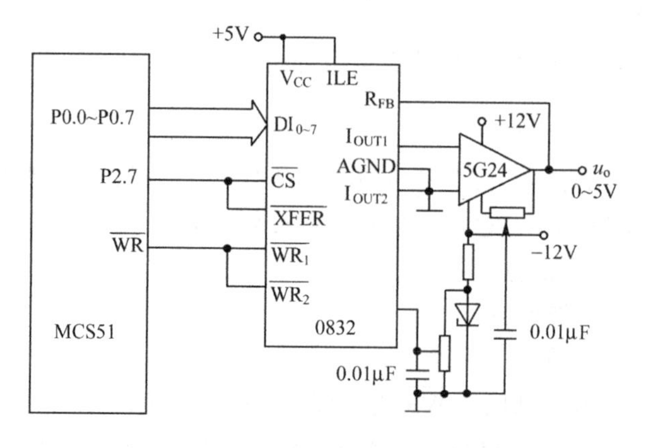

图 4.43　DAC0832 和 MCS51 单片机的连接图

```
MOV DPTR, #7FFFH            ; DAC0832 口地址
MOV A, #DATA                ; 将数字量送入 A
MOVX  @DPTR, A              ; 启动 D/A 转换
```

如果计算机测控系统需要输出多路模拟量，可以仿照如图 4.44 所示的两路 DAC0832 与 8031 单片机的连接方法，采用多个 D/A 转换器与微处理器连接。

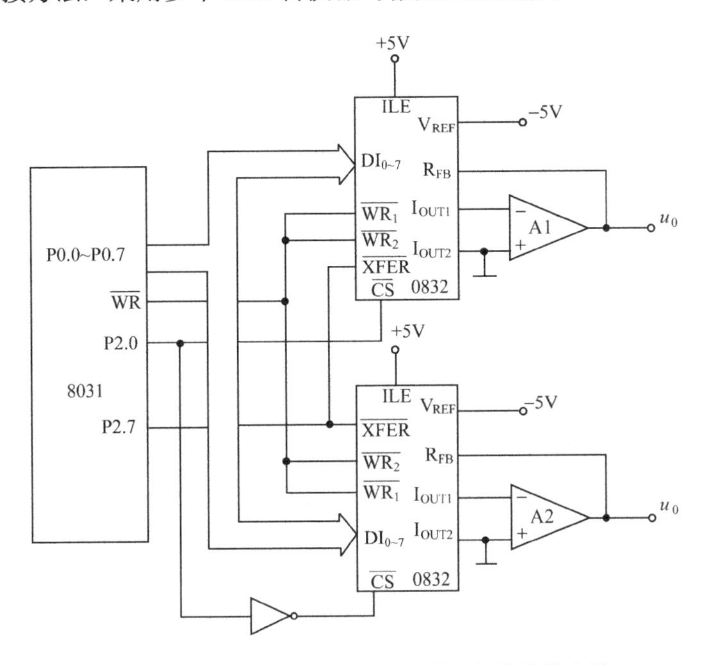

图 4.44　两路 DAC0832 与 8031 单片机的连接方法

2．10 位以上 D/A 转换器和 8 位 CPU 的连接

10 位以上 D/A 转换器和 8 位 CPU 连接时，高 8 位数据和低 x 位数据要分两次输入 D/A 转换器的数据输入寄存器。下面以 12 位 DAC1208 与 8 位 CPU 的连接进行说明。

DAC1208 的数据输入寄存器为 12 位，由一个 8 位寄存器和一个 4 位寄存器组成，12 位数据输入应分两次操作完成。DAC1208 的内部结构如图 4.45 所示，它有两级缓冲器结构，其输入控制线和 DAC0832 的输入控制线很类似，$\overline{CS}$ 和 $\overline{WR_1}$ 用来控制输入寄存器，$\overline{XFER}$ 和 $\overline{WR_2}$ 用来控制 DAC 寄存器。它增加了一条 BYTE1/$\overline{BYRE_2}$ 控制线，用来区分高 8 位输入寄存器和低 4 位输入寄存器。当 BYTE1/$\overline{BYRE_2}$ 为高电平时，两个输入寄存器都被选中；当 BYTE1/$\overline{BYRE_2}$ 为低电平时，只选中低 4 位输入寄存器。图 4.46 所示是 12 位 DAC1208 与 8031 单片机的接口连接图。设 DAC 寄存器地址为 22H，8 位输入寄存器地址为 21H，4 位输入寄存器地址为 20H，高 8 位数据存于 DATA，低 4 位数据存于 DATA+1，对应的转换程序如下。

```
MOV    R0,  #21H          ; 8 位输入寄存器地址
MOV    R1,  #DATA         ; 高 8 位数据地址
MOV    A,   @R1           ; 取高 8 位数据
MOVX        @R0, A        ; 输出到 DAC1208 高 8 位输入寄存器
DEC         R0            ; 低 4 位输入寄存器地址
INC         R1            ; 低 4 位数据地址
```

```
MOV    A,    @R1          ；取低 4 位数据
SWAP         A            ；与高 4 位数据交换
MOVX         @R0, A       ；输出到 DAC1208 低 4 位输入寄存器
MOV    R0,   #22H         ；DAC 寄存器地址
MOVX         @R0, A       ；数据输入 DAC 寄存器完成 D/A 转换
```

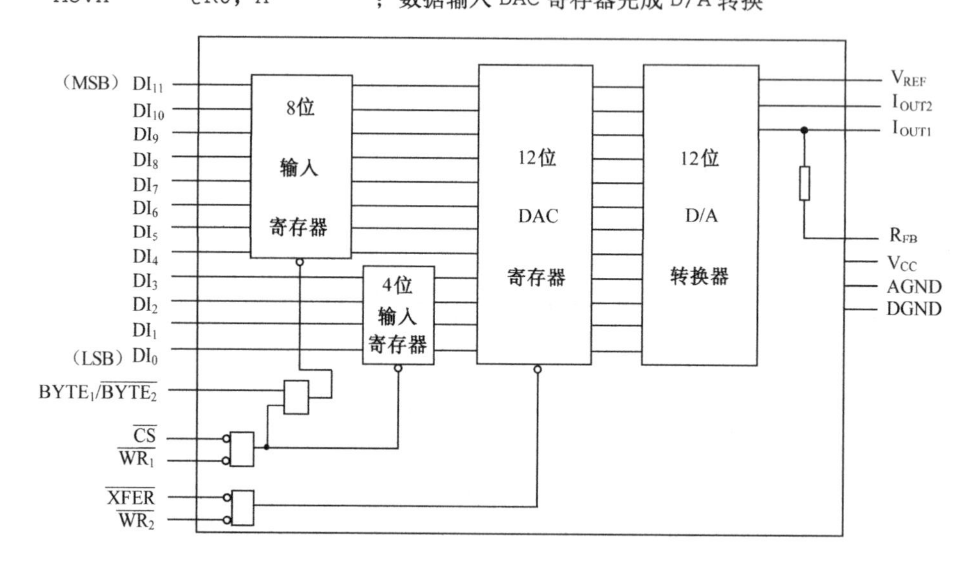

图 4.45　DAC1208 的内部结构

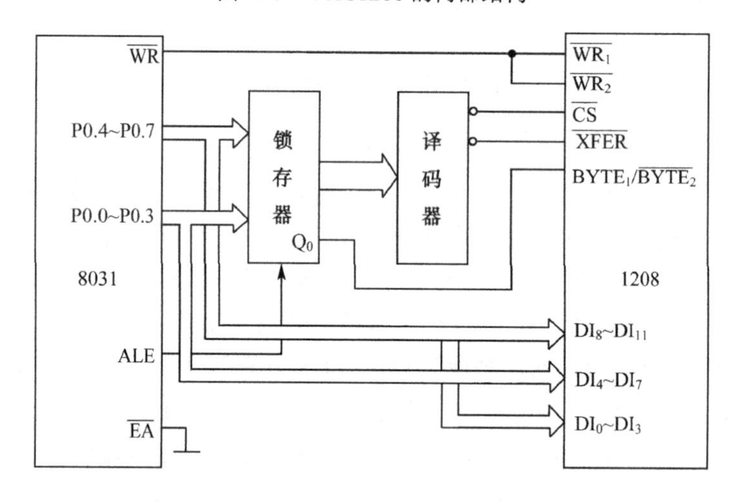

图 4.46　12 位 DAC1208 与 8031 单片机的接口连接图

3．D/A 转换器字长的选择

D/A 转换器一般通过功率放大器推动执行机构。设执行机构的输入范围为 u_{min}~u_{max}，灵敏度为λ，参照式（4-9）可得 D/A 转换器的字长为

$$n \geqslant \log_2\left(1+\frac{u_{max}-u_{min}}{\lambda}\right) \tag{4-9}$$

这样，D/A 转换器的输出能够满足执行机构动态范围的要求。在一般情况下，D/A 转换器的字长小于或等于 A/D 转换器的字长。

4.2.3 D/A 转换器的输出方式

1．D/A 转换器的双极性输出方式

大多数 D/A 转换器输出的是电流，所以要外接带反馈电阻的运算放大器才能获得单极性的电压信号。D/A 转换器的单极性输出电路图如图 4.47 所示。输出电压 $u_o = I_{OUT1} \times R_{FB}$。

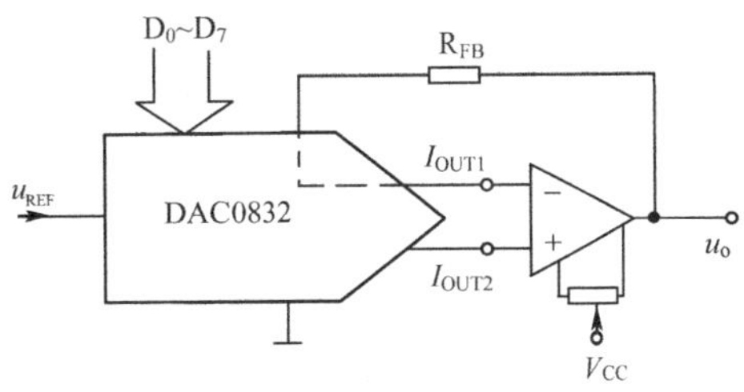

图 4.47 D/A 转换器的单极性输出电路图

有时，执行机构要求输入双极性模拟信号，通常用如图 4.48 所示的 D/A 转换器的双极性输出电路实现。

在图 4.48 的 OUT1 端，模拟电压为 0～$-u_{REF}$，通过电阻 R，对求和点 Σ 提供 0～$-u_{REF}/R$ 的电流。u_{REF} 通过阻值为 $2R$ 的电阻，对求和点 Σ 提供 $u_{REF}/2R$ 的电流。当 D/A 转换器输入的数字量为 00H、80H 和 FFH 时，D/A 转换关系表如表 4.5 所示，因此实现了双极性输出。

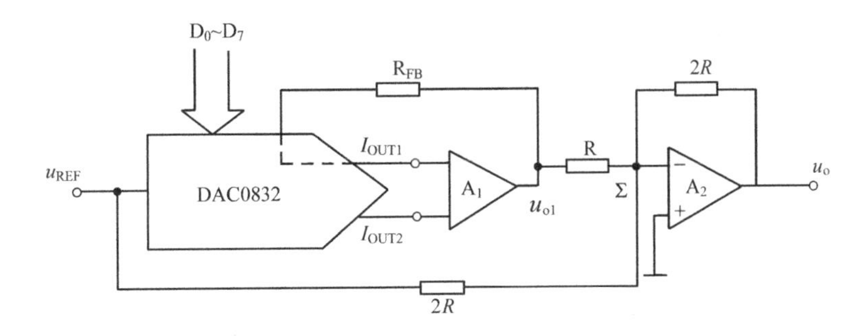

图 4.48 D/A 转换器的双极性输出电路

表 4.5 D/A 转换关系表

DATA	u_{o1}	A1 向求和点 Σ 提供的电流	Σ 注入电流	u_o
00H	0	0	$u_{REF}/2R$	$-u_{REF}$
80H	$-\frac{128}{256}u_{REF}$	$-u_{REF}/2R$	0	0
FFH	$-\frac{255}{256}u_{REF}$	$-u_{REF}/R$	$-u_{REF}/2R$	u_{REF}

2．用 V/I 转换器实现电流输出

当执行机构或显示设备需要用电流驱动时，需要把 D/A 转换器输出的电压转换成电流。实现 0～5V、0～10V、1～5V 的直流电压信号到 0～10mA、4～20mA 的转换，可直接使用集成 V/I 转换器。图 4.49 所示是高精度 ZF2B20 V/I 转换器的引脚图。ZF2B20 V/I 转换器可以产生一个与输入电压成比例的输出电流，其输入电压范围为 0～10V，输出电流为 4～20mA（加接地负载），采用单正电源供电，电源电压范围为 10～32V。ZF2B20 V/I 转换器的特点是低漂移，在-25～85℃的工作温度范围内，最大漂移仅为 0.005%/℃。

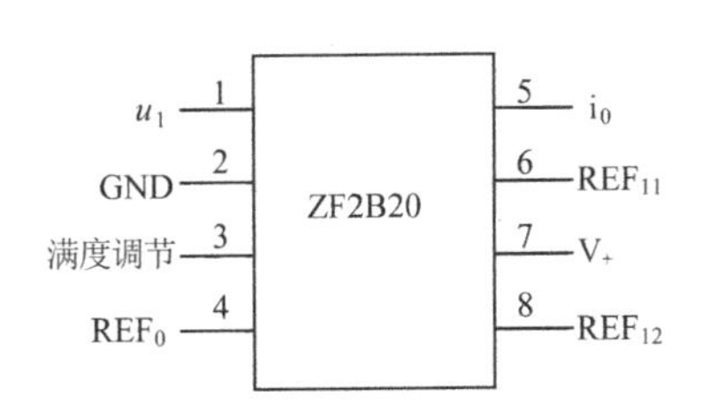

图 4.49 高精度 ZF2B20 V/I 转换器的引脚图

图 4.50 所示是利用 ZF2B20 实现 V/I 转换的接线图。它可以实现 0～10V 到 4～20mA 的转换，调整引脚 4、8 上跨接的电位器，可以调整输出电流的初值。

图 4.51 所示是 XTR110 精密 V/I 转换器的引脚图。它有 16 引脚 DIP 塑料封装、陶瓷封装、SQL-16 表面封贴等几种封装形式。

XTR110 主要由输入放大器、V/I 转换器和 10V 基准电压电路等组成。只要对某些引脚进行适当连接就可以实现不同输入电压到输出电流的转换。表 4.6 列出了不同输入/输出范围与引脚的关系。

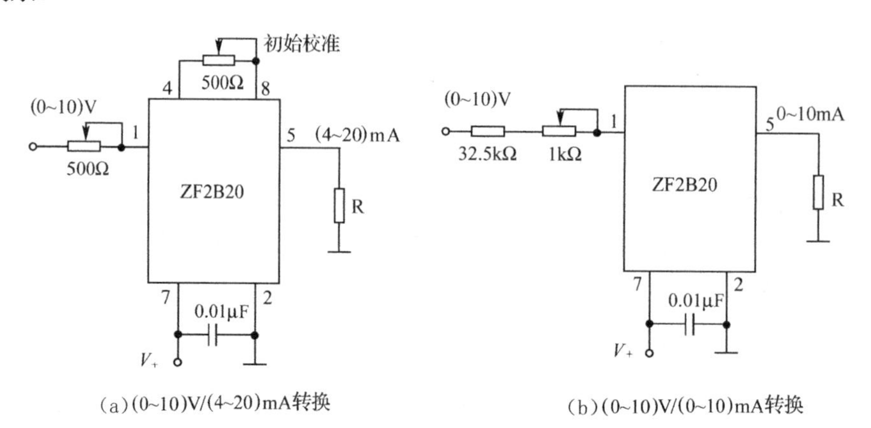

(a)(0~10)V/(4~20)mA转换　(b)(0~10)V/(0~10)mA转换

图 4.50　利用 ZF2B20 实现 V/I 转换的接线图

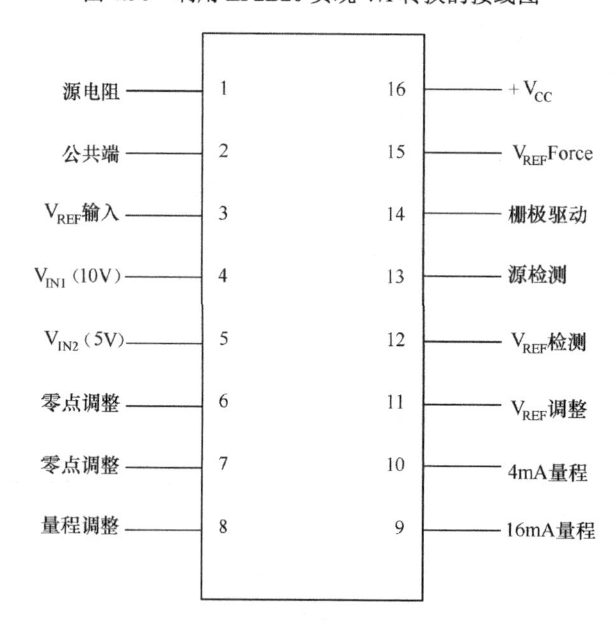

图 4.51　XTR110 精密 V/I 转换器的引脚图

表 4.6　不同输入/输出范围与引脚的关系

输入范围（V）	输出范围（mA）	3 引脚	4 引脚	5 引脚	9 引脚	10 引脚
0～20	0～20	2	输入	2	2	2
2～10	4～20	2	输入	2	2	2
0～10	4～20	15、12	输入	2	2	开路
0～10	5～25	15、12	输入	2	2	2

续表

输入范围（V）	输出范围（mA）	3 引脚	4 引脚	5 引脚	9 引脚	10 引脚
0～5	0～20	2	2	输入	2	2
1～5	4～20	2	2	输入	2	2
0～5	4～20	15、12	2	输入	2	开路
0～5	5～25	15、12	2	输入	2	2

图 4.52 所示是 XTR110 输入为 0～10V、输出为 4～20mA 的基本应用电路图，其中 R_{P2} 为量程调节电位器。

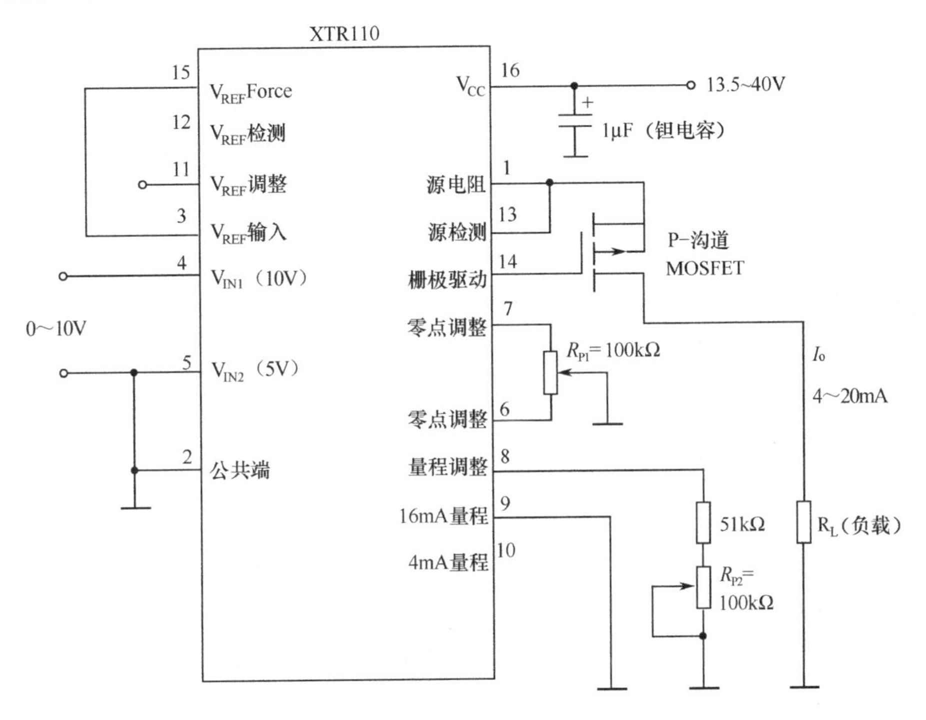

图 4.52　XTR110 输入为 0～10V、输出为 4～20mA 的基本应用电路图

4.2.4　D/A 转换模板的通用性

所谓通用性，是指 D/A 转换模板可以在多种场合使用。通用性主要表现在如下三个方面。

1．符合总线标准

符合总线标准就可以方便地和该总线的微处理器组成完整的计算机测控系统。具体做法是把各种功能模块插到主板的任意一个插槽上，设计计算机测控系统就像搭积木一样，十分方便简洁。目前，在计算机测控系统中，常用的总线有 STD、ISA（PC）、EISA、PCI 等几种。

2．用户可选择的接口地址

计算机测控系统可能有几块功能模板，应该允许用户对每块模板的接口地址有选择的余地，否则很容易引起地址冲突。接口地址一般包括基址和片址两部分。接口地址译码电路图如图 4.53 所示。

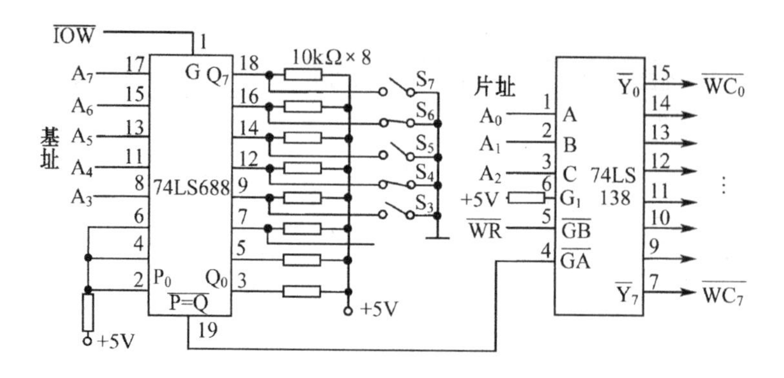

图 4.53　接口地址译码电路图

在图 4.53 中，基址 A_3～A_7 由 S_3～S_7 设定。当 8 位量值比较器两边输入端的对应位（$P_i=Q_i$）都相等时，输出端 $\overline{P=Q}$ 为有效低电平，使 3-8 译码器对输入的片址 A_0～A_3 进行译码，其输出 $\overline{WC_0}$ ～ $\overline{WC_7}$ 可选择 8 块模板。

3．选择输出方式

执行机构有的用电流控制，有的用电压控制；有的用单极性电压控制，有的则需要用双极性电压控制。因此 D/A 转换模板应该允许用户选择输出方式。

4.3　开关量输入/输出通道

计算机测控系统常常使用各种按键、继电器、指示灯或无触点开关来处理各种开关量信号，这类信号（包括脉冲信号）只有开和关，或者高和低两种电平状态，对应于二进制的 1 和 0，所以称为数字量，又叫作开关量。计算机测控系统通过数字量输入通道输入与系统有关的开关量信息，进行适当的处理和操作。同时，通过数字量输出通道，发出两种状态的开关量信号来驱动执行机构、接通发光二极管、控制无触点开关或继电器，使双位式阀门开启或关闭、电梯上升或下降、声光报警设备报警或关闭。

4.3.1　数字量输入接口

测控对象的开关量信息可用三态门缓冲器 74LS244 取得状态信息，数字量输入接口如图 4.54 所示。74LS244 有 8 个通道，可输入 8 个开关量信息。端口地址 $\overline{CS}$ 由译码获得，$\overline{IOR}$ 在执行 IN 指令周期产生，使输入的开关量信号可以通过三态门送到微处理器的数据总线上。

为了防止干扰通过数字量输入通道进入计算机测控系统，一般采用光电隔离技术，在输入缓冲器前增加光电耦合器，带光电隔离的数字量输入接口如图 4.55 所示。图 4.55 中开关触点（S_0～S_7）直接驱动光电耦合器的发光二极管。当开关闭合时，发光二极管亮，光敏三极管导通，对应“0”状态；反之，开关断开，发光二极管灭，光敏三极管截止，对应“1”状态。

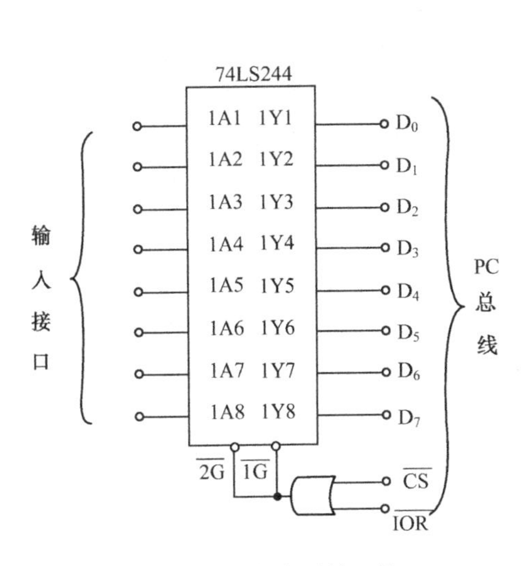

图 4.54 数字量输入接口

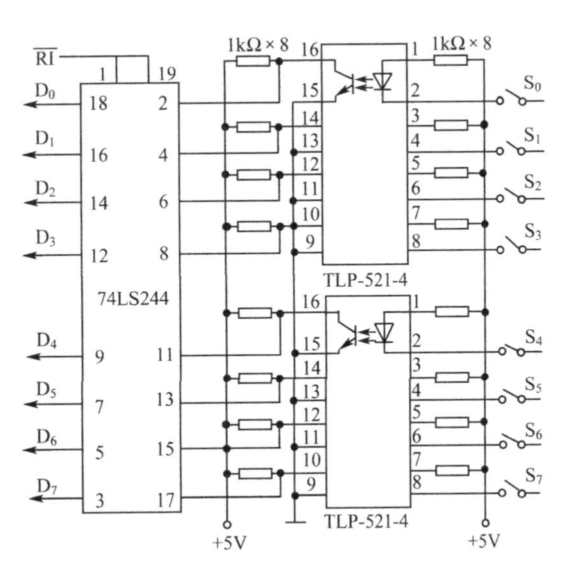

图 4.55 带光电隔离的数字量输入接口

4.3.2 数字量输出接口

在计算机测控系统中，输出的控制信号无论是数字信号还是模拟信号，都要锁存保持到下一个采样时刻，可以用 74LS273 作为输出锁存器。数字量输出接口如图 4.56 所示。图 4.57 所示是带光电隔离的数字量输出接口。

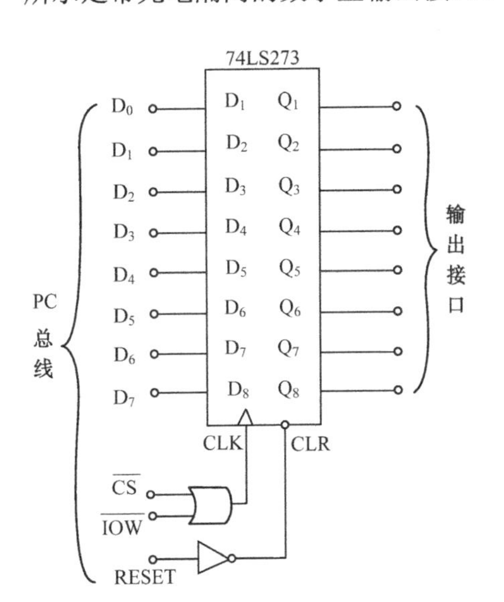

图 4.56 数字量输出接口

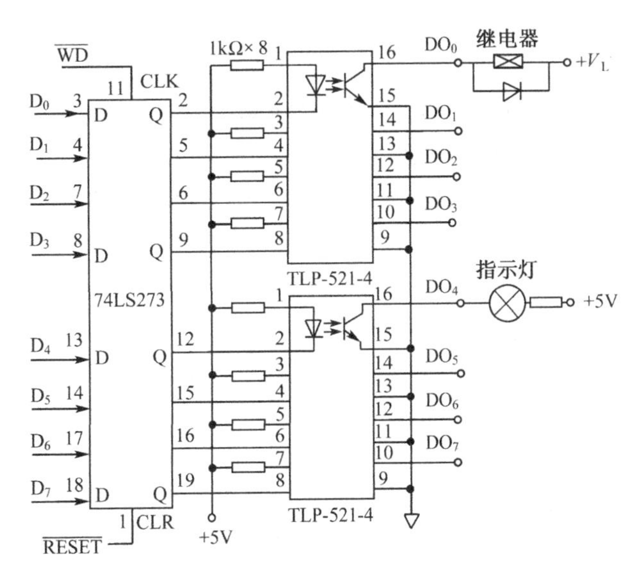

图 4.57 带光电隔离的数字量输出接口

本 章 小 结

过程输入/输出通道是连接计算机与外部世界的纽带和桥梁，是计算机测控系统、数字测量仪表，以及以微控制器为基础组成的各种产品的重要组成部分。

本章介绍了输入/输出通道的基本结构、组成和实现方法。输入模拟信号在 A/D 转换之前，首先要进行必要的处理，如进行必要的滤波、信号转换及放大（或衰减），有时还要进行必要的补偿。模拟量输入通道完成采样和量化的任务，其基本部件是 A/D 转换器。A/D 转换器的字长应该根据输入信号的动态范围和对系统分辨率的要求权衡确定，当信号变化较慢且抗干扰要求较高时，可采用 VFC 组成 A/D 转换器。模拟量输出通道完成 D/A 转换和数据分配的任务，并且具有保持功能，其基本部件是 D/A 转换器。模拟量输出通道可实现单极性或双极性两种电压输出形式，当需要电流输出时，可经过 V/I 转换实现。究竟采用何种输出方式，应根据执行机构的要求确定。数字量输入/输出通道可以实现数字量或开关量的输入/输出，是计算机测控系统中重要的组成部分。为了提高计算机测控系统的抗干扰能力，模拟量和数字量输入/输出通道一般都采用光电耦合器进行隔离。

在实际组成计算机测控系统时，可以设计或直接选用现成的输入/输出模板，因此本章也介绍了有关的设计方法。通过 I/O 接口，在 CPU 控制下向存储器传送数据的速度是比较慢的。当传送大量数据时，可采用存储器直接传送方式（DMA），以实现数据的高速输入/输出。

练　习　4

1. 模拟信号在施加到 A/D 转换器之前需要进行哪些处理?

2. 请按照如图 4.2 所示确定一组双 T 形电阻网络窄带带阻滤波器的电阻电容值。

3. 常见的模拟多路开关有哪几种？各有什么优缺点？

4. A/D 转换器和 D/A 转换器有哪些主要技术指标?

5. A/D 转换器的分辨率和精度是一样的吗?

6. 采样保持器的作用是什么？模拟量输入通道是否一定要用采样保持器？

7. 在什么情况下需要使用程控增益放大器?

8. CPU 读取 A/D 转换结果常用哪几种方法？各有什么优缺点？

9. 对如图 4.36 所示的电路做适当修改，用定时法和查询法读取 A/D 转换结果。

10. 试用 8031 单片机和 ADC0809 组成一个 8 位 8 通道数据采集系统，请画出软、硬件框图（提示：需要增加必要的数字电路芯片）。

11. 试用 8031 单片机、按钮开关和 74LS244 等器件设计一个抢答器。请画出软、硬件框图。

12. A/D、D/A 转换模板为什么要考虑通用性？包括哪些方面？

13. D/A 转换器有哪两种常用的隔离方法？各有何优缺点?

14. 在什么情况下应该采用 VFC 组成 A/D 转换器？

第 5 章

数据处理技术

测量是计算机测控系统的一项重要任务，也是实现控制的重要前提。在计算机测控系统中，被测的模拟量通过测量环节和 A/D 转换器转换成相应的数字量，并被读入微处理器进行分析和加工处理，然后输出作显示或控制之用。对输入数字量进行分析和加工处理的程序称为测量算法，主要包括克服随机误差的数字滤波、标度变换与线性化处理、查表技术、报警处理等。

5.1 数字滤波

来自传感器的被测信号加入 A/D 转换器之前，一般要用无源滤波器或有源滤波器进行模拟滤波。但是模拟滤波的效果往往有限，因此人们常常会再对输入计算机内的数字量用软件进一步进行滤波，即执行一段程序对采集进来的数字量通过计算减少干扰信号的幅度，提高信噪比。数字滤波的优点如下。

（1）不需要增加硬件设备，且多个通道共用一个滤波器。

（2）由于不需要硬件设备，因此稳定可靠，各回路间不存在阻抗匹配问题。

（3）可对频率很低的信号进行滤波，这种信号难以用硬件设备进行滤波。

（4）可以方便灵活地改变滤波功能，因为滤波程序可以方便地修改参数设置。

5.1.1 惯性滤波法

RC 低通滤波器如图 5.1 所示。这种滤波器已为广大工程技术人员所熟悉，能有效地起到低通滤波作用，其微分方程如下。

$$T_0\frac{\mathrm{d}y}{\mathrm{d}t}+y(t)=x(t) \qquad (5\text{-}1)$$

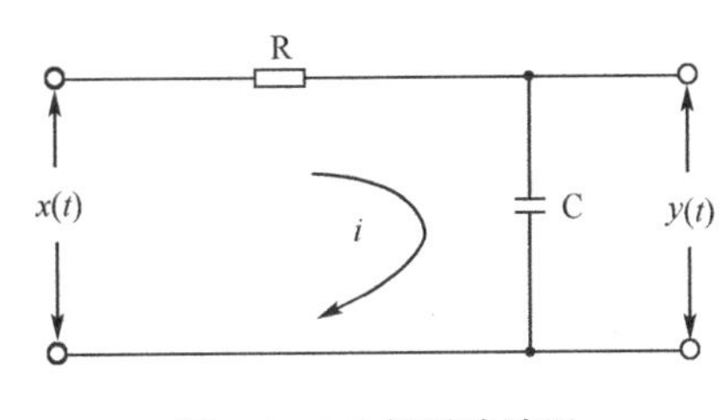

图 5.1 RC 低通滤波器

式中，$T_0=RC$，是 RC 滤波器的滤波时间常数。用一阶向后差分代替微分，即

$$\frac{\mathrm{d}y}{\mathrm{d}t}=\frac{y(k)-y(k-1)}{T}$$

式中，T 为采样周期。于是由式（5-1）可得

$$\frac{T_0}{T}[y(k)-y(k-1)]+y(k)=x(k)$$

$$\left(\frac{T_0}{T}+1\right)y(k)-\frac{T_0}{T}y(k-1)=x(k)$$

$$\frac{T_0+T}{T}y(k)-\frac{T_0}{T}y(k-1)=x(k)$$

$$y(k)=\frac{T}{T_0+T}x(k)+\frac{T_0}{T_0+T}y(k-1)$$

令

$$Q=\frac{T}{T_0+T}，\ 1-Q=\frac{T_0}{T_0+T}$$

则有

$$y(k)=Qx(k)+(1-Q)y(k-1) \tag{5-2}$$

式（5-2）就是惯性滤波的数字实现。只要用程序实现式（5-2），就可以用软件实现 RC 滤波功能。式（5-2）中，Q 为数字滤波系数，其值通常远小于 1。

从式（5-2）可以看出，本次滤波的输出值主要取决于上次滤波的输出值，因此本次采样值对滤波输出的影响是比较小的，从而减小了干扰的影响。但是本次采样值仍然有一定的作用，因此输出滤波值还与被测量的最新变化有关。

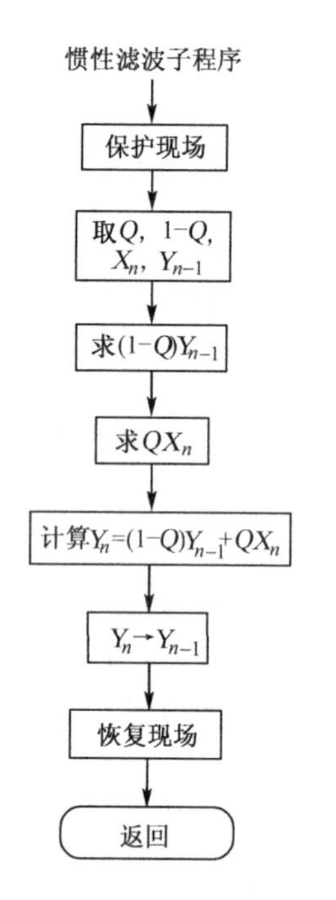

图 5.2　惯性滤波法的程序流程图

惯性滤波器的截止频率为

$$f_1=\frac{Q}{2\pi T} \tag{5-3}$$

若取 Q=0.03，采样周期为 T=0.5s，则 f_1=0.01Hz。因此，当被测信号变化缓慢时，惯性滤波器是十分有效的。反之，当截止频率确定之后，可根据式（5-3）确定系数 Q。

惯性滤波法对于周期干扰具有良好的滤波作用，其不足之处是带来了相位滞后，降低了系统的灵敏度。同时，惯性滤波法不能滤除频率高于采样频率二分之一的干扰信号。例如，当采样频率为 100Hz 时，它不能滤除 50Hz 以上的干扰信号，对于这种干扰，应该采用模拟滤波器进行滤波。

惯性滤波法的程序流程图如图 5.2 所示。下面是实现惯性滤波法的 8031 程序。Y_{k-1} 在 DATA1 为首地址的单元中，X_k 在 DATA2 为首地址的单元中，都为双字节。取 Q=0.25，$1-Q$=0.75，滤波结果存入 R6、R7 中。

```
DIGTRC:     MOV     R0, #DATA1
            MOV     R1, #DATA2
            CLR     C                   ; 0.5Yk-1 存入 R2、R3 中
            MOV     A, @R0
            RRC     A
            MOV     R2, A
            DEC     R0
            MOV     A, @R0
            RRC     A
```

```
MOV     R3, A
MOV     A, @R0          ; Xk+Yk-1
ADD     A, @R1
MOV     R7, A
INC     R0
INC     R1
MOV     A, @R0
ADDC    A, @R1
RRC     A               ; (Xk+Yk-1)×0.5 存入 R6、R7 中
MOV     R6, A
MOV     A, R7
RRC     A
MOV     R7, A
CLR     C               ; (Xk+Yk-1)×0.25
MOV     A, R6
RRC     A
MOV     R6, A
MOV     A, R7
RRC     A
ADD     A, R3           ; 0.25×(Xk+Yk-1)+0.5Yk-1 存入 R2、R3 中
MOV     R3, A
MOV     A, R6
ADDC    A, R2
MOV     R2, A
RET
```

5.1.2 算术平均值滤波法

使用算术平均值滤波法时，对被测量连续采样 N 次，然后求得其算术平均值作为有效采样值，即

$$\bar{y}=\frac{1}{N}\sum_{i=0}^{N-1}x(k-i) \tag{5-4}$$

算术平均值滤波法的概念是显而易见的，究其数学原理，其实是寻找一个 $\bar{y}$，使其与 $x(k)$～$x(k-N+1)$ N 个采样值之间的误差平方和最小。算术平均值滤波法适用于在某一数值上下波动的信号，即有一平均值的信号，如流量、液位等信号。由于信号在某一数值范围内围绕平均值上下波动，仅仅取一个采样值显然会有较大误差。利用算术平均值滤波法滤波时，所用的采样值越多，即 N 越大，平滑程度会越好，但灵敏度会越差。N 究竟取何值，应视具体情况而定，一般取 2、4、8、16 之类的 2 的整数幂，以便用移位来代替除法。算术平均值滤波法的程序流程图如图 5.3 所示。

算术平均值滤波法的效果示意图如图 5.4 所示。输入的真实信号是 0800H 的阶跃信号，当受到如图 5.4（b）所示的有规律的干扰时，算术平均值滤波法能很好地滤除这种干扰；但是当受到如图 5.4（c）所示的脉冲性干扰时，这种方法就不能取得良好的滤波效果了。

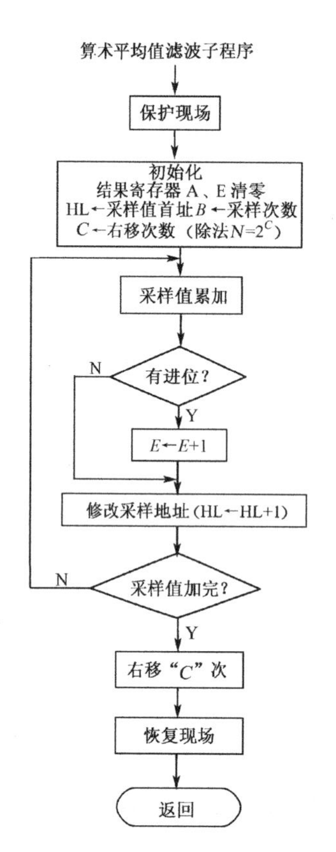

图 5.3　算术平均值滤波法的程序流程图

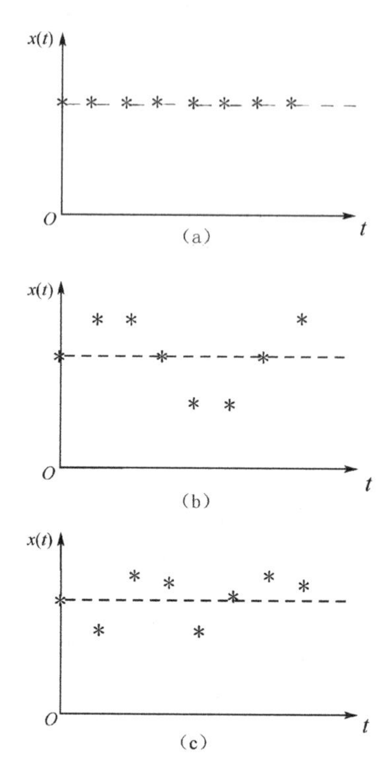

图 5.4　算术平均值滤波法的效果示意图

5.1.3　加权平均滤波法

算术平均值滤波法的各个采样时刻的采样值具有相同的权重。实际上，有些场合希望增加新的采样值在平均值中的比例，提高系统对当前被测信号所受干扰的灵敏度，也希望新的采样值具有较重要的影响，而较早的采样值的影响较小，即

$$\overline{y}=r_0x(k-0)+r_1x(k-1)+r_2x(k-2)+\cdots+r_mx(k-m) \tag{5-5}$$

式中，$r_0,r_1,r_2,\cdots,r_m$ 为加权系数，一般有

$$\begin{cases} r_0>r_1>r_2>\cdots>r_m \\ \sum_{i=0}^{m} r_i=1 \end{cases} \tag{5-6}$$

r_i 的选取方法有多种，常见的是加权系数法，适用于对象纯滞后时间较长、采样周期较短的场合。

$$\varDelta=1+e^{-\tau}+e^{-2\tau}+e^{-3\tau}+\cdots+e^{-m\tau} \tag{5-7}$$

$$r_i=e^{-i\tau}/\varDelta$$

显然，τ越大，即纯滞后时间越长，$\varDelta$就越小，新的采样值的权重就越大。加权平均滤波法的程序流程图如图5.5所示。

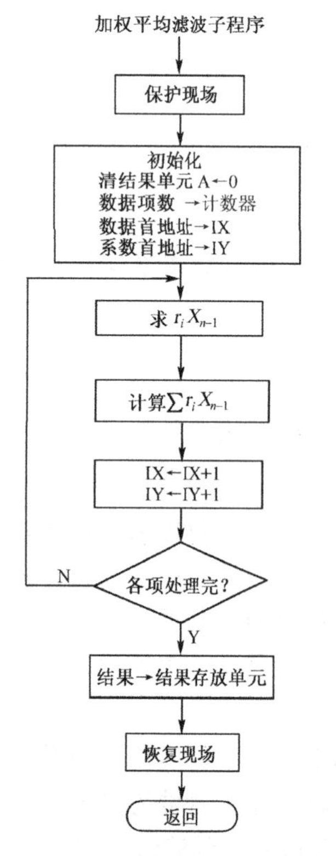

图 5.5　加权平均滤波法的程序流程图

5.1.4　中值滤波法

中值滤波法是在某一采样时刻，连续采样三次检测信号 x_1、x_2、x_3，然后选择大小居中的信号作为有效信号。

中值滤波法可以有效地滤除脉冲性干扰的影响。中值滤波法的效果示意图如图 5.6 所示，三次采样值可能都不受干扰，也可能有一次、两次甚至三次受到干扰。对于不受干扰或受到一次及两次异向作用干扰的情况，中值滤波法可以得到正确的值。对于受到两次同向作用干扰或三次干扰的情况，中值滤波法就无能为力了。但是由于发生两次或三次干扰的概率比较小，所以中值滤波法准确滤波的概率还是比较高的。

中值滤波法能有效地克服偶然因素引起的波动或采样器不稳定引起的误码等脉冲干扰，对温度、液位等变化缓慢的参数的测量有良好的滤波效果，但是对流量、压力等快速变化的参数一般不适用。中值滤波法的程序流程图如图 5.7 所示。

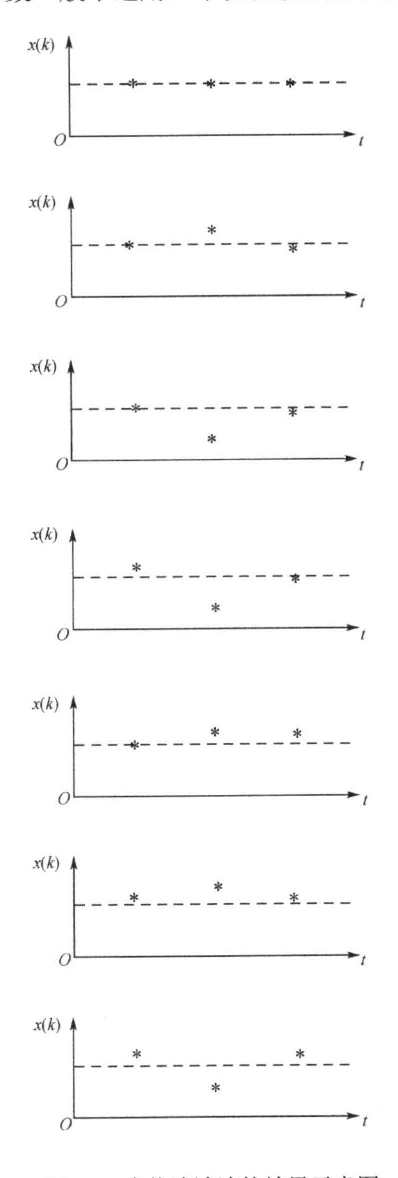

图 5.6　中值滤波法的效果示意图

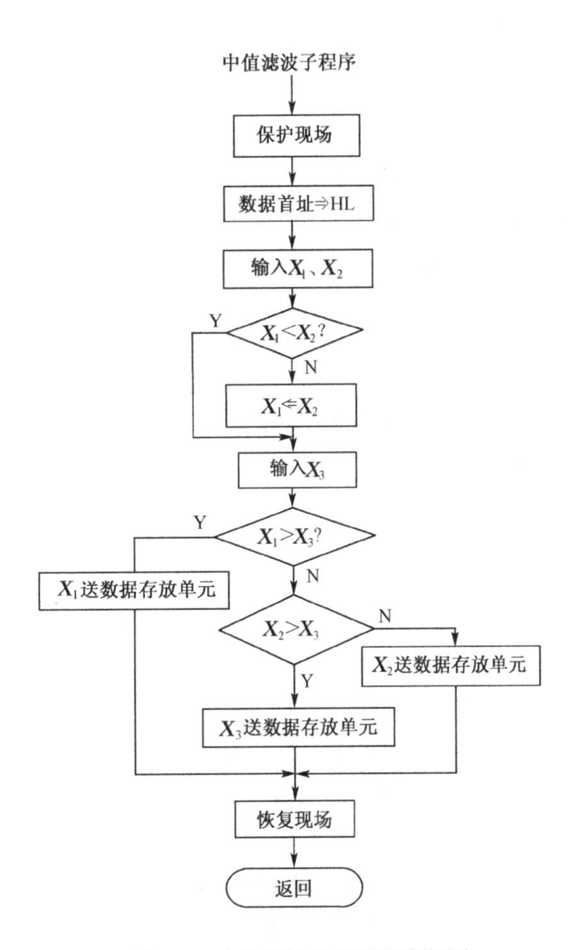

图 5.7　中值滤波法的程序流程图

使用中值滤波法时，采样次数可以多于三次，但是一般都用奇数次。

5.1.5 防脉冲干扰平均值法（复合滤波法）

防脉冲干扰平均值法是结合算术平均值滤波法和中值滤波法两者的长处的一种方法。它先用中值滤波法过滤由脉冲性干扰引起误差的采样值，然后对剩下的采样值进行算术平均值滤波。具体做法如下。

若

$$x_1 \leqslant x_2 \leqslant \cdots \leqslant x_n$$

通常

$$3 \leqslant n \leqslant 5$$

则有

$$y=(x_2+x_3+\cdots+x_{n-1})/(n-2) \tag{5-8}$$

显然，这就是大家所熟悉的在体育或其他比赛的评分过程中广泛使用的方法。这种方法既可以用于快速系统，也可以用于慢速系统。由于它结合了算术平均值滤波法和中值滤波法两者的长处，所以又叫复合滤波法。

5.1.6 滑动平均滤波法

用算术平均值滤波法每计算一次数据，需要测量 N 次。对于测量速度较慢（如使用双积分的 A/D 转换器）或要求计算速度较快（如目标参数变化较快）的实时系统，这种方法是不适用的。滑动平均滤波法用队列作为测量数据存储器，队列的长度固定为 N，每进行一次新的测量，就扔掉队首的一个数据，把测量结果放到队尾，使队列始终保持有 N 个“最新”的数据，然后对队列中的 N 个数据进行算术平均。这种方法每次只采样一次，但是又保持了算术平均值滤波法的优点。为了提高运算速度，队列的长度一般取 2 的整数幂，如 8 或 16，以便用移位代替除法。

5.1.7 程序判断滤波法

（1）限幅滤波法。限幅滤波法是指限制前后两次采样值的增量幅值。当增量幅值没有超过允许的最大增量 Δx 时，采用本次采样值，否则采用上次采样值，即

$$\begin{cases} |x(k)-x(k-1)| \leqslant \Delta x & 取\ y(k)=x(k) \\ |x(k)-x(k-1)| > \Delta x & 取\ y(k)=y(k-1) \end{cases} \tag{5-9}$$

限幅滤波法的程序流程图如图 5.8 所示。

（2）限速滤波法。限速滤波法是一种折中的方法，既可以照顾采样的实时性，又可以照顾采样的连续性。设在 t_{k-1}、t_k、t_{k+1} 三时刻的采样值分别为 $x(k-1)$、$x(k)$、$x(k+1)$，Δx 是前后两次采样值允许的增量，则有

$$\begin{cases} |x(k)-x(k-1)| \leqslant \Delta x & 取\ y(k)=x(k) \\ |x(k)-x(k-1)| > \Delta x & x(k)不采用，但仍保留，再采样\ x(k+1) \\ |x(k+1)-x(k)| \leqslant \Delta x & 取\ y(k)=x(k+1) \\ |x(k+1)-x(k)| > \Delta x & 取\ y(k)=(x(k+1)+x(k))/2 \end{cases} \tag{5-10}$$

限速滤波法的程序流程图如图 5.9 所示。

上面介绍了几种使用较为广泛的数字滤波方法，在实际应用中，究竟选用哪一种方法更有效，取决于测量仪表或控制系统的使用场合及使用过程中出现的随机干扰情况。如果数字滤波方法使用不当，不仅起不到滤波效果，而且会降低测量仪表或控制系统的品质。

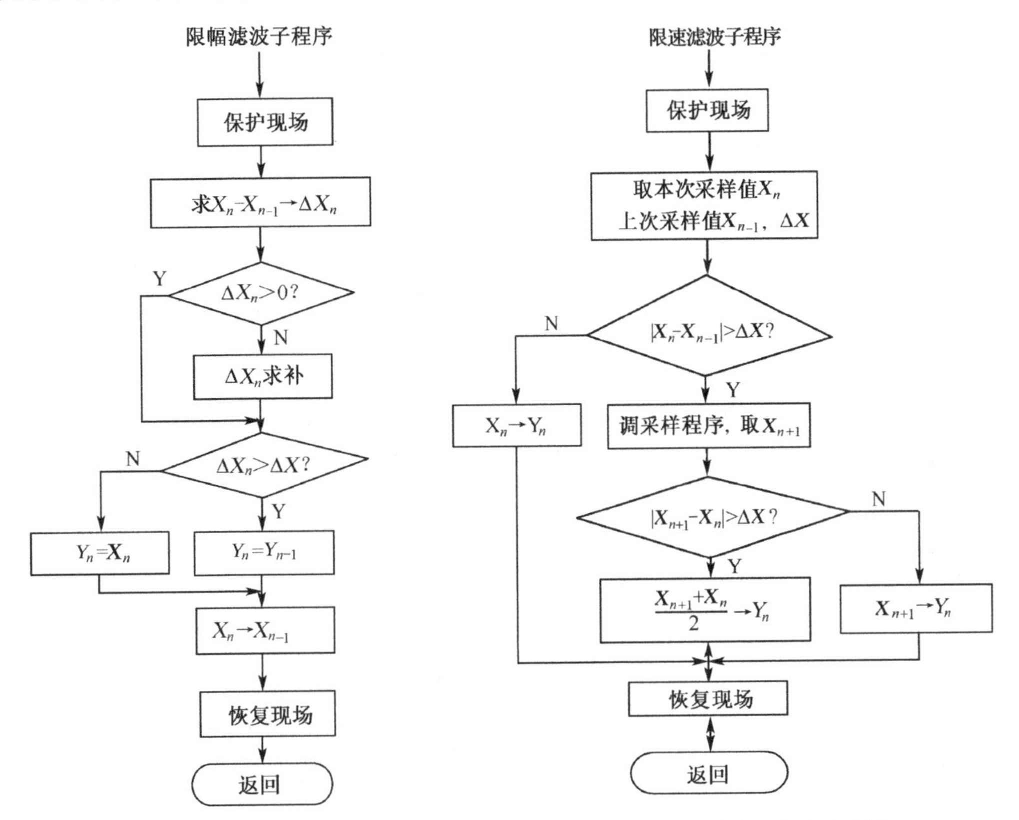

图 5.8 限幅滤波法的程序流程图　　图 5.9 限速滤波法的程序流程图

5.2 标度变换与线性化处理

5.2.1 标度变换

工程量一般经过传感器转换成电量，再经过放大器放大后，输入 A/D 转换器转换成数字量。如果 A/D 转换器是 8 位的，则工程量转换成 00H～FFH 范围内的数字量。显然，00H～FFH 可能对应不同大小的工程量范围，因此，同一个数字量可能对应不同大小的工程量。为了进行显示、记录、打印，必须把数字量转换成有量纲的数值，即人们熟悉的工程量，以便对生产或环境进行监视和管理，这种转换称为工程量变换，也称为标度变换。

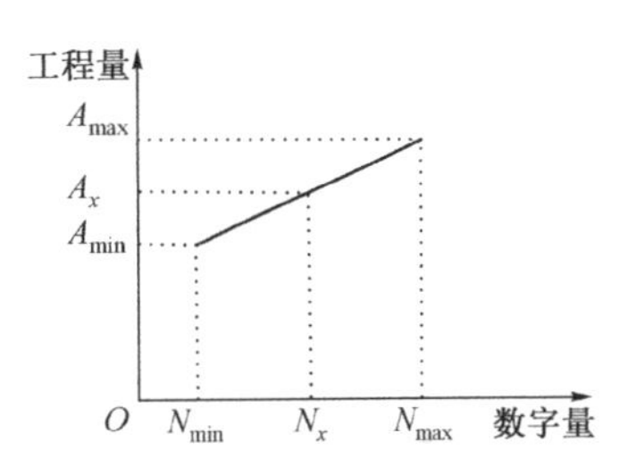

图 5.10 线性关系的标度变换

如果数字量和工程量呈线性关系（见图 5.10），则数字量 N_x 对应的工程量 A_x 为

$$A_x=A_{\min}+(A_{\max}-A_{\min})\frac{N_x-N_{\min}}{N_{\max}-N_{\min}} \tag{5-11}$$

式中，A_x——参数测量值（有量纲）；

$A_{\max}$——次仪表上限（测量范围的最大值）；

$A_{\min}$——次仪表下限（测量范围的最小值）；

N_x——A_x所对应的数字量；

$N_{\max}$——$A_{\max}$所对应的数字量；

$N_{\min}$——$A_{\min}$所对应的数字量。

如果 $N_{\min}=0$，则有

$$A_x=A_{\min}+(A_{\max}-A_{\min})\frac{N_x}{N_{\max}} \tag{5-12}$$

5.2.2 线性化处理

如果传感器得到的信号与该信号代表的物理量不呈线性关系，A/D 转换得到的数字量与对应的物理量也必定不呈线性关系，所以不能用式（5-11）或式（5-12）求取工程量，这时需要进行线性化处理。

1．根据数学方程式处理

如果非线性关系可以用数学方程式表示，则可以用相应的计算方法处理。例如，当用差压变送器测量流量信号时，该变送器测得的电势信号代表差压，A/D 转换器输出的数字量也代表差压。流量信号与差压的平方根成正比（见图 5.11），即

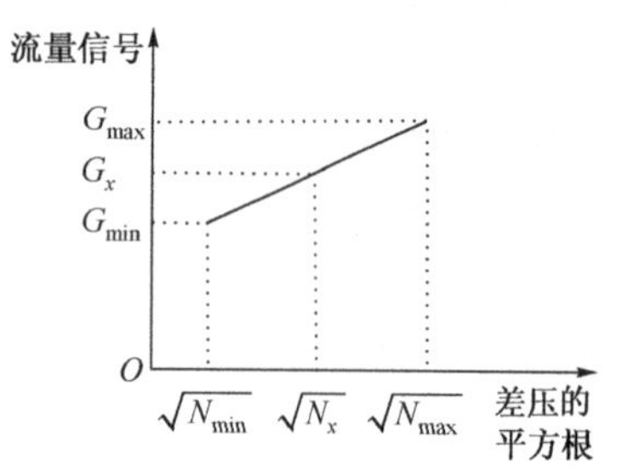

图 5.11 流量信号与差压的平放根成正比

$$G_x=k\sqrt{N_x}$$

式中，k——刻度系数，与流量性质及节流装置的尺寸有关系；

N_x——差压的数字量。

根据式（5-11），则有

$$G_x=\frac{\sqrt{N_x}-\sqrt{N_{\min}}}{\sqrt{N_{\max}}-\sqrt{N_{\min}}}(G_{\max}-G_{\min})+G_{\min} \tag{5-13}$$

若 $N_{\min}=0$，则有

$$G_x=\frac{\sqrt{N_x}}{\sqrt{N_{\max}}}(G_{\max}-G_{\min})+G_{\min} \tag{5-14}$$

式中，$\sqrt{N_{\max}}$、$\sqrt{N_{\min}}$ 可以事先计算出来，$\sqrt{N_x}$ 可以利用牛顿迭代法求平方根的公式（5-15）反复迭代，直到达到要求的精度值为止，然后代入式（5-13）或式（5-14）即可求得 G_x。

设

$$X=\sqrt{N_x}$$

牛顿迭代法求平方根的公式为

$$X_{k+1}=\frac{1}{2}(X_k+\frac{N_x}{X_k}) \tag{5-15}$$

2．折线逼近和分段插值

如果非线性关系无法用方程式描述或方程式太复杂，则可以用折线逼近曲线，然后对每段折线进行插值处理。

用折线逼近曲线如图 5.12 所示。反映数字量和工程量之间关系的曲线可以用若干段直线来近似，各段直线可以用 $A=kN+l$ 来表示，其中斜率 k 和截距 l 可用曲线拟合（最小二乘法）确定。

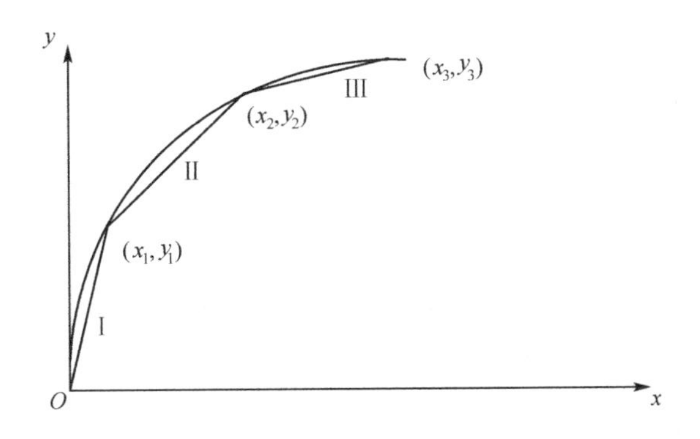

图 5.12　用折线逼近曲线

$$k=\frac{N\sum_{1}^{N}x_i y_i-\sum_{1}^{N}x_i\sum_{1}^{N}y_i}{N\sum_{1}^{N}x_i^{2}-\left(\sum_{1}^{N}x_i\right)^2} \tag{5-16}$$

$$l=\frac{\sum_{1}^{N}y_i\sum_{1}^{N}x_i^{2}-\sum_{1}^{N}x_i\sum_{1}^{N}x_i y_i}{N\sum_{1}^{N}x_i^{2}-\left(\sum_{1}^{N}x_i\right)^2} \tag{5-17}$$

求取各线段时，先从最左边的点开始，在一个区间内（如 0～10℃）先求出一条直线，然后计算出各点误差。若误差在允许范围内，则把区间向右扩大一倍，在扩大的区间内再找一条直线，并且检查各点的误差。如果误差还在允许范围内，则再向右扩大一个区间，直到扩大到某个区间后，误差不能满足要求了，就取上一次的直线作为一条确定的直线；然后用同样的方法确定下一条直线，直到最右边的点为止。

求出各个线段之后，若 N_x 落在某个线段范围内，则用该直线的方程 $A=kN+l$ 进行工程量变换，即线性插值。

3．用多项式逼近

有时候，工程量和数字量之间的关系可以用一个多项式来逼近。设该多项式为

$$P_n(x)=a_n x^n+a_{n-1}x^{n-1}+\cdots+a_1 x+a_0 \tag{5-18}$$

式（5-18）中有 n+1 个待定系数，它们应满足式（5-19）所示的方程组：

$$\begin{cases} a_n x_0^n + a_{n-1}x_0^{n-1}+\cdots+a_1 x_0+a_0=y_0 \\ a_n x_1^n + a_{n-1}x_1^{n-1}+\cdots+a_1 x_1+a_0=y_1 \\ a_n x_2^n + a_{n-1}x_2^{n-1}+\cdots+a_1 x_2+a_0=y_2 \\ \qquad\vdots \\ a_n x_n^n + a_{n-1}x_n^{n-1}+\cdots+a_1 x_n+a_0=y_n \end{cases} \tag{5-19}$$

式中，$x_0, x_1, \cdots, x_n$ 是已知的数字量；$y_0, y_1, \cdots, y_n$ 是对应的工程量。可以证明，当 $x_0, x_1, \cdots, x_n$ 互异时，该方程组有唯一的一组解，因此一定存在一个唯一的 $P_n(x)$。

例如，热敏电阻的温度-电阻特性如表 5.1 所示。

表 5.1　热敏电阻的温度-电阻特性

温度 t（℃）	阻值 R（kΩ）	温度 t（℃）	阻值 R（kΩ）
10	8.0000	26	6.0606
11	7.8431	27	5.9701
12	7.6923	28	5.8823
13	7.5473	29	5.7970
14	7.4074	30	5.7142
15	7.2727	31	5.6337
16	7.1428	32	5.5554
17	7.0174	33	5.4793
18	6.8965	34	5.4053
19	6.7796	35	5.3332
20	6.6670	36	5.2630
21	6.5574	37	5.1946
22	6.4516	38	5.1281
23	6.3491	39	5.0631
24	6.2500	40	5.0000
25	6.1538		

设多项式 $P_n(x)$为三阶多项式，即

$$t = P_3(R) = a_3R^3 + a_2R^2 + a_1R + a_0$$

并取 t=10,17,27,39 四个点为插值点，可以得到以下方程组：

$$\begin{cases} 8.0000^3 a_3 + 8.0000^2 a_2 + 8.0000 a_1 + a_0 = 10 \\ 7.0174^3 a_3 + 7.0174^2 a_2 + 7.0174 a_1 + a_0 = 17 \\ 5.9701^3 a_3 + 5.9701^2 a_2 + 5.9701 a_1 + a_0 = 27 \\ 5.0631^3 a_3 + 5.0631^2 a_2 + 5.0631 a_1 + a_0 = 39 \end{cases}$$

解上述方程组得

$$\begin{cases} a_3 = -0.234\,698\,9 \\ a_2 = 6.120\,273 \\ a_1 = -59.280\,43 \\ a_0 = 212.711\,8 \end{cases}$$

因此，所求得的逼近多项式为

$$t = -0.234\,698\,9R^3 + 6.120\,273R^2 - 59.280\,43R + 212.711\,8$$

将采样得到的电阻值代入上式，即可获得被测温度值。

在实际应用中，根据函数关系决定多项式的次数。例如，当函数关系接近抛物线时，可选三个点，用二次多项式进行逼近。一般来说，多项式的次数与自变量的范围有关，自变量的允许范围越大（区间越宽），达到同样精度时的多项式次数就越高。对于无法预先决定多项式次数的情况，可采用试探法，先选取一个较小的 n，分析逼近误差是否接近所要求的精度，

如果误差太大，则把 n 增加 1，直到误差达到精度要求为止。在满足精度要求的前提下，n 取得小一些，可以减少计算量，所以 n 并不是越大越好。为了提高精度，且不占用过多的机器时间，较好的方法是采用分段插值法，即将逼近函数（或测量结果）根据其变化情况分成几段，然后将每一区间分别用直线或抛物线去逼近。分段插值的分段点的选取可按实际曲线的情况灵活决定，既可以用等距分段法，也可以用非等距分段法。分段数越多，插入精度越高，但软件开销也会相应增大，因此分段数应根据具体情况折中选择。

下面是两种热电偶的热电势与温度的逼近多项式。

（1）铁-康铜热电偶。在 0～400℃范围内，当允许误差< ±1℃时，可按式（5-20）计算：

$$t = P_4(E) = a_4E^4 + a_3E^3 + a_2E^2 + a_1E \tag{5-20}$$

则有

$$\begin{cases} a_4 = -1.328\,056\,8 \times 10^{-4} \\ a_3 = 8.368\,395\,8 \times 10^{-3} \\ a_2 = -1.854\,200 \times 10^{-1} \\ a_1 = 1.975\,095\,3 \times 10 \end{cases}$$

式中，E——热电势（mV）；

t——温度（℃）。

（2）镍铬-镍铝热电偶。在 400～1000℃范围内，可按式（5-21）计算：

$$t = P_4(E) = b_4E^4 + b_3E^3 + b_2E^2 + b_1E + b_0 \tag{5-21}$$

则有

$$\begin{cases} b_4 = -3.966\,383\,4 \times 10^{-5} \\ b_3 = 6.507\,571\,7 \times 10^{-3} \\ b_2 = -3.133\,262\,0 \times 10^{-1} \\ b_1 = 2.946\,563\,3 \times 10 \\ b_0 = -2.470\,711\,2 \times 10 \end{cases}$$

总之，为了进行显示、记录、打印，必须把数字量转换成有量纲的人们熟悉的工程量，如果数字量和工程量之间存在非线性关系，则要用适当的方法进行线性化处理。前面介绍了若干种线性化处理的方法，在实际应用中，究竟采用哪种方法，取决于非线性特性的具体情况及所要求的校正精度，在保证校正精度的前提下，尽可能采用简单的方法。

5.3 查表技术

在计算机测控系统中，可能要建立一些表格，如对数表、三角函数表，以及模糊控制使用的模糊变量表、模糊控制规则表等。然后，在程序中通过查表法获得函数值或控制量，从而避免复杂的计算及编制复杂的汇编程序。

查表程序的繁简程度和查询时间的长短虽然与表格的长度有关，但是取决于表格的排列（组织方法）。表格一般有如下两种排列方法。

（1）无序表，表中的数据是任意排列的。

（2）有序表，表中的数据是按一定顺序，如大小顺序排列的。

表格的排列方法不同，查表的方法也不同。常用的查表方法有顺序查表法、折半查表法和计算查表法，下面分别进行介绍。

5.3.1 顺序查表法

顺序查表法是对无序表查表的一种方法，该方法类似人工查表法，即把要查找的关键字和表中的关键字从头到尾逐个比较，若二者相符，则取出相应的数据。图 5.13 所示是顺序查表法的流程图，图中 RAM 单元 CHEACD 存放要查找的关键字，寄存器 R4 用来存放表的长度，寄存器 R2R3 用来存放查询结果。如果没有查到，则寄存器 R2R3 清零，或者置一个表中不存在的值。

顺序查表法查找速度较慢，只适用于数据记录个数较少的表格。

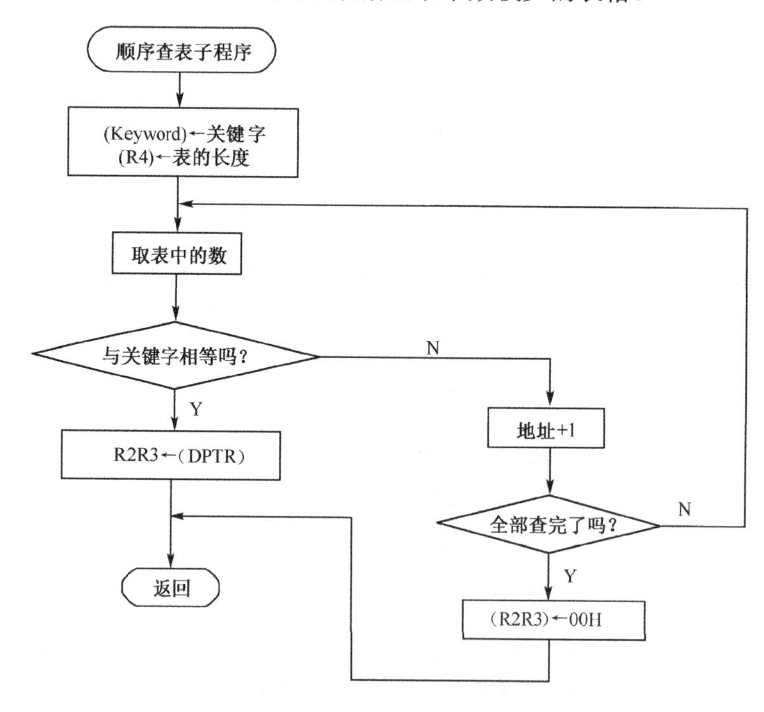

图 5.13 顺序查表法的流程图

5.3.2 折半查表法

折半查表法适用于按关键字大小顺序排列的有序表。设有一张按关键字大小顺序排列的有序表，若待查记录的关键字为 K_i，则折半查表过程如下：首先选取表中间的那个记录的关键字与 K_i 比较，如果 K_i 大于该关键字，那么就把表的前半部分“扔掉”，取表的后半部分中间的那个记录的关键字，与 K_i 进行比较；如果 K_i 小于该关键字，那么就把表的后半部分“扔掉”，取表的前半部分中间的那个记录的关键字，与 K_i 进行比较。如此重复进行，直到找到所需要的记录。如果没有，则查找失败。

5.3.3 计算查表法

如果记录的关键字与存储地址之间存在某种函数关系，则可以通过函数运算计算出关键字的存储地址，从而找到相应的记录。在计算机测控系统中，一般使用的表格都是线性表，它由若干个记录组成，各记录在表中的排列方法和所占存储单元的个数是一样的，因此记录的关键字 K 与存储地址 D 之间存在某种函数关系。例如，在某一计算机测控系统中，数据采集点记录的关键字与存储地址之间的函数关系为

$$D=KM+F$$

式中，M——每个记录的字节数；

F——数据表的首地址。

对于关键字与存储地址之间存在函数关系的表格，可以通过计算，求得某关键字 K 对应的存储地址，然后将该地址单元的内容取出即可。

计算查表法的查找速度是很快的，特别是当表中的元素比较多时，其优越性更为显著。

5.4 报警处理

为了实现安全生产，在计算机测控系统中，重要的参数和系统部位都要设置紧急状态报警系统，以便及时提醒操作人员注意或采取应急措施，使生产继续进行，或者在确保人身及设备安全的前提下，终止生产过程。

5.4.1 越限报警

越限报警是计算机测控系统中常见而又实用的一种报警方式，它分为上限报警、下限报警及上下限报警。设需要判断的报警参数为 x（可以是被控参数、被测参数、偏差或控制量等），该参数的上、下限约束值分别为 x_{max} 和 x_{min}，则越限报警的物理意义如下。

（1）上限报警。如果 $x_k>x_{max}$，则发出上限报警，否则继续进行原定操作。

（2）下限报警。如果 $x_k<x_{min}$，则发出下限报警，否则继续进行原定操作。

（3）上下限报警。如果 $x_k>x_{max}$，则发出上限报警，否则判断 x_k 是否小于 x_{min}；如果 $x_k<x_{min}$，则发出下限报警，否则继续进行原定操作。

设计越限报警程序时，为了避免测量值在极限值附近来回摆动造成频繁报警，在上、下限值附近应当设置一个回差带。实际采用的越限报警范围如图 5.14 所示。

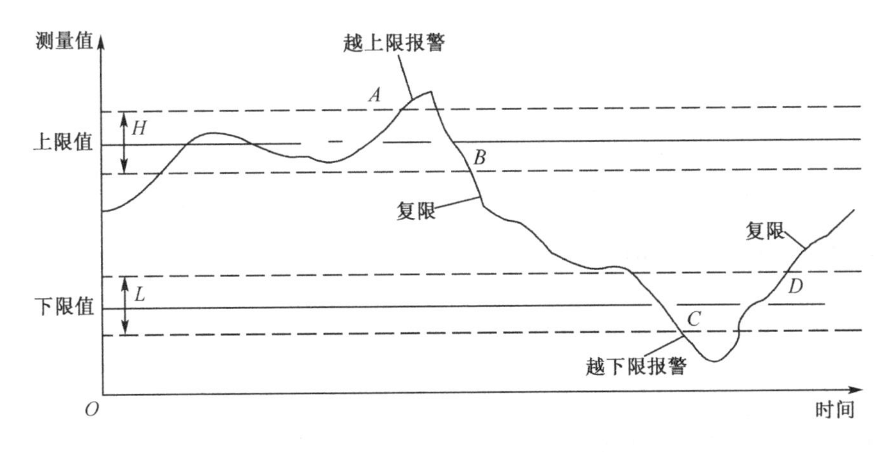

图 5.14　实际采用的越限报警范围

在图 5.14 中，H 是上限带，L 是下限带。只有当测量值超过 A 点时，才算越上限，这时设置相应的标志，并且输出越上限声、光报警信号；当测量值恢复到 B 点以下时，才算复限，这时应撤销越上限标志和声、光报警信号。同样，只有当测量值超过 C 点时，才算越下限，这时设置相应的标志，并且输出越下限声、光报警信号；当测量值恢复到 D 点以上时，才算复限，这时应撤销越下限标志和声、光报警信号。图 5.15 所示是实际采用的越限报警程序图。

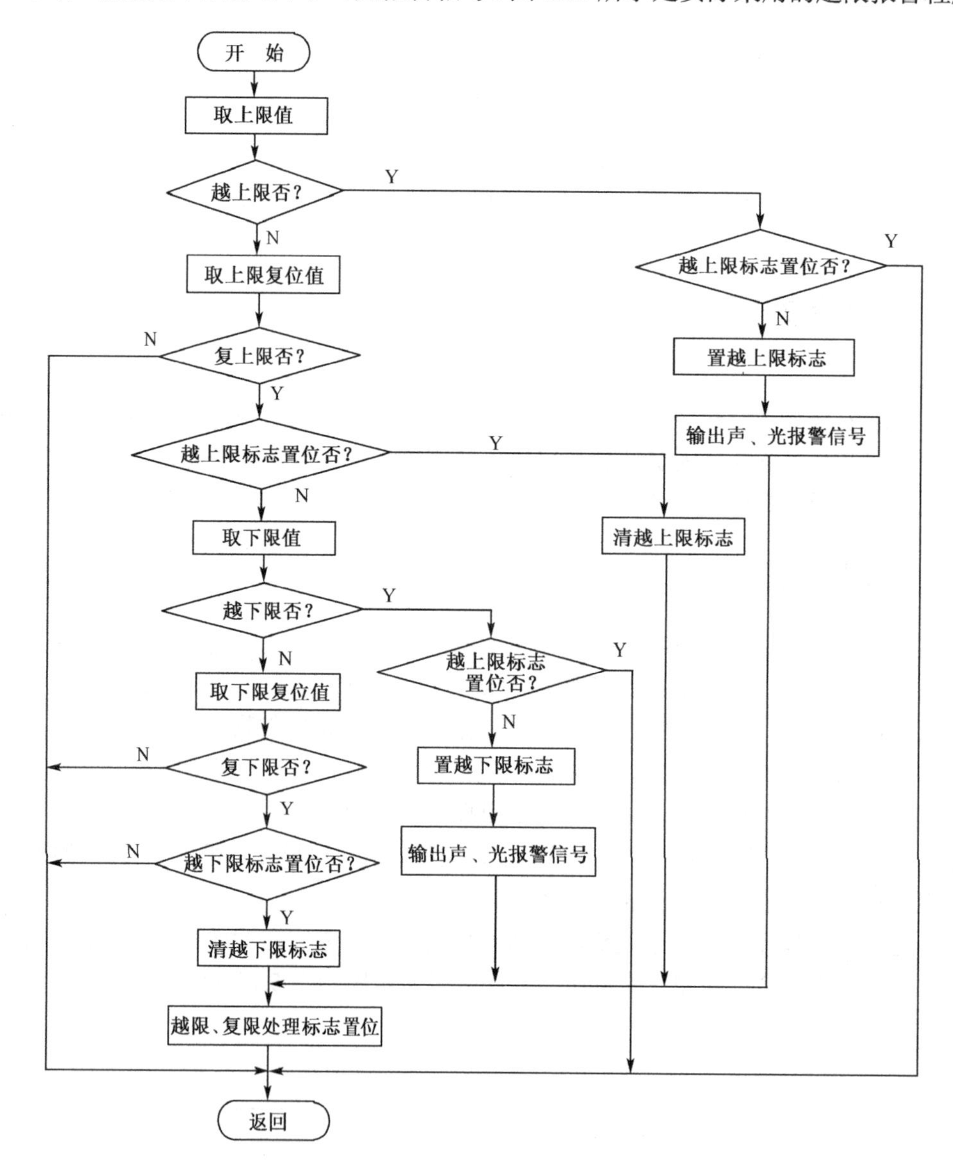

图 5.15　实际采用的越限报警程序图

5.4.2　声、光和语音报警

计算机测控系统常采用声、光和语音进行报警。

1．光报警

光报警通常采用发光二极管实现。图 5.16 所示是发光二极管报警连接电路图。发光二极管的驱动电流一般为20～30mA，有些单片机（如PIC系列单片机）的I/O接口能够直接驱动发光二极管，但是有些单片机的I/O接口往往不能直接驱动发光二极管，通常需要外接驱动器驱动，可采用OC门驱动器，如74LS06、74LS07等。为了保持报警状态，采用一般的锁存器，如74LS273、74LS374、74LS377，或者采用带有锁存器的I/O接口芯片，如8155、8255A等。在图5.16中，当某一路需要报警时，只要对该路输出相应的电平即可。

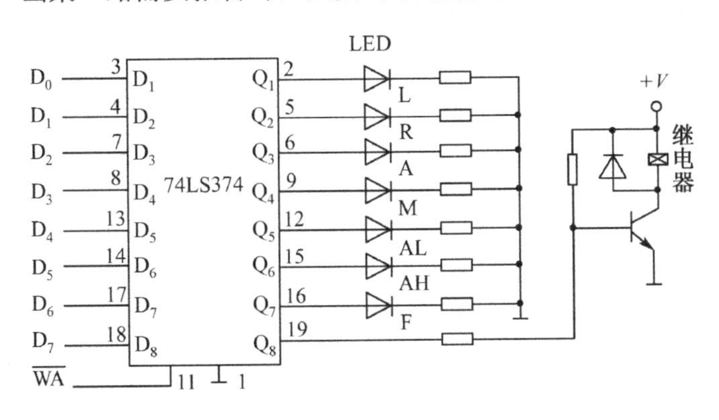

图5.16　发光二极管报警连接电路图

2. 声报警

所谓声报警，是指用报警声提醒操作人员。过去习惯用蜂鸣器发出报警声，现在常用模拟声音集成电路芯片。例如，KD-956X系列是一种采用CMOS工艺软封装的声报警IC芯片，能够产生如表5.2所示的声报警效果。

表5.2　KD-956X系列模拟声音集成电路芯片的型号及声报警效果

型　号	声报警效果
KD-9561	机枪、警笛、救护车、消防车声
KD-9561B	嘟嘟声
KD-9562	机枪、炮弹等八种声
KD-9562B	光控报警声
KD-9562C	单键八音
KD-9563	三声二闪光
KD-9563	六声五闪光

图5.17（a）所示是KD-9561芯片的外形图。KD-9561芯片内部具有振荡器、节拍器、音色发生器、计数器、控制和输出级等部分。它设有两个选声端SEL_1和SEL_2，改变这两端的电平，可以选择不同的内部程序，从而产生如表5.2所示的声报警效果。图5.17（b）所示是KD-9561芯片的连接电路图，V_{DD}接电源正极，V_{SS}接电源负极。改变跨接在OSC_1和OSC_2之间的外接振荡电阻，可以调节模拟声音的放音节奏，R_1的阻值越大，报警声越急促，一般在180～290kΩ范围内选择。外接的小功率三极管9013是为了驱动扬声器。

KD-9561芯片具有工作电压范围宽、静态电流小、体积小、价格低、音响逼真、控制简便等优点，所以在报警装置和儿童玩具中得到了广泛的应用。

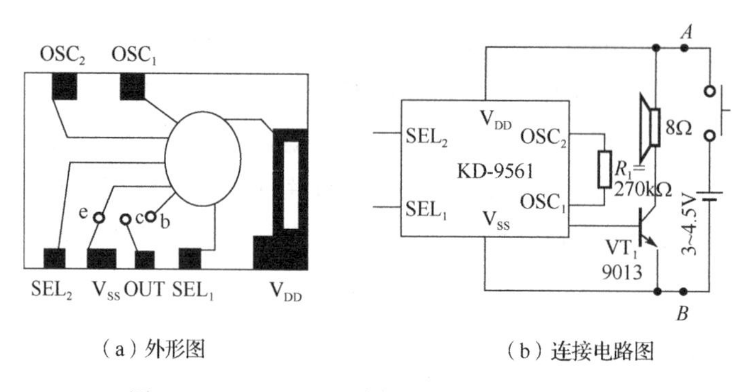

图 5.17　KD-9561 芯片的外形图和连接电路图

3. 语音报警

随着单片机技术、语音信号处理技术和语音芯片制造技术的不断发展，增加语音功能已经成为智能仪表和计算机测控系统的设计方向。毫无疑问，用计算机直接发出语音信息告诉操作人员发生了什么，以及应该采取什么应急措施能够比声、光报警传递更明确的信息。另外，利用计算机语音系统还能实现运行参数的报读及运行状态的提醒等功能。

计算机语音系统是由计算机测控系统中的扩展语音录放芯片实现的。目前已经有大量语音录放芯片可供选择，有的芯片可以录放 10s 或 20s 长度的信息，有的芯片甚至可以录放几分钟长度的信息，用户可以按照需要录放的信息的长短选取适当的芯片。下面以 PIC 单片机使用集成语音芯片 ISD33240 组成的报警功能为例，说明语音报警的实现。

（1）语音芯片与单片机的连接框图。语音芯片与 PIC16C62 单片机的连接框图如图 5.18 所示。在单片机的控制下，语音通过话筒录入语音芯片，在测控过程中，根据测量值或工作状态由单片机选择适当的语音段，通过扬声器发出报警或提示信息。

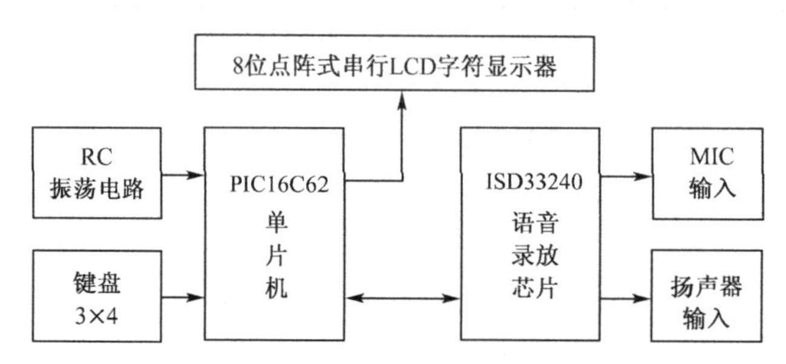

图 5.18　语音芯片与 PIC16C62 单片机的连接框图

（2）ISD33240 及其与微处理器的连接。ISD33240 是 ISD 公司生产的单片智能型语音录放芯片，可记录长达 4min 的语音信息。由于它采用直接模拟量存储技术 DAST 来完成语音的录入、存储及分段调出，所以可以较好地保留语音中的有效成分，减少失真，保证录放音的质量。该芯片使用 3V 单电源供电，录音时耗电 30mA，放音时耗电 25mA，录放状态一结束就进入省电模式，静态电流仅为 1μA，功耗极小，可反复录制 10 万次。由于信息存储在 E^2PROM 中，该芯片可实现零功耗保存信息，而且信息可以保存 10 年以上。它具有较强的选址能力，可处理多达 100 段信息。

ISD33240 是通过串行外围接口（SPI）模式和微处理器连接成主从方式工作的。而 PIC16C62 单片机的同步串行口（SSP）模块可以工作在 SPI 模式下，所以使用 PIC16C62 单片机控制 ISD33240

是节省外围器件的一种硬件设计，其连接如图 5.19 所示。$\overline{\text{SS}}$ 引脚是 ISD33240 的从机选中引脚，接至单片机的 $\overline{\text{SS}}$ 引脚，$\overline{\text{SS}}$ 引脚为低电平时，主机向从机传送命令，变高电平后命令传送结束。RAC 引脚可以给出行结束标志，接至 RC0 引脚的目的是在录放过程中对录放的行数进行计数，以便及时跳到其他不连续的行空间进行录放。当录音过程中发生溢出或放音过程中遇到信息结束标志（EOM）时，ISD33240 会发出中断请求，将 $\overline{\text{INT}}$ 引脚接至单片机的 PB0 引脚，可利用 PIC16C62 单片机的 I/O 接口的电平变化中断能力及时引起单片机中断。

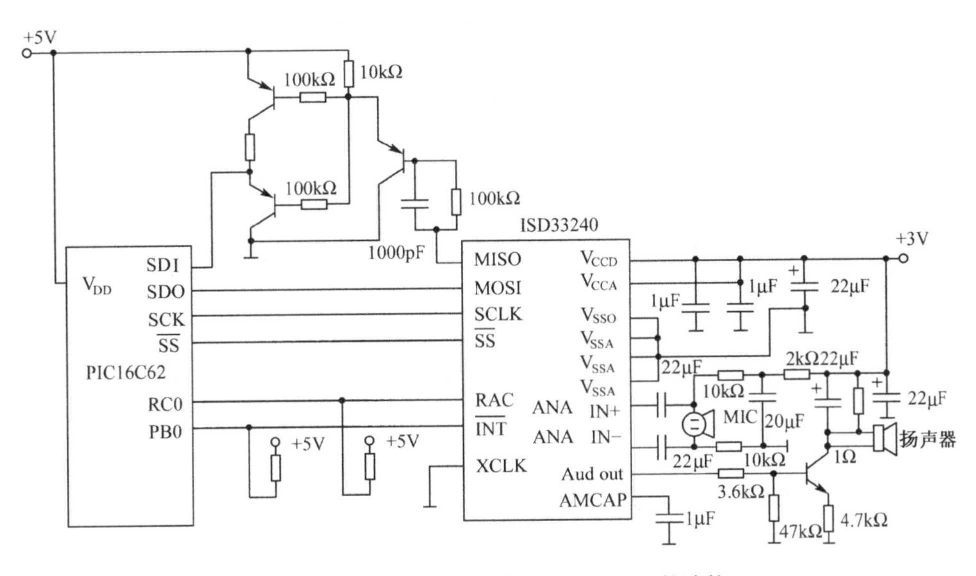

图 5.19　PIC16C62 单片机与 ISD33240 的连接

值得注意的是，PIC16C62 单片机与 ISD33240 的电源电压不同，所以设计时应考虑电平转换问题。把 5V 单片机的输出信号接至 ISD33240 的输入引脚时不需要电平转换。ISD33240 的所有输出引脚都是由集电极开路输出的，所以当把 RAC、$\overline{\text{INT}}$ 引脚接至 5V 电源的单片机时，只要将这些引脚上拉到单片机的+5V 电源即可。但是 ISD33240 的 MISO 引脚的内部是由 P 沟道驱动的，在 +3V 电源下输出的高电平仅为 2.6V，而 5V 电源器件的输入高电平应达到+4V，所以在 ISD33240 的 MISO 引脚与 PIC16C62 单片机的 SDI 引脚之间加入了由三个三极管组成的电平转换电路。

（3）录放音控制。ISD33240 的存储空间是一个 800 行×1200 列的矩阵，为了便于寻址，该空间被划分成 100 个块，语音的存储以块为最小寻址单位。为了建立报警状态和语音信息的对应关系，单片机内建立了信息地址表。

在信息录制过程中，信息地址表起着十分重要的作用。信息地址表组织得合理，不仅可以简化录放程序的编写，而且有利于节省存储空间。信息地址表如表 5.3 所示，该表采用状态序号排序的方式，设定状态的 2 个字节中的高字节的第 7 位用于区别信息块的起始块（为 1）和后续块（为 0）。当发生报警条件时，单片机把报警状态与信息地址表的报警状态栏进行比较，当二者相等时，就会把信息块中录制的语音播放出来，接着播放后续块中的语音，直到遇到信息结束标志引起单片机中断而停止放音。

表 5.3　信息地址表

信息地址表内容			说　明			
B7	报警状态	信息块	B7	报警状态	信息块地址	信息号
1	000000000000001	1	1	越上限	1	1#
0	000000000000001	2	0	越上限	2	
信息地址表内容			说　明			
B7	报警状态	信息块	B7	报警状态	信息块地址	信息号
1	000000000000010	8	1	越下限	8	2#
0	000000000000010	10	0	越下限	10	
	⋮			⋮		
	⋮			⋮		
	⋮			⋮		

（4）报警信息的录制。单片机通过 SPI 模块向语音芯片发出录音或放音命令。录放音命令寄存器如图 5.20 所示。

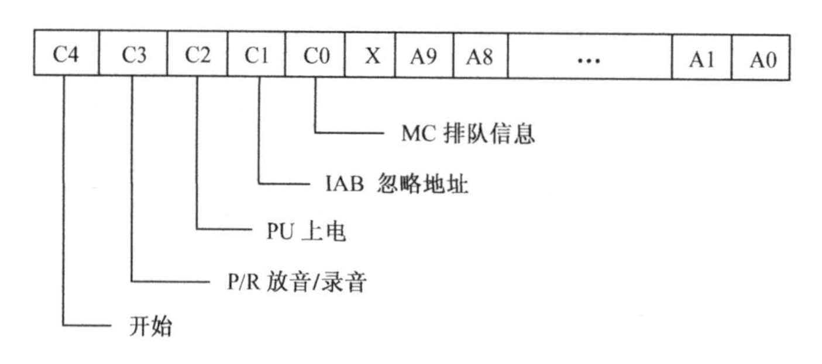

图 5.20　录放音命令寄存器

在 ISD33240 开始工作之前，首先应发出上电命令（00100），使器件完成上电过程。向 ISD33240 发出录音命令（A0H××）后，就可以向××地址录音。为了使录音能一行一行地持续下去，需要在 150ms 内使命令寄存器的 IAB 位置 1，否则，会使语音重复地录制在指定的××行中。当发出停止命令（10H）后，就可以停止录音了，并且把信息结束标志设置在正确位置。

（5）报警信息的播放。向 ISD33240 发出 EOH××命令，可以播放指定地址的语音信息，同样要在 150ms 内发出 IAB 命令，以便在一行播放结束后连续播放下一行的内容。当读到信息结束标志时，向 ISD33240 发出 00 命令，可停止放音。

以上是连续地址的录音和放音过程，事实上 ISD33000 系列芯片的功能非常强，可以用程序实现录放地址的无缝隙跳跃，即在不连续的信息块上实现录音和放音。

本 章 小 结

本章介绍了计算机测控系统常用的数据处理技术，包括数字滤波、标度变换与线性化处理、查表技术及报警处理。由于数字滤波具有突出的优点，能够滤除模拟滤波器无法滤除的干扰或获得比模拟滤波器更好的效果，所以计算机测控系统除了在硬件电路中需要设计必要的模拟滤波器，还要用软件对采样进来的数字信号进一步进行数字滤波。读者应掌握各种数字滤波器的工作原理和使用场合。本章还介绍了标度变换与线性化处理，读者应掌握为什么要进行标度变换和线性化处理，掌握标度变换和线性化处理的具体方法。

为了避免复杂的运算，测控软件经常使用查表技术获得函数值或控制量，本章简单介绍了几种常用的查表法的原理。

报警处理是任何测控系统必须具备的功能。本章除了介绍了报警处理的基本方法，还通过实例介绍了使用越来越普遍的语音报警技术，希望读者在工作中推广应用。

练　习　5

1. 请总结本章介绍的各种数字滤波法的原理、方法（算法）及适用场合。
2. 各种数字滤波法中的系数是如何确定的？
3. 为什么要进行工程量转换（标度变换）？
4. 为什么要对数字信号进行线性化处理？
5. 线性化处理有哪些方法？分别适用于什么场合？
6. 为什么要采用查表法？
7. 本章介绍的三种查表法分别适用于什么形式的表格？
8. 有哪些情况需要报警？有哪些报警方式？
9. 报警处理包括哪些内容？
10. 语音报警有哪些优点？

第 6 章

抗干扰技术

6.1 干扰的来源和传播途径

干扰（噪声）是指有用信号以外的噪声或造成设备、系统运行故障的情况。

计算机测控系统往往就在生产现场，工作环境比较恶劣。由于干扰的存在，被测信号中可能会混入被测信号以外的电量信号；计数器可能由于干扰信号而计错数；由于指令信号以外的电量信号变化，可能使指令工作失常；存储器或寄存器的内容可能由于干扰而改变；干扰严重时，甚至会使微处理器不能正常工作。因此，抗干扰是保证计算机测控系统正常、稳定、可靠工作的必备措施。

6.1.1 干扰的种类

1．按干扰源分类

按干扰源分类，干扰可分为内部干扰和外部干扰。

（1）内部干扰。内部干扰是由系统结构和制造工艺等因素造成的。内部干扰主要包括交流声，分布电容、分布电感引起的耦合感应，电磁场辐射感应，由多点接地造成的电位差引起的干扰，长线传输的反射波，由寄生振荡引起的干扰，元器件产生的热噪声干扰等。

（2）外部干扰。外部干扰与系统结构无关，是由外界环境因素造成的。外部干扰主要包括太阳和其他天体辐射的电磁波及广播电视发射的电磁波，供电电源和各种电器装置（包括工厂设备、家用电器乃至交通工具）发出的电磁波，气象条件（如雷电、温度、湿度）和地磁场的影响，火花放电、弧光放电、辉光放电等产生的电磁波等。

2．按干扰作用的方式分类

按干扰作用的方式分类，干扰可分为常态干扰和共模干扰。

（1）常态干扰。常态干扰是叠加在被测信号上的干扰，如图 6.1 所示。图 6.1 中 u_i 是输入信号，u_n 是干扰信号，u_a 是受干扰的输出信号。常态干扰可能是信号源的一部分[见图 6.1(b)]，也可能是由长线引入的[见图 6.1（c）]。由于它和输入信号所处的地位相同，因此又称为串模干扰，也称正态干扰。

（2）共模干扰。共模干扰是计算机测控系统中模拟量输入通道的 A/D 转换器的两个输入端上共有的干扰电压，如图 6.2 所示。

由于计算机和被测信号相距较远，被测信号的参考地（模拟地）和计算机输入信号的参考地（模拟地）之间往往存在一定的电位差 u_{cm}。对于 A 端来说，输入信号为 u_s+u_{cm}；对于 B 端来说，输入信号为 u_{cm}。所以 u_{cm} 是 A/D 转换器的两个输入端共有的干扰电压。

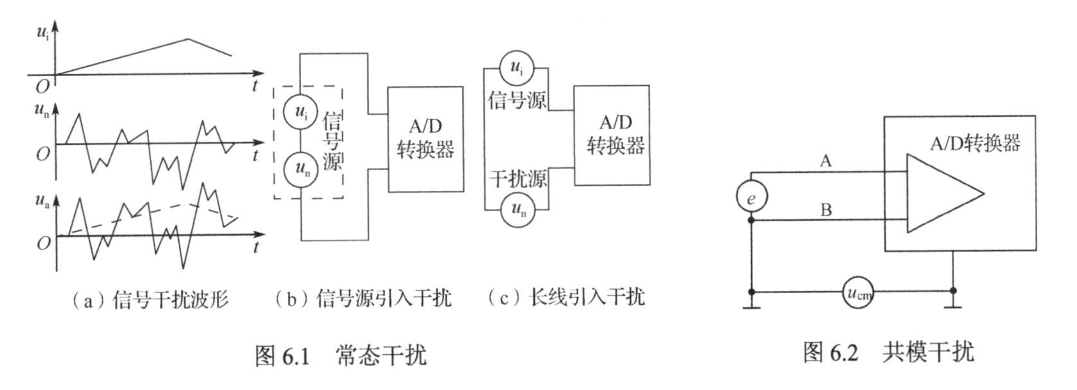

图 6.1　常态干扰

图 6.2　共模干扰

6.1.2　干扰的传播途径

各种干扰必须由某种途径才能进入计算机测控系统的某个敏感接收部位。干扰的传播途径如图 6.3 所示。

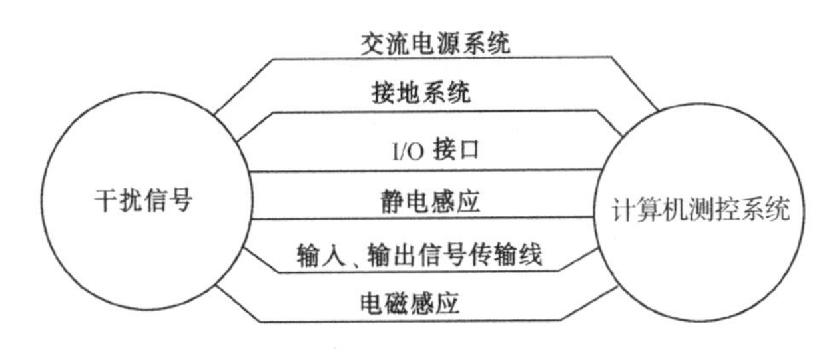

图 6.3　干扰的传播途径

6.2　干扰抑制的基本原则

所谓抗干扰，是指把窜入计算机测控系统的干扰衰减到一定的强度以内，保证系统能够正常工作或达到要求的测控精度，完全消除干扰是不可能的。抑制干扰有如下三个基本原则。

1．消除干扰源

有些干扰，尤其是内部干扰，可以通过人为努力消除。例如，通过改进制造工艺、合理布线、改进焊接技术、降温、实现参数匹配等措施，有可能消除由线间感应、杂散电容、多点接地等造成的电位差、热噪声等内部干扰。

把干扰源屏蔽起来也是一种消除干扰源的有效方法。

2．远离干扰源

距离干扰源越远，干扰就衰减得越弱，计算机测控系统、计算机房和有终端设备的操作室都应尽可能地远离干扰源，如远离强电场、强磁场等。

3. 防止干扰窜入

干扰是通过一定的途径进入计算机测控系统中的。如果在干扰的进入途径上采取有效措施，则可能使计算机测控系统避免干扰的入侵。事实上，抑制干扰的措施主要就是在防止干扰窜入上下功夫。

6.3 干扰抑制技术

6.3.1 电源系统的抗干扰措施

1. 交流电源系统的抗干扰措施

理想的交流电应该是 50Hz 的正弦波。但是事实上，负载的变动或大型电器设备（如交直流电动机、电焊机、鼓风机、电加工设备）的启停，甚至日光灯的开关都可能造成电源电压的波动或在正弦波上出现尖峰脉冲。交流电源正弦波上的尖峰脉冲如图 6.4 所示。这种尖峰脉冲的幅值为几十至几千伏，持续时间有几毫秒之久，容易造成“死机”或“程序跑飞”，甚至会损坏硬件，对系统威胁极大。我们可以用以下方法加以解决。

（1）选用供电比较稳定的进线电源。计算机测控系统的电源进线要尽量选用比较稳定的交流电源线。在没有这种条件的地方，不要将计算机测控系统接到负载变化大、可控硅设备多或有高频设备的电源上。

（2）利用干扰抑制器消除尖峰干扰。干扰抑制器使用简单，利用干扰抑制器消除尖峰干扰的电路如图 6.5 所示。干扰抑制器是一种无源四端网络，目前已有产品出售。

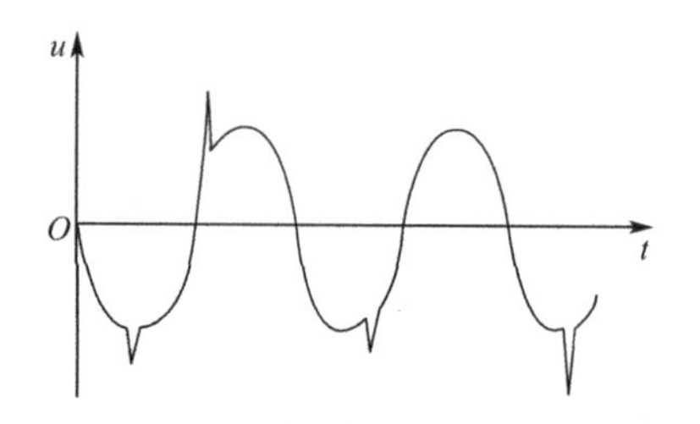

图 6.4 交流电源正弦波上的尖峰脉冲

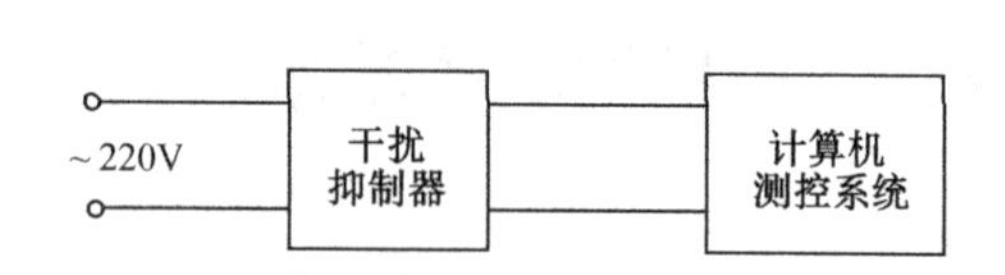

图 6.5 利用干扰抑制器消除尖峰干扰的电路

（3）采用交流稳压器。计算机测控系统的交流供电系统如图 6.6 所示。采用交流稳压器是为了抑制电网电压的波动，提高计算机测控系统的稳定性。交流稳压器能把输出波形畸变控制在 5%以内，还能对负载短路起限流保护作用。低通滤波器是为了滤除电网中混杂的高频干扰信号，保证 50Hz 基波通过。

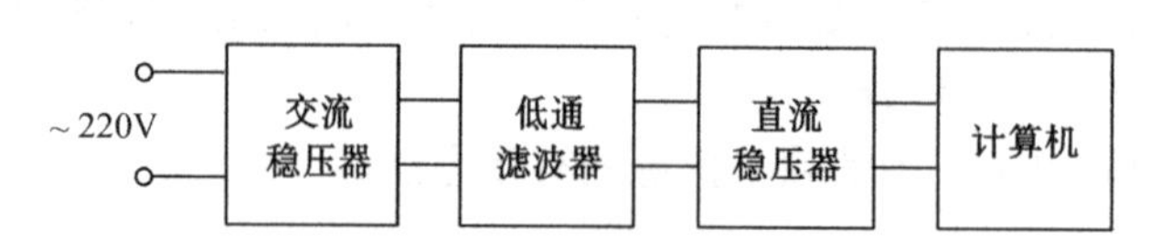

图 6.6 计算机测控系统的交流供电系统

（4）利用不间断电源（UPS）消除尖峰干扰。电网瞬间断电或电压突然下降等掉电事件可能使计算机测控系统陷入混乱状态，是可能产生严重事故的恶性干扰。对于要求较高的计算机测控系统，可以采用 UPS 向系统供电。UPS 示意图如图 6.7 所示。所有 UPS 设备都装有一个或一组电池和断电传感器，并且也装有交流稳压器。如果断电传感器检测到断电，则供电通路在极短的时间（3ms）内切换成电池供电，从而保证流入计算机测控系统的电流不因停电而中断，使计算机测控系统免受电源波动或突然停电等电源故障造成的干扰的影响。

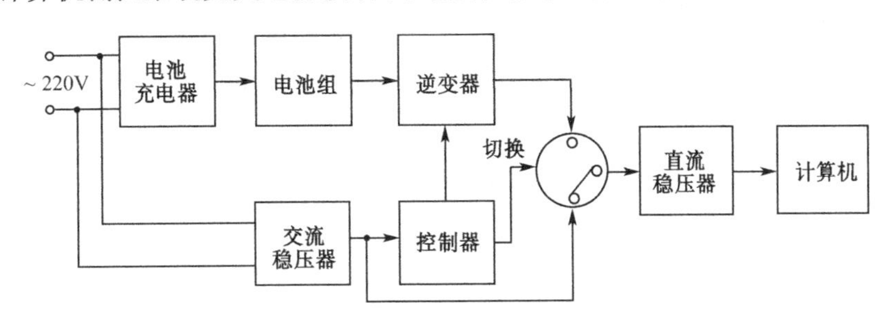

图 6.7　UPS 示意图

（5）掉电保护。对于没有使用 UPS 的计算机测控系统，为了防止掉电后丢失 RAM 中的信息，经常采用镍电池对 RAM 进行掉电保护。图 6.8 所示是某 STD 总线工业控制机 64KB 存储板所使用的掉电保护电路。

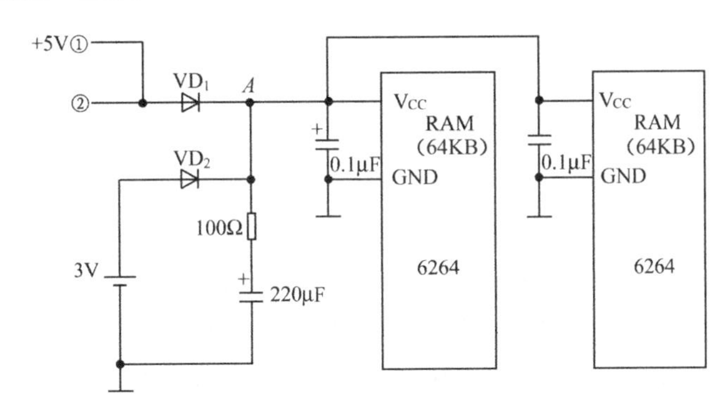

图 6.8　某 STD 总线工业控制机 64KB 存储板所使用的掉电保护电路

在图 6.8 中，当系统电源正常工作时，①②端都为+5V，A 点电位高于备用电池电压(3V)，VD_2 截止，存储器由主电源（+5V）供电。当系统掉电时，A 点电位低于备用电池电压，VD_1 截止，VD_2 导通，由备用电池向 RAM 供电。当系统恢复供电时，VD_1 重新导通，VD_2 截止，系统又恢复主电源供电。

现在，有些微处理器监控电路带有掉电保护功能，可以直接采用这种微处理器监控电路实现掉电保护功能（具体电路将在 6.3.6 节进行介绍）。

2. 直流电源系统的抗干扰措施

(1)采用直流开关电源。直流开关电源是一种脉宽调制型电源，由于脉冲频率高达 20kHz，所以甩掉了传统的工频变压器，具有体积小、质量轻、效率高(>70%)、电网电压范围宽[(−20%～10%)×220V]、电网电压变化时不会输出过电压或欠电压、输出电压保持时间长等优点。直流开关电源初次级之间具有较好的隔离措施，对于交流电网上的高频脉冲干扰有较强的隔离能力。

现在已有许多市售直流开关电源产品，它们一般都有几个独立的电源，如±5V、±12V、±24V 等。

（2）采用 DC-DC 变换器。如果系统供电电网波动较大，或者对直流电源的精度要求较高，则可以采用 DC-DC 变换器，它可以将一种电压的直流电源变换成另一种电压的直流电源。它有升压型（Step-up）、降压型（Step-down）和升压/降压型。DC-DC 变换器具有体积小、性价比高、输入电压范围宽、输出电压稳定（有的还可调）、环境温度范围广等一系列优点。图 6.9 所示是利用 MAX1700 组成的 DC-DC 变换器的电路图，其输入电压为 0.8～5.5V，输出电压为 3.3V 或可调。显然，采用 DC-DC 变换器可以方便地实现电池供电，从而制造便携式或手持式计算机测控装置。

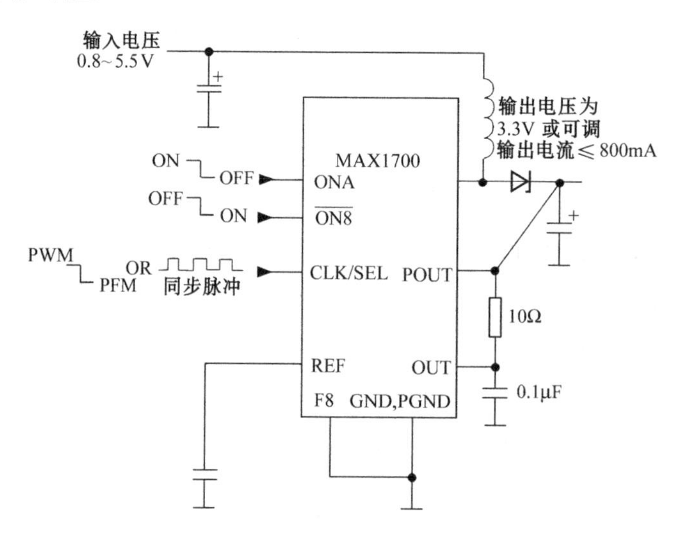

图 6.9　利用 MAX1700 组成的 DC-DC 变换器的电路图

（3）各电路设置独立的直流电源。当计算机测控系统有几块电路板时，为了防止电路板与电路板之间相互干扰，可以对每块电路板的直流电源采取以下措施。

① 以短线向电路板并行供电，并且电路板中的电源线采用格子形状或多层板，即做成网眼结构，以降低电路中的阻抗。

② 在每块电路板的电源和地线的引入处附近并联一个 10～100μF 的大电容和一个 0.01～0.1F 的瓷片电容。

③ 每块电路板上装一块或几块稳压块，使每块电路板形成独立的供电环境，这样不会因为某一个稳压块出现故障而使整个系统遭到破坏。计算机测控系统经常采用的稳压块有 7805、7905、7812、7912 等三端稳压块，它们的输出电压是固定的；也可以采用电压线性调整器，如 MAX1705/ 1706、MAX8863T/S/R 等。电压线性调整器的输出电压是可调的。

（4）集成电路设置旁路电容。集成电路的开关在高速动作时会产生噪声，因此无论电源装置提供的电压多么稳定，V_{CC} 线和 GND 线都会产生噪声。为了降低集成电路的开关噪声，电路板上的每块 IC 都接入高频特性好的旁路电容，将开关电流经过的电路局限在电路板内一个极小的范围。旁路电容可以是 0.01～0.1μF 的陶瓷电容器，同时引线要短而且紧靠需要旁路的集成器件的 V_{CC} 端或 GND 端，否则毫无意义。

6.3.2　接地系统的抗干扰措施

计算机测控系统有许多地线，包括如下部分。

数字地：又称逻辑地，是计算机测控系统中数字电路的零电位。

模拟地：计算机测控系统中使用的传感器、变送器、放大器、A/D 和 D/A 转换器中模拟信号的零电位。

信号地：传感器的地。

交流地：交流电源的地线。交流地上任意两点之间往往很容易有几伏甚至几十伏的电位差。另外，交流地也很容易带来各种干扰。因此，交流地绝对不可与其他地相连。

直流地：直流电源的地。

功率地：大电流网络部件的零电位。

屏蔽地：又称机壳地，也叫安全地，目的是使设备机壳和大地等电位，以防止静电感应、电磁感应，以及保证人身安全。

系统地：上述几种地的最终回流点，直接和大地相连。

在计算机测控系统的设计和安装过程中，接地问题是一个十分重要的问题，不仅要选择正确的接地点，以防止计算机测控系统中的各部分产生串扰；而且接地点必须牢固可靠，才能保证接地点连接可靠，不会在接地点上引起压降。下面介绍几种常用的接地方式。

（1）低频电路单点接地，高频电路多点接地。根据接地理论，低频电路应该单点接地，高频电路应该就近多点接地。一般来说，当频率低于 1MHz 时，可以采用单点接地方式；当频率高于 10MHz 时，可以采用多点接地方式；当频率为 1～10MHz 时，如果采用单点接地方式，其地线长度不得超过波长的 1/20，否则应采用多点接地方式。单点接地的目的是避免形成地环路，因为地环路产生的电流会在信号回路内引起干扰。在工业过程测控系统中，信号频率大多小于 1MHz，所以通常采用单点接地方式。单点接地方式如图 6.10 所示。

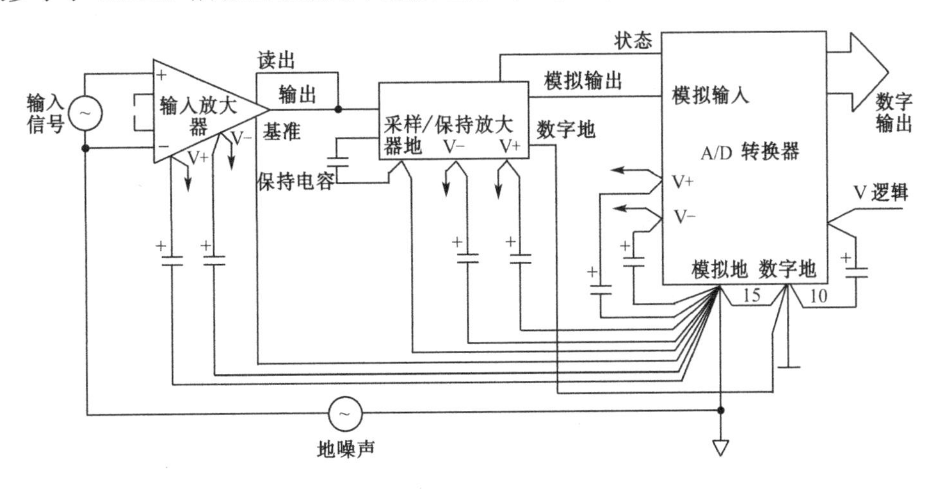

图 6.10　单点接地方式

（2）各种地采用分别回流法单点接地。在计算机测控系统中，各种地一般应采用分别回流法单点接地。模拟地、数字地、安全地的分别回流法单点接地如图 6.11 所示。汇流条由多层铜导体构成，截面呈矩形，各层之间有绝缘层。采用多层汇流条可减少自感，并且减少干扰的窜入途径。在稍考究的系统中，分别使用横、纵汇流条，机柜内各层机架之间分别设置汇流条，以最大限度地减小公共阻抗的影响。在空间上将数字地汇流条与模拟地汇流条间隔开，以免通过汇流条间的电容产生耦合。安全地始终与模拟地和数字地间隔开。这些地之间只是在最后才汇聚在一点，而且常常通过铜质接地板交汇，然后用截面积不小于 $30mm^2$ 的多

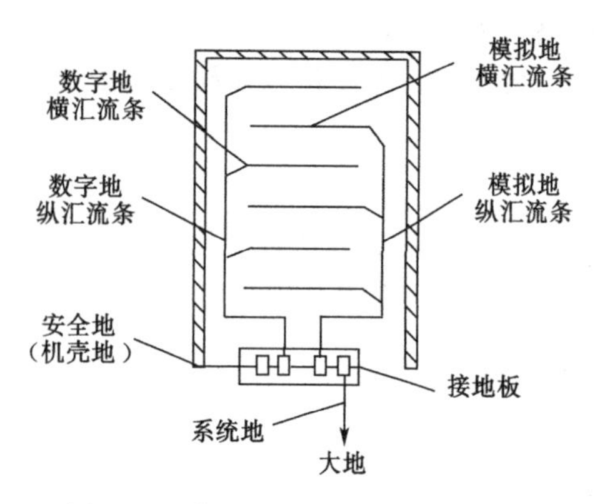

图 6.11　模拟地、数字地、安全地的分别回流法单点接地

股铜软线焊接在接地板上并深埋地下。

（3）输入系统的接地。在计算机测控系统的输入系统中，传感器、变送器和放大器通常使用屏蔽罩，而信号的传送往往使用屏蔽线。屏蔽层的接地要慎重，也应遵守单点接地原则。输入信号源有接地和浮地两种情况，接地电路也有两种情况，不同的屏蔽接地方式会带来共同的抗干扰效果。在图 6.12（a）中，热电偶（信号源端）接地，而放大器（接收端）浮地，则屏蔽层应在信号源端接地（*A* 点）。图 6.12（b）却相反，图中信号源浮地，而接收端接地，则屏蔽层应在接收端接地（*B* 点）。这样分情况接地是为了避免流过屏蔽层的电流通过屏蔽层与信号线间的电容对信号线产生干扰。一般输入信号比较小，而模拟信号又容易受干扰。因此，对输入系统的接地和屏蔽应格外重视。

高增益放大器常常用金属罩屏蔽起来，屏蔽罩的接地要合理，否则会引起干扰。放大器与屏蔽罩间存在寄生电容，如图 6.13（a）所示。从如图 6.13（b）所示的等效电路可以看出，寄生电容 C_1 和 C_2 使放大器的输出端到输入端有一反馈通路，如果不将此反馈消除，放大器可能产生振荡。解决的办法就是将屏蔽罩接到放大器的公共端，如图 6.13（c）所示，这样就能使寄生电容短路，从而消除了反馈通路。

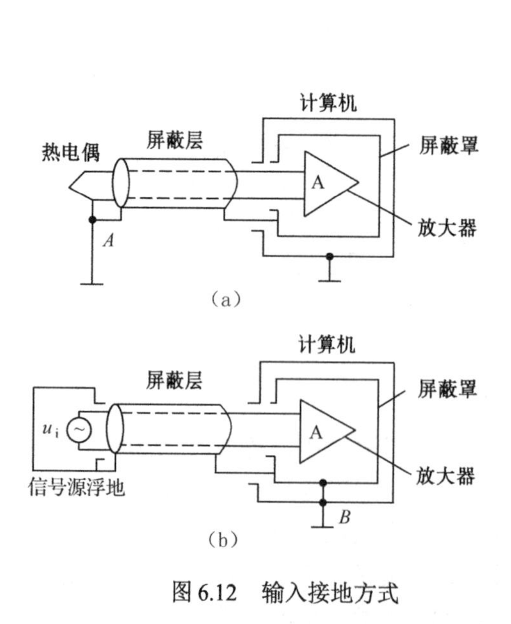

图 6.12　输入接地方式

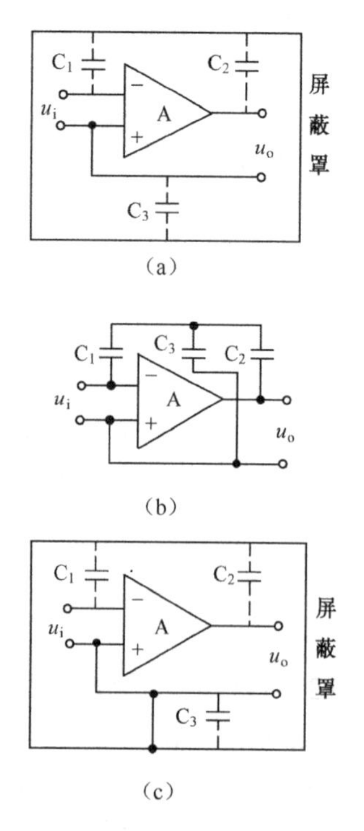

图 6.13　屏蔽罩接公共端

（4）印制线路板的地线分布。设计印制线路板时应遵守下列原则，以免系统内部的地线产生干扰。

① TTL、CMOS 器件的地线要呈辐射状，不能形成环形。

② 印制线路板上的地线要根据通过的电流大小决定其宽度，一般不小于 3mm，在可能的情况下，地线越宽越好。

③ 旁路电容的地线能短则短，不能太长。

④ 功率地应尽量宽，而且必须和小信号地分开。

（5）主机系统的接地。计算机本身接地是为了防止干扰，提高可靠性。下面介绍几种主机接地方式。

① 全机一点接地。计算机的主机采用如图 6.11 所示的分别回流法接地方式。主机地与外部设备地连接后，采用全机一点接地。全机一点接地如图 6.14 所示。为了避免多点接地，各机柜用绝缘板垫起来。这种接地方式安全可靠，有一定的抗干扰能力，一般接地电阻为 4～10Ω。接地电阻越小越好，但接地电阻越小，接地极的施工就越困难。

② 主机外壳接地，机芯浮空。为了提高计算机的抗干扰能力，可将主机外壳作为屏蔽罩接地，而把主机内器件架与外壳绝缘，绝缘电阻大于 50MΩ，即机内信号地浮空，如图 6.15 所示。这种接地方式安全可靠，抗干扰能力强，但制造工艺复杂，一旦绝缘电阻降低就会引入干扰。

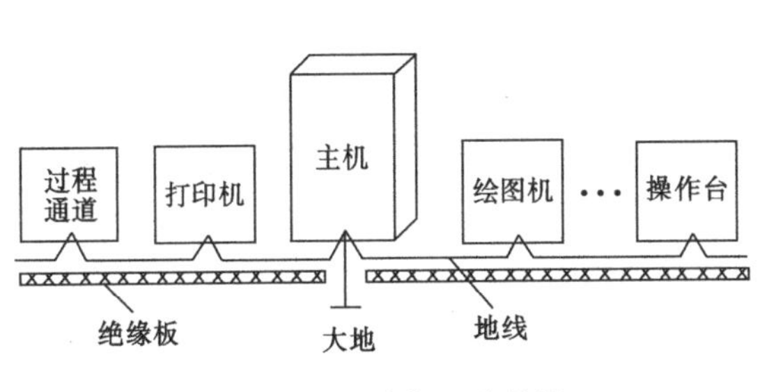

图 6.14　全机一点接地

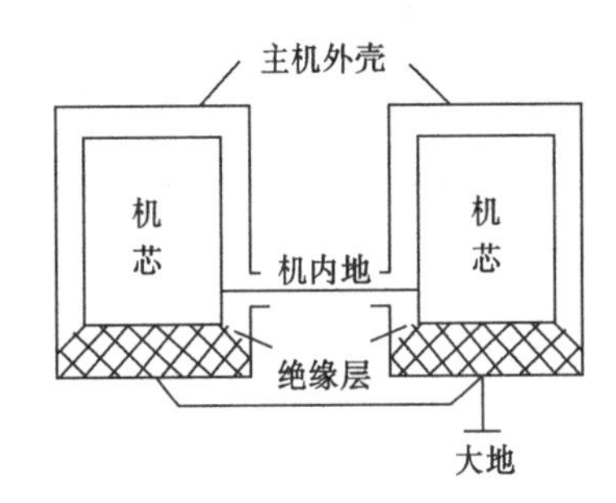

图 6.15　主机外壳接地，机芯浮空

③ 多机系统的接地。在计算机网络系统中，多台计算机之间相互通信，资源共享。如果接地不合理，会使整个计算机网络系统无法正常工作。近距离的几台计算机安装在同一机房内时，可采用如图 6.14 所示的主机一点接地方式。对于远距离的计算机网络，多台计算机之间的数据通信通过隔离的方法把地分开，如采用变压器隔离技术、光电隔离技术或无线通信技术。

6.3.3　I/O 接口的抗干扰措施

把好进口关是为了防止“病从口入”，所以 I/O 接口的抗干扰措施会对系统产生十分重要的影响，通常采取如下措施。

1. 对信号加低通滤波器

在信号施加到输入通道之前，可先用低通滤波器滤除交流干扰。在计算机测控系统中，常用的低通滤波器有 RC 滤波器、LC 滤波器、双 T 滤波器及有源滤波器，它们的原理图如图 6.16 所示。

RC 滤波器结构简单、成本低，也不需要调整。但它的串模抑制比不够高，一般需要两三级才能达到规定的滤波要求。通常，仪表的输入滤波器常用 RC 滤波器。两级 RC 滤波网络如图 6.17 所示，两级 RC 滤波网络可使 50Hz 的串模干扰减至 1/600 左右。该滤波器的时间常数小于 200ms，当被测信号变化较快时，为了减小时间常数，应当适当改变网络参数。

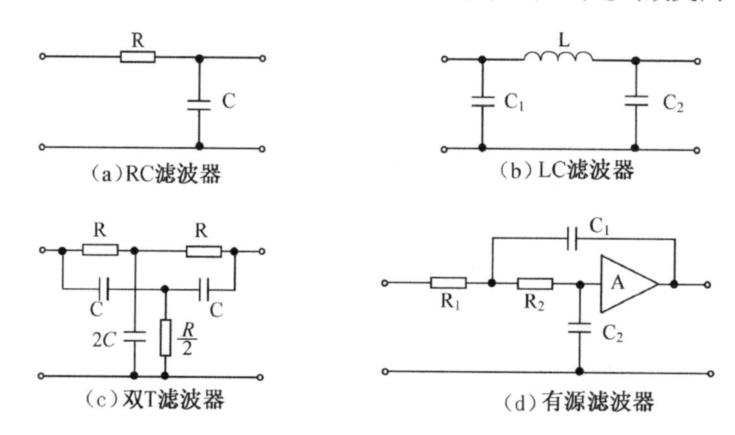

图 6.16　常用的低通滤波器的原理图

LC 滤波器的串模抑制比较高，但是存在电感成本高、体积大等缺点。

双 T 滤波器对某一固定频率具有很高的串模抑制比，偏离该频率后串模抑制比迅速减小，主要用于滤除工频干扰，而对高频干扰无能为力。

2．利用差动方式传输和接收信号

利用差动方式传输和接收信号是抑制共模噪声的一种方法。由于差动放大器只对如图 6.18 所示的差动信号 u_1-u_2 起放大作用，而对共模电压 u_{cm} 不起放大作用，因此能够抑制共模噪声的影响，即差动放大器具有良好的抑制共模噪声的能力。

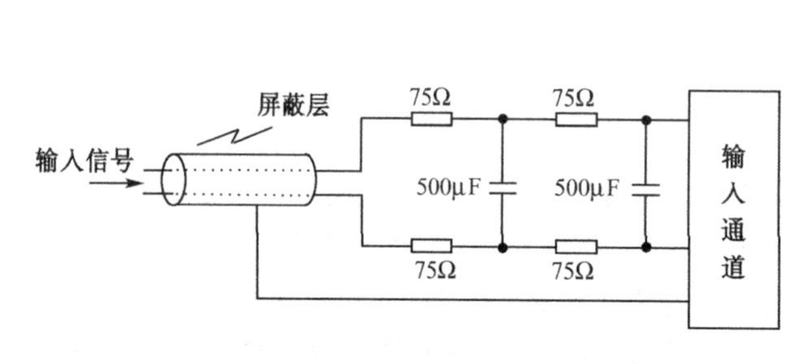

图 6.17　两级 RC 滤波网络

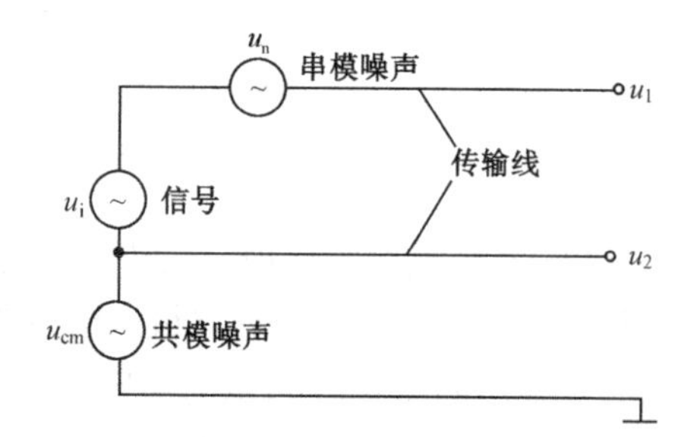

图 6.18　信号传输中的串模和共模噪声

3．利用浮地输入双层屏蔽放大器抑制共模干扰

浮地输入双层屏蔽放大器如图 6.19 所示，它利用屏蔽技术使输入信号的模拟地浮空，从而达到抑制共模干扰的目的。在图 6.19 中，Z_1 和 Z_2 分别为模拟地和内屏蔽层之间及内屏蔽层和作为外屏蔽层的机壳之间的绝缘阻抗，它们由漏电阻和分布电容组成，所以阻抗值很大。用于传输信号的屏蔽线的屏蔽层和 Z_2 为共模电压 u_{cm} 提供了共模电流 i_{cm2} 的通路，因此电流不会产生常态干扰，因为模拟地和内屏蔽层是隔离的。由于屏蔽线的屏蔽层存在电阻 R_c，因此共模电压 u_{cm} 在电阻 R_c 上会产生较小的共模信号，它会在模拟量输入回路中产生共态电流 i_{cm1}，此 i_{cm1} 在模拟量输入回路中产生常态干扰电压。显然，由于 $R_c \ll Z_2$，$Z_s \ll Z_1$，因此由 u_{cm} 引入的常态干扰电压是非常弱的。所以利用浮地输入双层屏蔽放大器抑制共模干扰是非常有效的。

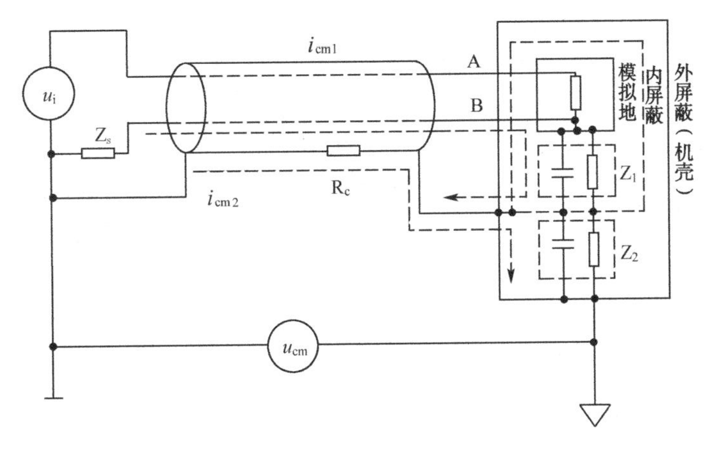

图 6.19　浮地输入双层屏蔽放大器

4. 利用线性光电耦合器隔离模拟信号

利用线性光电耦合器隔离模拟信号如图 6.20 所示。为了使信号落在线性光电耦合器的线性区内，并且即使信号落在线性区内，也存在非线性失真，需要进行非线性校正。

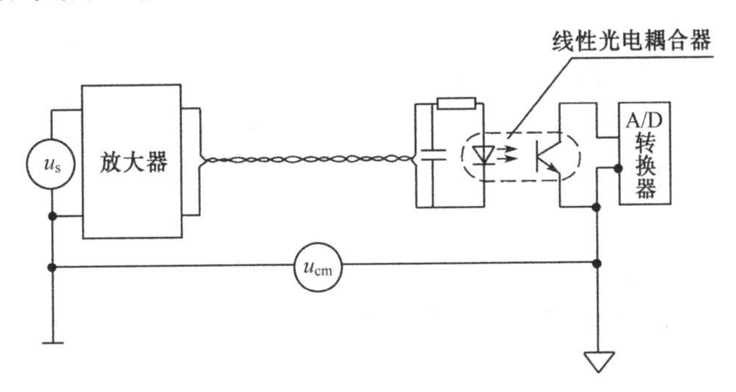

图 6.20　利用线性光电耦合器隔离模拟信号

5. 脉冲信号、数字量、开关量信号采用光电隔离

数字量光电隔离如图 6.21 所示。在图 6.21 中，A/D 转换器输出的数字量通过光电耦合器施加到单片机的 I/O 接口上，使主机和输入通道实现隔离；同样，单片机输出的数字量通过光电耦合器施加到 D/A 转换器的数字量输入端，使主机和输出通道实现隔离，这样就组成了全浮空系统。光电耦合器的输入阻抗（100Ω～1kΩ）很低，而干扰源的内阻（10^2～10^3kΩ）一般很大，按分压原理计算，能够馈送到光电耦合器的输入端的干扰噪声必然很小，只能形成很小的电流。光电耦合器的感光二极管有一定的电流阈，即使干扰电压的幅值很高也会被抑制。另外，光电耦合器的输入、输出间寄生电容（0.5～2pF）很小，绝缘电阻（10^8～10^{10}kΩ）又很大，因此输出系统内部的各种干扰很难通过光电耦合器反馈到输入系统中。光电耦合器还能消除地线环绕，因此它具有很高的抗干扰能力。

6. 使用 V/F 转换器减少光电耦合器的数量

使用 V/F 转换器的光电隔离技术如图 6.22 所示。当使用 V/F 转换器把模拟信号转换成频率信号后，使用一个光电耦合器就可以实现输入通道的隔离，与如图 6.21 所示的隔离方法相比，可以简化电路，节省大量光电耦合器，降低系统成本。

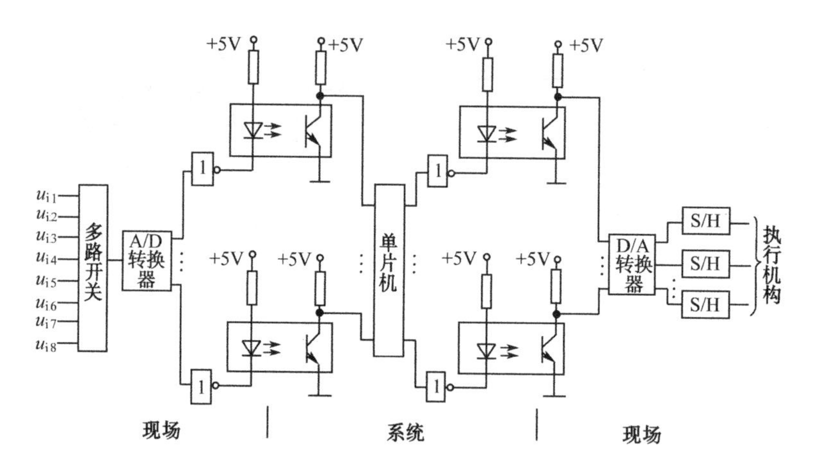

图 6.21　数字量光电隔离

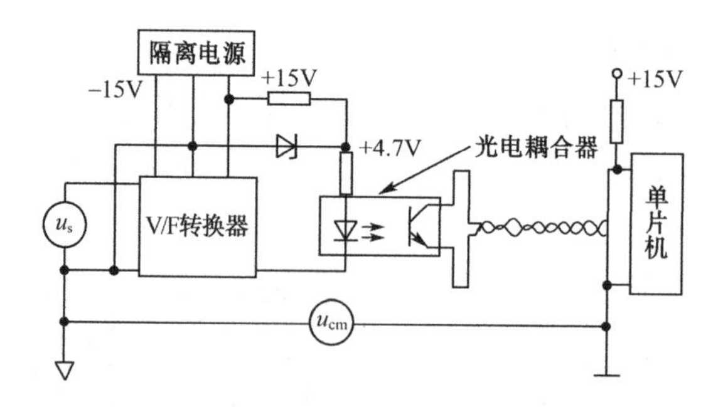

图 6.22　使用 V/F 转换器的光电隔离技术

6.3.4　输入/输出传输线的抗干扰措施

1. 采用电流传送

干扰信号主要是通过输入传输线侵入计算机测控系统的，尤其是当变送器远离微处理器时，长距离的传输线十分容易受到干扰。这些干扰包括共模干扰和电磁感应干扰，在多对数的电缆中还会相互干扰。采用电流传送信号，负载串联在变送器内部的电路中，在传输线上形成一个来回，电磁场相互抵消，共模电压和电磁感应电压很难产生，可以大大提高信息在传送中的信噪比。

2. 采用双绞线传送

在双绞线的每一个小环路上感应电势会互相抵消，可以使干扰抑制比达到几十分贝。表 6.1 所示是不同节距的双绞线对串模干扰的抑制效果。

表 6.1　不同节距的双绞线对串模干扰的抑制效果

节　距	干扰衰减比	屏蔽效果（dB）
100	14∶1	23
75	71∶1	37
50	121∶1	41
25	141∶1	43
并行线	1∶1	0

3．采用屏蔽信号线

精度要求高、干扰严重的场合应当采用屏蔽信号线。表 6.2 列举了常用的屏蔽信号线及对干扰的抑制效果。

有屏蔽层的塑料电缆（电话电缆）是按抗干扰原理设计的，几十对信号在同一电缆中也不会产生干扰。屏蔽双绞线与电缆相比性能稍差，但波阻抗高、体积小、可绕性好、装配焊接方便，特别适用于互补信号的传输。双绞线之间的串扰也较小，是高速实时系统常用的传输介质。

表 6.2　常用的屏蔽信号线及对干扰的抑制效果

屏 蔽 结 构	干扰衰减比	屏蔽效果（dB）	备　　注
铜网（密度 85%）	103：1	40.3	电缆可绕性好，适合近距离使用
铜带叠卷（密度 90%）	376：1	51.5	带焊药；易接地；通用性好；为了便于接地，应使用电缆沟
铝聚酯树脂带叠卷	6610：1	76.4	

4．利用光导纤维克服电磁干扰的影响

对周围电磁干扰比较大的系统可以利用光导纤维进行传送。光导纤维传输系统如图 6.23 所示。用光导纤维传输数字脉冲，传输过程可以不受任何形式的电磁干扰的影响，而且光导纤维具有很高的绝缘强度，传输损失极小。

5．长线传输干扰的抑制

在计算机测控系统中，1m 左右的传输线就算长线了。长线传输除了受外界干扰影响和引起信号延迟，还可能产生波反射。如果传输线的终端阻抗和传输线的波阻抗不匹配，入射波到达终端时会引起反射；如果传输线的始端阻抗和传输线的波阻抗不匹配，反射波到达始端时又会引起新的反射。如此反复，会在信号中引入许多干扰。

（1）波阻抗的测量。为了进行阻抗匹配，必须事先知道传输线的波阻抗。波阻抗的测量如图 6.24 所示。调节可变电阻 R，并用示波器观察门 A 的波形，当达到完全匹配，即 $R=R_P$ 时，门 A 输出的波形不畸变，反射波完全消失，这时 R 的值就是该传输线的波阻抗。

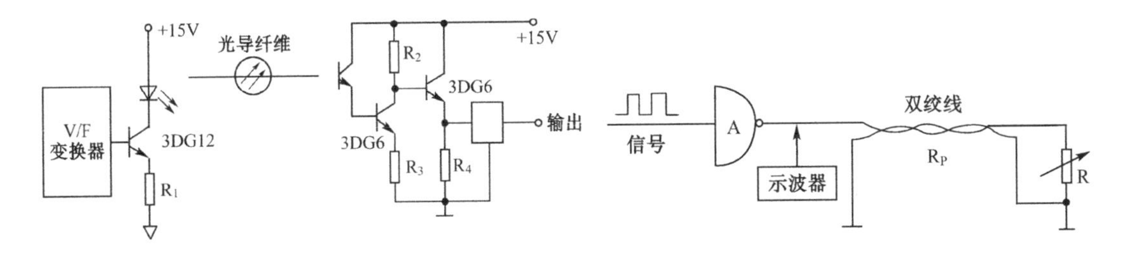

图 6.23　光导纤维传输系统　　　　图 6.24　波阻抗的测量

为了避免外界干扰的影响，计算机测控系统常常采用双绞线和同轴电缆作信号线。双绞线的波阻抗一般为 100～200Ω，绞花越密，波阻抗越低。同轴电缆的波阻抗在 50～100Ω范围内。根据传输线的基本理论，无损耗导线的波阻抗 R_P 为

$$R_P=\sqrt{\frac{L_0}{C_0}} \tag{6-1}$$

式中，L_0——单位长度的电感（H）；

C_0——单位长度的电容（F）。

（2）终端匹配。终端匹配方法如图 6.25 所示。如果传输线的波阻抗是 R_P，那么当 $R=R_P$ 时，实现了终端匹配，消除了波反射。此时终端波形和始端波形的形状一致，只是时间上滞后。由于终端电阻降低，加大了负载，因此波形的高电平下降，从而降低了高电平的抗干扰能力，但对波形的低电平没有影响。

为了克服上述匹配方法的缺点，可采用如图 6.26 所示的改进的终端匹配方法，其等效电阻 R 为

$$R=\frac{R_1R_2}{R_1+R_2} \tag{6-2}$$

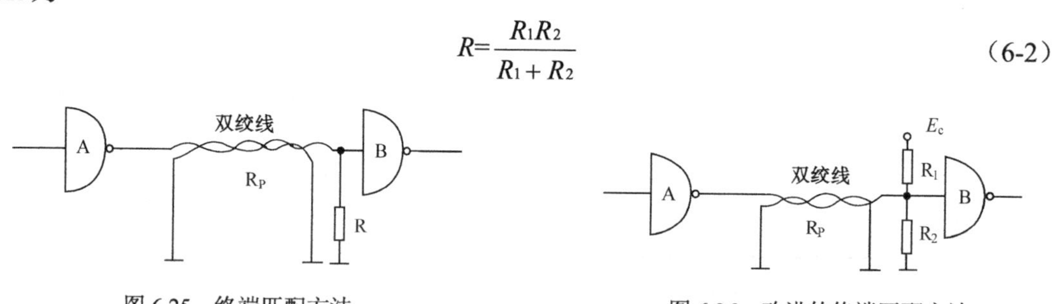

图 6.25　终端匹配方法　　图 6.26　改进的终端匹配方法

适当调整 R_1 和 R_2 的阻值，可使 $R=R_P$，这种匹配方法能消除波反射，其优点是波形的高电平下降较少；其缺点是低电平抬高，从而降低了低电平的抗干扰能力。为了同时兼顾高电平和低电平两种情况，可选取 $R_1=R_2=2R_P$，此时等效电阻 $R=R_P$。在实践中可使高电平降低的程度稍大，而使低电平抬高的程度稍小，通过适当选取电阻 R_1 和 R_2，并使 $R_1>R_2$ 来达到目的，当然还要保证等效电阻 $R=R_P$。

（3）始端匹配。在传输线始端串联电阻 R，能消除波反射，达到改善波形的目的。始端匹配方法如图 6.27 所示。一般选择始端匹配电阻 R 的阻值为

$$R=R_P-R_{sc} \tag{6-3}$$

式中，R_{sc}——门 A 输出低电平时的输出阻抗。

始端匹配方法的优点是波形的高电平不变，其缺点是波形的低电平抬高，这是由终端门 B 的输入电流 I_{sr} 在始端匹配电阻 R 上的压降造成的。显然，终端所带负载门的个数越多，则低电平抬高得越显著。

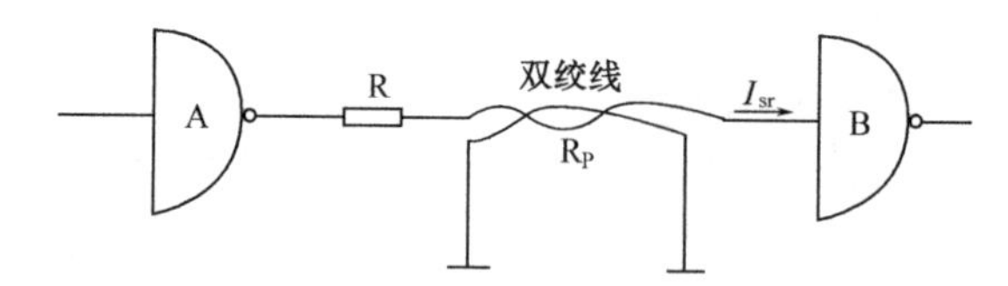

图 6.27　始端匹配方法

6．信号线的敷设

选择了合适的信号线，还必须合理地进行敷设；否则，不仅达不到抗干扰的效果，还会引进干扰。信号线的敷设要注意以下事项。

（1）要绝对避免信号线与电源线合用同一股电缆。

（2）屏蔽信号线的屏蔽层要一端接地，避免多点接地。

（3）信号线的敷设要尽量远离干扰源，如避免敷设在大容量变压器、电动机等电器设备的近旁。如果有条件，将信号线单独穿管配线，在电缆沟内从上到下依次架设信号电缆、直流电源电缆、交流低压电缆、交流高压电缆。表 6.3 列出了信号线和交流电力线的最小间距，

供布线时参考。

表 6.3　信号线和交流电力线的最小间距

电力线容量		信号线和交流电力线的最小间距（cm）
电压（V）	电流（A）	
125	10	12
250	50	18
440	200	24
5000	800	≥48

（4）信号电缆与电源电缆必须分开，并尽量避免平行敷设。信号线的敷设如图 6.28 所示。如果现场条件有限，信号电缆与电源电缆不得不敷设在一起时，则应满足以下条件。

① 电缆沟内要设置隔板，且隔板与大地连接，如图 6.28（a）所示。

② 当电缆沟内用电缆架或在沟底自由敷设时，信号电缆与电源电缆的间距一般应在 15cm 以上，如图 6.28（b）、图 6.28（c）所示。如果电源电缆无屏蔽，交流电压为 220V，电流为 10A，则两者的间距应在 60cm 以上。

③ 电源电缆使用屏蔽罩，如图 6.28（d）所示。

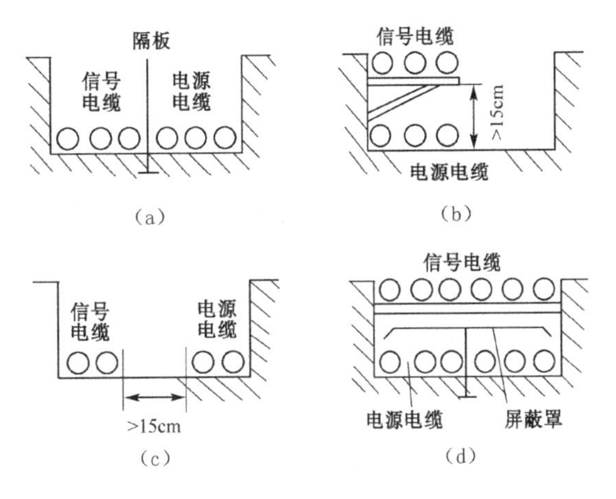

图 6.28　信号线的敷设

6.3.5　静电和电磁的抗干扰措施

在静电场中，导体表面的不同部分会感应出不同的电荷，或者导体上原有的电荷经感应重新分配。人体或处于浮动状态的设备都可能产生静电，所积累的电压可能会很高，从而干扰微处理器工作。接地是消除静电干扰最简单、最基本的方法之一。设备或机器的外壳应接到屏蔽地上，接地电阻越小越好，接地线不能太细。机房装修时，不要用绝缘材料做墙壁和天花板，因为空调机排出的气流和绝缘好的墙壁摩擦时，容易引起静电积累，时间一长会使机房内形成高压静电。为了减少人体静电电容的干扰，机房地板最好用木板，而且工作人员应穿鞋底较厚的鞋子。机房内还应保持一定的湿度，以减少静电积累。由于人体可能带有静电，不要用手直接触摸集成芯片和印制线路板。

为了防止电磁干扰，凡对系统构成干扰源的设备或部件都应尽可能地屏蔽起来。当系统中的检测端附近有强干扰源时，为了避免电磁感应，应将检测端的外围屏蔽起来。当常态干扰主要来自电磁感应时，对被测信号应尽早进行前置放大，尽早完成 A/D 转换，或者进行隔离和屏蔽。

6.3.6　软件的抗干扰措施

1. 程序“跑飞”或“死机”的抗干扰措施

干扰严重时，程序有可能不能正常运行，跑到未指定的地方执行，这就是通常所说的程序“跑飞”或“死机”。一般可用如下几种方法防止程序“跑飞”或“死机”。

（1）指令冗余。程序“跑飞”以后，往往将一些操作数当作指令码执行，引起整个程序混乱。所谓指令冗余，是指在一些关键的地方人为地插入一些单字节的空操作指令 NOP。当程序“跑飞”到某条 NOP 指令上时，就不会发生将操作数当作指令码执行的错误，而是在连续执行几个空操作后，继续执行后面的程序，使程序恢复正常运行。

（2）设置“软件陷阱”。采用指令冗余使“跑飞”程序恢复正常运行是有条件的：首先“跑飞”程序必须落到程序区；其次必须执行所设置的冗余指令。如果“跑飞”程序落到非程序区（如 EPROM 中未使用的空间或某些数据表格等），那么冗余指令就无能为力了，更完善的方法是设置“软件陷阱”。所谓“软件陷阱”，是指一条引导指令将掉到“陷阱”中的程序强行引向一个处理错误的程序。假设该错误处理程序的入口地址为 ERR，则下面三条指令就组成了一个“软件陷阱”。

```
NOP
NOP
LJMP        ERR
```

除了在程序的关键部位设置“软件陷阱”，在未使用的中断向量区和 EPROM 空间都应设置“软件陷阱”，在表格的最后也应设置“软件陷阱”。在 EPROM 允许的条件下，“软件陷阱”多设置一些为好。

当“跑飞”程序落到一个临时构成的死循环中时，冗余指令和“软件陷阱”都将无能为力，只能依靠程序运行监视器解决。

（3）利用程序运行监视器使 CPU 复位。使“跑飞”程序恢复正常运行的较简单有效的方法是使 CPU 复位。现在通常利用程序运行监视器实现 CPU 的自动复位。

① 程序运行监视器的原理。程序运行监视器俗称看门狗（watchdog）。图 6.29 所示是利用单稳触发器构成的程序运行监视器。图 6.29 中 CC4098 是单稳触发器，它的 Q 端与 8031 单片机的复位端 RESET 相连接。其基本工作原理是：程序每隔一定时间 Δt 发出 CLR P1.3 和 SETB P1.3 命令，因此在 P1.3 端输出一个频率为 f 的脉冲序列，使单稳触发器的 Q 端输出总是为 0。Δt 时间的长短可根据程序运行要求而定。一旦程序受干扰进入死循环或“跑飞”，P1.3 端的脉冲就不再出现，单稳触发器 CC4098 的 Q 端将输出正脉冲，从而形成单片机 RESET 端的复位信号，强迫系统复位。

② 利用集成电路微处理器监控电路实现程序运行监控和掉电保护。现在已经有许多集成电路微处理器监控电路可供选择，它们有很多种类和规格，有的除了看门狗功能，还具备下列功能。

- 上电复位；
- 监控电压变化，范围为 1.6～5V；
- 片使能 $\overline{\text{WDO}}$；
- 备用电源切换开关。

图 6.30 所示是利用 MAX815 组成的 watchdog 和电源监控电路。在该电路中，用微处理器的 I/O LINE 控制 watchdog 的输入端 WDI，即当微处理器正常运行时，软件不断地通过该 I/O LINE 向 WDI 发脉冲，因此 $\overline{\text{WDO}}$ 输出始终保持高电平。一旦微处理器工作不正常，如发生程序“跑飞”或“死机”，软件就不能再像正常时那样定期地向 WDI 发脉冲。当 WDI 没有脉冲输入的时间间隔超过 watchdog 的时钟脉冲宽度 t_{wp} 时，$\overline{\text{WDO}}$ 输出将变成低电平，此低电平会使微处理器产生一个 NMI（非屏蔽中断）。在 NMI 的中断服务程序中，对系统进行适当的处理，

如停机或复位，或者把$\overline{\text{WDO}}$接到$\overline{\text{MR}}$（手动复位）端，直接产生一个复位信号，使系统重新工作。

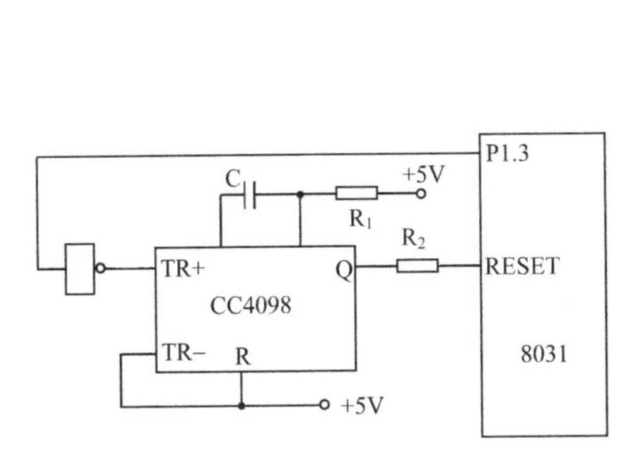

图 6.29 利用单稳触发器构成的程序运行监视器

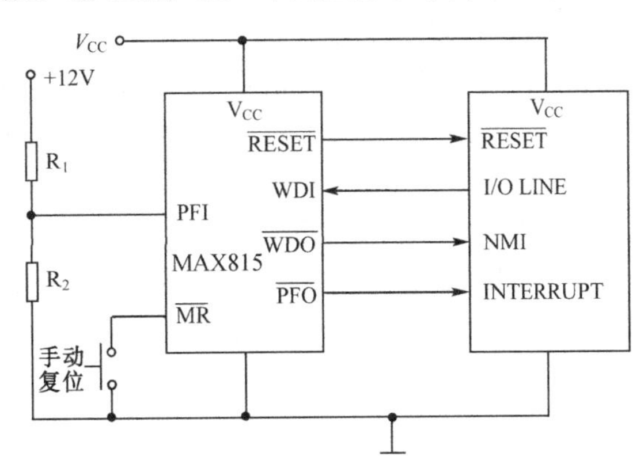

图 6.30 利用 MAX815 组成的 watchdog 和电源监控电路

MAX815 的 PFI 端是监视电源电压的。当 PFI 端的输入电压下降到低于规定的复位阈值时，MAX815 会产生一个 RESET 信号，引起微处理器复位。这时，MAX815 的$\overline{\text{PFO}}$有效，所以也可以把$\overline{\text{PFO}}$接到微处理器的中断输入端引起微处理器中断，在中断处理服务程序中进行一些必要的处理，从而实现对电源电压的监视。在图 6.30 中，+12V 电源电压经分压后接到 PFI 端，所以 MAX815 的 PFI 端对+12V 电源电压进行监视。复位阈值是在出厂时设定的，如 MAX815 出厂时的最低复位阈值设定为 4.75V，有些产品的复位阈值可由用户通过改变外接电阻加以调整。

图 6.31 所示是由 MAX793 组成的防止程序“跑飞”和掉电保护的电路。

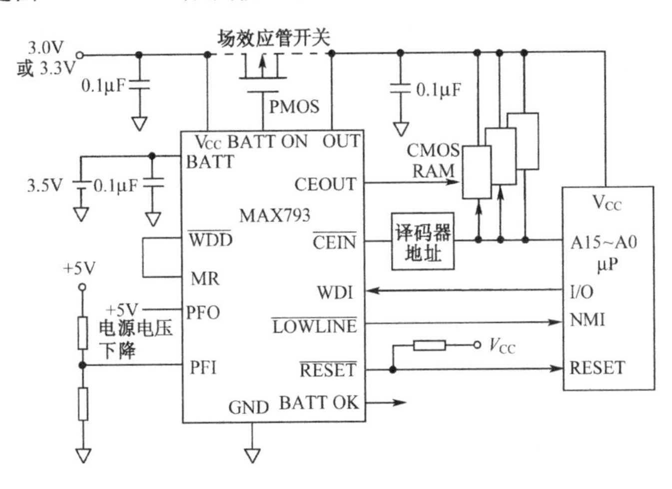

图 6.31 由 MAX793 组成的防止程序“跑飞”和掉电保护电路

在图 6.31 中，引脚 BATT 接备用电池，引脚 BATT ON 外接一个 PMOS 场效应管开关，引脚 OUT 用来给 RAM 供电。当 V_{CC} 高于复位阈值或备用电池电压时，MAX793 使 BATT ON 变低电平，引脚 OUT 通过场效应管开关与引脚 Vcc 相连接，由 V_{CC} 供电；当 V_{CC} 下降到低于 V_{SW} 和 V_{BATT} 时，MAX793 使 BATT ON 变高电平，引脚 OUT 和引脚 BATT 相连接，由备用电池给 RAM 供电。

2．开关量信号软件的抗干扰措施

（1）开关量输入信号软件的抗干扰措施。开关量输入信号主要来自各种开关型状态传感器，如操作按钮、电气触点、限位开关等，这些信号不能使用前面介绍的数字滤波法除去干扰。干扰信号多呈毛刺状，而且作用时间短，而开关量输入信号的作用时间长得多。根据这一特点，在采样某一开关量信号时，可多次重复采样，直到连续两次或两次以上采样结果完全一致则有效。如果多次采样后，信号始终变化不定，则说明干扰严重，应该停止采样，并且发出报警信号。

（2）开关量输出信号软件的抗干扰措施。为了防止受开关量输出信号控制的输出设备受干扰产生错误动作，有效的方法是不断重复输出开关量输出信号，并且在一定条件下，输出的重复周期越短越好。外接设备接收一个错误的信息后，还来不及做出有效的反应，下一个正确的输出信息又到来了，这样就可以及时防止错误动作发生，克服干扰的影响。

本章小结

计算机测控系统一般在现场工作，测控现场环境比较恶劣，存在各种各样的干扰，如果计算机测控系统没有足够的抗干扰能力，即使总体设计、各个部件的设计及软件设计都很合理，也未必能够很好地工作。另外，干扰千奇百怪，任何两个系统的干扰几乎是完全不同的；即使是同一种干扰现象，对不同的系统产生的影响也不可能相同。因此，抗干扰设计时必须根据具体系统所受到的具体干扰情况提出对应的措施。在设计过程中虽然需要理论的指导，但是更主要的是靠经验的积累。

本章首先分析了干扰的类型，介绍了干扰的传播途径，提出了抗干扰的基本原则，然后针对不同的干扰介绍了常用的各种抗干扰技术。建议读者在今后的工作和学习中注意进一步积累抗干扰的经验，只有这样，才能够随机应变，把干扰衰减到允许的范围内，使系统正常工作。

练　习　6

1. 根据干扰作用的方式，干扰可以分成哪两类？它们是根据什么原则划分的？
2. 根据干扰源，干扰可以分成哪两类？
3. 试列举常见的内部干扰、外部干扰、共模干扰和串模干扰。
4. 干扰是如何窜入计算机测控系统中的？
5. 抗干扰的基本原则是什么？
6. 如何抑制电源系统的干扰？
7. 如何抑制接地系统的干扰？
8. 如何抑制 I/O 接口的干扰？
9. 如何抑制输入/输出传输线引起的干扰？
10. 如何抑制静电和电磁干扰？
11. 哪些干扰可以用软件方法加以抑制？
12. 在 6.3 节中介绍的各种抗干扰技术，哪些是抑制共模干扰的？哪些是抑制串模干扰的？

第7章 数字PID控制

PID是Proportional（比例）+Integral（积分）+Derivative（微分）的首字母缩写。PID控制是连续控制系统中技术最成熟、应用最广泛的控制方式之一。相当多的被控对象都利用PID控制，并且得到了令人满意的结果。计算机进入控制领域以后，虽然相继出现了一批复杂的、只有计算机才能实现的控制算法，但是计算机控制系统主要实现PID控制。

用计算机实现PID控制，不只是简单地把PID控制规律数字化，而是进一步与计算机的强大的运算能力、存储能力和逻辑判断能力结合起来，使PID控制更加灵活多样，PID算法修改得更加合理，参数的确定和修改更加方便，更能够满足控制系统提出的各种各样的要求。除了实现控制任务，计算机还能实现数据处理、显示、打印、报警等其他功能，减轻了操作人员的劳动强度，提高了生产效率。

7.1 数字PID控制算法

7.1.1 连续控制系统的PID控制规律

在连续控制系统中，比例控制、积分控制、微分控制和PID控制是四种基本的控制规律。

1．比例控制（Proportional Action）

比例控制是一种非常直观的控制规律。在一定的界限内，控制作用的变化量与偏差的大小成正比，即

$$\Delta u=u-u_0=K_e e(t) \tag{7-1}$$

式中，u ——控制器的输出；

u_0 ——偏差为零时 u 的初值；

$e(t)$ ——偏差；

K_e ——比例增益。

2．积分控制（Integral Action）

所谓积分控制，是指控制作用的变化量与偏差对时间的积分成正比，即

$$\Delta u=u-u_0=K_i\int_0^t e(t)\mathrm{d}t \tag{7-2}$$

式中，u、u_0、$e(t)$的意义同前；

K_i——积分常数。

积分控制的作用是，只要系统存在误差，积分控制就会不断地积累，并输出控制量，以消除误差。因此，只要有足够的时间，积分控制就能完全消除误差。但是积分控制作用太强会使系统超调量增大，甚至使系统出现振荡。积分控制虽然可以单独使用，但事实上与比例控制结合或再加上微分控制的应用更多，这就是 PI 控制或 PID 控制。

3．微分控制（Derivative Action）

所谓微分控制，是指控制作用的变化量与偏差的变化速度（偏差对时间的导数）成正比。

$$\Delta u=u-u_0=K_d\frac{\mathrm{d}e(t)}{\mathrm{d}t} \tag{7-3}$$

式中，u、u_0、$e(t)$的意义同前；

K_d——微分常数。

微分控制的作用是，依据偏差的变化趋势动作，与单纯依据偏差的本身数值进行控制相比，其在时间和相位上更超前。微分控制可以减少超调量，克服振荡，提高系统的稳定性，同时加快系统的动态响应速度，减少调整时间，改善系统的动态性能。但是偏差的变化一停止，微分作用就不复存在了，所以微分控制不能单独使用，通常与比例控制结合或再加上积分控制组成 PD 控制或 PID 控制。

4．PID 控制

所谓 PID 控制，是指 P+I+D 控制，所以相应的控制算式为

$$\begin{aligned}u&=K_e e(t)+K_i\int_0^t e(t)\mathrm{d}t+K_d\frac{\mathrm{d}e(t)}{\mathrm{d}t}+u_0\\&=K_p[e(t)+\frac{1}{T_i}\int_0^t e(t)\mathrm{d}t+T_d\frac{\mathrm{d}e(t)}{\mathrm{d}t}]+u_0\end{aligned} \tag{7-4}$$

式中，u、u_0、$e(t)$的意义同前；

K_p——比例增益，其倒数称为比例带，即$\varDelta=\frac{1}{K_p}$；

T_i——积分时间常数；

T_d——微分时间常数。

7.1.2 位置式 PID 算法

利用内接矩形法进行数值积分和一阶向后差分法进行数值微分，即做如下近似：

$$\int_0^t e(t)\mathrm{d}t=\sum_{j=0}^{k}Te(j) \tag{7-5}$$

$$\frac{\mathrm{d}e(t)}{\mathrm{d}t}=\frac{e(k)-e(k-1)}{T} \tag{7-6}$$

式中，T——采样周期；

k——采样序号。

将式（7-5）和式（7-6）代入式（7-4），可实现如式（7-4）所示的控制算式的数字化，即

$$u_k=K_p[e_k+\frac{T}{T_i}\sum_{j=0}^{k}e_j+\frac{T_d}{T}(e_k-e_{k-1})]+u_0 \tag{7-7}$$

式中，u_k、e_k和 e_{k-1} 分别表示 $u(k)$、$e(k)$和 $e(k-1)$。

由式（7-7）所得到的控制量 u_k 表示第 k 时刻执行机构所应达到的位置，当执行机构是阀门时，相当于阀门的开度，所以式（7-7）称为位置式 PID 算式。

7.1.3 增量式 PID 算法

根据式（7-7）和 $u_{k-1}=K_p[e_{k-1}+\frac{T}{T_i}\sum_{j=0}^{k-1}e_j+\frac{T_d}{T}(e_{k-1}-e_{k-2})]+u_0$ 可得

$$
\begin{aligned}
\Delta u_k &= u_k-u_{k-1}\\
&=K_p[e_k-e_{k-1}+\frac{T}{T_i}e_k+\frac{T_d}{T}(e_k-2e_{k-1}+e_{k-2})]\\
&=K_p(e_k-e_{k-1})+K_ie_k+K_d(e_k-2e_{k-1}+e_{k-2})
\end{aligned}
\tag{7-8}
$$

式中，$K_i=K_p\frac{T}{T_i}$，称为积分系数；

$K_d=K_p\frac{T_d}{T}$，称为微分系数。

式（7-8）所计算出的结果反映了控制器第 k 次和第 k-1 次输出之间的增量，称为增量式 PID 算式。利用增量式 PID 算法控制执行机构，执行机构每次只增加或减少一个增量，因此执行机构起了累加的作用。在计算机测控系统中，通常采用步进电动机或多圈电位器作为执行机构完成这种作用。位置式 PID 算法和增量式 PID 算法的结构简图如图 7.1 所示。

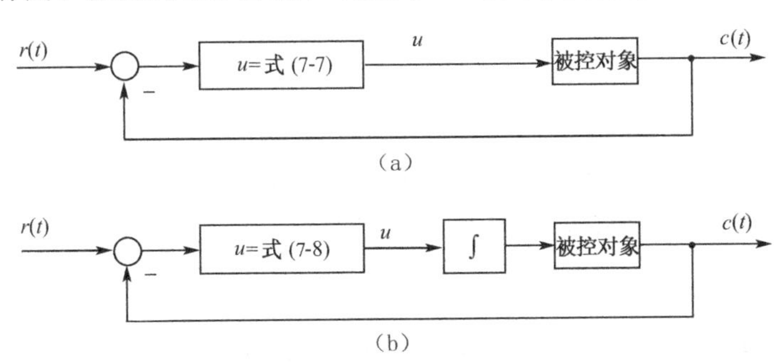

图 7.1 位置式 PID 算法和增量式 PID 算法的结构简图

对于整个闭环控制系统来说，位置式 PID 算法和增量式 PID 算法并无本质区别，只是将原来全部由计算机完成的工作，分出一部分交给其他部件完成。增量式 PID 算法只是在算法上进行了一点改变，却带来了很多优点。

（1）由于计算机输出增量，所以错误动作影响小，必要时可用逻辑判断去掉过大的增量。

（2）由于这种算法不进行累加，所以不会引起误差积累。

（3）使用位置式 PID 算法时，为了实现手动到自动的无扰动切换，必须使计算机的输出等于执行机构（如阀门）的原始位置，即 u_{k-1}，这将给程序设计带来困难。但是增量式 PID 算法只输出本次的增量，与执行机构的原始位置无关，因此增量式 PID 算法有利于实现由手动到自动的无扰动切换。

由于增量式 PID 算法有上述优点，在实际的计算机测控系统中，它比位置式 PID 算法应用得更广泛。式（7-8）可以进一步改写为

$$\Delta u_k=Ae_k-Be_{k-1}+Ce_{k-2} \tag{7-9}$$

式中，$A=K_p\left(1+\frac{T}{T_i}+\frac{T_d}{T}\right)$；

$B=K_p\left(1+2\frac{T_d}{T}\right)$；

$C=K_p\frac{T_d}{T}$。

于是，编程及计算可以得到进一步简化。

7.1.4 设计 PID 程序时应考虑的若干问题

在设计 PID 控制程序时，有一些具体问题需要斟酌。

1．采用定点运算还是浮点运算

浮点运算精度高，但是运算速度慢，程序占用的存储空间也大，因此在计算机测控系统中，大多采用定点运算。只有在 A/D 转换位数多、要求计算精度高的场合，才采用浮点运算。

2．采用补码运算还是原码运算

原码运算子程序简单，易于设计，但是运算结果的符号较难确定。补码运算速度快，并且没有符号问题，所以采用补码运算是值得的。

3．比例因子的配置

采用定点补码乘法时，要求乘数和被乘数都小于 1，否则会产生溢出，使计算出错，甚至使系统发生大幅度振荡。

为了防止溢出，可以将参加运算的物理量按一定的比例缩小，即乘以比例因子，然后在控制量输出前放大相应的倍数，从而恢复原系数的增益。

4．输出限幅

如果计算机的输出幅度大幅度变化，则不利于安全和系统稳定，因此对前后两次计算的增量应根据安全操作规定和运行经验加以限制。当Δu_k大于最大幅度Δu_{max}时，用Δu_{max}代替。

另外，当计算结果大于执行机构的极限时，即当位置算式的计算结果u_k大于执行机构的极限，或者当增量算式的结果Δu_k大于执行机构可调节的余量Δu时，也要限幅，即只能输出u_{max}或Δu，否则会损坏设备并降低控制品质。

5．积累整量化误差

在增量算式中，积分项是用K_ie_k计算的。在有些情况下，如采样周期T较小，而积分时间T_i又较大时，K_ie_k很可能小于计算机的最低有效位δ，因此被忽略而产生积分整量化误差。例如，当K_p=1，T=200ms，T_i=2min，e_k=0.01 时，$K_p\frac{T}{T_i}e_k=\frac{1}{60\ 000}$，若用$N$=15 位的数字量表示，计算机只能把它当作零对待，于是积分作用实际上不起作用。因此，当积分项$K_ie_k<\delta$时，采用累加的方法，用一个单元存放$K_i\sum_{j=0}^{k-1}e_j$，一直到累加和$K_i\sum_{j=0}^{k-1}e_j>\delta$为止。于是积分项可改写为

$$\Delta u_i = \begin{cases} K_i e_k & K_i e_k > \delta \\ K_i \sum_{j=0}^{k-1} e_j & K_i e_k < \delta \end{cases}$$

7.2 积分饱和及其抑制

7.2.1 积分饱和的原因及其影响

控制系统在开工、停工、大幅度提降设定值等情况下，系统输出会出现较大的偏差。这种较大的偏差不可能在短时间内消除，经过积分项积累后，可能会使控制量 $u(k)$ 很大，甚至超过由机械或物理性能决定的执行机构的极限。当负偏差的绝对值较大时，会出现 $u(k)< u_{min}$ 的另一种极端情况。显然，当 $u(k)>u_{max}$（或 $<u_{min}$）时，控制量并不能真正取得计算值，而只能取 u_{max}（或 u_{min}），所以控制作用必然不如应有的计算值理想，从而影响控制效果。下面以设定值突变为例进行说明。

假设设定值从 0 突变为 R^*。首先假设执行机构不存在极限，则当设定值的突变量为 R^* 时，会产生很大的偏差 e，从而使控制量很大，并且使输出量 c 上升较快。然而在一段时间内，由于 e 保持较大值，因此控制量 u 保持上升。只有当 e 减小到某个值后，u 才不再增加，并且开始下降。当 c 等于 R^* 时，由于控制量 u 很大，所以输出量继续上升，输出量出现超调，e 变负，于是积分项减少，因此 u 下降较快。当 c 下降到小于 R^* 时，偏差又变正，于是 u 又有所回升。之后，由于 c 趋向稳定，因此 u 趋向于 u_0。但是 u 是存在极限值 u_{max} 的，因此当设定值突变时，u 只能取 u_{max}。在 u_{max} 的作用下，系统输出将上升，但不如在计算值 u 作用下迅速，使 e 在较长时间内保持较大的正值，于是又使积分项有较大的积累值。当输出达到设定值后，控制作用使它继续上升。之后，e 变负，e 的累加和不断减小，由于前面积累得太多，只有经过相当长的时间 τ 后，才可能使 $u<u_{max}$，从而使系统回到正常的控制状态。可见，由于积分项的存在，引起了 PID 算法的“饱和”，因此这种“饱和”称为积分饱和。积分饱和增加了系统的调整时间和超调量，称为“饱和效应”，这对控制系统显然是不利的。PID 算法的积分饱和现象如图 7.2 所示。在图 7.2 中，曲线 a 是执行机构不存在极限时的输出响应 $c(t)$ 和控制作用 $u(t)$；曲线 b 是存在 u_{max} 时对应的曲线，$u(t)$ 的虚线部分是 u 的计算值。

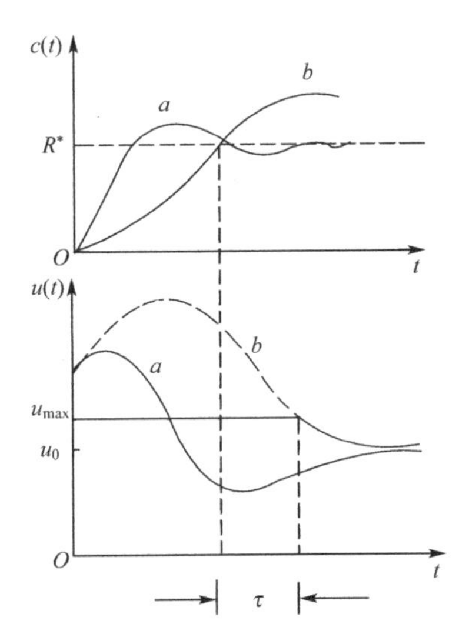

图 7.2　PID 算法的积分饱和现象

7.2.2 积分饱和的抑制

克服积分饱和的方法有很多种，下面我们介绍应用较多的三种方法。

1．积分分离法

将式（7-4）改为如下形式：

$$u_k=K_pe_k+K_lK_i\sum_{j=0}^{k}e_j+K_d(e_k-e_{k-1})+u_0 \tag{7-10}$$

式中

$$K_l=\begin{cases}1 & e_k\leqslant A\\0 & e_k>A\end{cases} \quad （A\text{为门限值}）$$

式（7-10）称为积分分离算式。积分分离法的控制思想是，当偏差大于某个规定的门限值时，删去积分作用，使 e 的累加和不至于过大；只有当 e 较小时，才引入积分作用，以消除静差。积分分离法的PID算法框图如图7.3所示。

引入积分分离法后，控制量不易进入饱和区，即使进入了，也能较快退出，所以系统的输出特性得到了改善。积分分离法克服积分饱和如图7.4所示。门限值的选取对克服积分饱和有重要影响，门限值应通过实验确定。

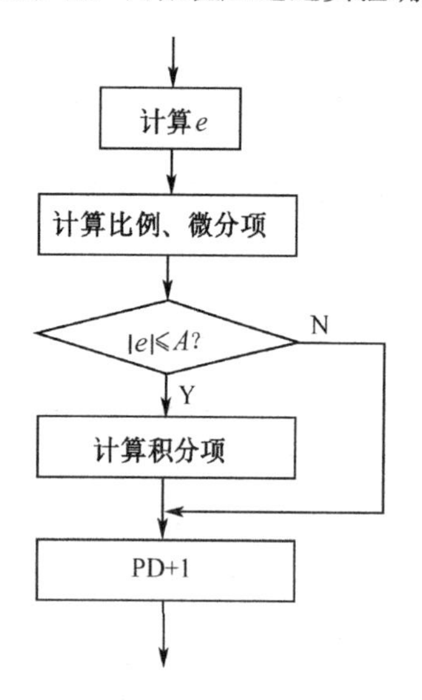

图7.3　积分分离法的PID算法框图

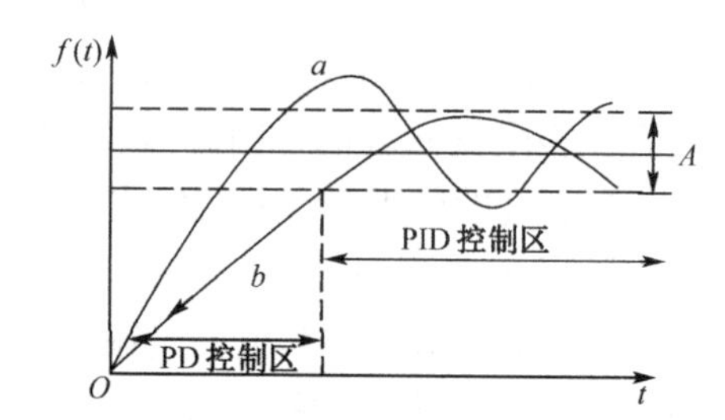

图7.4　积分分离法克服积分饱和

2．遇限削弱积分法

遇限削弱积分法的思想是，当控制量进入饱和区后，只执行削弱积分项的累加，不进行增大积分项的累加。因此，当计算 u_k 时，先判断 u_{k-1} 是否超过 u_{max} 或 u_{min}，若已超过 u_{max}，则只累加负偏差；若小于 u_{min}，则只累加正偏差。遇限削弱积分法的PID算法框图如图7.5所示，这种方法也可以避免控制量长时间停留在饱和区。

与位置式PID算法相比，增量式PID算法没有累加和式，因此不会由积分项引起饱和。但是在增量式PID算法中，当设定值突变时，比例及微分项的计算值可能引起控制量超过极限值的饱和情况，从而减慢系统的动态过程。对于增量式PID算法的饱和作用的抑制方法，请读者参阅相关书籍了解。

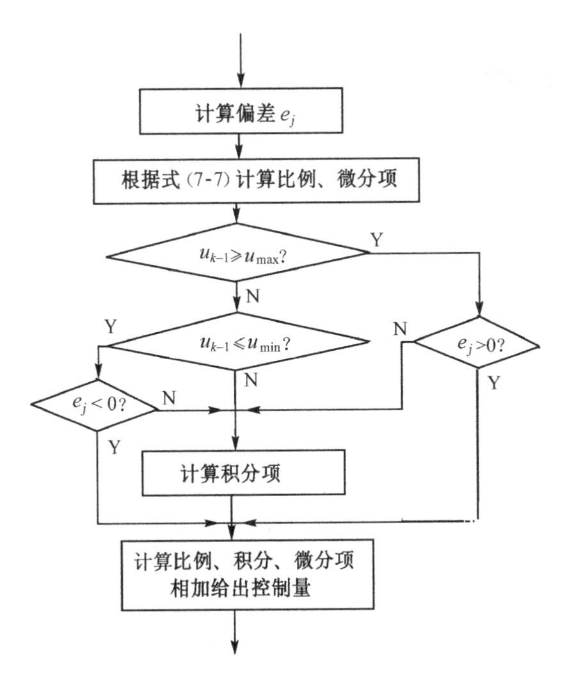

图 7.5　遇限削弱积分法的 PID 算法框图

3．变速积分 PID 算法

积分分离法的思想是，当偏差过大时，去掉积分作用；而当偏差较小时，加入积分作用。变速积分 PID 算法的思想比积分分离法的思想更合理。它的做法是，根据偏差的大小，改变积分项的累加速度。当偏差大时，减慢积分累加速度，削弱积分作用，甚至完全取消积分作用；反之，当偏差小时，增加积分累加速度，加强积分作用。因此，设置一系数 $f(e_k)$，它是 e_k 的函数，当 $|e_k|$ 增大时，$f(e_k)$ 减小；反之则增大。每次采样后，先根据 e_k 的大小求得 $f(e_k)$，然后乘以 e_k，并加到累加和中，即

$$u_{ik}=u_{ik-1}+f(e_k)e_k \tag{7-11}$$

$f(e_k)$ 与 e_k 的关系可以是线性或高阶的，如可设为

$$f(e_k)=\begin{cases}1 & |e_k| \leqslant B \\ \dfrac{A-|e_k|+B}{A} & B<|e_k| \leqslant (A+B) \\ 0 & |e_k|>(A+B)\end{cases} \tag{7-12}$$

当 $|e_k| \leqslant B$ 时，进行一般的 PID 控制；当 $|e_k|>(A+B)$ 时，积分分离，只进行 PD 控制；当 $B<|e_k| \leqslant (A+B)$ 时，$f(e_k)$ 在 0～1 的区间内变化，$|e_k|$ 越接近 B，$f(e_k)$ 越接近 1，累加速度就越快。

变速积分 PID 算法和普通积分 PID 算法相比具有下列优点。

（1）实现了用比例作用消除大偏差，用积分作用消除小偏差的理想调节特性，从而完全消除了积分饱和现象。

（2）超调量大大减小，可以很容易地使系统稳定，改善了调节品质。

（3）系统适应能力强，当常规 PID 控制达不到理想效果时，可以考虑采用这种方法。

（4）参数确定容易，各参数间的相互影响小，对 A、B 两参数的要求不严格。

7.3 数字 PID 控制算法的改进

7.3.1 对微分项的改进

对于干扰，除了采用抗干扰措施进行硬件、软件滤波，还可以对 PID 算法进行改进，进一步克服干扰的影响。在 PID 算法中，差分项（特别是二阶差分项）对数据误差和干扰特别敏感，因此在数字 PID 控制中，干扰主要是通过微分项起作用的。但是由于微分作用的重要性，我们不能因噎废食，去掉微分项。通常采用四点中心差分法或采用实际微分的 PID 算式对微分项进行改进，降低其对干扰的敏感程度。

1．四点中心差分法

在四点中心差分法中，一方面，T_d/T 的取值略小于理想情况的值；另一方面，在组成差分时，不直接引用现时偏差 e_k，而是用过去四个时刻的偏差平均值作基准，即

$$\overline{e}_k=\frac{1}{4}(e_k+e_{k-1}+e_{k-2}+e_{k-3})$$

通过加权平均和构成近似微分项，即

$$\begin{aligned}\frac{T_d\Delta\overline{e}_k}{T}&=\frac{T_d}{4T}\left(\frac{e_k-\overline{e}_k}{1.5}+\frac{e_{k-1}-\overline{e}_k}{0.5}-\frac{e_{k-2}-\overline{e}_k}{0.5}-\frac{e_{k-3}-\overline{e}_k}{1.5}\right)\\&=\frac{T_d}{6T}(e_k+3e_{k-1}-3e_{k-2}-e_{k-3}) \qquad (7\text{-}13)\\&=a_0e_k+a_1e_{k-1}-a_2e_{k-2}-a_3e_{k-3} \qquad (7\text{-}14)\end{aligned}$$

式中，$a_0=a_3=\frac{T_d}{6T}$；

$a_1=a_2=\frac{T_d}{2T}$。

将式（7-14）代替式（7-7）中的微分项，就得到修正后的位置式 PID 算式：

$$u_k=K_p(e_k+\frac{T}{T_i}\sum_{j=0}^{k}e_j+a_0e_k+a_1e_{k-1}-a_2e_{k-2}-a_3e_{k-3})+u_0 \qquad (7\text{-}15)$$

增量式 PID 算式的改进形式可用式（7-13）中相应的式子代替式（7-8）中的差分项及二阶差分项，得

$$\Delta u_k=K_p[(\frac{1}{6}(e_k+3e_{k-1}-3e_{k-2}-e_{k-3})+\frac{T}{T_i}e_k+\frac{T_d}{6T}(e_k+2e_{k-1}-6e_{k-2}+2e_{k-3}+e_{k-4})] \qquad (7\text{-}16)$$

2．实际微分法

实际微分法的思想是仿照模拟调节器的实际微分调节器，用来克服理想微分的缺点。实际微分法的 PID 算式可以分成比例积分和微分两部分，即

$$U(s)=U_{pi}(s)+U_d(s)$$

其中比例积分部分与一般的 PID 算式相同，即

$$u_{pi}(k)=K_p\left(e_k+\frac{T}{T_i}\sum_{j=0}^{k}e_j\right) \qquad (7\text{-}17)$$

微分部分采用式（7-18）表示的微分方程如下：

$$\frac{T_d}{K_d}\frac{du_d}{dt}+u_d=K_pT_d\frac{de}{dt} \tag{7-18}$$

用一阶向后差分近似代替微分，则有

$$\frac{T_d}{K_d}\frac{u_{dk}-u_{dk-1}}{T}+u_{dk}=K_pT_d\frac{e_k-e_{k-1}}{T}$$

整理得

$$u_{dk}=\frac{\frac{T_d}{K_d}}{\frac{T_d}{K_d}+T}u_{dk-1}+\frac{T_dK_p}{\frac{T_d}{K_d}+T}(e_k-e_{k-1})$$

令

$$T_s=\frac{T_d}{K_d}+T$$

$$a=\frac{\frac{T_d}{K_d}}{T_s}$$

则有

$$u_{dk}=au_{dk-1}+K_p\frac{T_d}{T_s}(e_k-e_{k-1}) \tag{7-19}$$

于是，实际微分法的 PID 算式为

$$u_k=K_p\left(e_k+\frac{T}{T_i}\sum_{j=0}^{k}e_j\right)+K_p\frac{T_d}{T_s}(e_k-e_{k-1})+au_{dk-1}+u_0 \tag{7-20}$$

式中，u_0是偏差为零时的控制作用。

由于

$$u_{k-1}=K_p\left(e_{k-1}+\frac{T}{T_i}\sum_{j=0}^{k-1}e_j\right)+K_p\frac{T_d}{T_s}(e_{k-1}-e_{k-2})+au_{dk-2}+u_0$$

所以实际微分法的增量式 PID 算式为

$$\Delta u_k=K_p(e_k-e_{k-1})+K_p\frac{T}{T_i}e_k+K_p\frac{T_d}{T_s}(e_k-2e_{k-1}+e_{k-2})+a(u_{dk-1}-u_{dk-2}) \tag{7-21}$$

图 7.6 所示是理想微分法的 PID 算式和实际微分法的 PID 算式的控制作用的比较。在 $e(t)$ 发生阶跃变化时，理想微分作用只在扰动发生的一个周期内起作用；而实际微分作用按指数规律衰减到零，可以延续几个周期。延续时间的长短与 K_d 的选取有关。K_d 大，延续时间短；K_d 小，延续时间长。K_d 一般取 10～30。

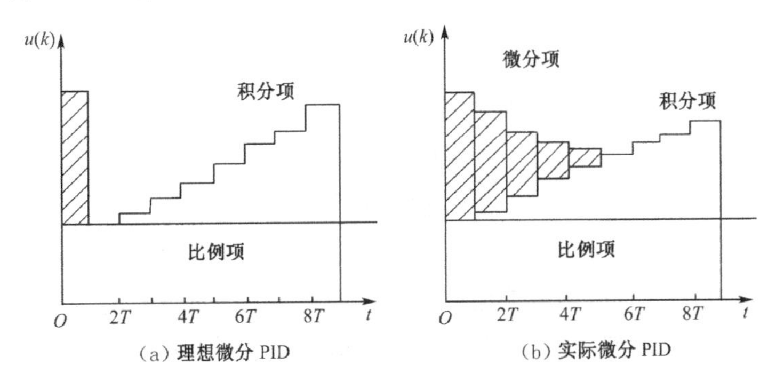

图 7.6　理想微分法的 PID 算式和实际微分法的 PID 算式的控制作用的比较

从改善系统动态性能的角度看，实际微分法的 PID 算式效果更好。因此，在控制质量要求较高的场合，常采用实际微分法的 PID 算式。但是，理想微分法的 PID 算式比较简单，系数设置方便，计算过程占用的内存也少，实际微分法的 PID 算式则相反。

7.3.2 带死区的 PID 控制算法

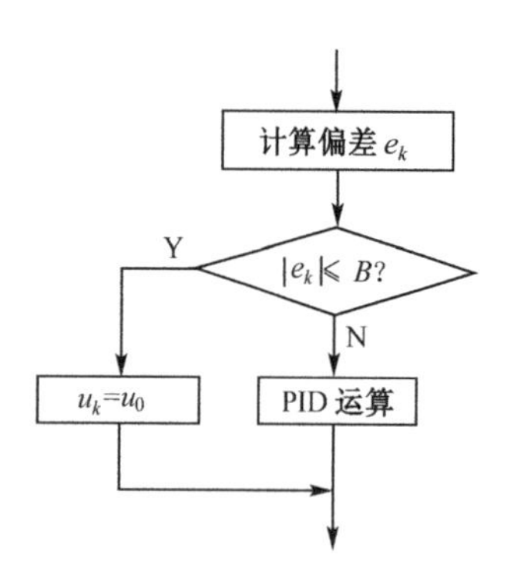

图 7.7 带死区的 PID 控制算法流程图

在控制精度要求不高，控制过程要求尽量平稳的场合，如化工厂中间容器的液面控制，为了避免控制动作过于频繁，消除由此引起的振荡，可以人为地设置一个不灵敏区 B，即采用带死区的 PID 控制。当$|e_k| \leqslant B$时，控制器输出为 u_0。只有当$|e_k|>B$时，才按 PID 算式计算控制量，即

$$u_k=\begin{cases}u_0 & |e_k| \leqslant B \\ u_k & |e_k|>B\end{cases} \tag{7-22}$$

带死区的 PID 控制算法流程图如图 7.7 所示。

死区 B 是一个可调参数。B 值太小，调节动作过于频繁，达不到稳定控制过程的目的；B 值太大，会产生很大的纯滞后，所以应根据实际情况而定。

7.3.3 给定值突变时的改进算法

给定值发生阶跃变化时，控制量会发生突跳，甚至引起积分饱和，所以需要考虑改进算法。

在式（7-8）中，微分项为

$$K_d(e_k-2e_{k-1}+e_{k-2})=K_d[(r_k-2r_{k-1}+r_{k-2})-(c_k-2c_{k-1}+c_{k-2})]$$

式中，第一项是给定值的变化，第二项是被控制量的变化。如果去掉第一项，就可以把给定值的突变对控制量的影响排除在外，对于给定值频繁变化的系统无疑是有效的。比例作用也可以进行同样的修正，于是增量式 PID 算式为

$$\Delta u_k=-K_p(c_k-c_{k-1})+K_ie_k-K_d(c_k-2c_{k-1}+c_{k-2}) \tag{7-23}$$

虽然给定值突变对积分项仍有影响，但由于积分项系数一般很小，因此影响有限。

7.3.4 砰砰-PID 复合控制算法

砰砰（Bang-Bang）控制是一种时间最优控制，又称为快速控制。砰砰-PID 复合控制根据偏差的大小，在砰砰控制和 PID 控制之间进行切换。

$$|e_k|\begin{cases}>Q & \text{砰砰控制} \\ \leqslant Q & \text{PID控制}\end{cases}$$

Bang-Bang 控制算法是很简单的。当$|e_k|>Q$时，控制量取与偏差同符号的最大值或最小值，因此当偏差较大时，可以使过渡过程加速。加速的程度与 Q 的选取有关。Q 取得小，Bang-Bang 控制范围大，过渡过程时间短，但超调量大；Q 取得大，情况就相反。

7.4 PID 调节器参数的确定与在线修改

生产过程大多数是定值系统，一般要求调节过程具有较大的衰减度，超调量要小一些，调整时间越短越好，没有静差，并且控制量不要太大。但是实际上难以同时满足上述诸方面的要求，因此以照顾主要矛盾为主且兼顾其他。在实践中发现，在很多情况下，若选择衰减度为 1/4（见图 7.8），则过渡过程能兼顾到其他要求，即稳定性和快速性都较好，在经过一个半波的振荡后，波动就已经很小了，当使用带积分形式的控制规律后，能消除静差，而且这样的过渡过程便于观察，所以称这样的过渡过程为典型最佳调节过程。

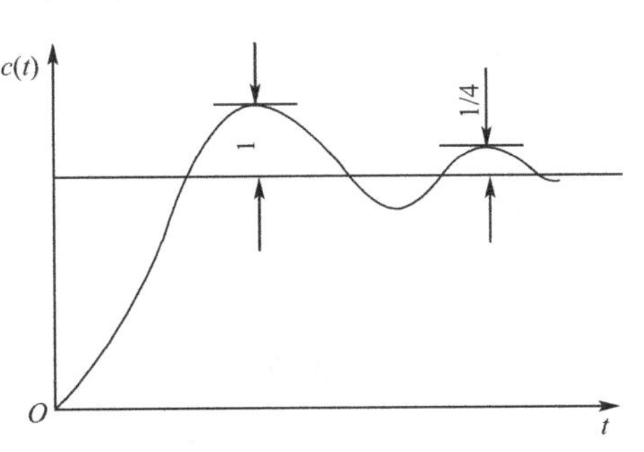

图 7.8　衰减度为 1/4 的过渡过程曲线

为了使系统达到最佳调节过程，要选择适当的控制规律并确定其参数。由于数字 PID 控制的采样周期比对象的时间常数小得多，所以是准连续 PID 控制，一般仍袭用连续 PID 调节器参数确定方法。用得最多的是对齐格勒-尼柯尔斯（Ziegler-Nichols）的临界比例度法的扩充，称为扩充临界比例度法。

7.4.1 扩充临界比例度法

扩充临界比例度法是对临界比例度法的扩充，用来确定数字 PID 算式中的 T、K_p、T_i 和 T_d，适用于有自衡能力的被控对象，并且不需要知道对象特性。具体步骤如下。

（1）选择一个足够短的采样周期 T_min。一般 T_min 应小于对象纯滞后时间 τ 的 1/10。

（2）将数字控制器选为纯比例控制，从小到大改变比例系数 K_p，直到系统的阶跃响应持续 4～5 次振荡为止，此时认为系统已达到临界振荡状态。这时的比例系数为临界比例系数 K_r，来回一次振荡，即从振荡的第一个顶点到第二个顶点的时间为临界振荡周期 T_r。

（3）选定控制度：

$$\text{控制度}=\frac{\int_0^\infty e^2\mathrm{d}t\text{（数字控制）}}{\int_0^\infty e^2\mathrm{d}t\text{（模拟控制）}}$$

所以，控制度以误差平方积作为评价函数，反映了数字控制的效果对模拟控制的效果的相当程度。通常当控制度为 1.05 时，数字控制的效果与模拟控制的效果相当。数字系统的误差平方积可通过计算获得，而模拟仪表的误差平方积可由记录仪的图形直接计算。

求出控制度后，向接近表 7.1 中的一个数值（1.05、1.2、1.5、2.0）圆整，作为选定的控制度。

（4）然后按表 7.1 所示的关系求出各个参数。

（5）使 PID 控制器按求得的参数运行，并观察控制效果。如果系统稳定性不够（表现为有振荡现象），可适当加大控制度，再重复步骤（4）和步骤（5），直到获得满意的控制效果。

表 7-1　扩充临界比例度法确定调节器参数

控制度	调节器类型	采样周期 T	K_p	TK_i	TK_d
1.05	PI	$0.03T_r$	$0.53K_r$	$0.88T_r$	—
	PID	$0.014T_r$	$0.63K_r$	$0.49T_r$	$0.14T_r$
1.2	PI	$0.05T_r$	$0.49K_r$	$0.91T_r$	—
	PID	$0.043T_r$	$0.47K_r$	$0.47T_r$	$0.16T_r$
1.5	PI	$0.14T_r$	$0.42K_r$	$0.99T_r$	—
	PID	$0.09T_r$	$0.34K_r$	$0.43T_r$	$0.2T_r$
2.0	PI	$0.22T_r$	$0.36K_r$	$1.05T_r$	—
	PID	$0.16T_r$	$0.27K_r$	$0.4T_r$	$0.22T_r$

7.4.2　PID 参数的在线修改

修改 PID 参数（如设定值、采样周期等）时，如果中止程序的运行，然后改变各参数存储单元的内容，不仅操作不便，还会给生产带来不良影响，因此最好在控制程序正常运行的过程中，在线修改各参数的数值。下面介绍一种简单的解决方法。

利用单片机的两个并行口 A、B，可实现对参数的增量的修改。A 口接一拨盘开关，拨盘开关的号码表示控制回路的编号；B 口接另一拨盘开关，其号码表示要修改的参数种类，其接线图如图 7.9 所示。A 口设为位控方式，PA6 接一钮子开关，其状态表示参数的增或减；PA7 接一按钮开关，称为修改申请按钮，按下时，引起中断。

用户修改参数时，首先在拨盘上设置回路号、参数号及增减方向，然后按下申请按钮。当 CPU 响应中断后，立即执行如图 7.10 所示的参数在线修改中断服务程序，从相应参数的存储单元中取出原值，加上或减去约定的增量，更新相应的存储单元，并经码制转换，显示修改后的值。如果连续按下修改申请按钮，则可连续改变参数的值。

图 7.9 和图 7.10 介绍的在线修改方法对硬件线路只做适当修改，就可以改变控制回路及参数个数。用这种方法也可以修改其他内存单元的值。

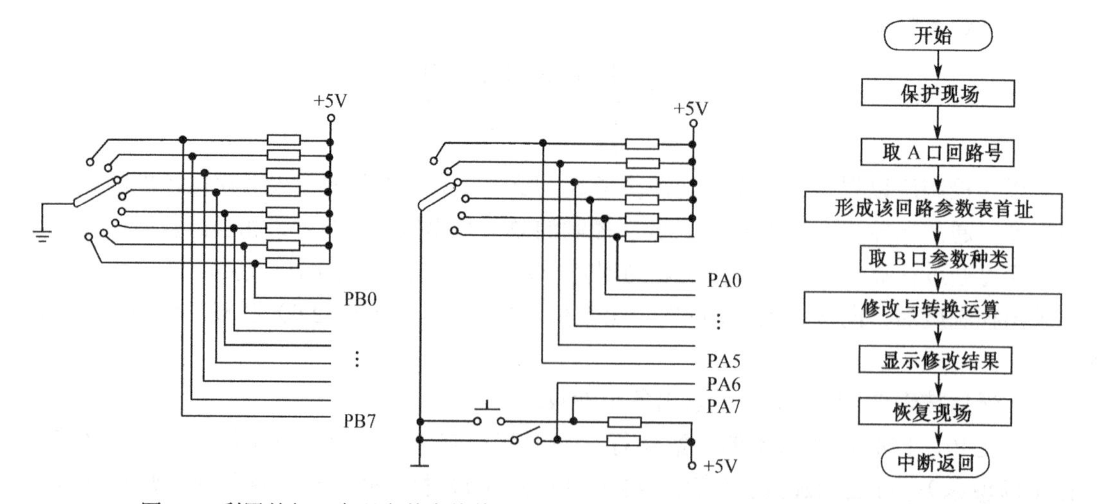

图 7.9　利用并行口实现参数在线修改的接线图

图 7.10　参数在线修改中断服务程序框图

本章小结

本章介绍了计算机控制中应用较广泛的数字 PID 算法。数字 PID 算法有位置式和增量式两种。增量式 PID 算法目前得到了更广泛的应用。

在 PID 算式中，由于积分项的存在，可能会引起积分饱和。本章介绍了克服积分饱和和抑制干扰的方法及其他改进算法。在实际应用中，还有很多对 PID 算法的改进形式。为了方便读者应用，本章还介绍了 PID 程序设计中应该考虑的若干问题。按本章介绍的参数确定方法确定好参数后，还应通过给定值变化及主要干扰下的阶跃扰动进一步实验，考察系统的调节品质，根据各参数对系统响应的影响，进一步调整参数，反复试凑，直到满意为止。由于 PID 控制参数少，所以即使用试凑法，也可以完成参数确定的目的。需要指出的是，同一调节质量有可能由不同的参数组合实现。除了本章介绍的扩充临界比例度法，在实践中还有其他确定方法，以及各种参数自确定和在线优化的方法。

练 习 7

1. 为什么 PID 控制在计算机控制中仍然得到了广泛的应用？
2. T_i和 T_d的大小对积分和微分作用分别有什么影响？
3. 位置式 PID 算法和增量式 PID 算法是否有本质区别？它们的区别在哪里？
4. 增量式 PID 算法有什么优点？适用于什么场合？
5. 使用增量式 PID 算法时，在内存中要保存哪几个采样时刻的采样值？应该怎样保存？
6. 为什么会出现各种 PID 算法的改进形式？它们各适用于什么场合？
7. PID 控制为什么会发生积分饱和？有哪些克服积分饱和的方法？
8. PID 程序为什么大多用定点运算？
9. 为什么采用补码运算编制 PID 程序比采用原码运算编制 PID 程序方便？
10. 采用 PID 控制时，为什么要积累积分作用的整量化误差？
11. 为什么要对 PID 算法进行输出限幅？不这么处理有什么后果？
12. 为什么要对参加 PID 算法的物理量配置比例因子？不这么处理有什么后果？
13. 积分分离值的大小对控制效果有什么影响？
14. 为什么理想微分的 PID 算法需要改进？
15. 带死区的 PID 控制算法中的死区大小对控制效果有什么影响？
16. Bang-Bang 控制为什么又称为快速控制？
17. 在线确定或修改 PID 参数有什么好处？
18. 确定 PID 参数时，K_p 值为什么要从小到大增加，直到出现振荡，而不能反过来，即从大到小减小？

第 8 章

可编程序控制器

可编程序控制器简称 PC（Programmable Controller），有时为了避免与个人计算机（Personal Computer）混淆，又称为 PLC（Programmable Logic Controller）。国际电工技术委员会（IEC）颁布的《可编程序控制器标准草案》对 PLC 的概念做了如下定义："可编程序控制器是一种数字运算操作的电子系统，专为在工业环境下应用而设计。它采用可编程序的存储器，用来在其内部存储执行逻辑运算、顺序控制、定时、计数和算术运算等操作指令，并通过数字式或模拟式的输入和输出，控制各种类型的机械或生产过程。可编程序控制器及其有关设备都按易于与工业控制系统连成一个整体且易于扩充其功能的原则设计。"

由上述定义可以看出，可编程序控制器实际上是一种应用于工业环境下的专用计算机系统。

8.1 PLC 的工作原理与硬件组成

8.1.1 PLC 的基本组成部件

PLC 的基本构造如图 8.1 所示。PLC 主要由以下五个部件组成。

（1）电源：给 PLC 系统提供所必需的工作电源。

（2）输入组件：负责采集操作开关或现场设备的信号，送给 CPU 处理。

（3）输出组件：CPU 根据程序解算的结果，将控制信号送给输出组件，输出组件将控制信号转换成电流信号或电压信号驱动现场设备。

（4）CPU 及存储器：CPU 负责输入/输出处理、程序解算、通信处理等。存储器分为系统存储器和用户存储器。系统存储器用来存放 PLC 的系统软件；用户存储器用来存放 I/O 状态及用户程序。

（5）编程器：编程器用来进行系统配置、软件编制及传送，并可作为调试及故障检测的有效工具。

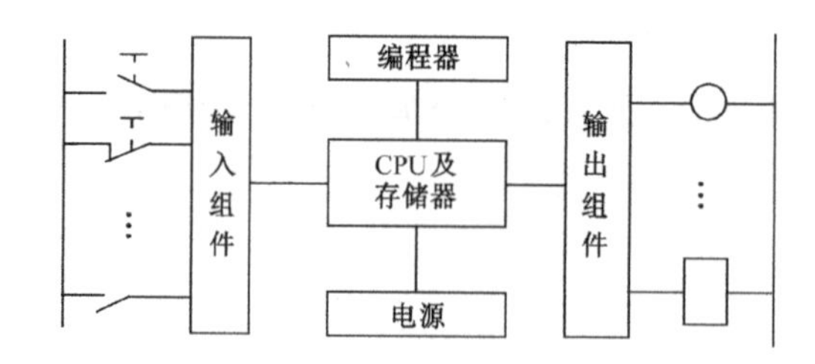

图 8.1　PLC 的基本构造

8.1.2 PLC 的特点

为了适应工作需要及使用环境，PLC 具有以下特点。

1．可靠性高，抗干扰能力强

为了适应工作现场的恶劣环境，PLC 在软硬件方面采取了一系列措施，使其具有极高的可靠性和极强的抗干扰能力。

2．编程方便，使系统具有很好的柔性

目前大多数 PLC 使用梯形图指令（Relay Ladder Logic，RLL）。这种面向用户的编程语言既延续了传统二次线路清晰直观的特点，又兼顾了电气技术人员的读图习惯及其计算机水平，易学易用。此外，许多 PLC 还使用了顺序功能图语言，即 SFC（Sequential Function Chart）语言，这种图形化编程语言结构化强，非常直观，可以方便地组织 PLC 的控制流程，也受到了普遍欢迎。

3．扩充方便，配置灵活

当前的 PLC 提供了各种不同功能的模块及扩展单元，许多 PLC 还具有网络通信功能，其所容纳的 I/O 点数可以从几十点扩充至上万点。PLC 可以从单机系统扩展至冗余热备系统，甚至可以构成使用网络相互通信的多主机分布式控制系统。

4．功能完善

PLC 发展到现在，不仅具有逻辑运算、算术运算、定时及计数等基本功能，还具有许多高级功能，如数据传送功能、矩阵处理功能、PID 调节功能、ASCⅡ码操作功能、远程输入/输出功能、智能输入/输出功能、运动控制功能、网络通信功能、冗余功能等。我们可以用高级语言（如 C 语言、BASIC 语言）编写子程序并嵌入 PLC 程序中。

由于 PLC 具有以上优点，大大减少了控制系统设计及施工的工作量，相对于使用继电器的控制回路，PLC 既可以大大减少系统硬件的投资，又可以减少现场调试及维护的工作量。

8.1.3 PLC 的应用

随着计算机技术的迅猛发展及元器件成本的大幅度下降，PLC 的性价比已大大提高，其应用范围也日益扩大。如今，PLC 已经在电力、纺织、机械、汽车制造、造纸、钢铁、食品、轻工、化工、公用事业等领域得到了广泛应用。PLC 的应用可以划分为如下几类。

1．顺序控制和时序控制

从 PLC 诞生之日起，顺序控制和时序控制就是 PLC 的基本功能，并取代了传统的继电器控制回路。如今，PLC 仍在这一领域发挥着无可比拟的优越性。

2．过程控制

现在的 PLC 在软硬件上采取了一系列措施，使用户可以方便地实现回路控制，如现在广泛使用的 PID 控制功能。许多 PLC 的硬件提供了 PID 调节智能模块，这种模块可以独立实现 PID 调节功能；其软件提供了 PID 算法功能块，通过软件功能块及模拟量输入/输出模块也可以实现 PID 控制功能。

3. 运动控制

随着工厂自动化的日趋发展，PLC 的运动控制功能也日益完善。借助运动控制模块（如单轴运动控制模块、多轴运动控制模块等）、驱动器、伺服电动机等，PLC 可以方便地实现装配、输送、存放及取回、材料移动、成型等自动控制功能，甚至可以完成一些复杂的仿形功能。

4. 数据处理

现在的 PLC 指令系统不仅可以实现传统的逻辑运算及整数四则运算，还可以实现 32 位浮点数复杂运算、ASCⅡ码读写、矩阵处理、数据传送、移位、数据检索，以及 BCD 和二进制码的相互转换、工程量转换等功能。

5. 网络通信

为了实现 PLC 与远程站之间、PLC 与 PLC 之间、PLC 与上位机之间及 PLC 与第三方产品之间的联系，PLC 的网络通信功能已得到了飞速发展，各 PLC 厂家都开发了自己的工业控制网络，如美国 A-B 公司的 PLC 使用的 DH+网、美国 MODICON 公司的 PLC 使用的 MB+网、德国 SIEMENS 公司的 PLC 使用的 SINEC LI 网等。

8.1.4 PLC 的工作原理

总的来说，PLC 的工作过程（见图 8.2）是一个周期性的循环扫描过程。这个过程可以分成三个主要步骤，即输入采样阶段、程序解算阶段及输出刷新阶段。

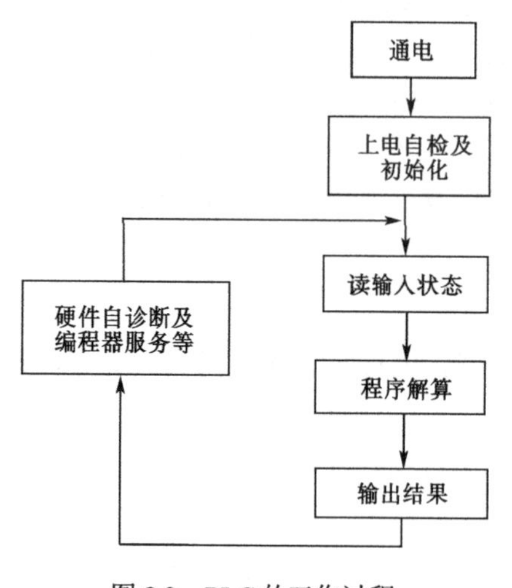

图 8.2 PLC 的工作过程

1. 输入采样阶段

在输入采样阶段，PLC 会扫描所有的输入点，并将得到的输入信号存放在状态内存中的输入区（又称输入映像寄存器）中。输入映像寄存器一次全部刷新后，PLC 就进入了程序解算阶段。有些高级的 PLC 可以由用户设置输入点的扫描顺序及部分输入点的扫描次数，以满足系统的实时性要求。输入采样阶段完毕之后，输入映像寄存器的状态保持不变，直至下一个扫描周期开始。

2. 程序解算阶段

在程序解算阶段，PLC 根据输入映像寄存器中每个输入点的状态及输出映像寄存器中每个输出点的状态，逐条解算用户程序。解算所得出的结果再写回到输出映像寄存器中。程序解算的顺序是从左至右、从上至下，程序执行完毕后进入输出刷新阶段。

3. 输出刷新阶段

PLC 在输出刷新阶段将输出映像寄存器中每个输出点的状态一次性全部送到输出锁存寄存器，输出锁存寄存器再将这些信号送至每个输出端子，以驱动现场设备。所有输出刷新以后，PLC 一般要进行一次硬件自诊断，并且访问一次 PLC 的编程口，以及完成一些其他的辅助工作，接着就进入下一轮的循环扫描。

综上所述，PLC 采用集中采样、集中输出、循环往复的工作方式。在解算程序时，外界输入信号的变化不会影响输入映像寄存器的状态，这虽然会造成一定程度的响应延迟，但由于 PLC 的运行速度极快，对系统实时性的影响不大。由于采用了集中采样、集中输出、循环往复的工作方式，因此 PLC 的抗干扰能力大大提高，增强了系统的可靠性。

8.1.5 PLC 的硬件

PLC 按结构形式可以分为整体型及模块型。整体型 PLC 将电源、CPU、I/O 点等部件全部集成在一个单元内，所以体积小、结构紧凑，一般都是小型或微型 PLC，I/O 点数为几十点。模块型 PLC 由一系列模块组成，如电源模块、CPU 模块、输入模块、输出模块、特殊功能模块（如通信模块、智能输入/输出模块、运动控制模块等）等。为了容纳这些模块往往需要安装 PLC 机架。模块型 PLC 的优点是配置灵活，可以根据实际需要选择不同的功能模块组成 PLC，其 I/O 点数可以从几十点到上万点。当然，模块型 PLC 的体积相对来说更大一些。

下面我们以日本三菱公司的 FX_2 系列小型 PLC 为例，介绍一下 PLC 的硬件。

1．FX_2 系列 PLC 的硬件构成

FX_2 系列 PLC 由基本单元、扩展单元、扩展模块及特殊功能适配器构成，下面简单说明一下各部分的功能。

（1）基本单元。基本单元是 FX_2 系列的必要装置，内有 CPU、存储器及 I/O 点，并且具有供输入装置使用的 24V 直流内装电源。基本单元外接交流电源即可工作，输入交流电压的范围为 100～240V。

（2）扩展单元。扩展单元是增加 I/O 点数时使用的装置。扩展单元基本上是由 I/O 点组成的，并有一个 24V 直流内装电源供输入装置使用。扩展单元的工作电源同基本单元一样，要输入 100～240V 交流电压。

（3）扩展模块。扩展模块由 I/O 点组成，其目的是扩展 I/O 点数，但是扩展模块没有内装电源，由基本单元或扩展单元供电。

（4）特殊功能适配器。特殊功能适配器具有光纤通信、双绞线通信、模拟计时器、RS-422 变换 RS-232 等功能，接在基本单元左侧的特殊端口上。

2．FX_2 系列 PLC 的输入电路

图 8.3 所示是 FX_2 系列 PLC 的输入电路示意图。图 8.3 中，24V+是 DC24V 内装电源的正极输出端子；IN 是输入点的输入端子；COM 是输入点的公共端，也是内装电源的负极。内装电源可以通过 24V+端及 COM 端为现场传感器供电。

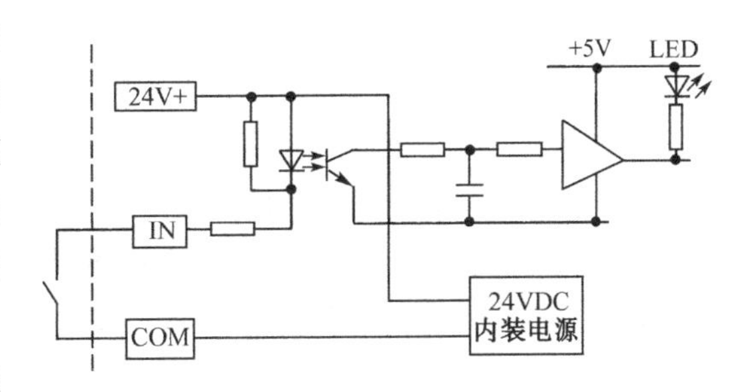

图 8.3　FX_2 系列 PLC 的输入电路示意图

当外部线路接通时，IN 及 COM 接通，触发光电耦合器，继而在内部电路中产生一个“ON”信号，同时 LED 被点亮，在视觉上告诉用户输入信号为“ON”。

由图 8.3 可知，PLC 使用光电耦合技术将内部电路与外部电路实现电气隔离，把现场的

许多干扰信号拒之门外。同时，在内部电路中有一个 RC 滤波器，这是为了防止由于输入点的震颤，从输入线混入的噪声引起误动作而设计的，也具有一定的抗干扰作用。但是这个 RC 滤波器产生了约 10ms 的响应滞后，这在系统设计时应加以注意。

3．FX_2 系列 PLC 的输出点

FX_2 系列 PLC 有三种输出形式可供选择。

（1）继电器输出：可用于交流负载或直流负载，为有触点输出，响应滞后为 10ms 左右。

（2）SSR 输出：用于交流负载的无触点输出，响应滞后为 1ms 左右。

（3）晶体管输出：用于直流负载的无触点输出，响应滞后为 0.2ms 左右。

以上三种输出形式都实现了内部电路与外部负载回路的电气隔离，防止负载回路的干扰。此外，输出点一般以 4～8 点为一组，每组共用一个公共点。组和组之间是由电气隔离的，可以使用不同的电压等级，但同一组内必须使用同一电压类型和电压等级。

需要指出的是，输入点的公共端与输出点的公共端不要并在一起，防止重载时的干扰。

8.2 PLC 的编程语言及软件设计

PLC 的编程语言是面向控制的语言。由于 PLC 是专为工业控制而设计的，编程时完全可以不考虑微处理器内部的复杂结构，不必使用各种计算机使用的语言，而把 PLC 内部看作由许多“软继电器”等逻辑部件组成，利用 PLC 所提供的编程语言来编制控制程序。所以 PLC 既突出了计算机可编程的优点，又使对计算机不太了解的电气技术人员能得心应手地使用 PLC，这是 PLC 编程语言的特点。

PLC 的编程语言一般采用梯形图语言或顺序功能图语言。当然，有些 PLC 的编程语言有些特殊，如 Siemens 的 STEP 5 语言，它包括梯形图、功能图、助记符三种编程语言。

8.2.1 梯形图编程语言

梯形图编程语言是由继电器控制逻辑演变而来的，两者具有一定程度的相似性，但是梯形图编程语言功能更强，编程更方便。下面举一个简单的例子来说明梯形图编程语言是由继电控制逻辑演变而来的。

1．从继电控制逻辑到梯形图

（1）机床继电器控制线路。图 8.4 所示为机床继电器控制原理图。机床继电器的工艺要求是，当按钮按下后，KMK 通电，KMK 的常开触点闭合，机床开始快进并自锁；当快进到限位开关 1ST 后，将 1ST 的长闭触头顶开，KMK 电源断开而停止快进，同时，与工进继电器串联的 1ST 的常开触头闭合，使工进继电器 KMG 接通而开始工进，并且由于 KMG 的常开触头闭合而实现自锁；当工进到限位开关 2ST 后，与中间继电器 KMZ 串联的 2ST 的常开触头闭合，中间继电器 KMZ 接通，从而使与时间继电器 KT 串联的 KMZ 的常开触头闭合，时间继电器 KT 开始工作；当达到设定的延时时间后，串联在工进控制回路中的延时断开的常闭触头 KT 断开，使工进继电器 KMG 失去电源而停止工进；同时，与快退继电器串联的时间继电器 KT 的延时闭合的常开触头闭合，机床开始快退，直到撞到限位开关 3ST 而停止快退，从而完

成一次加工动作。

（2）机床继电器控制线路的梯形图。利用 PLC 可以非常方便地实现继电器控制系统的功能。图 8.5 所示是利用 PLC 实现的机床继电器控制线路的梯形图。梯形图和继电器控制线路的梯形图是极其相像的。但是，梯形图中的快进继电器 Y121、工进继电器 Y122 和快退继电器 Y123 是 PLC 的输出继电器，而不是真正的继电器。辅助继电器 M300 和时间继电器 T100 是 PLC 的虚拟继电器。系统安装时，首先应将按钮、限位开关（1ST、2ST、3ST）分别接入 PLC 的输入端，并赋予相应的编号，如 X100、X101、X102、X103 等。同时，把执行快进、工进、快退的继电器连接到 PLC 的输出端子上，以便使相应的电动机等执行机构动作。

KMK—快进继电器；KMG—工进继电器；
KMZ—中间继电器；KT—时间继电器；
KMT—快退继电器；
1ST、2ST、3ST—限位开关

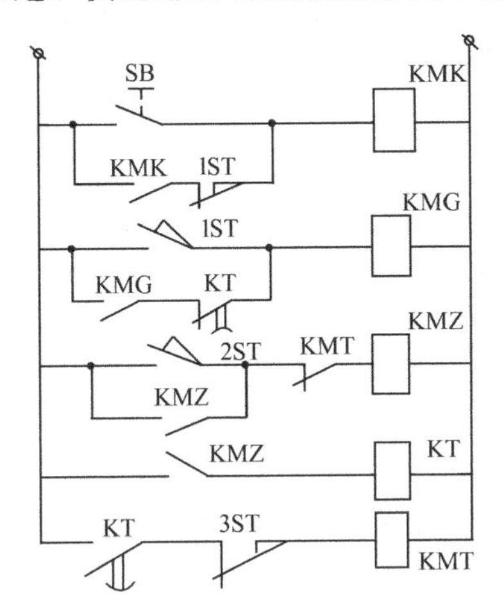

图 8.4　机床继电器控制原理图

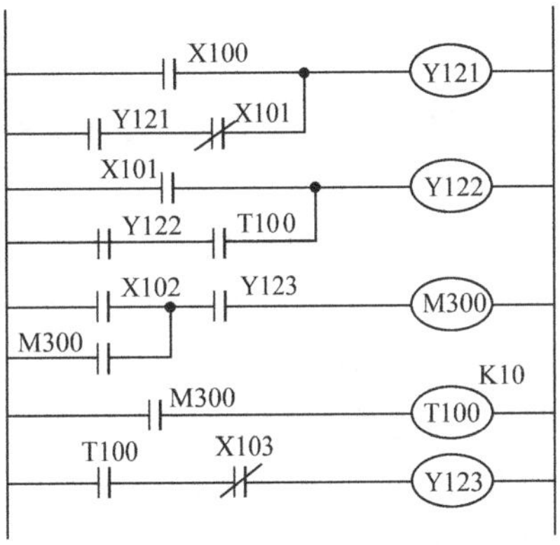

图 8.5　利用 PLC 实现的机床继电器控制线路的梯形图

与如图 8.5 所示的梯形图相对应的程序如下。

```
1     LD     X100
2     LD     Y121
3     ANI    X101
4     ORB
5     OUT    Y121
6     LD     X101
7     LD     Y122
8     ANI    T100
9     ORB
10    OUT    Y122
11    LD     X102
12    OR     M300
13    ANI    Y123
14    OUT    M300
15    LD     M300
```

```
16        OUT       T100
17        K         10
18        LD        T100
19        ANI       X103
20        OUT       Y123
```

2．梯形图的两个基本概念

利用梯形图编程，应用了下面两个基本概念。

（1）软继电器。PLC 的梯形图设计主要是利用软继电器“线圈”的“吸－放”功能及触点的“通－断”功能进行的。实际上，PLC 内部并没有继电器那样的实体，只有内部寄存器中的某位触发器。

（2）能流。在梯形图中，并没有真正的电流流动。为了便于分析 PLC 的周期扫描原理及信息存储空间分布的规律，假设梯形图中有“电流”流动，这就是能流。能流在梯形图中只能做单方向流动——从左向右流动，层次的改变只能先上后下。

3．基本编程元件

梯形图程序是由一系列编程元件及各种软件功能块通过串并联组合而成的。梯形图的基本编程元件如图 8.6 所示。

在图 8.6 中，A 为常开触点，地址××××为“ON”时导通；B 为常闭触点，地址××××为“OFF”时导通；C 为水平短路线，用于列之间短路；D 为垂直短路线，用于行之间短路；E 为线圈。有些线圈对应于实际输出点，有些线圈（辅助线圈）只限于程序内部使用。此外，线圈分为普通线圈和停电锁存线圈两类，后者在停电后可保持状态不变。

图 8.7 所示是简单的梯形图。在图 8.7 中，当 X1 为“1”或 X6 为“1”并且 X5 为“0”时，Y4 为“1”；否则 Y4 为“0”。

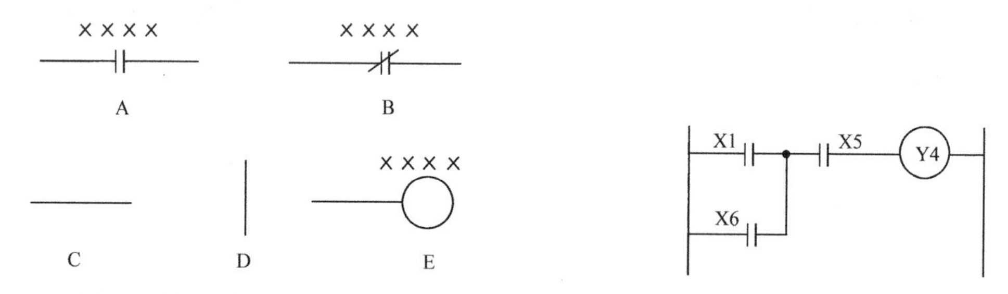

图 8.6　梯形图的基本编程元件　　图 8.7　简单的梯形图

4．编写梯形图规则

利用基本编程元件编写梯形图时，应遵守下列编程规则。

（1）触点及线圈必须画在水平线上，不能当作垂直元件使用。

（2）垂直短路线不能出现在梯形图的最右一列，因为最右一列被线圈占用。

（3）大多数 PLC 规定同一线圈编号在梯形图中只能使用一次，但该线圈的触点可以和输入触点一样，在程序中反复使用。

（4）当同一行中串联的元件数目超过梯形图所能容纳的元件数目时，需要用辅助线圈过渡。

（5）梯形图程序执行时，程序的控制流（又称为能流）从左向右流动。在垂直短路线上，控制流可以上下双向流动。

5. 软件功能块

构成梯形图的元素除了上述的基本元件，还有各种软件功能块。软件功能块的格式、种类及功能与具体的 PLC 型号有很大关系，越高档的 PLC 所具有的功能块越多，功能也越强。一般来说，PLC 的软件功能块具备以下功能。

（1）定时功能及 PLC 实时时钟读写。

（2）计数功能。

（3）整数四则运算。

（4）逻辑运算（AND、OR 等）及 BCD 码处理功能。

（5）数据传送功能。

（6）数据比较功能。

（7）循环与移位功能。

（8）子程序功能。

（9）跳转功能。

（10）位指令功能等。

一些高档的 PLC 还具备以下功能。

（1）数据表处理功能。

（2）双精度浮点数运算。

（3）ASCⅡ码处理。

（4）网络数据读/写及通信状态监视。

（5）PID 调节功能。

（6）模拟量监视及报警。

（7）鼓（DRUM）指令。

（8）调用高级语言子程序功能。

（9）中断功能。

（10）双机热备功能等。

6. 梯形图指令系统

下面以日本三菱公司的 FX_2 系列 PLC 为例，对 PLC 的梯形图指令系统做简要介绍。由于 FX_2 系列 PLC 可以用一系列助记符来表达梯形图指令，所以指令的介绍将结合助记符进行。

（1）FX_2 系列 PLC 的主要编程元件简介。PLC 有很多用软件实现的继电器、定时器、计数器。任一元件都有无数的常开触点（A 触点）和常闭触点（B 触点）。这些触点和线圈连接，构成了顺序或逻辑控制电路。

① 输入点、输出点（X0～X177，Y0～Y177）。

② 辅助继电器（内部线圈）。M0～M499 共 500 点辅助继电器为通用辅助继电器。M500～M1023 共 524 点是有电池后备的辅助继电器，即使停电也能保持其状态，又称为保持继电器。

③ 状态元件。状态元件是 SFC 编程所用的元件，在后面的章节中将会说明。

④ 定时器。T0～T199，可以设定 0.1～3276.7s（0.1s 为单位）的定时器 200 点。T200～T245，可以设定 0.01～327.67s（0.01s 为单位）的定时器 46 点。

另外还有 10 个计数型定时器，如果因停电中断计数，复电后可继续计数。

⑤ 计数器。C0～C99 共 100 点，计数范围为 1～32 767 的计数器。C100～C199 共 100 点，计数范围相同，但计数过程中即使停电，其计数值也能保持。此外，还有计数范围为 −2 147 483 648～2 147 483 647 的可逆计数器。

除了上述元件，还有处理数据的数据寄存器。

（2）FX_2 系列 PLC 的基本逻辑指令。FX_2 系列 PLC 的基本逻辑指令如表 8.1 所示。本节不对每条指令逐一说明，仅通过若干例子，说明如何利用基本指令对梯形图进行编程。总的来说，编程要遵守从左到右、从上到下的原则。

表 8.1　FX_2 系列 PLC 的基本逻辑指令

指令类型	符号、名称	功能	电路表示及操作元件
逻辑取及输出线圈	LD（取）	常开触点逻辑运算开始	X,Y,M,S,T,C
	LDI（取反）	常闭触点逻辑运算开始	X,Y,M,S,T,C
	OUT（输出）	线圈驱动	Y,M,S,T,C
触点串联	AND（与）	常开触点串联	X,Y,M,S,T,C
	ANI（与非）	常闭触点串联	X,Y,M,S,T,C
触点并联	OR（或）	常开触点并联	X,Y,M,S,T,C
	ORI（或非）	常闭触点并联	X,Y,M,S,T,C
串联电路块的并联	ORB 电路块或	串联电路块之间的并联	操作元件：无
并联电路块的串联	ANB 电路块与	并联电路块之间的串联	操作元件：无
多路输出电路	MPS（Push） MRD（Read） MPP（POP）	进栈 读栈 出栈	MPS MRD MPP
主控触点	MC 主控	主控电路块起点	MC N Y,M Y,M 不允许使用 M,N 嵌套
	MCR 主控复位	主控电路块终点	MCR N
置位与复位	SET 置位	令元件自保持 ON	SET Y,M,S
	RST 复位	令元件自保持 OFF 清数据寄存器	RST Y,M,S,D,V,Z
计数器、定时器	OUT 输出	驱动定时器线圈	T,C KOO
	RST 复位	复位输出触点	RST T.C
脉冲输出	PLS 脉冲	上升沿微分输出	PLS Y,M
	PLF 脉冲	下降沿微分输出	PLF Y,M
空操作指令	NOP 空操作	无动作	—
程序结束	END 结束	输入/输出处理 程序回第“0”步	END

［例 8.1］延时断开电路。

控制要求：若输入条件编号 X0 满足 X0=ON，则输出编号 Y0 接通；否则 X0=OFF，Y0 延时一定时间后断开。

图 8.8 所示是延时断开电路的梯形图及时序要求。梯形图中使用了一个内部定时器 T450，定时值为 5s，其工作条件是 Y0=ON 且 X0=OFF。T450 工作 5s 后，定时器触点闭合，使 Y0

断开。在图 8.8 中，Y0 具有自锁功能，直至 T450 定时时间到后才断开，对应的指令如下。

```
0    LD     Y0
1    ANI    X0
2    OUT    T450
3    K      5
4    LD     X0
5    OR     Y0
6    ANI    T450
7    OUT    Y0
```

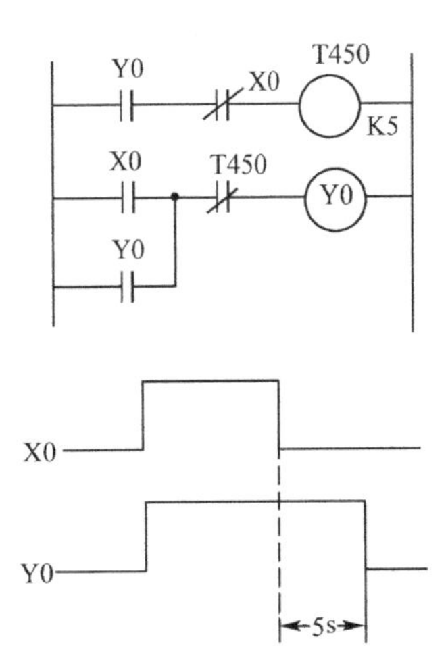

图 8.8　延时断开电路的梯形图及时序要求

［例 8.2］报警电路。

图 8.9 所示是声光报警的梯形图及时序要求。输入 X0 是报警条件。当 X0=ON 时，应引起声光报警。Y30 为报警灯，Y31 为报警蜂鸣器。输入 X1 为报警响应。定时器 T450、T451 构成振荡电路，每隔 0.5s 轮流接通。当开始报警后，报警灯闪烁发光；当 X1 接通后报警灯变为常亮，同时报警蜂鸣器关闭；当报警条件即 X0 消失后，报警灯也熄灭，X2 为报警灯测试信号。与梯形图对应的指令如下。

```
0    LD     X0
1    ANI    T451
2    OUT    T450
3    K      0.5
4    LD     T450
5    OUT    T451
6    K      0.5
7    LD     T450
8    OR     M100
9    AND    X0
10   OR     X2
11   OUT    Y30
12   LD     X1
13   OR     M100
14   AND    X0
15   OUT    M100
16   LD     X0
17   ANI    M100
18   OUT    Y31
```

［例 8.3］栈操作指令使用。

在 PLC 中，存储运算中间结果的存储器称为栈存储器。使用栈操作指令（MPS、MRD、MPP）可以将连接点先存储在栈存储器中，以便用于后面的电路。栈操作指令的使用如图 8.10 所示，对应的指令如下。

```
0     LD     X0
1     MPS
2     AND    X1
3     MPS
4     AND    X2
5     OUT    Y0
6     MPP
7     AND    X3
8     OUT    Y1
9     MPP
10    AND    X4
11    MPS
12    AND    X5
13    OUT    Y2
14    MPP
15    AND    X6
16    OUT    Y3
```

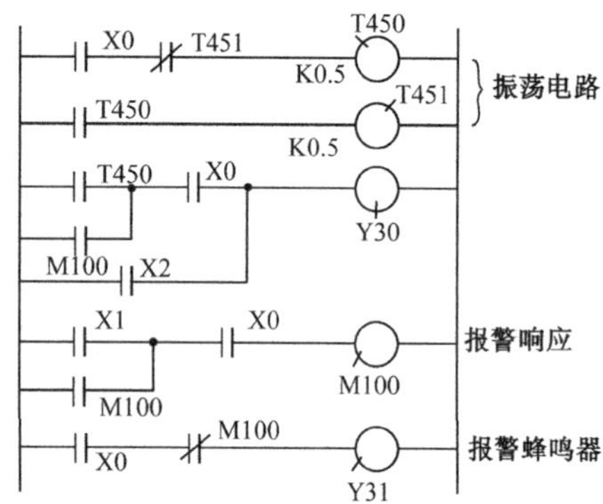

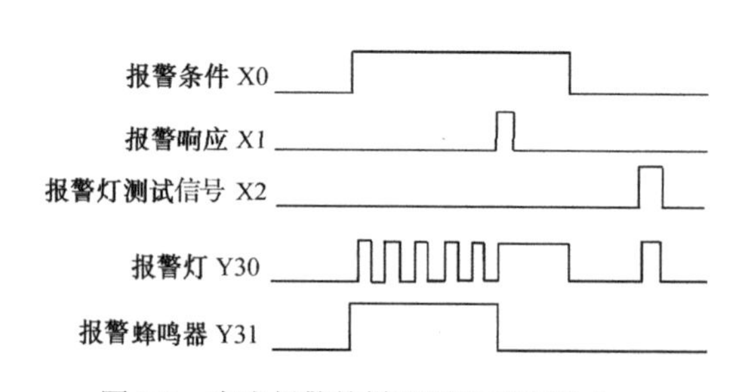

图 8.9　声光报警的梯形图及时序要求

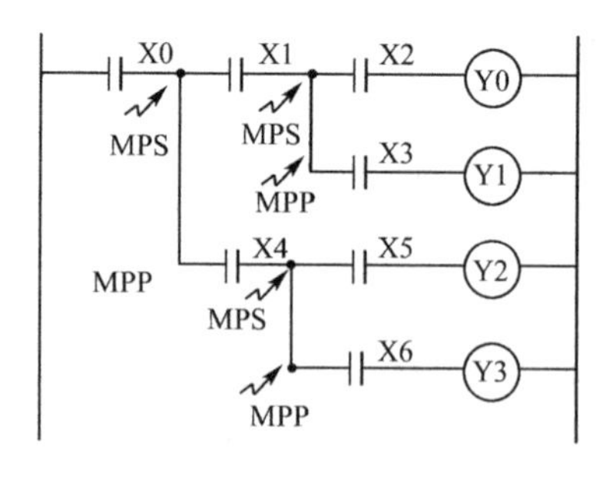

图 8.10　栈操作指令的使用

8.2.2　顺序功能图编程语言

利用梯形图编制控制程序需要有经验的人员，并且所编的复杂程序也难以令人读懂。若机械动作用状态转移图或顺序功能图表示，编程就变得较为方便。

1．状态转移图

在状态转移图中，每个状态具有驱动负载、指定转移条件及指定转移方向三个功能。图 8.11 所示是 S30、S31 两个状态的功能及转移。

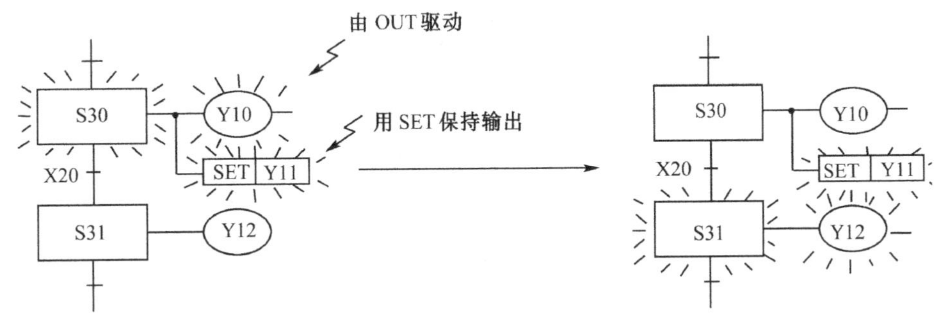

（a）状态 S30 有效时输出 Y10、Y11，程序等待转移条件 X20 动作　（b）转移条件 X20 动作后，动作状态从 S30 向 S31 转移　（c）动作状态从 S30 转移到 S31 后，Y10 OFF，Y12 ON，由 SET 驱动的 Y11 保持接通

图 8.11　S30、S31 两个状态的功能及转移

2．顺序功能图

下面以机械手（见图 8.12）的控制说明如何用顺序功能图编程。

（1）机械手的功能要求。图 8.12 所示的机械手的任务是将工件从 *A* 点搬到 *B* 点。机械手的上升/下降、左移/右移分别使用了双螺线管电磁阀(当某一方向的驱动线圈失电时，能保持在原位置上，只有驱动反方向的线圈才能引起反方向运动)，夹钳使用单螺线管电磁阀(只在有电时夹紧)。图 8.13 所示是机械手动作轨迹示意图。图 8.14 所示是机械手控制系统的操作面板。

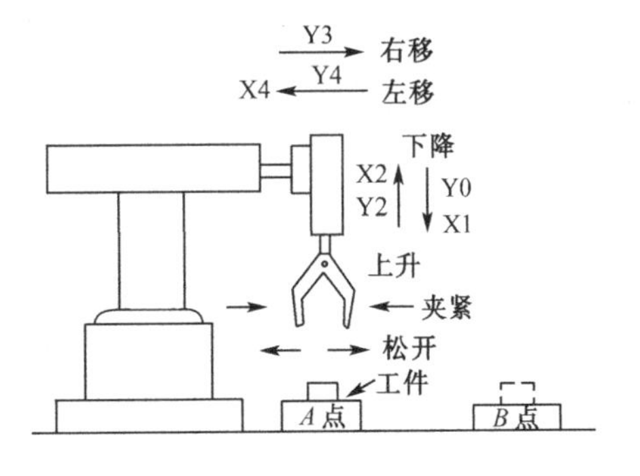

图 8.12　机械手

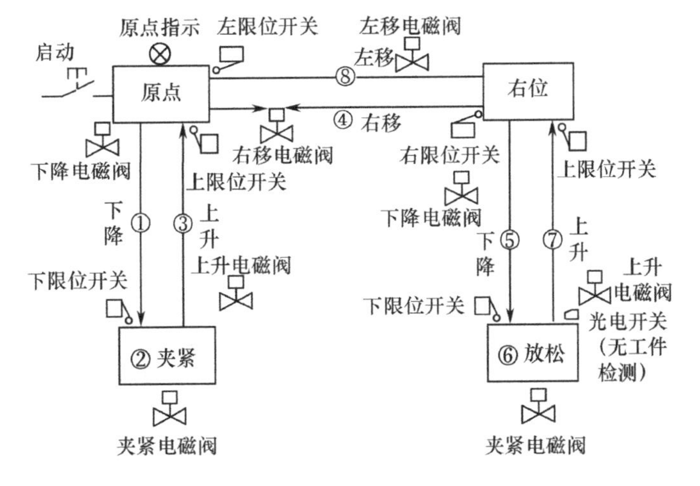

图 8.13　机械手动作轨迹示意图

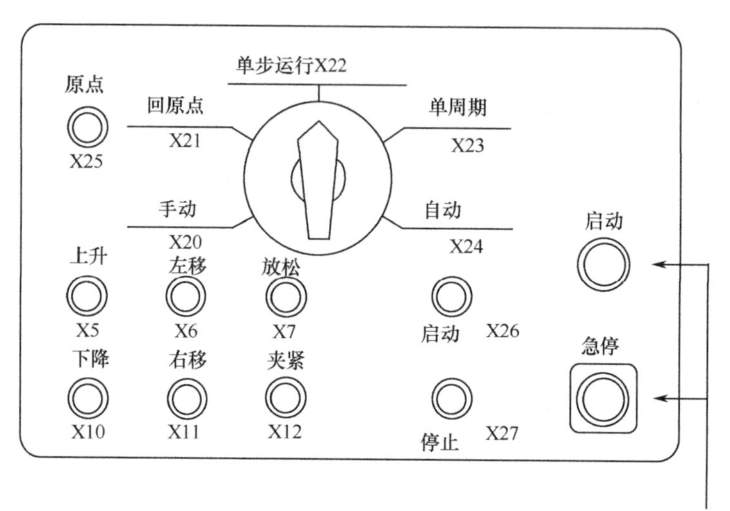

图 8.14　机械手控制系统的操作面板

（2）机械手的操作面板。设备操作面板是根据操作方式设计的。机械手的操作方式分为手动和自动，它们又进一步分为若干运行方式。机械手的操作方式如表 8.2 所示。

表 8.2　机械手的操作方式

手动/自动	细分运行方式	功　　能
手动	手动	用各自的按钮使各个负载单独动作或断开的方式
	回原点	在该方式下按动回原点按钮，机械手自动向原点回归
自动	单步运行	按动一次启动按钮，前进一个工步（或工序）
	单周期运行	在原点位置按动启动按钮，自动运行一个周期后在原点停止。若在中途按动停止按钮，则停止运行，再按动启动按钮，从断点处继续运行，回到原点自动停止
	连续运行	在原点位置按动启动按钮，开始连续地反复运行。若在中途按动停止按钮，则动作将继续到原点位置才停止运行

（3）机械手 PLC 控制自动运行的初始化。机械手 PLC 控制自动运行初始化电路如图 8.15 所示。

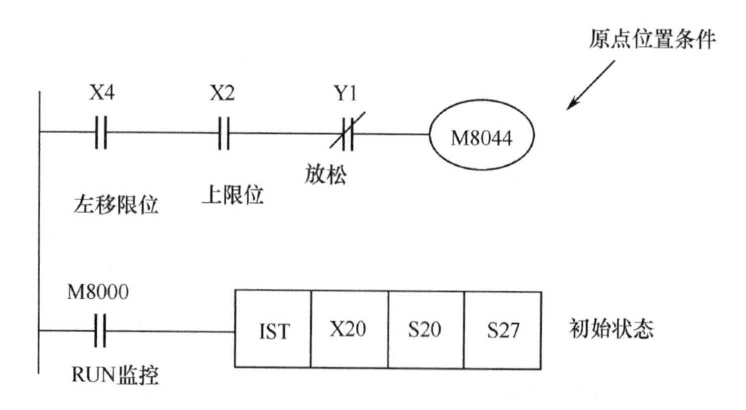

图 8.15　机械手 PLC 控制自动运行初始化电路

在如图 8.15 所示的下半部分中，M8000 为特殊辅助继电器，其功能是运行监视，PLC 运行时 M8000 为 ON。在驱动功能指令 FNC 60（IST）中，X20 输入的是首元件号，S20 是自动方式的最小状态号，S27 是自动方式的最大状态号。图 8.15 对应的指令如下。

```
LD   M8000
FNC 60       1 步
     X20
     S20 ⎫
         ⎬  各 2 步
     S27 ⎭
```

上述指令执行后就指定了下面的初始状态和相应的特殊辅助继电器。

```
S0:          手动初始状态
S1:          回原点初始状态
S2:          自动运行初始状态
M8040:       禁止转移
M8041:       开始转移
M8042:       启动脉冲
M8047:       STL 监控有效
```

（4）机械手自动运行的状态转移图。机械手自动运行的状态转移图如图 8.16 所示。

执行初始化指令后，控制就设置在自动方式初始状态。M8041 是从初始状态 S2 向另一状态转移的转移条件辅助继电器，在自动方式下，机械手启动后它保持 ON，直到按动停止按钮后才变为 OFF。M8044 是原点位置条件特殊辅助继电器，它由原点的各传感器驱动。M8044 的 ON 状态作为自动方式时的允许状态转移条件。

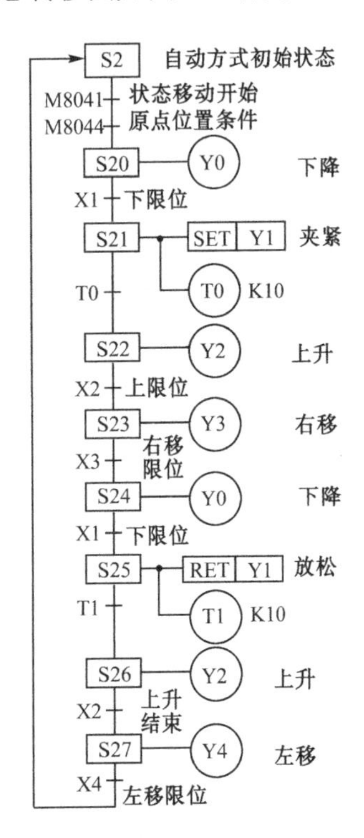

图 8.16　机械手自动运行的状态转移图

① 由于 M8041、M8044 满足条件，动作状态从 S2 向 S20 转移，下降输出 Y0 动作，接着下限开关 X1 接通。

② 动作状态由 S20 向 S21 转移，下降输出 Y0 切断，夹紧输出 Y1 动作，由于使用了 SET 指令，Y1 将保持接通，即夹钳保持夹紧状态，直到用 RST（复位）指令复位。

③ 1s 后定时器 T0（单位 0.1s）动作，转至状态 S22，使上升输出 Y2 动作，升至上限后 X2 接通，状态转移。

④ 状态 S23 为右移，右移输出 Y3 动作，到达右限位置后 X3 接通，转向状态 S24。

⑤ 转至状态 S24 后，下降输出 Y0 再次动作，直到 X1 接通后转向状态 S25。

⑥ 在状态 S25，先将保持夹紧输出 Y1 复位，机械手放下工件，并启动定时器 T1。

⑦ 夹钳复位 1s 后，定时器 T1 动作，状态转移到 S26，上升输出 Y2 动作，机械手上升。

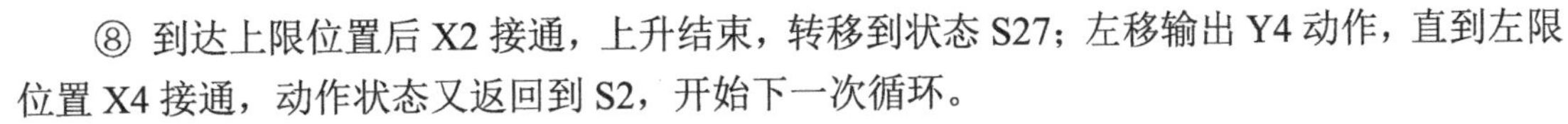
⑧ 到达上限位置后 X2 接通，上升结束，转移到状态 S27；左移输出 Y4 动作，直到左限位置 X4 接通，动作状态又返回到 S2，开始下一次循环。

（5）状态转移图对应的程序。下面是与图 8.16 对应的程序。

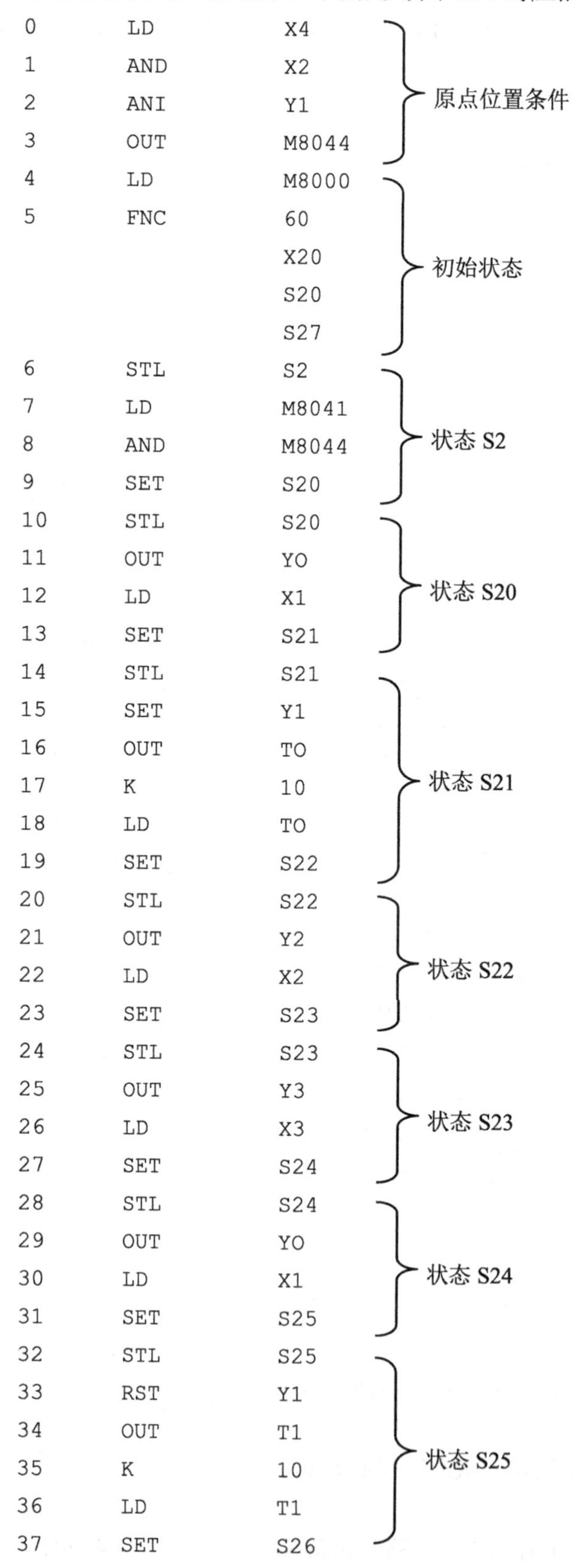

```
0     LD     X4      ┐
1     AND    X2      │ 原点位置条件
2     ANI    Y1      │
3     OUT    M8044   ┘
4     LD     M8000   ┐
5     FNC    60      │
             X20     │ 初始状态
             S20     │
             S27     ┘
6     STL    S2      ┐
7     LD     M8041   │ 状态 S2
8     AND    M8044   │
9     SET    S20     ┘
10    STL    S20     ┐
11    OUT    Y0      │ 状态 S20
12    LD     X1      │
13    SET    S21     ┘
14    STL    S21     ┐
15    SET    Y1      │
16    OUT    T0      │ 状态 S21
17    K      10      │
18    LD     T0      │
19    SET    S22     ┘
20    STL    S22     ┐
21    OUT    Y2      │ 状态 S22
22    LD     X2      │
23    SET    S23     ┘
24    STL    S23     ┐
25    OUT    Y3      │ 状态 S23
26    LD     X3      │
27    SET    S24     ┘
28    STL    S24     ┐
29    OUT    Y0      │ 状态 S24
30    LD     X1      │
31    SET    S25     ┘
32    STL    S25     ┐
33    RST    Y1      │
34    OUT    T1      │ 状态 S25
35    K      10      │
36    LD     T1      │
37    SET    S26     ┘
```

```
38    STL    S26  ┐
39    OUT    Y2   │ 状态 S26
40    LD     X2   │
41    SET    S27  ┘
42    STL    S27  ┐
43    OUT    Y4   │ 状态 S27
44    LD     X4   │
45    OUT    S2   ┘
46    RET
47    END
```

在程序中，STL 指令用来驱动某个状态，SET 指令指定转移方向，状态跳转时用 OUT 指令代替 SET 指令。由本例可知，用状态转移图编制程序，编程者每次只用考虑一个状态，而不用考虑其他状态，因此编程较为简单。

8.3 PLC 控制注塑机

注塑机是一种典型的顺序控制设备，适合采用 PLC 实现顺序控制。本节通过对 PLC 在注塑机上的应用介绍，使读者对 PLC 的应用有一个完整的、具体的认识。

8.3.1 注塑机的工艺流程

塑料注塑成型机（简称注塑机）是塑料加工行业的主要设备，它能加工各种热塑性或热固性塑料。注塑机通常由闭模和注模两大部分组成。颗粒状塑料经过柱塞或螺杆压入料筒，加热熔化后，以一定的压力和注射速度注射到模具内，经保压后凝固成所需要的塑料制品。注塑机的典型工艺流程图如图 8.17 所示。

注塑机加工一个成品一般要经过闭模、闸板闭合、稳压、注塑、保压、预塑、闸板开启、起模、复位等一系列工序。注塑机的控制是顺序控制。它的工作循环是从原点工序开始一步一步循序前进的。在每个工步，PLC 执行一定的指令，使某个或某几个电磁阀动作，从而使油泵动作，以便实现一定的机械操作，由行程开关或延时继电器保证某一机械部件移动到一定的位置或在某一状态下保持一定的时间。只有上一工步的逻辑结果及附加条件满足以后，才能进入下一工步。

注塑机从原点开始循环工作。1X、2X 是安全门的两个行程开关，当安全门关严之后，1X、2X 闭合，可以进入下一工步，即闭模工步；电磁阀 D_1 接通，模具开始闭合，当模具完全闭合后，行程开关 4X 闭合，于是再转入闸板闭合工步；电磁阀 D_5、D_7、D_{17} 接通，实现闸板闭合……

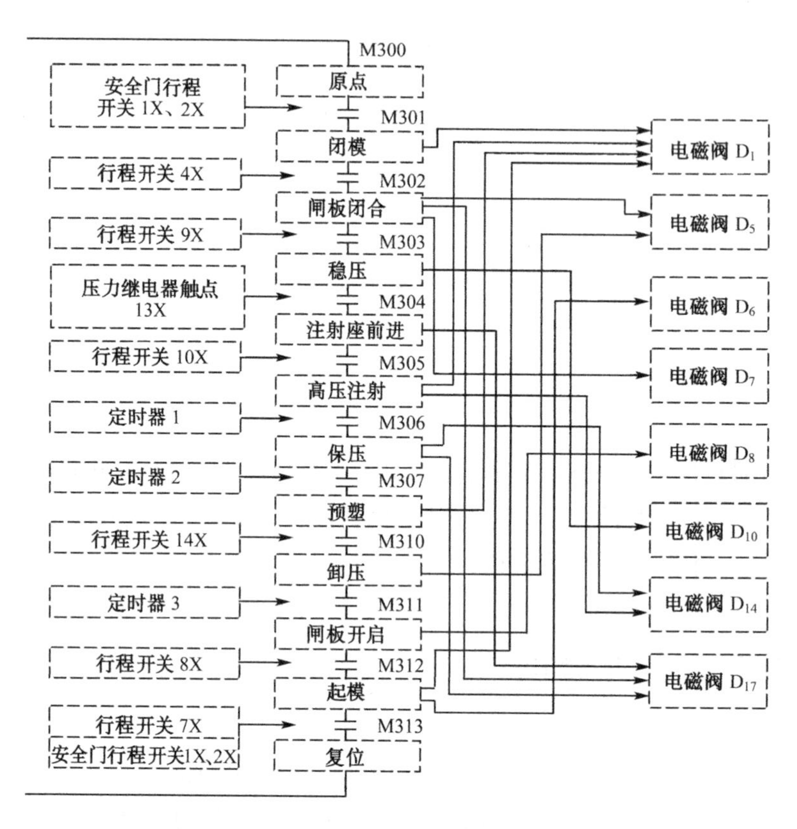

图 8.17 注塑机的典型工艺流程图

8.3.2 确定 I/O 点及分配 I/O 地址

由注塑机的典型工艺流程图可知，注塑机只有 9 个输入点和 8 个开关量输出，所以只要选择微型或小型 PLC 即可满足要求。I/O 地址分配如表 8.3 所示。

表 8.3 I/O 地址分配

输入		输出		定时器	
514	安全门行程开关 1X				
515	安全门行程开关 2X	430	电磁阀 D_1		
415	行程开关 4X	431	电磁阀 D_5		
416	行程开关 9X	432	电磁阀 D_6		
417	压力继电器触点 13X	433	电磁阀 D_7	450	定时器 1
420	行程开关 10X	434	电磁阀 D_8	451	定时器 2
421	行程开关 14X	435	电磁阀 D_{10}	452	定时器 3
422	行程开关 8X	436	电磁阀 D_{14}		
423	行程开关 7X	437	电磁阀 D_{17}		
402	转换开关				

8.3.3 控制系统梯形图

根据注塑机的工艺流程对控制系统的要求，并对照 I/O 地址分配表，注塑机控制系统的梯形图如图 8.18 所示。

在梯形图中，利用 M300～M307、M310～M317 16 个辅助继电器串联成一个 16 位移位寄存器。该移位寄存器的工作过程是，当 OUT 输入端的逻辑运算条件满足时，则移位寄存器的第一个寄存器，即 M300 置“1”或称为 M300 接通；当 RST 输入端的逻辑运算条件满足时，则移位寄存器的每一个单元均复位，即 M300～M317 均复位为“0”，或者称为 M300～M317 均断开；当 SFT 输入端的逻辑运算条件满足时，M300～M317 的内容相继右移一位。在注塑机控制系统中，我们利用这个移位寄存器控制工序从上一步到下一步的转换。

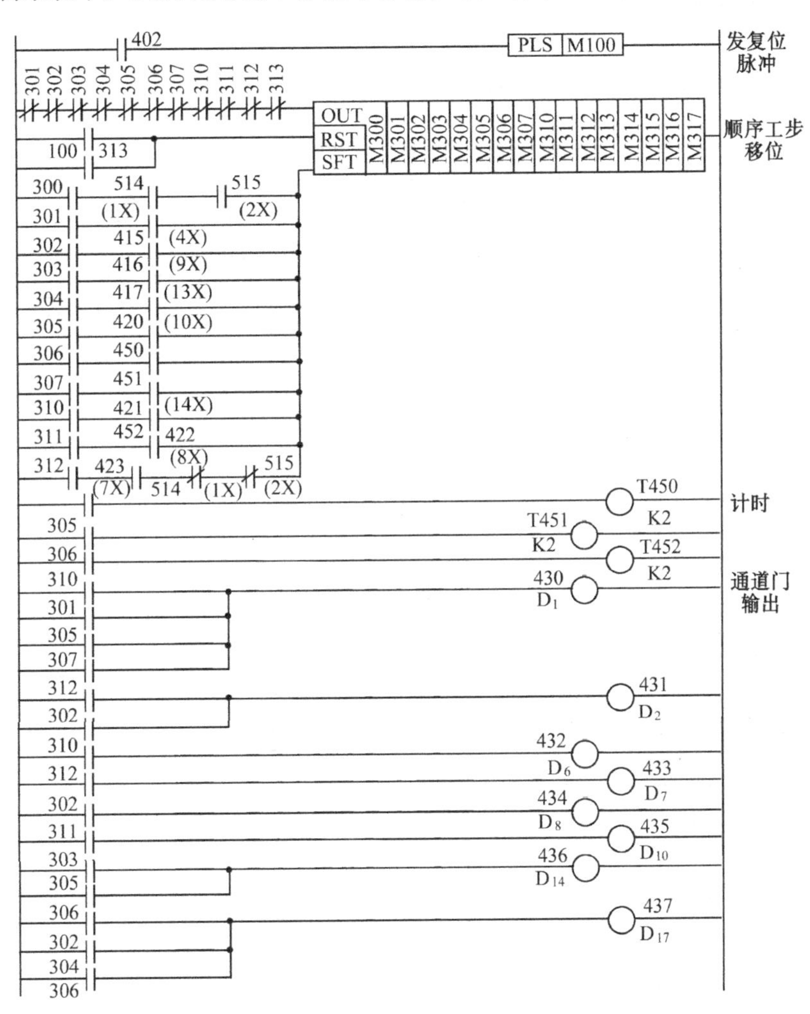

图 8.18 注塑机控制系统的梯形图

注塑机从原点工步开始工作。进入原点工步的条件是 M301～M313 均为“0”状态，因此 M300 接通。进入原点工步后，安全门开始关闭，当安全门关严之后，安全门行程开关 1X、2X 闭合，即 514、515 满足。由于 M300 已接通，因此 SFT 的输入端满足条件，引起移位寄存器右移一位，使 M301 接通，进入闭模工步。进入闭模工步后，电磁阀 D_1 接通，驱动模具闭合，当模具闭合无误后，行程开关 4X 闭合，即 415 满足，因此又使 SFT 的输入端满足条件，移位寄存器又右移一位，M302 接通，注塑机进入闸板闭合工步。注塑机是在 PLC 的控制下有条不紊地工作的。当起模工步开始后，模具开始打开，直到模具完全打开后使行程开关 7X，即 423 接通，宣告起模结束，然后安全门打开，当打开到一定位置后，取出制品，同时，安全门行程开关 1X、2X 的常闭触头，即 541、515 闭合，于是 SFT 的输入端又满足条件，移位寄存器右移一位，M313 接通，使 RST 的输入端满足条件，移位寄存器复位，即 M300～M317 全部变为“0”。由于 M301～M313 都为“0”，系统又回到原点，开始下一次循环。当转动转换开关 402 时，会使其常开触点接通，M100 产生一脉冲，使原点 100 满足，从而也可以引起系统复位，返回到原点。

8.3.4 梯形图指令表

注塑机梯形图的指令表如表 8.4 所示。

表 8.4 注塑机梯形图的指令表

步 序	指 令		步 序	指 令		步 序	指 令	
1	LD	402	30	SFT	300	59	K	2
2	PLS	100	31	LD	304	60	LD	310
3	LDI	301	32	AND	420	61	OUT	452
4	ANI	302	33	SET	300	62	K	2
5	ANI	303	34	LD	305	63	LD	301
6	ANI	304	35	AND	450	64	OR	305
7	ANI	305	36	SFT	300	65	OR	307
8	ANI	306	37	LD	306	66	OR	312
9	ANI	307	38	AND	451	67	OUT	430
10	ANI	310	39	SFT	300	68	LD	302
11	ANI	311	40	LD	307	69	OR	310
12	ANI	312	41	AND	421	70	OUT	431
13	ANI	313	42	SFT	300	71	LD	312
14	OUT	300	43	LD	310	72	OUT	432
15	LD	100	44	AND	452	73	LD	302
16	OR	313	45	SFT	300	74	OUT	433
17	RST	300	46	LD	311	75	LD	311
18	LD	300	47	AND	422	76	OUT	434
19	AND	514	48	SFT	300	77	LD	303
20	AND	515	49	LD	312	78	OUT	435
21	SFT	300	50	AND	423	79	LD	305
22	LD	301	51	ANI	514	80	OR	306
23	AND	415	52	ANI	515	81	OUT	436
24	SFT	300	53	SFT	300	82	LD	302
25	LD	302	54	LD	305	83	OR	304
26	AND	416	55	OUT	450	84	OR	306
27	SFT	300	56	K	2	85	OUT	437
28	LD	303	57	LD	306	86	END	29
29	AND	417	58	OUT	451			

本章小结

本章简单扼要地介绍了 PLC 的工作原理、硬件组成、编程语言和程序设计方法，并且通过实例说明了 PLC 在顺序控制中的应用。本书第 10 章将会介绍用 PLC 组成的控制系统的实例。

PLC 是专为工业环境应用设计的，抗干扰能力强，编程语言简单易学，系统扩展组态方便，软件功能丰富，编程设计方便。PLC 既可以代替继电器逻辑实现顺序控制，还可以对模拟量进行控制，并且可以利用 PLC 本身的网络通信功能组成分级分布式大型控制系统。由于 PLC 具有这一系列特点，已经在计算机控制领域获得了广泛应用。

读者如果掌握了本章介绍的内容，再结合本书介绍的其他知识，就能够为今后开发应用 PLC 技术打下良好的基础。

练 习 8

1．PLC 主要有哪些特点？

2．为什么说 PLC 是用于工业环境下的专用计算机？

3．列举 PLC 可能的应用场合，并说明理由。

4．说明 PLC 的工作过程。

5．PLC 在软硬件设计上采取了哪些措施来保证适合工业应用？

6．用梯形图编程时使用了哪些基本编程元件？

7．将梯形图写成指令表。

8．将梯形图写成指令表。

9．将梯形图写成指令表。

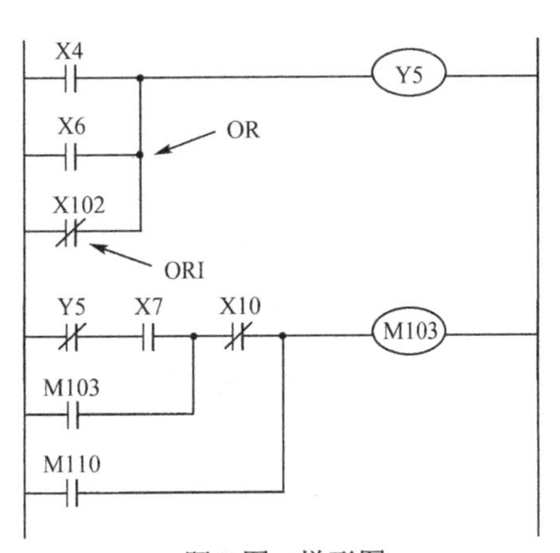

题 7 图　梯形图

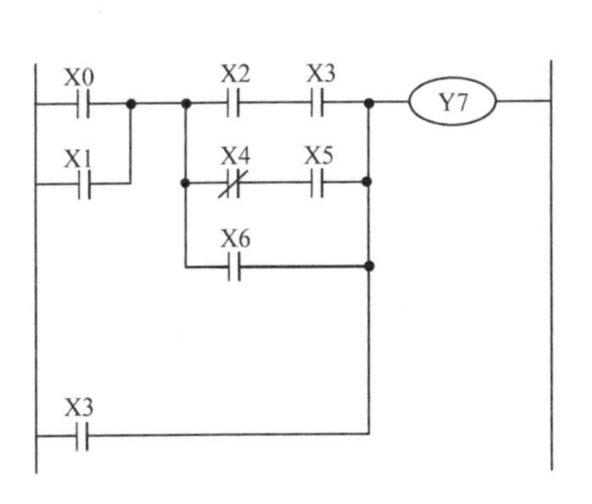

题 8 图　梯形图

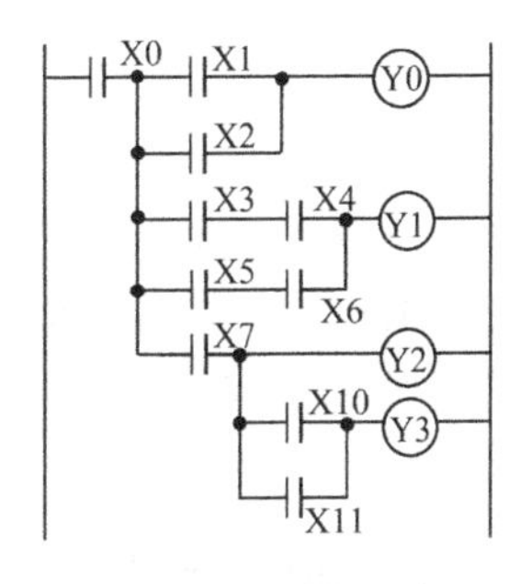

题 9 图　梯形图

第9章 集散系统和 CIMS 系统简介

9.1 集散系统

集散系统又称为分布式控制系统（Distributed Control System，DCS），是 20 世纪 70 年代中期发展起来的新型计算机控制系统。它综合了计算机技术、控制技术、通信技术和图形显示技术等，形成了以微处理器为核心的系统。它不仅具有传统的控制功能及集中化的信息管理和操作显示功能，还具有大规模数据采集、处理的功能及较强的数据通信能力，为实现高级过程控制和生产管理提供了先进的工具和手段。

集散系统采用分散控制、集中操作、综合管理和分而自治的设计原则，系统安全可靠，通用灵活，具有最优控制性能和综合管理能力，为工业过程的计算机控制开创了新方法。自 1975 年世界上第一个集散系统——美国 Honeywell 公司的 TDC-2000 问世以来，集散系统受到了用户的重视和欢迎。目前世界上新建的大型装置或工厂大多采用集散系统，其控制效果良好。我国自行设计和制造的集散系统在 1990 年推出了样机，目前正在推广使用。国内外应用的实践表明，集散系统在过程控制领域具有强大的生命力。

9.1.1 DCS 的主要特点

1．功能分散

DCS 可以有多个基本控制器（或控制站），基本控制器的核心部件是微处理器或微控制器，其硬件和软件大多实现了模块化、标准化。每个基本控制器都具有独立性，可单独完成所承担的各种任务和控制功能。系统功能可以分给几个基本控制器、通信处理机、操作台等完成，这样既实现了功能的分散，又实现了危险性的分散。

2．位置分散

基本控制器的一个重要特点是“就近安装”，即把它安装在距被控对象尽可能近的地方，因此一般分散在工厂的不同位置。这样既可以节省电缆，减少线路干扰，提高响应速度，又可以使大量数据在现场即可处理，减少信息传输量，减轻上位机的压力，同时提高了系统的可靠性。

3．具有多功能显示器操作台

多功能显示器操作台充分利用了图形显示技术，可显示多种参数、变量和画面，人–机界面友好；操作台还可以直接对远程站进行操作，实现集中监视和干预。

4．有高速数据通道

基本控制器的安装位置分散，为了实现系统的协调控制和信息的集中管理、数据和命令的传输与处理，必须有高速数据通道的支持，以完成所需的通信功能。

5．信息集中管理

各基本控制器中的主要数据都要送到中心监控站（在某些系统中为上位机），从而实现对整个系统运行工况的监视、控制、分析和管理。

6．系统组态方便

DCS 设计了使用方便的面向问题的语言（Problem Oriented Language，POL），为用户提供了数十种常用的运算和控制模块。控制工程师只需要按照系统的控制方案，从中任意选择模块，并以填表的方式来定义这些软功能模块，从而进行控制系统的组态。控制系统的组态一般在操作站上进行。填表组态方式极大地提高了系统设计的效率，解除了用户使用计算机必须编程序的困扰，这也是 DCS 能够得到广泛应用的原因之一。

7．可靠性高

DCS 的高可靠性是由系统结构、冗余技术、自诊断功能、抗干扰措施和高性能的元件保证的。

9.1.2 DCS 的基本组成部件

DCS 种类繁多，但系统构成基本相似，从功能上可划分为如下几个部分。

1．基本控制器

基本控制器（也称现场控制单元、控制站、控制处理机等）主要由微处理器（或微控制器）、过程通道板、时钟信号发送器、存储器、驱动器、通信接口及各类软件组成。一个系统中一般有多个基本控制器，其主要功能如下。

（1）数据采集及处理。

（2）计数、计时和实时时钟。

（3）算术运算和逻辑运算。

（4）顺序控制、反馈及前馈控制、优化控制、PID 调节等。

（5）事件记录及报警。

（6）数据通信。

2．通信通道及接口

通信通道及接口主要由通信处理机或通信模块、通信介质（双绞线、同轴电缆或光纤）和接口组成，其主要功能如下。

（1）连接基本控制器、通用操作站等构成计算机局域网。

（2）按数据协议进行数据传送。

（3）数据缓存。

（4）错误校验。

3. 人–机联系装置

人–机联系装置又称为操作监视站、通用操作站等，由处理机、显示屏、键盘、鼠标、复印机及磁盘等组成，其主要作用是进行人–机会话，其核心功能如下。

（1）各种画面显示。

（2）各种报警功能。

（3）对系统进行人工干预。

（4）各种表格打印。

（5）软件组态及修改。

（6）日期、时间设定。

9.1.3 DCS 的结构特点

一个规模庞大、结构复杂、功能全面的现代化 DCS，首先可按系统结构在垂直方向分成分散过程控制级、集中操作监控级、综合信息管理级，各级相互独立又相互联系；其次每一级按功能在水平方向分成若干个子块。与一般的计算机控制系统相比，DCS 的结构具有以下特点。

1. 硬件积木化

DCS 采用积木化硬件组装结构。由于硬件采用这种积木化组装结构，所以系统配置灵活，可以方便地构成多级控制系统。如果要扩大或缩小系统的规模，只需要按要求在系统中增加或拆除部分单元即可，而系统不会受到任何影响。这样的组合方式有利于企业分批投资，逐步形成一套在功能和结构上从简单到复杂、从低级到高级的现代化控制管理系统。

2. 软件模块化

DCS 为用户提供了丰富的功能软件，用户只需要按要求选用即可，这大大减少了用户的开发工作量。功能软件主要包括控制软件包、操作显示软件包和报表打印软件包等，并提供了至少一种过程控制语言，供用户开发高级的应用软件。

控制软件包为用户提供了各种过程控制功能，主要包括数据采集和处理、控制算法、常用运算式和控制输出等功能模块。这些功能固化在现场控制站、PLC、智能调节器等装置中。用户可以通过组态方式自由选用这些功能模块，以便构成控制系统。

操作显示软件包为用户提供了丰富的人–机接口联系功能，可在显示器和键盘组成的操作站上进行集中操作和监视。用户可以选择多种图形显示画面，如总貌显示、分组显示、回路显示、趋势显示、流程显示、报警显示和操作指导等画面，并可以在显示画面上进行各种操作，所以它可以完全取代常规的模拟仪表盘。

报表打印软件包可以向用户提供每小时、班、日、月的工作报表，打印瞬时值、累计值、平均值、事件报警等。

过程控制语言可供用户开发高级应用程序，如最优控制、自适应控制、生产和经营管理等，如 TDCS-3000 提供了 FORTRAN 77 语言和 Pascal 语言。

3. 使用通信网络

通信网络是集散系统的“神经中枢”，它将物理上分散配置的多台计算机有机地连接起来，实现相互协调、资源共享的集中管理。通过高速数据通信线，将现场控制站、局部操作站、监控计算机、中央操作站、管理计算机连接起来，构成多级控制系统。

DCS 一般采用同轴电缆或光纤作为通信线，也使用双绞线，通信距离可按用户要求从十几米到十几千米，通信速率为 1～10Mbps，而光纤的通信速率高达 100Mbps。DCS 的通信距离长，速度快，可满足大型企业对数据通信的需要，实现实时控制和管理。

9.1.4 DCS 的体系结构

自从美国的 Honeywell 公司于 1975 年成功地推出了世界上第一个集散系统以来，经历了几十年的时间，DCS 已经走向成熟并获得了广泛应用。DCS 的发展历程是一个不断地由小规模到大规模的过程，从最初的小规模控制系统发展到综合控制管理系统，从而使工业控制系统进入了集中管理与分散控制的时代。

DCS 的体系结构通常为三级：第一级为分散过程控制级；第二级为集中操作监控级；第三级为综合信息管理级。各级之间通过通信网络联系，级内各装置之间通过本级的通信网络进行通信联系。典型的 DCS 体系结构如图 9.1 所示。

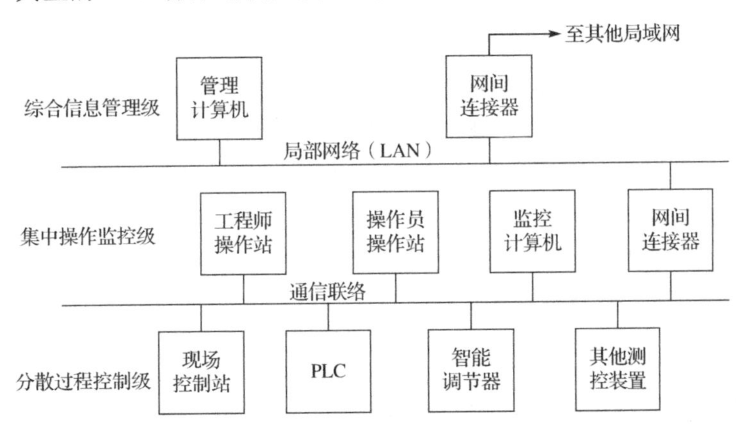

图 9.1 典型的 DCS 体系结构

1．分散过程控制级

分散过程控制级是直接面向生产过程的，它直接与生产过程现场的传感器（热电偶、热电阻、光敏传感器、半导体传感器等）、变送器（温度、压力、液位、流量等变送器）、执行机构（调节阀、电磁阀等）、电气开关（触点输入/输出）相连接，是 DCS 的基础。它直接完成生产过程的数据采集、调节控制、顺序控制等功能，其过程输入信息来自传感器的信号，如热电偶、热电阻，以及变送器（温度、压力、液位等变送器）和开关量信号，其输出驱动执行机构。这一级还能与集中操作监控级进行数据通信，接收显示操作站下传加载的参数和作业命令，并将现场的工作情况整理后向显示操作站报告。构成这一级的主要装置如下。

（1）现场控制站（工业控制机）。

（2）可编程序控制器（PLC）。

（3）智能调节器。

（4）其他测控装置。

2. 集中操作监控级

DCS 的集中操作监控级主要是显示操作站，它完成显示、操作、记录、报警等功能，兼有部分管理功能。它把过程参数的信息集中化，对各个现场配置的控制站的数据进行收集，并通过简单的操作，进行过程量的显示、各种工艺流程图的显示、趋势曲线图的显示；也可以改变过程参数，如设定值、控制参数、报警状态等信息。显示操作站的另一个功能是系统组态，它可以进行控制系统的生成、组态。

集中操作监控级是面向控制系统工程师和操作员的，这一级配备有技术手段齐、功能强的计算机系统及各类外部装置，特别是显示器和键盘，以及存储容量较大的硬盘和软盘。另外，这一级还需要功能强大的软件的支持，确保工程师和操作员对系统进行组态、监视和操作，对生产过程实行高级控制策略、故障诊断、质量评估。集中操作监控级的组成包括如下几部分。

（1）监控计算机。

（2）工程师操作站。

（3）操作员操作站。

3. 综合信息管理级

综合信息管理级由管理计算机、办公自动化系统、工厂自动化服务系统构成。综合信息管理级在 DCS 中用来实现整个企业（或工厂）的综合信息管理，主要执行生产管理和经营管理功能。DCS 的综合信息管理级实际上是一个管理信息系统（Management Information System，MIS），是借助自动化数据处理手段进行管理的系统。MIS 由计算机硬件、软件、数据库、各种规程和人共同组成。综合信息管理级主要进行市场预测、经济信息分析，对原材料库存情况、生产进度、工艺流程及工艺参数进行生产统计，产生各种报表，进行长期的趋势分析，做出生产和经营决策，确保经济效益最大化。

4. 通信网络系统

DCS 各级之间的信息传输主要依靠通信网络系统来实现。根据各级的不同要求，通信网络分成低速、中速、高速三种。低速网络面向分散过程控制级；中速网络面向集中操作监控级；高速网络面向综合信息管理级。

9.1.5 典型 DCS 的简介

1. TDC-3000

TDC-3000 是美国 Honeywell 公司于 1983 年发布的产品，其系统框图如图 9.2 所示。由图 9.2 可知，该系统在数据通信线路上设置了一层局域网，其上挂接了功能强大的信息处理机、多功能操作台及其他网络组件，并且还有向更高层扩展的接口。系统的现场连接部分功能更分散、更灵活，有基本控制器 CB、扩展控制器 EC、多功能控制器 MC、可编程控制器和专门的过程控制单元；层次更清楚，上层的多功能操作站可在更高角度上透视生产全过程，对整个系统进行监视、操作、控制，使管理更集中。现场的前沿控制部分已发展成为

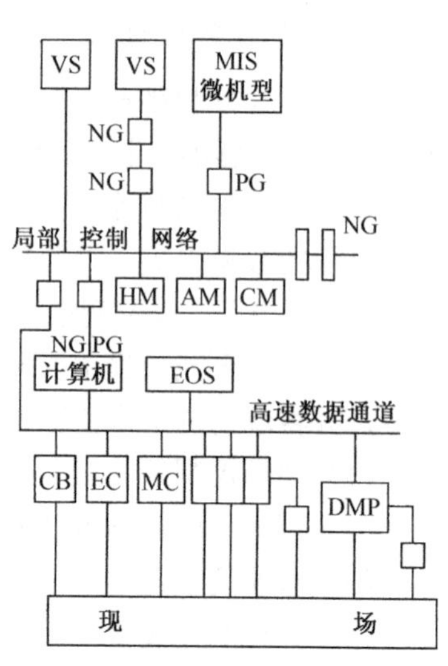

图 9.2 TDC-3000 系统框图

单回路控制器，功能更分散。网络间的连接是通过高速数据通道和通信接口实现的。网络的拓扑结构仍属于总线型。

TDC-3000 有四个主要构成部件，具体内容如下。

（1）过程控制器，即基本控制器，与数据线路相连。

（2）数据通道，将数据公路、子系统、计算机、操作站连接起来，组成局域网络 LCN。

（3）与 LCN 相连接的应用模块（AM）、计算模块（CM）和历史模块（HM）。应用模块可从过程控制箱或 LCN 上其他模块接收输入信号，向过程中的执行元件或其他模块提供输入信号（它的输出信号）。计算模块负责专门的或复杂的计算，产生需要的数据和实施预定的控制策略。历史模块主要用来存放历史数据。

（4）操作站（VS）。操作站是 TDC-3000 的人–机联系装置，主要由视频显示、操作键盘、外部设备、微处理器及外围接口电路组成，可为工程技术人员、操作人员、维修人员提供各自需要的操作，完成各自特定的功能。

TDC-3000 的重要特征是：系统的计算功能分散，同时具有过程控制和信息管理功能。

2．CENTUM-XL

CENTUM 从 1975 年问世以来，不断加以改进，1985 年发展成 A 型，1987 年发展成 B 型，1988 年又推出了 CENTUM-XL，其系统框图如图 9.3 所示。该系统将控制、操作、管理、专家系统、开发和维护等功能融为一体，并且具有计算机辅助设计（CAD）功能。

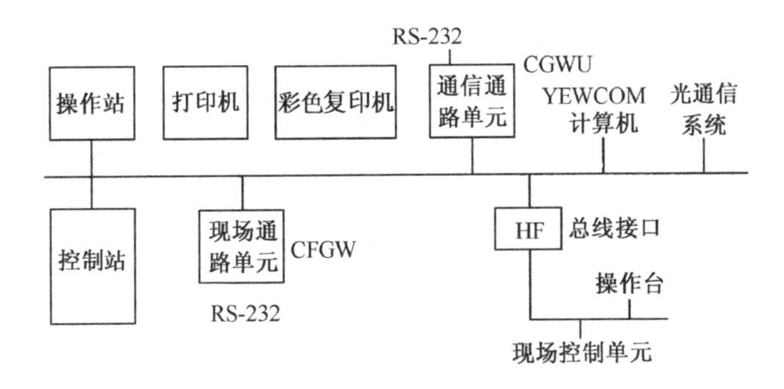

图 9.3　CENTUM-XL 系统框图

控制站包括现场控制站（CFCS2）、双重化现场控制站（CFCDS2）、高分散性现场控制站（CFBS2）、发电厂专用双重化现场控制站（CFCDE）。现场控制站和双重化现场控制站内部有 255 个软功能模块（也称为内部仪表）和 40 张命令表，使用填表语言构成 40 个回路的控制系统。高分散性现场控制站安装了 6 个独立的现场控制单元，每个现场控制单元都有 63 个软功能模块和 4 张顺序命令表，可以组成 8 个控制回路。

现场监视站（CFMS2）是非控制型的专用站，可以输入 255 点模拟信号，提高对多点数据采集和监视的效率。操作监视站（COPSV）是人–机接口，它最多可连接 3 台操作控制台（COPCV）。

现场通路单元（CFGW）是一种专用的监视系统，用于采集 PLC 和工业气相色谱分析仪数据。CENTUM-XL 有 3 个操作站（EOPS），EOPS 采用 32 位 CPU（MC 68020），4MB/8MB 内存，40MB/80MB 硬磁盘，20 英寸（inch）彩色 CRT 显示器；1 台 EOPS 可连接 3 台操作台、4 台打印机和 1 台彩色复印机；具有各种图形画面、语音信息和音响信息，监视 16 000 点、300 幅画面和 2300 条趋势记录。

通信通路单元（CGWU）负责与上位机通信。

CENTUM-XL 通过 HF 通信总线将数个站连成一个系统。HF 通信总线的基本长度为 2km，使用中继器可延长到 10km，通信速率为 1Mbps。另外，CENTUM-XL 具备光导纤维通信系统 YEWLINK32，其为环形结构，节点间长度为 5km，环形线总长为 20km，通信速率为 32Mbps。同时采用 2 根同轴电缆，实现冗余化通信。HF 通信总线可以连接 32 台设备，为了提高系统的可靠性，控制站采用两种冗余方式：一种是 1 对 1 备用（如 CFCD2）；另一种是 *N*（*N* 最大为 12）对 1 备用（如 CFBS2）。CFCD2 有两套完全相同的 CPU、输入/输出、电源和内部总线，其中一套处于工作状态，另一套处于热备状态。一旦发生故障，CFCD2 就进入无扰动切换。CFBS2 是高分散型现场控制站，其内部有 6 个独立的现场控制单元（CFCU2），当某一个单元发生故障时，备用单元（BCU）便立即运行。

3．WDPFS

WDPFS 是美国西屋公司的产品，WDPFS 系统框图如图 9.4 所示。WDPFS 系统的通信网络结构属于总线型，无上位机，也无通信指挥器；采用分散共享数据库；系统结构灵活，可大可小，最大可扩展到 254 个站；高速数据通道采用无源同轴电缆或光导纤维，信息传送速率高。在高速数据通道上挂接各种功能站，如分散型处理单元（DPU）、批量处理单元（BPU）、过程控制器（PC）、数字调节器（DDC）、各种过程接口（IF）、操作控制台、记录器、历史数据存检、远程技术中心等。整个系统以 16 位的网机为基础。

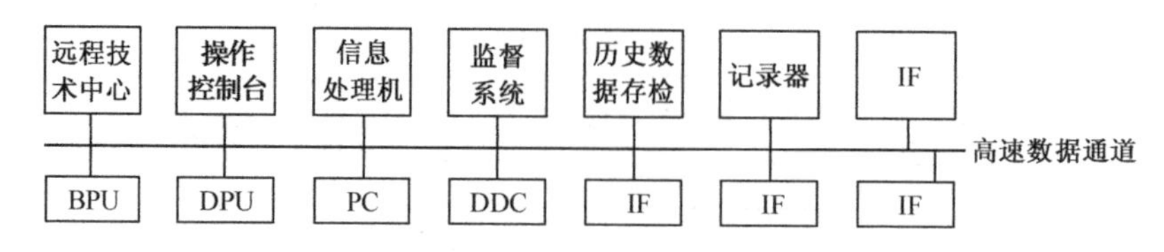

图 9.4　WDPFS 系统框图

9.2　计算机集成制造系统（CIMS）简介

计算机集成制造系统（Computer Integrated Manufacturing System，CIMS）是自动化系统发展的方向，也是企业计算机应用的重点领域。自 20 世纪 80 年代开始，CIMS 发展十分迅速。本节对 CIMS 的概念、结构等有关问题进行简要的介绍。

据美国科学院对该国在 CIMS 技术方面处于领先地位的 5 个公司的调查，发现采用 CIMS 技术可使产品质量提高 200%～500%，生产率提高 40%～70%，设备利用率提高 200%～500%，生产周期缩短 30%～60%，工程设计费用减少 15%～30%，人力费用减少 15%～30%。CIMS 正在逐步成为风靡全球的关键技术。

9.2.1　CIMS 追求生产活动的整体优化

CIMS 是在信息技术、计算机技术、自动化技术、制造技术、机电一体化技术的基础上，利用计算机及其软件将工厂的全部生产经营活动，从市场预测、订货、计划、产品设计、加工制造、销售，直到售后服务的全部设计、制造、管理环节进行统一控制、统一管理的综合性自动化制造系统。其目的是把原来的局部优化目标转化成全厂甚至整个企业的整体优化目标，从而获得更高的整体效益（缩短产品开发与制造周期、提高产品质量、提高生产率、减少在制品，以及充分利用工厂的各种资源）及提高企业的应变能力，以便适应市场对产品不断更新、灵活多变的要求，使工厂企业在激烈的市场竞争中立于不败之地。CIMS 的出现是技术经济发展的必然结果，它具有很大的柔性，能对市场需求变化快速做出反应，是适合多品种、中小批量生产的高效益、高柔性的智能制造系统。

9.2.2 CIMS 的组成

图 9.5 所示是 CIMS 各组成部分的层次结构。

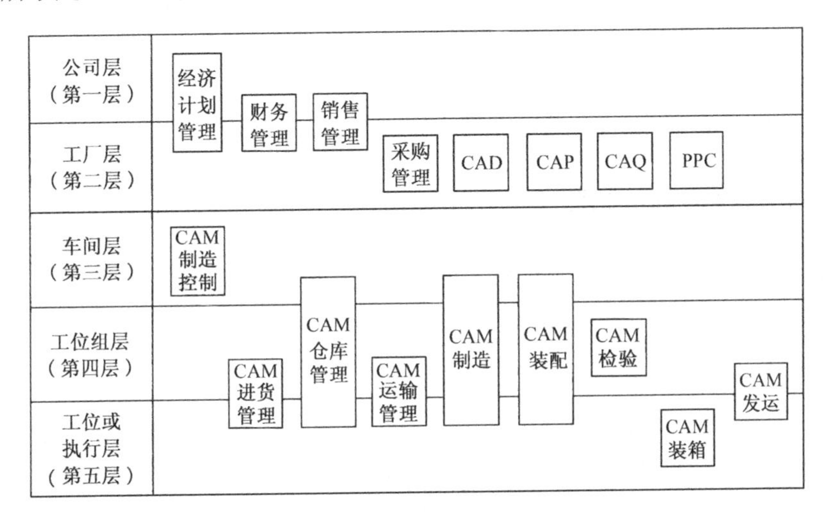

图 9.5 CIMS 各组成部分的层次结构

1．计算机辅助设计（Computer Aided Design，CAD）

CAD 是一个综合概念，它表示在产品开发和设计过程中直接或间接使用计算机的全部活动。

2．计算机辅助生产准备（Computer Aided Planning，CAP）

CAP 根据传统设计方法或从 CAD 系统得到的设计结果，产生各种用于指导零部件制造或装配工作的信息，如制造或装配工艺卡、数控信息等。

3．计算机辅助制造（Computer Aided Manufacturing，CAM）

CAM 有广义和狭义之分。狭义的 CAM 包括利用计算机对机床、运输工具和仓库进行控制；广义的 CAM 包括制造控制、进货管理、仓库管理、运输管理，以及制造、装配、检验、装箱和发运等功能。本书采用后者，即广义的 CAM。

4．计算机辅助质量管理（Computer Aided Quality Control，CAQ）

CAQ 表示利用计算机制订质量管理计划及实施质量管理的活动的总和。

5．生产计划及控制（Production Planning and Control，PPC）

PPC 的主要任务是对从报价处理直到装箱发运的整个生产过程在数量、进度和能力诸方面进行计划、监视和控制。

6. 管理信息系统

除了经营计划管理、财务管理、销售管理、采购管理，管理信息系统还包括生产计划和控制、CAM 进货与仓库管理等。

管理信息系统是企业的灵魂。它可以分为三个层次：一是战略决策层，它从全局观点出发，根据市场预测和决策，确定经营方针，编制中长期收益规则，预测企业的未来，编制企业发展规划，确定工厂原料、能源等资源的获取和利用方案等；二是计划管理层，它根据任务和原料资源，制订计划，估计效能，确定实施方案，并且在方案实施过程中根据实际情况修改和优化方案，包括生产规划、设备规划、成本核算、生产控制、物资管理等；三是作业处理层，它负责收集生产现场的实时信息，向上述两层提供必要的管理信息，以便及时分析效益，进行调度，保证生产高效进行。

CIMS 的各个组成部分是通过管理信息系统联系在一起的。

9.2.3 CIMS 的基础技术

CIMS 集成了系统科学、计算机科学、自动控制等多个学科中的多种技术，主要包括下述几种基础技术。

1. 网络技术

网络技术是 CIMS 的神经和纽带，它将 CIMS 的各个组成部分有机地连接在一起，集成一个系统。CIMS 的计算机网络可以分为三种类型，即现场通信网络（如现场总线）、实时控制网络（如 mini MAP）和办公自动化网络。CIMS 使用的网络如图 9.6 所示。

MAP（Manufacturing Automation Protocol）是美国通用汽车公司于 1980 年着手开发的网络协议。当时，美国通用汽车公司有 40 000 个可编程序的设备，由于它们来自不同厂家，仅有 15%的设备可互相通信，因此大多数自动化设备都是自动化孤岛。MAP 企图将这些自动化孤岛连接起来，提供一个标准的开放式的网络环境。

TOP（Technical and Office Protocol）是波音公司于 1982 年着手开发的办公室自动化局域网络协议，其目的与美国通用汽车公司的目的相似，企图将当时公司内来自 85 个不同厂家的 45 台主机、400 台小型机，以及近 20 000 台工作站或终端连接起来。

mini MAP 是简化的 MAP。MAP/EPA 是性能增强型结构局域网。

现场总线（Fieldbus，FB）是专门用于连接工厂底层设备的一种全数字通信网络。

需要说明的是，近年来，工业以太网技术得到了迅速发展，这个原来应用于 IT 领域的网络标准在信息网扩展中得到了迅速发展，其不断提高的性能和迅速降低的成本是现在任何工业自动化网络都无法比拟的。它应用广泛、通信速率高、资源共享能力强、易于安装，并且具有可持续发展潜力，致使工业自动化领域的一些公司不约而同地将注意力集中在利用以太网的资源上，所以新一代的工业自动化网络几乎都是建立在工业以太网基础上的，使工业以太网成为当前的热点。从技术发展的方向上看，许多基于传统工业自动化网络的控制系统最终都将连接到工业以太网上。

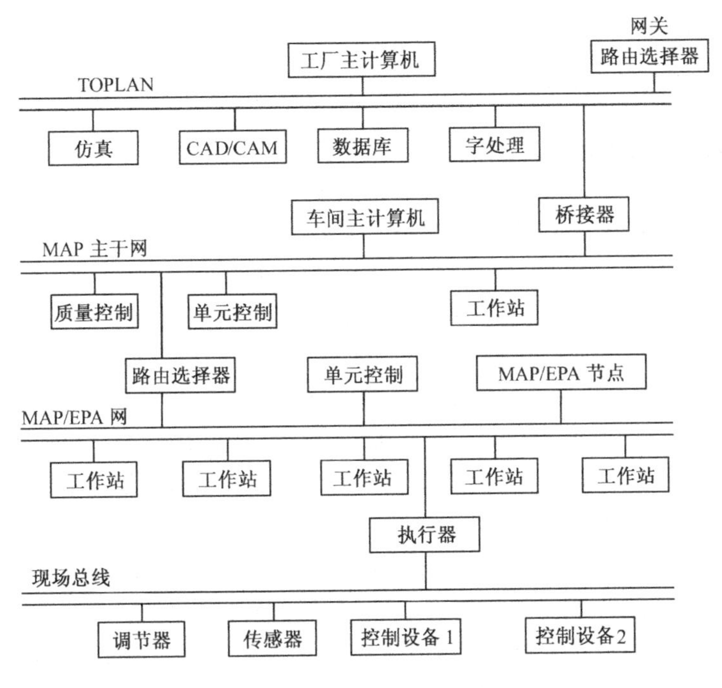

图 9.6　CIMS 使用的网络

2. 分布式数据库技术

CIMS 中的分布式数据库不仅可实现数据共享，而且由于数据就近存储，提高了数据的存储速度并减少了网络中数据的传输量。与一般数据库相比，它还有以下特点。

（1）数据类型复杂，不仅有数值型、逻辑型、字符型、日期型，还有零件图型等。

（2）需要强有力的语义支持，如区分同为运输工具的汽车、火车和飞机之间的差别。

（3）处理时间长，如复杂零部件的设计对数据库的操作可能需要几秒，甚至数分钟之久。

3. 自动控制技术

工厂中设备的单机自动化和生产过程的自动控制是实现 CIMS 的一个前提。CIMS 不仅能实现 PID 控制，而且采用自适应控制、模糊控制等现代控制技术。它要求自动化水平更高、人工干预更少。

4. CAD/CAM 技术

在 CIMS 中，CAD/CAM 的主要任务如下。

（1）产品成型并在计算机内部形成有关产品的信息，为后续环节提供数据。

（2）零部件数控加工的程序设计及加工信息。

（3）零部件的工艺流程设计并提供必要的信息。

（4）产品的方案设计、零部件设计及工程分析并提供有关数据。

5. 柔性制造系统（FMS）

柔性制造系统是现代化工厂的一个重要标志，它一般包括加工中心、物料运输与储存、刀具的更换与管理、自动检测与清洗等。在这里物料流与信息流交汇，设计图呈现需要的实物并可实现反馈现场信息。柔性制造系统主要由柔性物料加工单元、柔性装配单元和柔性检测单元组成，是一种高效率、多品种、小批量生产的制造系统。

9.2.4 CIMS 的结构

日本在 20 世纪 70 年代就开始了 CIMS 的开发研究。20 世纪 80 年代，许多国家纷纷加入了开发 CIMS 的行列，出现了开发 CIMS 的热潮。这是因为当时许多国家的工厂自动化程度已经相当高，局部优化已接近饱和，只有通过 CIMS 提高整体效益才能争取更高的利润。在开发 CIMS 这个复杂的技术工作中，许多企业已经开发了不少高质量的 CIMS，如日本的 YHP 公司、德国的 Siemens 公司、美国的 GM/EDS 公司和 DEC 公司等。

CIMS 在我国也已经取得了很大发展。清华大学的国家 CIMS 工程研究中心经过长达六年的建设，通过了国家鉴定和验收，并在 1994 年年底获得了美国制造工程师学会（SME）颁发的 1994 年年度 CIMS 应用与开发“大学领先”国际大奖，中国人在这个领域的成就已经令世界刮目相看。从 1990 年起，我国就开始向成都飞机工业公司、沈阳鼓风机厂、上海二纺机厂、济南第一机床厂和北京第一机床厂等 11 个企业全面推广 CIMS 技术。如今，CIMS 在这些企业中已发挥了巨大的作用。例如，成都飞机工业公司为美国装配的麦道 82 飞机头的生产周期已由过去的 12 个月缩短到了 6 个月。以前，飞机的框架、壁板等复杂零件共需 350 个加工工时，14 500 个工装工时；现在这些零件只需 80 个加工工时，不需要工装。CIMS 的应用使该企业有能力生产麦道 82 和麦道 90 机头及波音 757 尾翼。生产技术和产品质量均受到了美国波音公司的充分肯定，成为国际飞机制造的承包商。

1. 集中型 CIMS

早期的 CIMS 的“集成”常常和“集中”联系在一起。在计算机系统结构及应用上都是以主机为核心的集中型 CIMS。这种系统有许多优点，但也存在许多问题，具体内容如下。

（1）系统规模庞大，开发过程长。

（2）投资庞大，中小企业难以接受。

（3）需要大量开发人力，要以有经验的系统工程师为核心，主要由信息系统开发人员进行开发，最终用户（业务管理人员）使用不便。

（4）系统灵活性差，难以适应工厂不断发展的要求。

（5）是一个依赖于供货商的系统。

2. 分散型 CIMS

20 世纪 80 年代中期，集中管理、分散控制的集散系统（DCS）思想也渗透到了 CIMS。由于不仅大型企业期望开发 CIMS，中小型企业也希望开发 CIMS，所以产生了用少量投资，在较短时间内，用较少人力开发一个灵活且易于扩展的、易于使用的 CIMS 的要求。针对中小型企业的需要，日本富士电机公司提出了小型 CIMS（mini CIMS）的概念，其基本思想如下。

（1）以分散处理系统为基础。用工作站或个人机的网络系统对各业务部门的业务进行分散处理。

（2）面向最终用户。应用视图和面向对象的开发工具及商品软件，由最终用户进行应用开发。

（3）开发的应用软件具有可移植性。采用工业标准的操作系统和支持软件，开发的应用软件与硬件和操作系统相互独立，可以方便地移植于其他系统。

（4）在短期内开发系统。以价廉的个人机、工作站、软件包、原型系统为基础进行应用开发，并逐步系统化。

（5）在线实时处理。信息流和物流同步，在意外事件发生时，能在线实时处理。

（6）开放系统。应用工业标准的通用计算机局域网、数据库和软硬件产品，可由多厂家产品组成系统。

（7）高保密性和可靠性。采用用于工厂自动化的个人机和工作站，保证 24h 连续工作。

3．分散处理 CIMS 的结构实例

日本富士电机公司提出了一种完全由个人机和工作站组成的分散处理 CIMS 的结构，如图 9.7 所示。

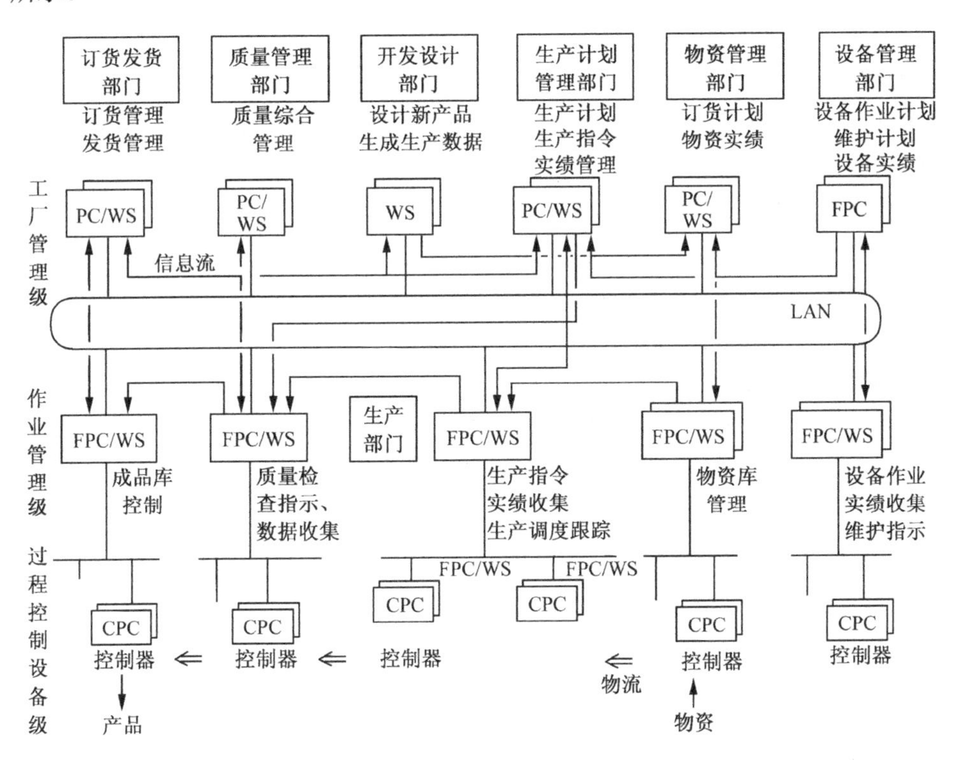

图 9.7　由个人机和工作站组成的分散处理 CIMS 的结构

尽管是mini CIMS，如图9.7所示的系统仍然是一个利用多级计算机网络连接起来的CIMS。在工厂管理级，各部门采用个人机或工作站进行分散处理，适合应用于客户–服务器系统。作业管理级采用工业个人机或工作站，将工厂级的指令信息实时传送给过程控制设备级，并实时取回过程控制设备级收集的各种实际数据。过程控制设备级采用工业个人机，对过程中的物流和信息流进行实时管理和控制。在过程控制设备级，为了适应网络、人–机交互的要求，使用组装型工业个人机。

为了用较少的投资，在较短的时间内，比较容易地开发、应用分散处理系统，许多公司开发了个人机、工作站平台的标准化软件包和原型系统，并且提供了便于开发应用软件的支持软件环境，因此用户只要完成很少的“用户化”工作就可以分阶段地构造系统。显然，这是开发、应用 CIMS 的一种比较有效的方法。

本 章 小 结

集散系统和计算机集成制造系统正在现代企业中大量地推广使用。本章介绍了这两种系统的重要特点、体系结构及组成部件，以及它们的技术基础，并且对若干典型产品做了简单的介绍，目的是拓宽读者的知识面，了解计算机控制系统的发展趋势。

练 习 9

1. DCS 的基本设计思想是什么？可用哪些措施来保证它们的实现？试举例说明。
2. 在 DCS 中，可以利用高速数据通道或局部网络来进行传输，请分析能否利用 Internet 进行传输。
3. DCS 有哪些特点？
4. CIMS 有哪些特点？
5. DCS 和 CIMS 的应用场合有什么不同？
6. 为什么 CIMS 会受到世界各国的重视？
7. CIMS 是建立在哪些基础技术之上的？
8. CIMS 包括哪些主要组成部分？
9. 为什么我国也要发展 CIMS？你认为我国应发展什么类型的 CIMS？

第 10 章 飞速发展的机器人技术

机器人技术是一项快速发展的技术，在短短几十年的时间里，在世界范围内工业机器人已经变成了工厂大量使用的廉价劳动力。工业机器人不仅可以克服恶劣环境对生产的影响，减少人工的使用，保障工人的安全，还能够帮助工厂节约生产成本，提高生产效率，保证产品质量。除了工业机器人，用于非制造业并服务于人类的各种先进机器人（特种机器人）也正在如雨后春笋般地出现。

10.1 机器人原则和定义

10.1.1 机器人原则

1920 年，作家卡雷尔·恰佩克在他的科幻小说《罗萨姆的机器人万能公司》中，创造了"Robot"（机器人）一词。1950 年，美国著名的科幻小说家阿西莫夫在他的小说《我是机器人》中，首次使用"Robotic"（机器人学）来描述与机器人有关的科学，并且提出了著名的机器人三原则。

（1）机器人不能伤害人类，也不能眼见人类受到伤害而袖手旁观。

（2）机器人应该服从人类的命令，但不能违反第一条原则。

（3）机器人应该保护自身的安全，但不能违反第一条和第二条原则。

上述三条原则已经成为机器人研究人员和机器人研制厂家共同遵守的指导方针。

10.1.2 机器人定义

在国际上，关于机器人还没有统一的定义，但是有一些共同的认识。机器人应该像人或人的上肢，具有智力或感觉与识别能力，是人造的机器或机械电子装置。

我国国家标准 GB/T 12643—1990 对工业机器人下了这样的定义：工业机器人是一种能够自动定位控制的、可重复编程的、多功能的、多自由度的操作机，能搬运材料、零件或操持工具，完成各种作业。由于机器人技术发展非常迅速，现在不仅有各种各样的工业机器人，还有各种各样的特种机器人，所以各个国家对于机器人的定义需要与时俱进。自从 1959 年美国研制出世界上第一台工业机器人以来，机器人技术及其产品发展非常迅速，已成为柔性制造系统（FMS）、自动化工厂（FA）、计算机集成制造系统（CIMS）的自动化工具。

10.1.3 机器人系统的基本组成

机器人系统组成框图如图 10.1 所示，它包括机械系统、驱动系统、控制系统和感知系统四大部分。

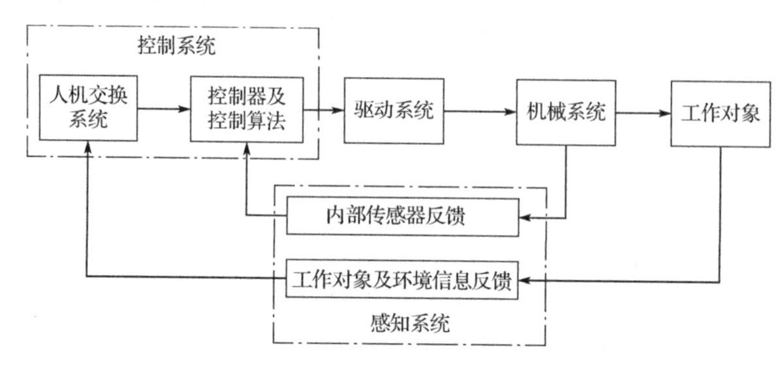

图 10.1 机器人系统组成框图

1. 机械系统

机器人的机械系统包括机身、手臂、腕部、手（末端操作器）和行走机构，每一部分都有若干自由度，构成了一个多自由度的机械系统。图 10.2 所示是通用关节工业机器人的执行部分，它由多个连杆组成，显然是为了模仿手臂的基本运动。

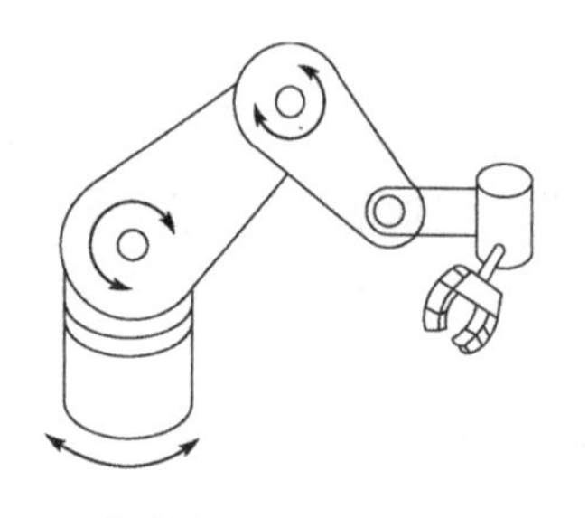

图 10.2 通用关节工业机器人的执行部分

2. 驱动系统

驱动系统向机械系统提供动力，采用的动力源不同，驱动系统的传动方式也不同。驱动系统的传动方式主要有液压式、气压式、电气式和机械式四种。其中，电气驱动目前使用最多，因为电源取用方便，响应速度快，驱动力大，信号检测、传递、处理方便，还可以采用多种灵活的控制方式。电动机一般采用步进电动机或伺服电动机，也可以采用直接驱动电动机（Direct Drive Motor，DD 马达）。DD 马达除了延续伺服电动机的特性，还具有低速大扭矩、高精度定位、高响应速度、结构简单、小机械损耗、低噪声、少维护等特点，被广泛应用于各行各业。

3. 控制系统

顾名思义，控制系统是根据机器人的作业指令及从传感器反馈回来的信号，控制机器人的执行机构完成规定运动的自动控制装置。它可以实现点位控制，也可以实现连续轨迹控制；它可以是开环的，也可以是闭环的；它可以是简单的程序控制，也可以是适应性控制系统或人工智能控制系统。

4. 感知系统

感知系统相当于人类的感觉器官，它由各种各样的传感器组成。机器人使用的传感器分为内部传感器和外部传感器，以便获取内部或外部环境的有用信息。

由机器人系统组成框图可知，机器人系统其实是一个自动控制系统。事实上，由于自动控制技术、计算机技术、传感器技术等现代技术的发展，才出现了机器人系统飞速发展的局面。

10.2 机器人的分类

机器人的用途很广，它有很多种类。我国的机器人专家从应用环境出发，将机器人分为两大类，即工业机器人和特种机器人。国际上通常将机器人分为工业机器人和服务机器人两大类，这和我国的机器人专家的观点是一致的。工业机器人是集机械、电子、控制、计算机、传感器、人工智能等多学科先进技术于一体的现代制造业重要的自动化装备。特种机器人则是除工业机器人之外的、用于非制造业并服务于人类的各种先进机器人。

10.2.1 工业机器人的分类

工业机器人品种繁多，如汽车装配流水线上的机器人（见图 10.3）。工业机器人也有很多分类方式。

图 10.3 汽车装配流水线上的机器人

1．按坐标形式分

按坐标形式，工业机器人可分为直角坐标式（PPP，见图 10.4）、圆柱坐标式（RPP，见图 10.5）、球坐标式（RRP，见图 10.6）、关节坐标式（RRR，又称回转坐标式）。关节坐标式机器人又分为链式关节坐标式机器人（见图 10.7）和水平（平面）关节坐标式机器人（见图 10.8）两种。

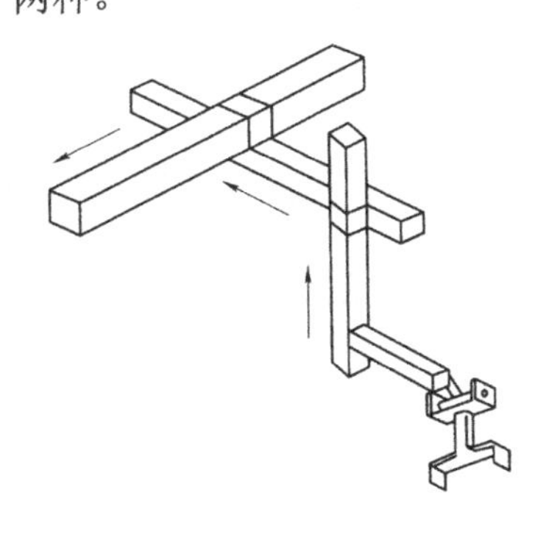

图 10.4 直角坐标式机器人

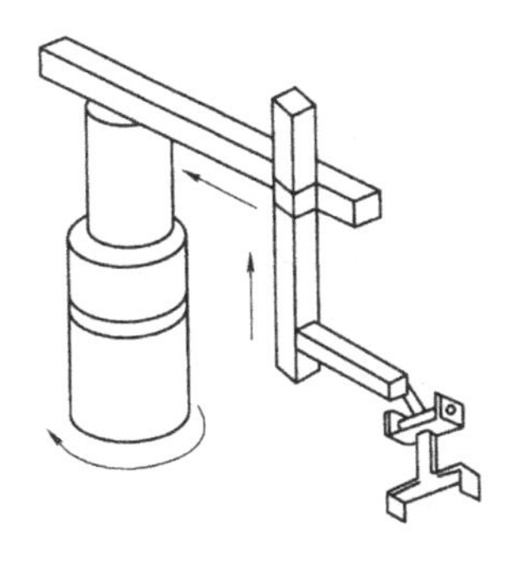

图 10.5 圆柱坐标式机器人

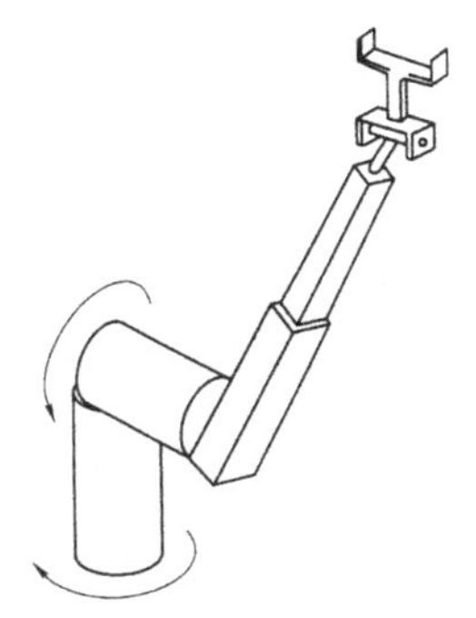

图 10.6 球坐标式机器人

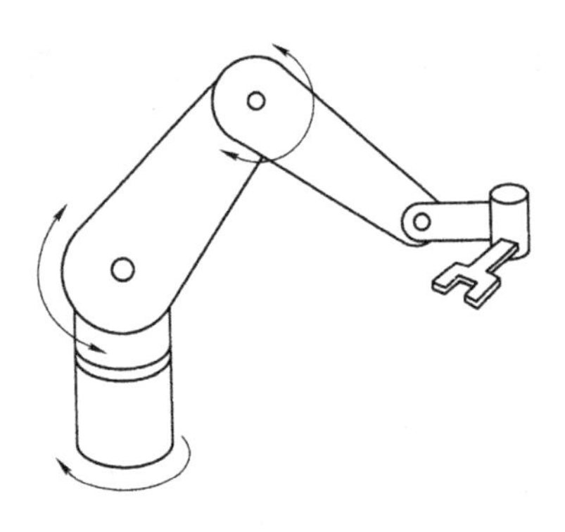

图 10.7　链式关节坐标式机器人

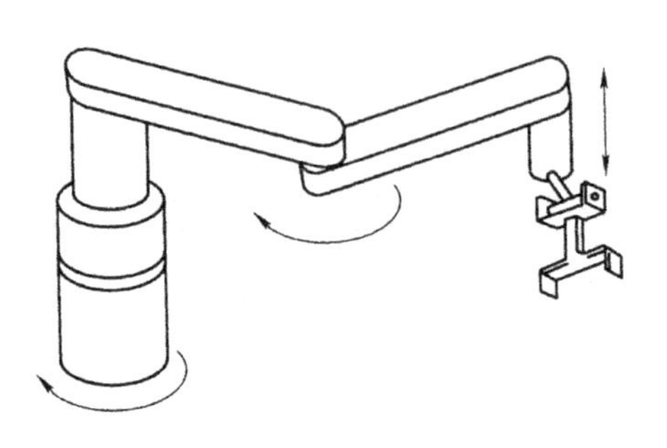

图 10.8　水平（平面）关节坐标式机器人

2．按控制方式分

按控制方式，工业机器人可分为点位控制机器人和连续轨迹控制机器人。点位控制机器人适用于上下料、点焊、卸运；连续轨迹控制机器人适用于焊接、喷漆和检测。

3．按驱动方式分

按驱动方式，工业机器人可分为电力驱动机器人、液压驱动机器人和气动驱动机器人。电力驱动机器人的驱动部件可以是步进电动机、交流或直流伺服电动机。液压驱动机器人具有很大的抓取能力，动作灵活，传动平稳，防爆性好，但需要配备一套液压系统，而且对密封性要求高，不宜在高、低温环境下工作。气动驱动机器人结构简单、动作迅速、价格便宜，但工作速度的稳定性差，抓取力小。

4．按编程方式分

按编程方式，工业机器人可分为示教编程机器人和语言编程机器人。示教编程机器人适用于重复操作、作业任务比较简单的场合，分为手把手示教编程机器人和示教盒示教编程机器人两种。语言编程机器人适用于操作精度高的场合。

5．按机器人的负荷和工作空间分

按机器人的负荷和工作空间，工业机器人可分为大型、中型、小型和超小型四类。各种型号工业机器人的负荷和工作空间如表 10.1 所示。

表 10.1　各种型号工业机器人的负荷和工作空间

工业机器人型号	负　荷	工 作 空 间
大型机器人	1～10kN	>10m^3
中型机器人	100～1000N	1～10m^3
小型机器人	1～100N	0.1～1m^3
超小型机器人	<1N	<0.1m^3

6．按机器人具有的自由度分

工业机器人的自由度一般为 2～7 个，自由度越多，机器人的柔性越好，但结构和控制也越复杂。简易机器人的自由度为 2～4 个，复杂机器人的自由度为 5～7 个。

7. 按使用范围分

按使用范围，机器人可分为可编程的通用机器人和固定程序的专用机器人。可编程的通用机器人的通用性强，适用于多品种、小批量生产的场合；固定程序的专用机器人的程序不可改动，适合完成日复一日的大批量作业，它们一般采用液压驱动或气压驱动，结构比较简单。

10.2.2 特种机器人的分类

特种机器人是机器人家族中的一个年轻成员，按照服务范围和用途的不同，特种机器人可分为民用机器人和军用机器人两大类。

民用机器人又可分为家务机器人、医用机器人、娱乐机器人、服务机器人（见图 10.9）、农业机器人等。

军用机器人又可分为排爆机器人、侦察机器人、战场机器人、扫雷机器人、空中机器人、水下机器人（见图 10.10）等。有些分支发展得很快，如空中机器人，即无人机，它广泛地应用于现代战争中。

图 10.9　服务机器人

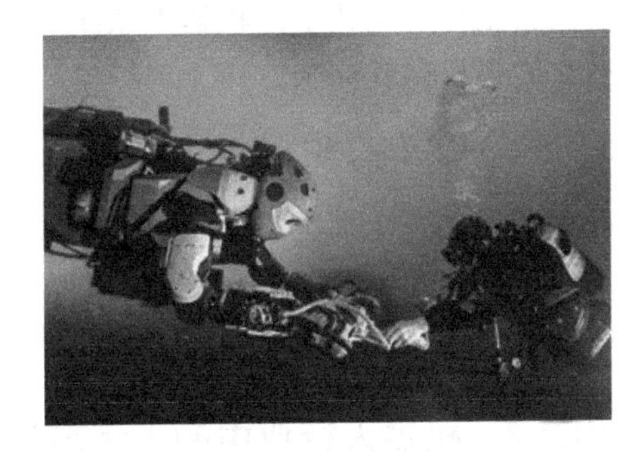

图 10.10　水下机器人

10.3 机器人技术的主要内容

10.3.1 工业机器人主要涉及的技术

近年来，机器人行业发展迅速，机器人被广泛应用于各个领域，尤其是工业领域。工业机器人的各个部件主要涉及哪些技术？有哪些研究热点呢？

1. 机器人操作机构

采用有限元分析、模态分析及仿真设计等现代设计方法，实现机器人操作机构的优化设计。探索新的高强度轻质材料，进一步提高机器人操作机构的负载/自重比。

采用先进的 RV 减速器及交流伺服电动机，使机器人操作机构几乎成为免维护系统。机器人操作机构向着模块化、可重构方向发展，使机器人的结构更加灵巧，操作系统越来越简单，朝着一体化方向发展。采用并联机构，利用机器人技术，实现高精度测量及加工，为实现机器人和数控技术一体化奠定了基础。

2. 机器人控制系统

机器人控制系统向基于 PC 的开放型、模块化的控制器方向发展，大大提高了系统的可靠性、易操作性和可维修性，使控制系统的性能进一步提高。为了研发更加友好的人机界面，研制语言、图形编程界面，除了进一步提高在线编程的可操作性，还应实现离线编程的实用化。

3. 机器人传感技术

除了采用传统的位置、速度、加速度等传感器，装配、焊接机器人还应用了激光传感器、视觉传感器和力传感器，并实现了焊缝自动跟踪和自动化生产线上物体的自动定位及精密装配作业等，大大提高了机器人的作业性能和对环境的适应性。

遥控机器人采用视觉、声觉、力觉、触觉等多传感器的融合技术，其研究热点在于有效可行的多传感器融合算法。需要解决的另一个问题就是传感系统的实用化。

4. 机器人遥控和监控技术

在一些诸如核辐射、深水、有毒等高危险环境中进行焊接或其他作业时，需要遥控机器人代替人去工作。当代遥控机器人系统的发展特点不是追求全自治系统，而是致力于操作者与机器人的人机交互控制。

5. 虚拟机器人技术

在机器人的操作控制中采用虚拟现实技术的思想已从仿真、预演发展到用于过程控制，如使遥控机器人操作者产生置身于远端作业环境中的感觉来操纵机器人。基于多传感器、多媒体和虚拟现实及临场感技术，实现机器人的虚拟遥控操作和人机交互。

10.3.2 机器人行业中的十大前沿技术

机器人行业的蓬勃发展离不开先进的科学技术支撑。下面介绍机器人行业中的十大前沿技术。

1. 柔性机器人技术

柔性材料具有在大范围内任意改变自身形状的特点，柔性机器人技术是指采用柔性材料研发、设计和制造的软体机器人，在管道故障检查、医疗诊断、侦察探测领域具有广泛的应用前景。

2. 生肌电控制技术

生肌电控制技术是指利用人类上肢表面肌的生物电信号来控制机器臂，在远程控制、医疗康复等领域有着较为广泛的应用。

3. 敏感触觉技术

敏感触觉技术是指利用新型触觉传感器，让机器人有皮肤，对物体的外形、质地和硬度更加敏感，最终胜任医疗、勘探等一系列复杂的工作。

4. 会话式智能交互技术

会话式智能交互技术使机器人不仅能理解用户的问题并给出精准的答案，还能在信息不全的情况下主动引导完成会话。

5. 情感识别技术

情感识别技术实现对人类情感甚至是心理活动的有效识别，使机器人获得类似人类的观察、理解、反应能力，可应用于辅助医疗康复、刑侦鉴别等领域。

6. 用意念操控机器——脑机接口技术

用意念操控机器通过对神经系统的电活动和特征信号的收集、识别及转化，使人脑发出的指令能够直接传递给指定的机器终端，可应用于助残康复、灾害救援和娱乐体验等领域。

7. 自动驾驶技术

自动驾驶技术为人类提供自动化、智能化的装载和运输工具，并延伸到道路状况测试、国防军事安全等领域。

8. 虚拟现实机器人技术

虚拟现实机器人技术实现操作者对机器人的虚拟遥控操作，在维修检测、娱乐体验、现场救援、军事侦察等领域具有应用价值。

9. 液态金属控制技术

液态金属是一种不定型、可流动的液体金属，目前的技术重点主要集中在液态金属的铸造成型上，以制造出可变形的液态机器人。

10. 机器人云服务技术

机器人本身作为执行终端，通过云端进行存储与计算，及时响应需求和实现功能，有效实现数据互通和知识共享，为用户提供无限扩展、按需使用的新型机器人服务方式。

10.4 机器人常用的传感器

第 2 章所介绍的传感器的基本知识对机器人常用的传感器也是适用的。但是各种各样的机器人所使用的传感器更加纷繁复杂，所以本节进行适当补充。

如今的机器人已具有类似人一样的肢体及感官功能，有一定程度的智能，动作程序灵活，在工作时可以不依赖人的操纵，而这一切都是由于使用了各种各样的传感器。传感器不仅使机器人具有视觉、力觉、触觉、嗅觉、味觉等对外部环境的感知能力，还可以用来检测机器人自身的工作状态。

10.4.1 内部传感器和外部传感器

根据检测对象的不同，机器人使用的传感器分为内部传感器和外部传感器。

内部传感器主要用来检测机器人各内部系统的状况，如各关节的位置、速度、加速度、温度、电动机转速、电动机载荷、电源电压等，并将所测得的信息作为反馈信息送至控制器，形成闭环控制系统。

外部传感器用来获取有关机器人的作业对象及外部环境等方面的信息，是机器人与周围交互工作的信息通道，用来执行视觉、接近觉、触觉、力觉等功能，如测量距离、声音、光线等。

10.4.2 机器人常用的外部传感器

1．视觉传感器

机器人通过对视觉传感器获取的图像进行分析，实现判断、测量、定位等功能。视觉传感器的优点是探测范围广、获取信息丰富，实际应用中常使用多个视觉传感器或与其他传感器配合使用，通过一定的算法就可以得到物体的形状、距离、速度等诸多信息。

2．声觉传感器

声觉传感器的作用相当于一个话筒（麦克风）。它用来接收声波，显示声音的振动图像，但不能对噪声的强度进行测量。声觉传感器主要用于感受和解释在气体（非接触感受）、液体或固体（接触感受）中的声波，可以从简单的声波存在检测到复杂的声波频率，直到对连续自然语言中单独语音和词汇的辨别。

3．距离传感器

距离传感器有激光测距仪（兼可测角）、声呐传感器等，近年来发展起来的激光雷达传感器是一种比较主流的传感器，可用于机器人导航和回避障碍物，如 SLAMTEC（上海思岚科技有限公司）研发的 RPLIDAR A2 激光雷达可进行 360° 全方位扫描测距，获取周围环境的轮廓图，采样频率高达 4000 次/秒。配合 SLAMTEC 的自主定位导航方案（SLAMWARE）可帮助机器人实现自主构建地图、实时路线规划与自动避开障碍物。

4．触觉传感器

触觉是人与外界环境直接接触时的重要感觉功能，研制满足要求的触觉传感器是机器人发展中的关键技术之一。这类传感器一般安装在抓手上，用来检测和感觉所抓的物体。随着微电子技术的发展和各种有机材料的出现，科研人员已经提出了多种多样的触觉传感器的研制方案，但目前大多属于实验室阶段，达到产品化的并不多。

5．接近觉传感器

接近觉传感器不仅可以测量距离和方位，而且可以融合视觉传感器和触觉传感器的信息。接近觉传感器可以辅助视觉系统的功能，以判断物体的方位，同时识别其表面形状。这种传感器的主要作用是发现前方障碍物，限制机器人的运动范围，避免与障碍物发生碰撞。为了准确抓取物体，机器人接近觉传感器的精度要求是非常高的。

6．滑觉传感器

滑觉传感器主要是指用于检测机器人与抓握对象间滑移程度的传感器。为了在抓握物体时确定一个适当的握力，需要实时检测接触表面的滑动程度，然后判断握力，在不损伤物体的情况下逐渐增加握力。滑觉检测功能是实现机器人柔性抓握的必备条件。

7. 力觉传感器

力觉传感器是指用来检测机器人自身力与外部环境力之间相互作用力的传感器。力觉传感器用于测量两个物体之间作用力的三个分量和力矩的三个分量。力觉传感器经常装于机器人的关节处，通过检测弹性体变形来间接测量所受的力。装于机器人关节处的力觉传感器常以固定的三坐标形式出现，有利于满足控制系统的要求。

目前出现的六维力觉传感器可实现全力信息的测量，因其主要安装于腕关节处被称为腕力觉传感器。腕力觉传感器大多数采用应变电测原理，按其弹性体结构形式可分为两种，筒式腕力觉传感器和十字形腕力觉传感器。其中，筒式腕力觉传感器具有结构简单、弹性梁利用率高、灵敏度高等特点；十字形腕力觉传感器结构简单、坐标建立容易，但加工精度高。

8. 速度传感器和加速度传感器

速度传感器有测量平移运动速度和旋转运动速度两种，但在大多数情况下，只限于测量旋转运动速度。利用位移的导数，特别是光电方法让光照射旋转圆盘，检测出旋转频率和脉冲数目，以求出旋转角度；也可以利用有缝隙的圆盘，通过光电二极管辨别出角速度，即转速，这就是光电脉冲式转速传感器。

加速度传感器通常由质量块、阻尼器、弹性元件、敏感元件和适调电路等部分组成。在加速过程中，通过对质量块所受惯性力的测量，利用牛顿第二定律获得加速度值。根据传感器敏感元件的不同，常见的加速度传感器包括电容式、电感式、应变式、压阻式、压电式等。

9. 其他传感器

1）碰撞检测传感器

碰撞检测传感器的主要应用是为作业机器人提供一个安全的工作环境。碰撞检测传感器可以是某种触觉识别系统，利用柔软的表面感知压力，如果感知到压力，将给机器人发送信号，限制或停止机器人的运动。

碰撞检测传感器还可以直接内置于机器人中。有些公司利用加速度计反馈，还有些公司使用电流反馈。在这两种情况下，当机器人感知到异常的力时，触发紧急停止，从而确保安全。但是在机器人停止之前，还是会撞到。因此最安全的环境是完全没有碰撞风险的环境。

2）零件检测传感器

在零件拾取应用中，假设没有视觉系统，机器人无法知道抓手是否正确抓取了零件，而零件检测传感器可以为机器人提供抓手位置的反馈。例如，如果抓手漏掉了一个零件，传感器就会检测到这个错误，使机器人重复操作一次，以确保零件被正确抓取。

市场上还有很多适用于不同应用的传感器，如焊缝追踪传感器等。

机器人要想做到如人类般的灵敏，视觉传感器、声觉传感器、距离传感器、触觉传感器、接近觉传感器、力觉传感器、滑觉传感器、速度传感器和加速度传感器对机器人极为重要，尤其是机器人的五大感官传感器是必不可少的。从拟人功能出发，视觉、力觉、触觉最为重要，它们对应的传感器目前已进入实用阶段，但听觉、嗅觉、味觉、滑觉等对应的传感器还处在研究阶段。

10.5 机器人的驱动系统

驱动系统是机器人结构中的重要部分。机器人的驱动器对应于控制系统的执行器，第 3 章所介绍的执行器的基本知识对机器人也是适用的。但是各种各样的机器人所使用的驱动器更加纷繁复杂，所以本节进行适当补充。

对机器人驱动系统的要求如下。

（1）驱动系统的质量要尽可能轻，单位质量的输出功率大，效率高。

（2）反应速度快，力质量比和力矩转动惯量比大。

（3）动作平滑，不产生冲击。

（4）控制灵活，位移偏差和速度偏差小。

（5）安全可靠。

（6）操作与维修方便。

10.5.1 传统驱动器

机器人系统的驱动器有各种各样的形式，如果根据所需能量的形式（液压、气动和电动）和输出机构的特性来进行分类，可以分为气动、电动和液压三类执行器，它们是机器人系统使用的传统驱动器。

10.5.2 新型驱动器

1．*磁致伸缩驱动器*

铁磁材料和亚铁磁材料由于磁化状态的改变，其长度和体积都会发生微小的变化，这种现象称为磁致伸缩，利用这种现象制作的驱动器称为磁致伸缩驱动器。1972 年，克拉克（Clark）等首先发现 Laves 相稀土-铁化合物 RFe_2（R 代表稀土元素 Tb、Dy、Ho、Er、Sm 及 Tm 等）的磁致伸缩在室温下是 Fe、Ni 等传统磁致伸缩材料的 100 倍，这种材料称为超磁致伸缩材料。从那时起，对磁致伸缩效应的研究再次引起了学术界和工业界的注意。超磁致伸缩材料具有伸缩效应大、机电耦合系数高、响应速度快、输出力大等特点，因此，它的出现为新型驱动器的研制与开发提供了一种行之有效的方法，并引起了国际上各界人士的极大关注。20 世纪 80 年代末，德国柏林大学 Kiese Wetter 教授就利用超磁致伸缩材料制作了世界上第一台超磁致伸缩驱动器，已在造纸工业中进行了商业化应用，超磁致伸缩驱动器结构简图如图 10.11 所示。

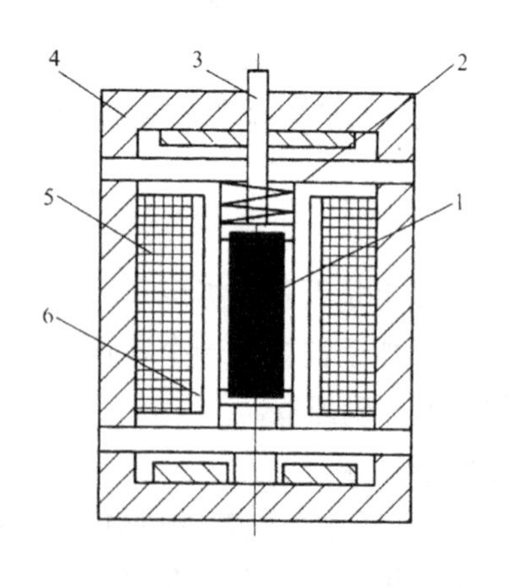

1—超磁致伸缩材料；2—预压弹簧；3—输出杆；4—压盖；5—激励线圈；6—铜管

图 10.11　超磁致伸缩驱动器结构简图

2．*形状记忆合金驱动器*

1）形状记忆合金

形状记忆合金是一种特殊的合金，它一旦记住了某种形状，虽然产生变形，但当将该合金加热到某一适当的温度时，就能恢复到变形前的形状，即它记忆的形状。形状记忆合金具有如下三个特点。

（1）变形量大。

（2）变位方向自由度大。

（3）变位可急剧发生。

因此，形状记忆合金的驱动能力具有位移较大、功率质量比高、变位迅速、方向自由等特点，特别适用于小负载、高速度、高精度的机器人装配作业、显微镜内样品移动装置、反应堆驱动装置、医用内窥镜、人工心脏、探测器、保护器等产品。

2）形状记忆合金驱动器及其特点

利用合金的形状记忆特性制造的驱动器即形状记忆合金驱动器。它可以直接实现各种直线运动或曲线运动，而不需要任何机械传动装置。形状记忆合金驱动器具有以下特点。

（1）由于不需要任何机械传动装置，可以做成非常简单的形式，既有利于微型化，也有利于降低成本，提高系统的可靠性。

（2）工作时不存在外摩擦，因此无噪声，无污染。

（3）实现形状转变的常用热源来自电流通过金属时金属自身电阻所产生的热量，即形状记忆合金是依靠电流驱动的。其导线的直径非常小，不会妨碍机器人的运动，因此，形状记忆合金驱动器便于独立控制。

（4）形状记忆合金的电阻和其相变过程之间存在一定的对应关系，因此利用形状记忆合金的电阻值可以确定驱动器的位移量和作用在驱动器上的力，即形状记忆合金具有传感功能，使形状记忆合金驱动器的控制系统变得非常简单。

（5）形状记忆合金驱动器一般采用 Ti/Ni 合金，用 5V 或 12V 的控制电路电源，从而简化系统。

3．超声波电动机驱动器

超声波电动机驱动器的工作原理是用超声波激励弹性体定子，使其表面形成椭圆运动，由于其与转子（或滑块）接触，在摩擦力的作用下使转子转动（或滑块移动），从而将摩擦传动转换成运动体的回转或直线运动。

图 10.12 为环形行波型超声波电动机的定子和转子。超声波电动机既没有线圈，也没有永磁体，其定子由永磁体和压电陶瓷组成，转子是一个金属板，定子和转子在压力下紧密接触，为了减少定子和转子之间相对运动产生的摩擦，一般在二者之间加一层摩擦材料。对极化后的压电陶瓷元件施加一定的高频交变电压，压电陶瓷便随着高频电压幅值的变化而膨胀或收缩，在定子弹性体内激发出超声波振动，这种振动传递给与定子紧密接触的摩擦材料，从而驱动转子旋转。图 10.13 所示为环形行波型超声波电动机的装配图。

超声波电动机的负载特性与直流电动机的负载特性相似，将超声波电动机与直流电动机进行比较，它的特点如下。

（1）低速大转矩，无须齿轮减速机构，结构简单紧凑，可实现直接驱动。

（2）转矩质量比高，同样的尺寸能得到大的转矩，而且能保持大转矩。

（3）动作响应速度快（毫秒级），控制性能好。

（4）不产生磁场，也不受外界磁场影响。

（5）运行噪声小。

（6）断电自锁。

（7）外形的自由度大等。

但是，超声波电动机也有如下不足。

（1）摩擦损耗大，效率低，只有 10%～40%。

（2）输出功率小，目前实际应用的只有 10W 左右。

（3）寿命短，只有 1000～5000h，不适合连续工作。

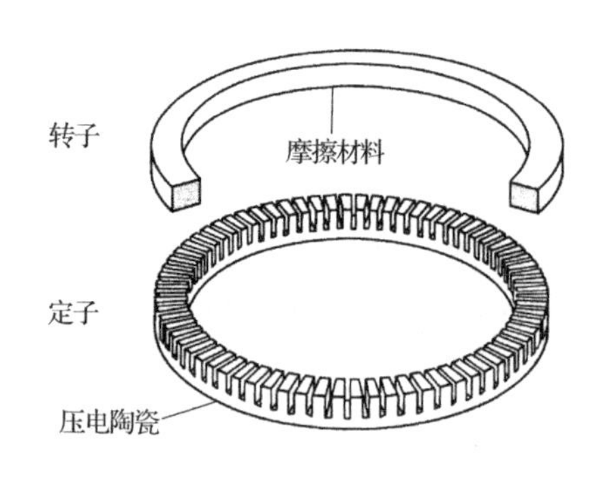

图 10.12　环形行波型超声波电动机的定子和转子

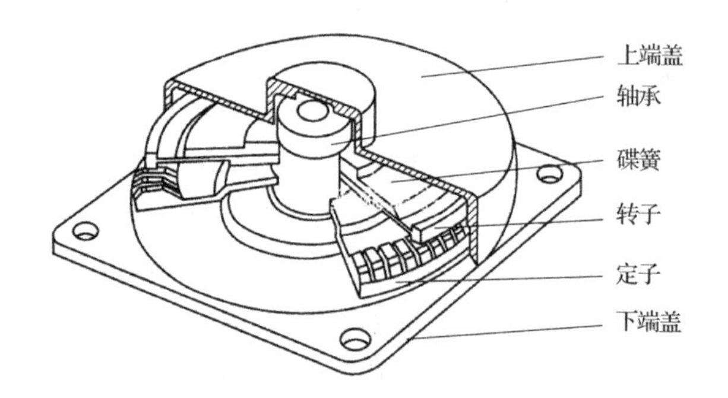

图 10.13　环形行波型超声波电动机的装配图

4. 静电驱动器

静电驱动器利用电荷间引力和排斥力的互相作用顺序驱动电极而产生平移或旋转运动。由于静电作用属于表面力，作用力大小和元件尺寸的二次方成正比，因此元件在尺寸很小时，就能够产生足够的电量。

静电驱动器有各种各样的形式，目前开发的静电驱动器绝大部分是基于在相对的电极之间施加电压，储蓄电荷，从而得到静电力的结构。

静电驱动器有回转型和直线型两种。驱动时，将转子当作接地电极，长方形或扇形定子作为另一电极，通过顺次移动加在定子上的电压，使定子与转子间产生引力与排斥力，就可以实现回转或直线运动。静电驱动器的位置和速度控制需要转子位置检测电路。

静电驱动器的特点如下。

（1）有比较简单的平面结构。

（2）伴随着微型化，单位体积的发生力增加。

（3）适合薄膜成型，即所谓的刻饰微细加工。

（4）可以薄型化和多层化。

（5）保持动作时不消耗能量等。

静电驱动器作为实现人工介入的一种方法，受到了人们的关注。

5. 压电驱动器

压电效应的原理是，如果对压电材料施加压力，它就会产生电位差（称为正压电效应）；反之，如果对压电材料施加电压，它就会产生机械应力（称为逆压电效应）。压电材料具有低压驱动、控制方便、易于微型化、对环境影响小及无电磁干扰等优点。

压电驱动器是利用逆压电效应，将电能转变为机械能或机械运动的装置。

压电体逆效应的利用有动态和静态两种方式。动态方式是指利用压电体的振动功能，将压电体作为振子或振子的激励源使用，主要用于能量较大且需要持续转换的场合，如超声波电动机和超声波轴承等。静态方式是指直接利用压电体的静变形构造驱动功能，无须其他能量转换装置，主要用于变形要求较小而精度要求较高的场合，如精密位移驱动器、压电伺服阀等。

压电双晶片是在金属片的两侧粘贴两个极性相反的压电薄膜或薄片，由于压电体的逆压电效应，当单向电压加在压电双晶片方向时，压电双晶片的一片收缩，另一片伸长，从而引起压电双晶片定向弯曲而产生微位移。

图 10.14 所示是一种典型的应用于微型管道机器人中的足式压电微执行器。它有一个压电双晶片，在压电双晶片上下侧贴有类鳍形弹性足。在电压信号作用下，压电双晶片会产生周期性的定向弯曲，使得上下弹性足与管道接触处的摩擦力不同，从而推动执行器向前移动。

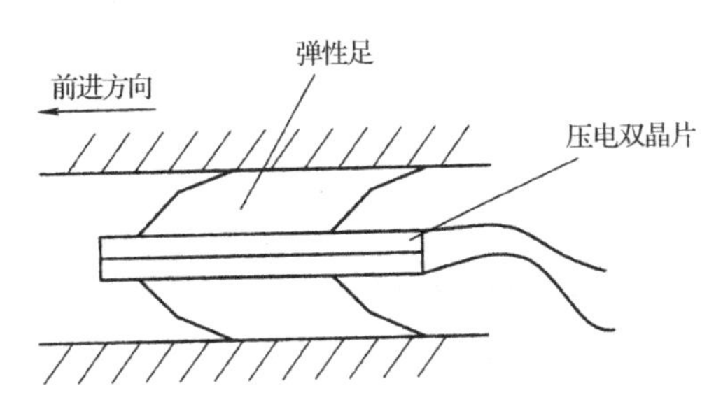

图 10.14　足式压电微执行器

压电双晶片驱动器的优点是其位移量比叠层式的驱动器的位移量大，因此机器人的运动速度比较快。但是由于受到压电双晶片尺寸的限制，其直径一般大于 20mm，不适合在直径较小的管道中使用。

10.6　机器人控制系统

10.6.1　机器人控制系统的基本概念

1．机器人控制系统的类型

机器人控制系统按其控制方式可分为集中控制系统、主从控制系统及分散控制系统。

（1）集中控制系统：用一台计算机实现全部控制功能，结构简单，成本低，但实时性差，难以扩展，在早期的机器人中常采用这种结构。基于 PC 的集中控制系统充分利用了 PC 资源开放性的特点，可以实现很好的开放性，即多种控制卡、传感器设备等都可以通过标准 PCI 插槽或通过标准串口、并口集成到控制系统中。集中控制系统的优点是，硬件成本较低，便于信息的采集和分析，易于实现系统的最优控制，整体性与协调性较好，基于 PC 的系统硬件扩展较为方便。

（2）主从控制系统：采用主、从两级处理器实现系统的全部控制功能。主 CPU 实现管理、坐标变换、轨迹生成和系统自诊断等；从 CPU 实现所有关节的动作控制。主从控制系统实时性较好，适于高精度、高速度控制，但其系统扩展性较差，维修困难。

（3）分散控制系统：按系统的性质和方式将分散控制系统分成几个模块，每个模块各有不同的控制任务和控制策略，各模块之间可以是主从关系，也可以是平等关系。这种方式实时性好，易于实现高速、高精度控制，易于扩展，可实现智能控制，是目前流行的方式之一。分散控制系统灵活性好，危险性低，采用多处理器分散控制，有利于系统功能的并行执行，提高系统的处理效率，缩短响应时间。

2．机器人控制系统的特点

机器人控制系统的主要任务是控制机器人在工作空间中的运动位置、姿态和轨迹，以及操作顺序和动作时间等。它具有编程简单、软件菜单操作、人机交互界面友好、在线操作提示和使用方便等特点。

机器人从结构上讲属于一个空间开链机构，其中各个关节的运动是独立的，为了实现末端点的运动轨迹，需要多关节运动相协调，机器人的自由度越高，位移精准度也越出色，但所需使用的伺服电动机数量就越多，对控制器性能要求也越高，其控制系统较普通的控制系统要复杂得多。

机器人控制系统有如下特点。

（1）机器人的控制是与机构运动学和动力学密切相关的。在各种坐标下都可以对机器人手足的状态进行描述，应根据具体的需要对参考坐标系进行选择，并做出适当的坐标变换。除了经常需要求解正向运动学和反向运动学的解，还需要考虑惯性力、外力（包括重力）和向心力的影响。

（2）即使是一个较简单的机器人，也需要3～5个自由度，比较复杂的机器人则需要十几个甚至几十个自由度。每个自由度一般包含一个伺服机构，它们必须协调起来，组成一个多变量控制系统。

（3）由计算机来实现多个独立的伺服系统的协调控制和使机器人按照人的意志行动，甚至赋予机器人一定的“智能”任务。所以，机器人控制系统一定是一个计算机控制系统。同时，计算机软件担负着艰巨的任务。

（4）由于描述机器人状态和运动的是一个非线性数学模型，随着状态的改变和外力的变化，其参数也随之变化，并且各变量之间还存在耦合。所以，只使用位置闭环是不够的，还必须使用速度闭环甚至加速度闭环。机器人控制系统经常使用重力补偿、前馈、解耦或自适应控制等方法。

（5）由于机器人的动作往往可以通过不同的方式和路径来完成，所以存在一个“最优”的问题。较高级的机器人可采用人工智能的方法，根据传感器和模式识别获得对象及环境的工况，利用计算机建立庞大的信息库，按照给定的指标要求，借助信息库进行控制、决策、管理和操作，自动地选择最佳的控制规律。

综上所述，机器人控制系统是一个与运动学和动力学原理密切相关的、有耦合的、非线性的多变量控制系统，所以经典控制理论和现代控制理论都不能照搬使用，到目前为止，机器人控制理论还不够完整和系统。

10.6.2 机器人控制系统的运动控制方式

1．位置控制方式

位置控制方式只对机器人末端执行器在作业空间中某些规定的离散点上的位姿进行控制。在控制时，只要求机器人能够快速、准确地在相邻各点之间运动，对到达目标点的运动轨迹不做任何规定。定位精度和运动所需的时间是这种控制方式的两个主要技术指标。这种控制方式具有实现容易、定位精度要求不高等特点，因此，常被应用在上下料、搬运、点焊和在电路板上安插元件等只要求目标点处保持末端执行器位姿准确的作业中。这种控制方式比较简单，但是要达到2～3μm的定位精度是相当困难的。

2．运动轨迹控制方式

1）连续轨迹控制方式

连续轨迹控制方式是对机器人末端执行器在作业空间中的位姿进行连续控制，要求其严格按照预定的轨迹和速度在一定的精度范围内运动，而且速度可控，轨迹光滑，运动平稳，以完成作业任务。机器人各关节连续、同步地进行相应的运动，其末端执行器即可形成连续的轨迹。这种控制方式的主要技术指标是机器人末端执行器位姿的轨迹跟踪精度及平稳性，通常弧焊、喷漆、去毛边和检测作业机器人大多采用这种控制方式。

2）速度控制方式

有时候，在位置控制或连续轨迹控制的同时，还要求对运动速度进行控制。因为机器人是一种工作情况（行程负载）多变、惯性负载大的运动机械，任何剧烈的速度变化都会造成机器人运动的不稳定，为了解决快速和平稳的矛盾，必须控制启动时的加速过程和停止时的减速过程。

3．力矩控制方式

在进行装配、抓放物体等工作时，除了要求准确定位，还要求所使用的力或力矩必须合适，这时必须使用力矩控制方式。这种控制方式的原理与位置控制的原理基本相同，只不过输入量和反馈量不是位置信号，而是力（力矩）信号，所以必须有力（力矩）传感器。有时也利用接近、滑动等传感器进行自适应式控制。

4．智能控制方式

机器人的智能控制是通过传感器获得周围环境的信息，并根据自身内部的知识库做出相应的决策。采用智能控制技术，使机器人具有较强的环境适应性及自学习能力。智能控制技术的发展有赖于近年来人工神经网络、基因算法、遗传算法、专家系统等人工智能技术的迅速发展。这种控制方式使工业机器人真正有了“人工智能”的味道，不过也是最难控制得好的，除了算法，也严重依赖于元件的精度。

10.7　机器人的发展历史和发展趋势

10.7.1　机器人的发展历史

机器人是集机械、电子、控制、传感、人工智能等多学科先进技术于一体的自动化装备。世界上第一台机器人是在1959年由“机器人之父”恩格尔·伯格先生发明的，经过几十年的发展，机器人已经被广泛应用在装备制造、新材料、生物医药、新能源等高新产业。机器人技术与人工智能技术、先进制造技术和移动互联网技术的融合发展，推动了人类社会生活方式的变革。机器人技术的发展大致经历了三代。

第一代机器人是简单的示教再现型机器人，这类机器人需要使用者事先教给它们动作顺序和运动路径，再不断地重复这些动作。目前在汽车工业和电子工业自动生产线上大量使用的就是这类机器人。它们基本上没有感觉，也不会思考。

第二代机器人是低级智能机器人，又称感觉机器人。与第一代机器人相比，低级智能机器人具有一定的感觉系统，能获取外界环境和操作对象的简单信息，可对外界环境的变化做出简单的判断并相应地调整自己的动作，以减少工作出错、产品报废。因此，这类机器人又被称为自适应机器人。自20世纪90年代以来，在生产企业中这类机器人的使用率正逐年增加。

第三代机器人是高级智能机器人。它不仅有第二代机器人的感觉功能和简单的自适应能力，而且能充分识别工作对象和工作环境，并能根据人给出的指令和它自身的判断结果自动确定与之相适应的动作。这类机器人目前尚处于实验室研究探索阶段。

10.7.2 我国机器人行业的现状和前景

从2010年开始，我国也积极投身到机器人产业的发展之中，在经过了起步、爆发与加速之后，如今产业的发展已经日趋平稳。当前，我国机器人市场进入高速增长期，连续五年成为全球第一大工业机器人应用市场，服务机器人需求潜力巨大，核心零部件国产化进程不断加快，创新型企业大量涌现，部分技术已形成了规模化产品，并在某些领域具有明显优势。

在长时间的沉淀与发展过程中，我国机器人行业究竟展现出了怎样的现状和前景呢？未来又有哪些发展的趋势和需要掌握的关键技术呢？

1．国内市场发展平稳快速

1959年，第一台工业机器人在美国问世之后，全球逐渐进入了关于机器人的研发和应用热潮之中。虽然我国引进与起步发展机器人的时间较晚，但在生产和生活领域中，机器人的融合应用水平毫不逊色。

在装备制造方面，越来越多的机械臂已经凭借高负载、高精准的操作能力取代了工人的双手；在物流配送方面，智能仓储机器人和无人搬运车也不断提高运输效率；在生活服务方面，家用机器人与服务机器人也正努力成为家庭的标配。

近年来，我国机器人产业的整体发展呈现出较快增长势头，市场规模和需求量都很大。

我国在智能机器人和特种机器人的研究方面取得了不少成果。其中最为突出的是水下机器人，6000m水下无缆机器人的成果居世界领先水平，还开发出了直接遥控机器人、双臂协调控制机器人、爬壁机器人、管道机器人等机种；在机器人视觉、力觉、触觉、声觉等基础技术的开发应用方面开展了不少工作，有了一定的发展基础。

在2018年的世界机器人大会上，大会主席曾感慨：“纵观全球工业机器人市场，其主要应用领域是搬运材料和焊接，主要应用行业是汽车和电子制造业，主要使用地区是中国。”这不仅道出了我国机器人市场的发展实际，也展现出了国内市场的强劲需求，未来发展前景令人看好。

2．前进路上机遇与挑战并存

产业发展有喜亦有忧，政策、需求和销量等方面带来良好机遇的同时，技术、应用和规范等方面也面临着严峻考验。

目前，随着机器人发展进入2.0时代，过去以设备速度、精度、负载和可靠性建立的衡量指标，已经逐渐被设备自主决策能力、运动和交互能力等取代，新性能变化带来的新要求给不少企业的技术实力和研发创新能力带来了挑战。

另外，业内人士认为，当下机器人的发展趋势已经不限于工业制造领域，通过人工智能、物联网、大数据等技术的支持，正逐渐进入艺术、文学等各个行业。面对这一新趋势，企业不仅需要注重与新技术的融合应用，还需要在硬件稳定性、美观性，以及软件功能性等方面做出升级。

面对国内产品大多集中在低端市场、复杂高端产品产能不足、领域专利和产权相对匮乏的现状，未来我国需要从核心技术、应用领域、法律规范等方面继续突破。只有通过一整套组合拳的灵活运用，才能有效攻克正在面临的种种难关。

3．融入全球生态至关重要

当然，作为全球发展机器人产业的国家中的一员，我国的发展不可能“独善其身”，未来我国机器人产业的发展需要积极融入全球合作生态之中。

如今融入全球生态这一观点已经成为整个机器人行业的广泛共识。我国始终坚持开放合作的接纳态度，吸引了国外诸如ABB、库卡等企业来华投资建厂，同时国内新松、宝佳等企业也在筹划与其他国家的企业的交流合作，这有利于推动我国的技术攻关、标准制定、成果转化和人才培养。

针对机器人与人工智能的深度结合，业内人士一致认为，“人工智能+机器人”的未来需要更大程度的开放与合作。这些合作既是掌握专业知识的各路创业者和科学家的人才合作，也是各国就伦理、人文、法律等共性问题的国际合作。因此，积极推动全球产业生态的形成及我国早日加入生态构建之中，是至关重要的！

10.7.3 国内外机器人领域的发展趋势

近几年国内外机器人领域有如下发展趋势。

（1）工业机器人性能不断提高（高速度、高精度、高可靠性、便于操作和维修），单机价格不断下降。

（2）机械结构向模块化、可重构化方向发展。例如，关节模块中的伺服电动机、减速机、检测系统三位一体化；由关节模块、连杆模块用重组方式构造机器人整机。

（3）工业机器人控制系统向基于PC的开放型控制器方向发展，便于标准化、网络化；器件集成度提高，控制柜日益小巧，且采用模块化结构，大大提高了系统的可靠性、易操作性和可维修性。

（4）机器人中的传感器作用日益重要，除了采用传统的位置、速度、加速度等传感器，装配、焊接机器人还应用了视觉、力觉等传感器，遥控机器人则采用视觉、声觉、力觉、触觉等多传感器的融合技术来进行环境建模及决策控制；多传感器融合配置技术在产品化系统中已有成熟应用。

（5）虚拟现实技术在机器人中的作用已从仿真、预演发展到用于过程控制，如使遥控机器人操作者产生置身于远端作业环境中的感觉来操纵机器人。

（6）当代遥控机器人系统的发展特点不是追求全自治系统，而是致力于操作者与机器人的人机交互控制，即遥控加局部自主系统构成完整的监控遥控操作系统，使智能机器人走出实验室进入实用化阶段。美国发射到火星上的“索杰纳”机器人就是这种系统成功应用的著名实例。

本 章 小 结

本章简单扼要地介绍了飞速发展的机器人技术，从机器人的原则和定义，到机器人的分类和机器人技术的主要内容，在第 2 章介绍的传感器和第 3 章介绍的执行器的基础上，补充了机器人常用的传感器和执行器（驱动器）的内容；还介绍了机器人控制系统的特点和运动控制方式，并且介绍了机器人的发展历史和发展趋势。机器人技术还在突飞猛进地发展，机器人必将越来越多地服务于人类生产和生活的方方面面，对人类的生产和生活，甚至人类的生存和发展产生巨大的影响。读者需要学会和机器人和谐相处，对机器人技术的发展高度重视。

练 习 10

1. 什么是机器人三原则？
2. 我国国家标准对工业机器人下了怎样的定义？
3. 机器人系统包括哪几部分？
4. 工业机器人是如何分类的？
5. 机器人行业中采用了哪些前沿技术？
6. 何为机器人的内部传感器和外部传感器？
7. 机器人常使用哪些传感器？
8. 对机器人驱动系统有哪些要求？
9. 试列举机器人使用的新型驱动器。
10. 形状记忆合金驱动器有什么特点？
11. 超声波电动机有什么特点？
12. 静电驱动器有什么特点？
13. 机器人控制系统有哪些类型？
14. 机器人控制系统有什么特点？
15. 机器人控制系统有哪几种运动控制方式？
16. 机器人技术大致经历了哪几代发展过程？
17. 简述近年来国内外机器人领域的发展趋势。

第 11 章 计算机测控系统实例

11.1 计算机测控系统设计的原则与步骤

计算机测控系统品种繁多，系统的设计方案和设计指标也各不相同，但是在计算机测控系统的设计和实现过程中，设计的原则和步骤是相似的。

11.1.1 计算机测控系统设计的原则

1. 安全可靠

计算机测控系统的工作环境往往比较恶劣，存在各种干扰或有害因素威胁系统的正常运行。但是计算机测控系统往往承担着重要的任务，不允许发生故障、报告错误的测量结果或发出错误的控制指令，因此在设计过程中，始终把安全可靠放在第一位。

首先选用满足使用要求的可靠性高的工业控制计算机或单片机；其次采用可靠的控制或测量方案，并配合各种安全保护措施，包括报警、事故预测、事故处理、不间断电源、无扰动自动/手动切换等。在要求特别高的场合，也可以采用双机系统的工作方式，以保证计算机测控系统万无一失地工作。

2. 操作与维护方便

操作方便首先表现在操作简单，形象直观，易于掌握，最好是傻瓜式的，对操作人员的要求越低越好。在兼顾操作人员习惯的同时，体现高科技计算机测控系统的先进性，如利用显示器的图形图像处理技术，使操作更直观、更简单、更方便。

为了方便维护，尽可能采用标准的功能模板式结构，模板不仅要有指示灯，而且要有监测点，便于维修人员检查。在有条件的情况下，最好配备诊断程序，自动地进行故障诊断。

3. 实时性强

实时就是及时，及时对系统内部或外部事件做出响应。系统内部或外部事件一般分为定时事件和随机事件两大类。计算机测控系统所承担的测量控制任务大多属于定时事件，在系统时钟的协调下，按照采样周期有条不紊地进行。随机事件大多是指干扰和故障，一般通过中断处理解决。对于不同的外部事件，根据轻重缓急，分配不同的优先级，保证紧急事件能被迅速处理。

4. 通用性好

通用性体现在很多方面，从硬件的角度来看，包括采用标准的总线结构、通用的功能模板、统一信号的传感器和执行结构等；从软件的角度来看，软件模块和测量控制算法可以采用标准模块结构，以便灵活地进行系统组态。

5．经济效益高

经济效益体现在两个方面：一是系统设计的性价比要尽可能高；二是系统投入运行后，投入产出比要尽可能低。

11.1.2 计算机测控系统设计的步骤

计算机测控系统的规模较小，但是“麻雀虽小，五脏俱全”，其设计要尽可能地规范化，一般包括以下四个阶段。

1．项目和任务确定阶段

确定研发项目流程如图 11.1 所示。在项目和任务确定阶段，任务委托方（甲方）与任务承接方（乙方）需要对系统的功能、技术性能指标、经费开支、计划进度、合作方式、鉴定验收方式等各方面进行反复协商，直到双方签订研发合同。

研发合同是研发一个项目的法律文件，双方都要重视这个阶段的各个环节。乙方在设计总体方案时，尽可能提出多种方案供甲方选择。方案初步确定之后，双方对方案的技术可行性、经费可行性、进度可行性进行认真的评估，只有切实可行的方案才能成功签订研发合同，开始研发。合同或协议书的内容比任务委托书的内容更完整，还包括双方分工、付款方式、成果归属、违约处理等方面的内容。

2．项目设计阶段

项目设计阶段的流程如图 11.2 所示。

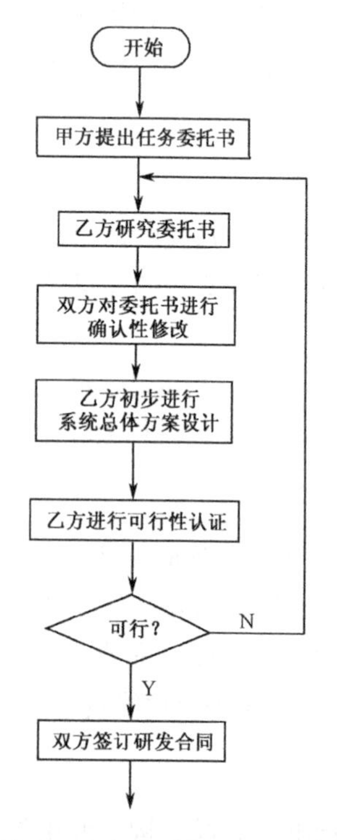

图 11.1　确定研发项目流程

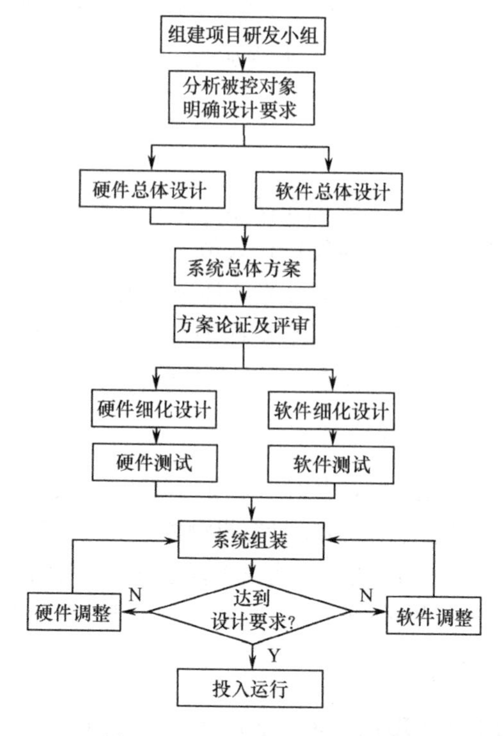

图 11.2　项目设计阶段的流程

（1）组建项目研发小组。为了完成项目的研发任务，项目组应该包括硬件、软件和熟悉控制或测量技术的技术人员。

（2）系统总体方案。为了形成系统总体方案，先要进行硬件和软件的总体设计。由于硬件和软件是有联系、有分工的，有些硬件的工作可以用软件实现，有些软件的工作可以用硬件实现，因此软件和硬件设计人员要互相沟通，有时可能要经过反复协商和折中，才能最后形成合理的统一在一起的总体方案。

总体方案往往用方块图表示，并且要建立说明文档。

（3）方案论证与评审。总体方案设计好后，邀请专家、领导和甲方代表进行评审，并且根据评审意见对方案做进一步修改。评审通过的方案是进行具体设计的依据，原则上不能再有大的变动。

（4）硬件和软件的细化设计与调试。硬件的细化设计包括选购通用模板和设计专用模板；软件的细化设计是用自顶向下的方法，将软件总体设计形成的框图逐级细化，直到将一个个模块写成代码。硬件和软件的设计都应该边设计边调试边修改，可能要经过多次反复。

（5）系统组装。软硬件分别设计调试成功后，就可以装配在一起。但是装配在一起并不表示设计已经完成，还必须经过离线与在线的调试和运行。

3．离线仿真和调试阶段

所谓离线仿真和调试，是指在实验室而不是在控制或测试现场进行的仿真和调试。离线仿真和调试的工作内容和流程如图 11.3 所示。离线软硬件统调结束后，还要进行考机运行，即让系统连续不停地运行，以便暴露和修正系统可能存在的问题。对系统的要求越高，考机时间就越长。

4．在线仿真和运行阶段

所谓在线仿真和运行，是指让系统在实际工作环境中进行现场调试和运行。在线仿真和运行的工作内容和流程如图 11.4 所示。由于实际运行环境和实验室环境不可能完全相同，所以即使是离线仿真和调试已经“通过”的系统，在在线仿真和运行阶段也可能发现问题，需要认真分析解决。在线仿真和运行正常后，系统投入试运行，试运行一段时间后，才可以组织验收。验收是一个项目的最后一项任务，应由甲方主持，乙方参加，双方合作完成。验收过程中形成的各种验收文件应该存档保存。

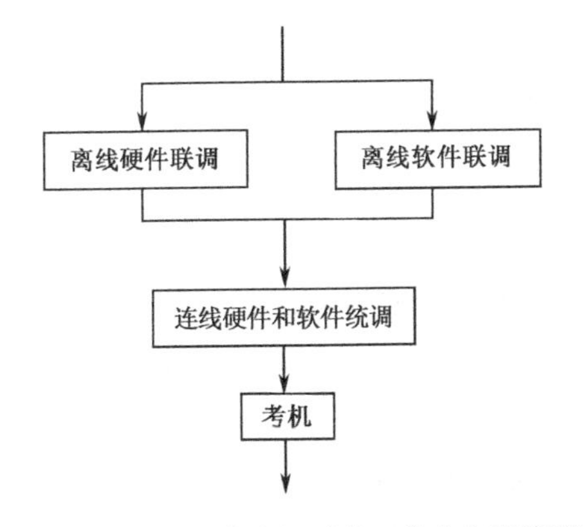

图 11.3　离线仿真和调试的工作内容和流程

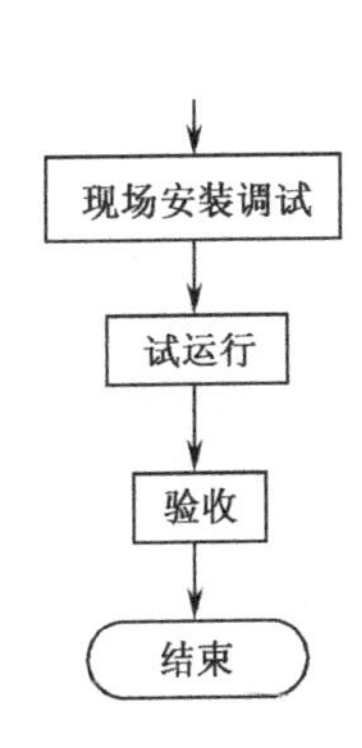

图 11.4　在线仿真和运行的工作内容和流程

11.2 基于 PIC16C72 单片机的空调控制系统

热泵式分体壁挂空调以其优越的性能，已越来越为广大家庭所选用，其功能更是日新月异。本节介绍一种基于 PIC16C72 单片机的空调控制系统。该系统具有制冷、制热、除湿、自动 4 种工作模式，包括定时、睡眠、风向、智能化霜、应急运转、试运转，以及 5 种可调室内风速等控制功能。在定时开机时，该系统可根据房间温度做出智能判断，自动调整定时开机时间，避免开机时太冷或太热；可对设定温度和房间温度 2 种温度的 10 个温度值同时进行显示。该系统还有完整的抗干扰和系统保护功能。

11.2.1 空调控制系统的原理

空调控制系统的核心是单片机。单片机首先接收遥控器发出的指令，然后执行这些指令，即根据这些指令进行相应的处理。

遥控器对每一个按钮进行编码，并且把编码转换成相应的红外脉冲信号。所以空调控制系统设置了遥控按键输入接口连接电路，把红外信号转换成电脉冲信号加到定时器/计数器 1 的输入端，对编码信号进行计数，把指令读入空调控制系统，把数据保存在相应的变量中。例如，把房间温度的设定值保存在室温中，把风速保存在风速中等。

空调控制系统中的单片机根据遥控器输入的指令，对采集到的温度进行智能判断，以及相应的制冷、制热或除湿控制运算，计算出控制量，再通过接口连接电路，驱动压缩机、换向阀、风向电动机和室内风向电动机做相应动作，并对温度用 LED 指示。所以该系统有温度检测电路、过流检测电路、电压过零检测电路、速度反馈电路等输入接口连接电路；还有驱动压缩机和室外风机的继电器实时控制电路、室内风向电动机控制电路、室内风机控制电路等执行机构，以及温度指示电路。空调控制系统的原理框图如图 11.5 所示。

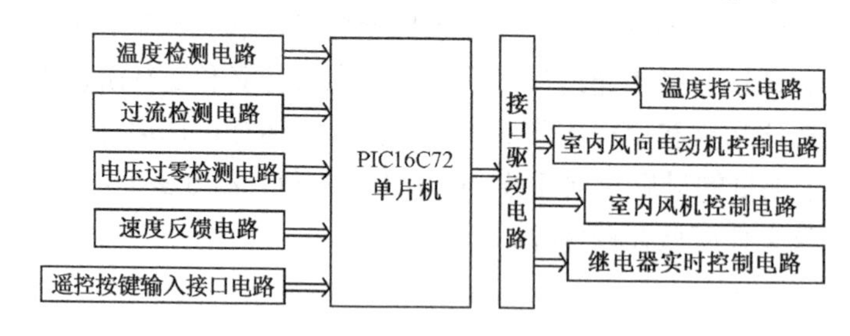

图 11.5 空调控制系统的原理框图

11.2.2 硬件设计

进行空调控制系统的硬件设计时，既要考虑编写程序的便捷，又要充分利用软件的功能来简化硬件结构，即做到“软硬兼施”。

1．单片机的选择

空调控制系统有 3 路温度模拟量输入，还有 1 路电压模拟量输入和 1 路电流模拟量输入，共 5 路模拟量输入；而模拟信号只有转换成数字信号才能用单片机进行处理。为了提高系统的性价比，应采用含有 A/D 转换器的单片机。经过各方面的综合比较，空调控制系统选用了美国 Microchip 公司的 PIC16C72 单片机作为控制核心。该单片机具有 5 路模拟量输入的 A/D 转换器，恰好满足了系统的模拟量输入要求。它在 1 块芯片上集成了 1 个 8 位逻辑运算单元和工作寄存器、1 个 2KB 程序存储器、128 个数据存储器、3 个端口（A 口、B 口、C 口）共 22 条 I/O 线、3 个定时器/计数器。另外，它具有 35 条易学易用且高效的 RISC（精简指令集计算机）指令，而且芯片具有看门狗功能，并提供对软件运行出错的保护。

2．模拟输入电路

（1）温度检测电路。空调控制系统检测室内温度、内交换温度和外交换温度 3 种温度。为了节省成本，本系统采用热敏电阻测温，再加一级电容滤波。对于外交换温度检测电路，因其干扰较大，还要加上二极管限幅保护。对传感器的不同电阻值，将其所对应的不同分压值输入 PIC16C72 单片机的 A/D 转换器，在单片机内部转换成数字信号。这样的检测电路结构简单，性价比高。由于被测温度的变化范围比较小，又采用 8 位单片机，所以温度转换精度高，可达 0.5℃，完全满足了空调的信号检测精度要求。温度值采样输入单片机后，首先送温度指示电路显示温度，然后根据当前是制冷、制热还是自动模式，分别进行相应的处理。例如，在制冷模式下，当室内温度高于设定温度时，就按照一定的时间间隔启动压缩机和室内外风机，使室温降低。

（2）过流检测电路。为了节约资源，对过流信号的检测不使用比较器，而是对 A/D 转换的结果用软件进行比较，以确认是否过流。

（3）电压过零检测电路。对过零电压信号的检测采用模拟信号整流分压后直接输入 A/D 转换器，然后对数字信号进行检测。因为 2 个电压半波的过零点都需要检测，所以用桥式电路整流。模拟输入电路如图 11.6 所示。

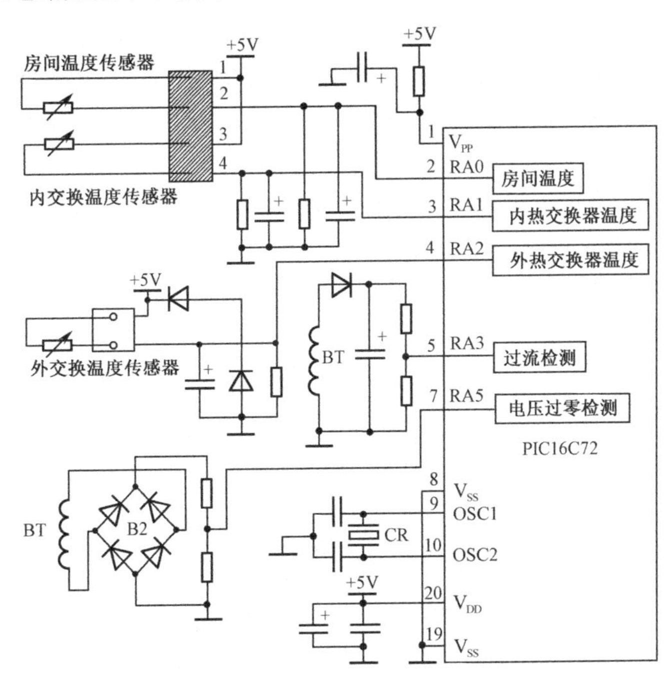

图 11.6　模拟输入电路

（4）速度反馈电路。利用霍尔元件对风机转速进行检测，霍尔元件产生的脉冲信号加到定时器/计数器 0 的输入端进行计数，实测的速度和风机转速的设定值比较后求得偏差，然后用积分控制实现对风机转速的闭环控制。

（5）遥控按钮输入接口连接电路。按下遥控器的某个按钮后，遥控器会对该按钮编码，发出一串红外脉冲信号，遥控按键输入接口将这些脉冲加到定时器/计数器 1 的输入端进行计数，单片机根据数值的大小可以辨认出哪个按钮发出了指令，然后进行相应的操作。

3．温度指示电路

温度指示电路可对设定温度和房间温度 2 种温度的 10 个温度值进行同时指示，而且结构简单，仅占用 2 根 I/O 线和使用 1 个串行输入并行输出 8 位移位寄存器 74LS164。其中对设定温度进行稳定指示，对房间温度进行 1s 间隔闪烁指示，每秒刷新一次温度显示值。如果温度低于 26℃或高于 30℃，则相应的 LED 灯亮。如果温度在 26～29℃范围内，则将温度转换成相应的显示码，通过 RB6 产生 CLOCK 信号，RB7 串行送出显示码至 8 位移位寄存器 74LS164，再进行 LED 指示。

4．室内风向电动机控制电路

空调控制系统的室内风向叶片有自动、摆动，以及 5 种固定角度等运行状态。为了得到高精度的角度控制，采用了 DC12V 四相八拍步进电动机驱动。步进控制电路采用单片机 B 口的 RB2、RB3、RB4、RB5 作为四相（A、B、C、D）八拍环行分配时序，经电流放大器 ULN2003 放大后驱动步进电动机运转。控制方法是根据目标位置和当前位置的角度差，输出相应数量的脉冲，并通过输出脉冲的不同时序来控制正反转。

5．室内风机控制电路

制冷和制热量的大小与室内风机的转速有着密切的联系。为了将室内风机的转速控制在设定值，将从 RA3 口输入的室内风机的速度反馈脉冲加到定时器/计数器 0 上对速度反馈脉冲进行计数，单片机将其与设定值进行比较，求出偏差，然后进行积分调节，对速度进行闭环控制。

在空调控制系统中室内风机采用双向晶闸管驱动，改变双向晶闸管的导通角，就可以改变其输出电压，从而改变室内风机的转速，即实现对室内风机的电压调速。风机驱动电路如图 11.7 所示。在单片机内部，将 RA5 口检测到的电压过零点作为同步信号，再通过定时器控制产生所需脉冲的相位和宽度，从 RC1 口输出，然后经晶体管放大器放大、脉冲变压器隔离输出，触发双向晶闸管导通，改变双向晶闸管的导通角。为了减小脉冲变压器的容量，输出的是几个连续的窄脉冲序列。

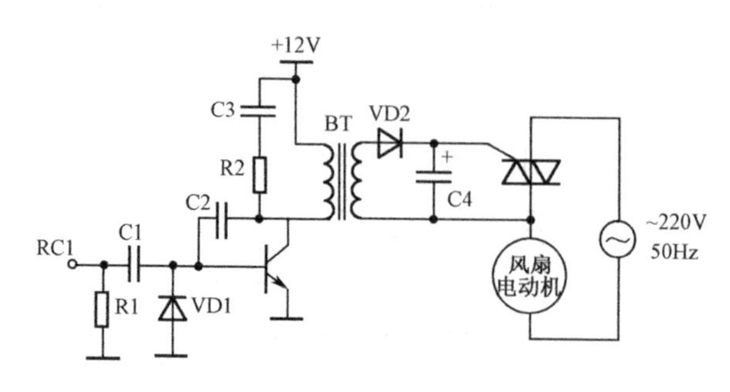

图 11.7　风机驱动电路

6．继电器实时控制电路

继电器实时控制电路控制压缩机、室外风机和换向阀。控制信号从单片机的通用双向I/O端口RB1、RC4和RC5输出，经过ULN2003放大后加到继电器的驱动线圈上，使压缩机、室外风机和换向阀按要求状态动作。

11.2.3 软件设计

软件采用模拟化结构，空调控制系统的主控程序流程图如图11.8所示。主控程序包括以下几个部分：程序的初始化、试运转、数据和信号的采集与处理、温度LED指示、室内风机的闭环积分控制、室内风向电动机的步进控制。功能子程序包括制冷、制热、除湿、自动4种运行模式。中断程序包括遥控接收、各种定时的中断查询处理、速度检测等。

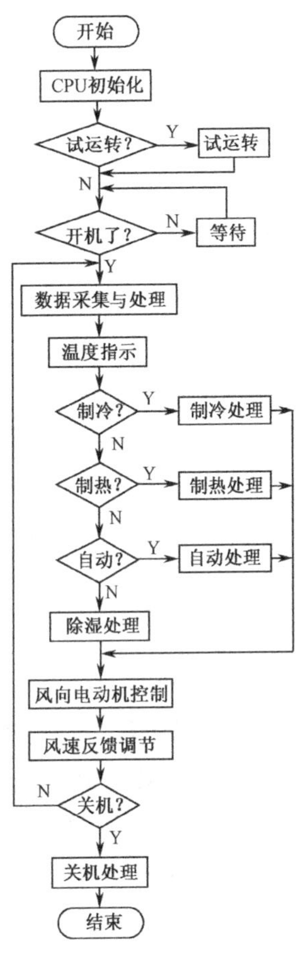

图11.8 空调控制系统的主控程序流程图

11.3 物料传送带送料装车PLC控制系统

物料传送带是工矿企业最常见的一种运输装置，把原材料从一个地方传送到另一个地方，本例使用模拟实验系统说明如何用小型PLC实现对物料传送带送料装车过程的自动控制。

11.3.1 传送带的工艺流程和控制要求

1．传送带的工艺流程

物料自动传送装车控制系统如图11.9所示，它采用三级传送带接力传送。运输车的进入和离开由红灯L1和绿灯L2指挥，传送带由M1、M2和M3 3台电动机驱动，料斗由进料阀D4控制进料，由出料阀D2控制出料，料斗中物料是否装满由传感器S1监测。当料斗中物料还没有装满的时候，S1为OFF，同时D3指示灯灭，开启进料阀D4，物料便从输送管道进入料斗；当料斗装满以后，S1变为ON，关闭进料阀D4，终止进料，同时点亮料斗满指示灯D3。运输车由车到位传感器SQ1检测是否到位，到位后SQ1置为ON，并且点亮车在位指示灯D1。运输车的进出由红（L1）绿（L2）灯指挥，运输车是否装满由车满传感器SQ2检测，SQ2置为ON时，车未满而开始装车，车满后SQ2变为OFF，停止装料，待绿灯亮后开车离开，同时关闭车在位指示灯，并且由于绿灯亮，所以允许后续车辆进入，开始下一辆车的装载。

2．传送装车控制流程

1）系统初始状态

红灯L1灭，绿灯L2亮，表明允许运输车开进装料。

2）进料

料斗出料口D2关闭，若料位传感器S1置为OFF（料斗中的物料不满），进料阀开启进料（D4 亮）。当 S1 置为 ON（料斗中的物料已满），则停止进料（D4 灭）。电动机 M1、M2、M3 均为 OFF。

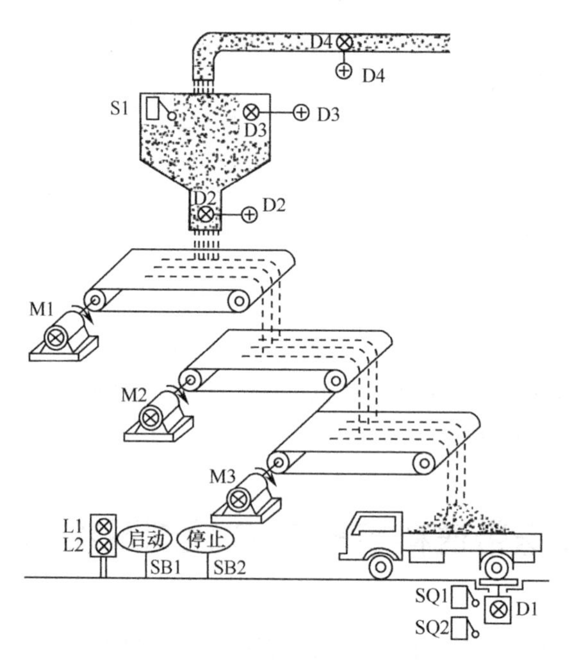

图 11.9　物料自动传送装车控制系统

3）装料

在装车过程中，当汽车开进装车位置时，SQ1 置为 ON，红灯 L1 亮，绿灯 L2 灭；同时启动电动机 M3，经过 2s 后，启动 M2，再经过 2s 后启动 M1，最后经过 2s 后才打开出料阀 D2，物料经料斗出料。

4）料满

当车装满时，SQ2 置为 ON，料斗关闭，2s 后 M1 停止，M2 在 M1 停止 2s 后停止，M3 在 M2 停止 2s 后停止，同时红灯 L1 灭，绿灯 L2 亮，表明运输车可以开走。

5）停机

按下停止按钮后，整个系统停止运行。

11.3.2　确定 I/O 点和分配 I/O 地址

1．确定 I/O 点和 PLC 选型

根据控制要求，输入点包括系统启动按钮（SB1）、系统停止按钮（SB2）、料位监测传感器（S1）、车到位传感器（SQ1）、车满传感器（SQ2）5 点。输出点有进料阀（D4）、出料阀（D2）、车到位指示灯（D1），以及红灯（L1）（由于车到位及红灯是同时动作的，所以用一个 I/O 点驱动）、绿灯（L2）、料斗满指示灯（D3）、电动机 M1（KM1）、电动机 M2（KM2）、电动机 M3（KM3）9 个点，所以整个系统共有 14 个 I/O 点，因此选用一台 FX_{2N}-32PLC。

2. I/O 地址分配表

I/O 地址分配表如表 11.1 所示。

表 11.1　I/O 地址分配表

输　入		输　出	
系统启动按钮（SB1）	X0	车到位指示灯（D1）	Y0
系统停止按钮（SB2）	X1	出料阀（D2）	Y1
料位监测传感器（S1）	X2	料斗满指示灯（D3）	Y2
车到位传感器（SQ1）	X3	进料阀（D4）	Y3
车满传感器（SQ2）	X4	红灯（L1）	Y4
		绿灯（L2）	Y5
		电动机 M1（KM1）	Y6
		电动机 M2（KM2）	Y7
		电动机 M3（KM3）	Y10

3. I/O 接线图

I/O 配置及接线图如图 11.10 所示。

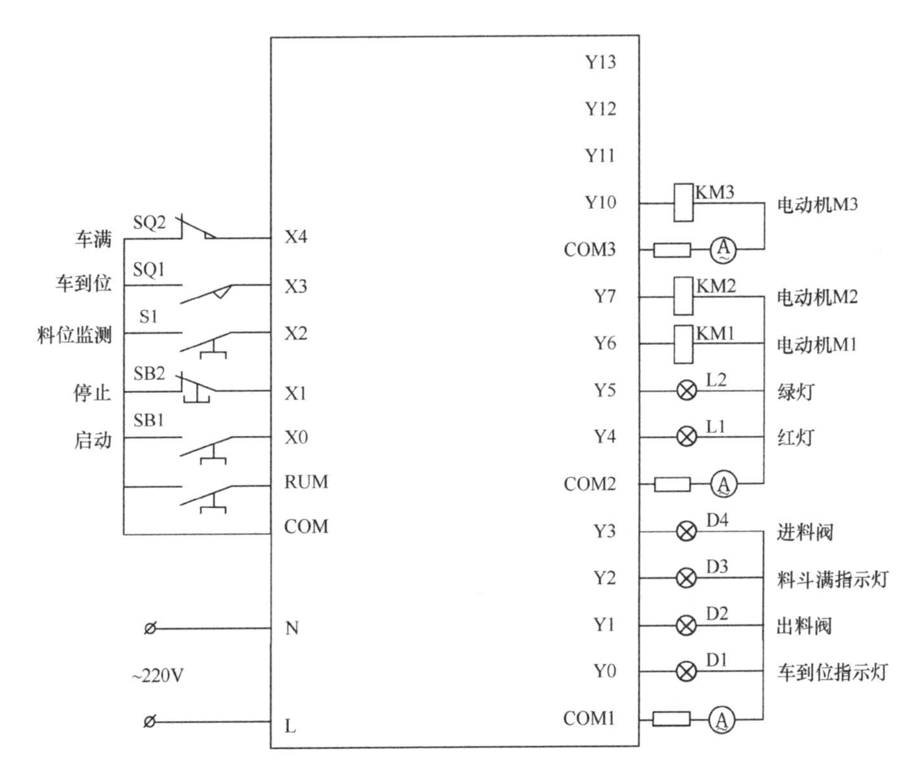

图 11.10　I/O 配置及接线图

11.3.3　控制系统梯形图

根据物料自动传送装车控制系统的工艺流程和控制要求，并且对照 I/O 地址分配表，物料自动传送装车控制系统的梯形图如图 11.11 所示。

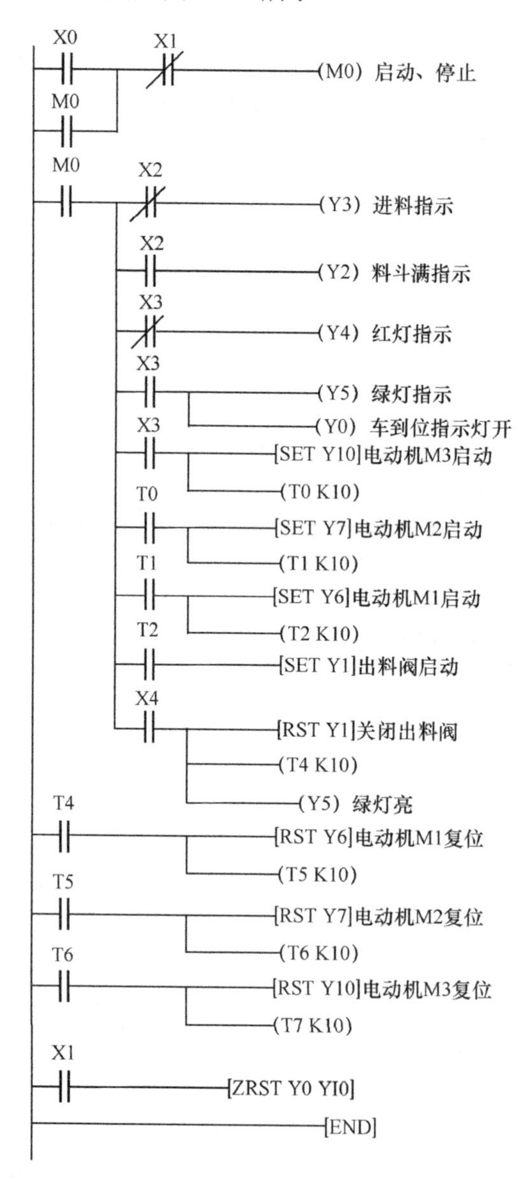

图 11.11　物料自动传送装车控制系统的梯形图

11.3.4　物料自动传送装车控制系统的指令

0	LD	X000	
1	OR	M0	
2	ANI	X001	
3	OUT	M0	
4	LD	M0	
5	MPS		
6	AMI	X002	
7	OUT	Y003	
8	MRD		
9	AND	X002	
10	OUT	Y002	
11	MRD		
12	ANI	X003	
13	OUT	Y004	
14	MRD		
15	AND	X003	
16	SET	Y010	
17	OUT	T0	K10

```
18    MRD                       32    OUT     T4      K10
19    AND     T0                33    OUT     Y005
20    SET     Y007              34    LD      T4
21    OUT     T1      K10       35    RST     Y006
22    MRD                       36    OUT     T6      K10
23    AND     T1                37    LD      T5
24    SET     Y006              38    RST     Y007
25    OUT     T2      K10       39    OUT     T6      K10
26    MRD                       40    LD      T6
27    AND     T2                41    RST     Y010
28    SET     Y001              42    OUT     T7      K10
29    MPP                       43    LD      X001
30    AND     X004              44    ZRST    Y000    Y010
31    RST     Y001
```

11.4 高档 PLC 电厂输煤程控系统

本节向读者介绍一种用高档 PLC 和上位机构成的比较大型的 PLC 控制系统，使读者对利用 PLC 设计大型控制系统有一个感性的认识。

11.4.1 系统要求

本例是某电厂 2×30 万千瓦机组输煤程控系统。该系统用来控制从码头到煤仓间的所有皮带、三通挡板、振打器、犁煤器、滚轴筛、碎煤机等现场设备，包括开关量输入/输出 1600 点、模拟量输入点 24 路，实现对整个电厂的卸煤、上煤、配煤的远方手动控制及自动控制，并提供上位机管理功能。

11.4.2 PLC 选择

本系统采用美国 MODICON 公司的 E984-785 型 PLC 作为控制核心。MODICON 公司的 E984 系列 PLC 是一种高档 PLC，获得了 ISO9001 认证。E984-785 是 984 系列中的高性能产品，其性能如下。

（1）逻辑扫描速度：1KB/ms。

（2）CPU 数据总线：24 位。

（3）最大用户 RAM：48KB。

（4）最大 I/O 点数：16 384。

（5）可支持的远程站：31 个。

（6）网络通信能力：主机有 2 个 MODBUS 口和 1 个 MODBUS PLUS 口。

（7）工作温度：0～60℃。

11.4.3 系统结构

根据现场设备的分布情况，本系统配置了 1 个本地站和 4 个远程站。其中本地站位于煤控室，4 个远程站位于现场。为了增强通信的可靠性，本地站与远程站之间通过冗余电缆连接（电缆为 CATV 同轴电缆，远程通信以 1.544MHz 工作）。使用远程输入/输出可以大大缩短现场设备到输入/输出模块的电缆长度，减少了干扰。本系统的程序全部储存在本地站的 984 主机中。本地站除了存放主机，还配备了一系列开关量输入/输出模块，其中输入模块全部是 24VDC 模块，用来接收来自操作台的按钮信号。输出模块有 24VDC 模块及继电器输出模块，分别用来控制模拟屏的指示灯及驱动报警器。本地站还设置了 2 块模拟量输入（AI）多路切换模块及 1 块 A/D 模块，用来采集智能仪表的 4～20mA 信号。远程站由于需要与现场设备联系，输入模块基本上都采用 220VAC 模块，输出模块采用 24VDC 模块，再用中间继电器隔离，最后提供给设备的是无触点输出。这些继电器触点串入现场设备的二次回路中，控制设备的启停。

11.4.4 上位机

随着 4C（Computer，Control，Communication，CRT）技术及监控软件的发展，使用上位机监控及管理系统已是大中型程控系统的流行趋势。当然，是否有必要配置上位机要结合具体情况。现在的监控软件都具有多种 PLC、DCS、智能仪表的通信协议，可以和这些控制产品实现可靠的通信。监控软件不仅能组态流程图画面，而且能实现趋势曲线、报表、报警、实时打印、定时打印和历史数据记录等功能。

本系统使用 Intel 公司的 302I 工控机作为上位机。上位机通过串行口接到 984 主机的 MODBUS 口，通过这根串口线即可读/写 PLC 中的各项数据，也可以对程序中的 I/O 地址进行读/写。

监控软件是用美国 Wonderware 公司的 Intouch 开发的。Intouch 是一个运行在 Windows 环境下的人机界面软件（MMI 软件），广泛应用于各种过程控制系统、SCADA 系统及监控管理系统等。Intouch 与所有运行在 Windows 环境下的软件一样，使用窗口、弹出选项菜单、对话框、工具框和图标等图形对象，充分发挥图形用户界面（GUI）的优越性。使用 Intouch 的 DDE I/O Server 可以方便地和下位机进行通信。Intouch 提供了面向对象的、功能强大的设计工具，利用这些工具可以容易地绘制图形对象，并可将这些对象或对象组进行移动、缩放、排列、校准、旋转、镜像、组合、分解、剪切、复制、粘贴等操作；可以对图形对象定义动态特性，包括大小、颜色、位置、填充区域的变化，以及动态移动、显示及隐藏、闪烁、用户输入、数值输出、按钮开关、水平及垂直游标、功能的禁止/恢复等；可连接图形对象的数据，包括开关量、模拟量及字符串。Intouch 提供了一套预先组态好的图库，其中包括各种开关、按钮、表头、显示面板、指示灯、Windows 控制等。由于图库中的对象已经过预先组态，用户只要稍做设置即可直接使用。Intouch 还支持 Windows 环境下的任意一种中文字库和中文之星字库，用户在组态时可方便地输入汉字，并达到清晰美观的显示效果。所以利用 Intouch 可以产生出具有生动的人机界面的监控软件。利用监控软件所提供的各项功能，操作人员可方便地观察现场工况。

11.4.5 系统组态图

输煤程控系统组态图如图 11.12 所示。

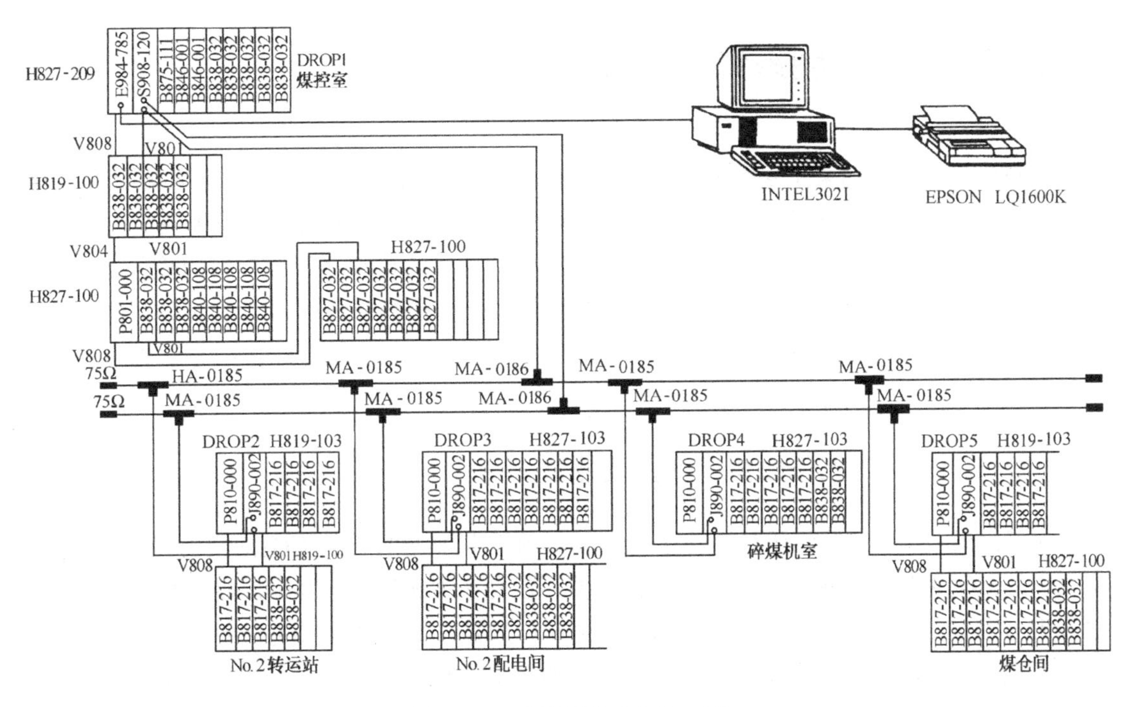

图 11.12　输煤程控系统组态图

（1）E984-785：主机（占 1.5 槽位）。

（2）S908-120：远程 I/O 处理器（1.5Mbit/s）。

（3）B875-111：A/D 模块。

（4）B846-001：模拟量输入多路切换模块。

（5）B838-032：32 点 24VDC 输出模块。

（6）B840-108：8 点继电器输出模块。

（7）B827-032：32 点 24VDC 输入模块。

（8）P810-000：电源模块（占 1.5 槽位）。

（9）J890-002：远程适配器（点 1.5 槽位）。

（10）B817-216：16 点 220VAC 输入模块。

（11）H827-209：11 槽机架。

（12）H827-100：11 槽机架。

（13）H827-103：11 槽机架。

（14）H819-103：7 槽机架。

（15）H819-100：7 槽机架。

（16）V808：机架间电源电缆。

（17）V804：机架间电源电缆。

（18）V801：机架间信号电缆。

（19）MA-0186：分线器。

（20）MA-0185：分支器。

（21）75Ω：同轴电缆末端的 75Ω终端电阻。

（22）INTEL302I：386DX2 工控机。

11.5　CO_2送肥系统的设计

在对生产过程中的某个参数进行控制的时候，首先用传感器或测量仪表读取该参数的值。许多物理量已经有成熟的批量生产的测量仪表，但是有些参数可能难以找到现成的测量仪表，在这种情况下，需要选用适当的传感器，并且为选用的传感器设计专用的输入通道，实现对这种物理量的测量或控制。本例首先介绍如何设计由热释电传感器组成的CO_2测试仪；其次介绍如何利用 PIC 单片机简化控制系统的硬件设计；最后介绍实用 CO_2送肥系统的软件设计。

11.5.1　CO_2对农作物生产的重要意义

空气中的CO_2对农作物生长有着重要的影响。在空气流通的场合，CO_2浓度为330～350ppm，空气中的CO_2浓度完全能够满足农作物的需要。但是在大棚生产环境中，棚内CO_2浓度的变化很大。尤其是当太阳升起后，农作物的光合作用加强，大量吸收CO_2，会使CO_2浓度急剧下降，空气中的CO_2严重不足，大大影响农作物的光合作用，延长生长周期，降低农作物的产量。

有些国家的农业生产大棚使用钢结构的玻璃大棚，高大明亮，内部有非常完备的现代化施肥、通风、排灌及温度控制系统。这种现代化的种植方法和设备在我国也有使用，但是用这种方法生产的粮食和蔬菜价格太高，大多数公民不能够接受。本例设计一种价廉的智能CO_2送肥系统，包括设计一种价廉的CO_2测试仪和单片机控制器，根据测试仪测量的CO_2浓度，对CO_2发生器进行自动控制，及时补充棚内CO_2，使农作物始终处于最佳的生长状态，达到缩短农作物生长周期、增加农作物产量的目的。

11.5.2　CO_2送肥系统的关键设备

1．CO_2送肥系统的基本工作原理

CO_2送肥系统控制原理框图如图 11.13 所示。在图 11.13 中，红外CO_2测试仪将测试结果送入单片机，单片机将测试结果和设定值（理想的CO_2浓度值）进行比较，并求得偏差。如果实测的CO_2浓度低于设定值，单片机内部的控制程序发出控制信号，CO_2发生器工作，释放CO_2，使大棚内部CO_2浓度维持在理想的状态。

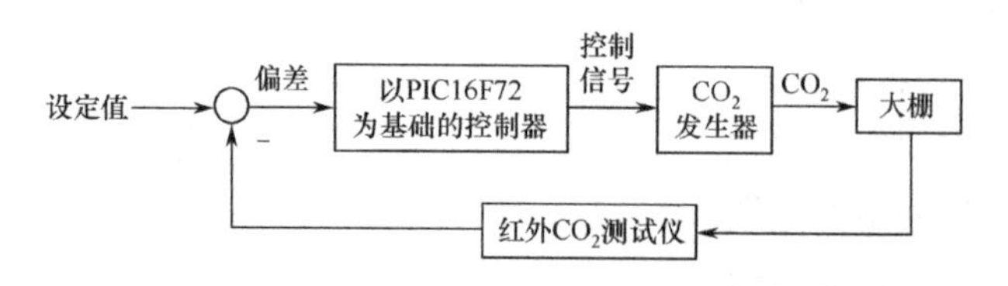

图 11.13　CO_2送肥系统控制原理框图

2．CO_2送肥系统的结构框图

CO_2送肥系统的结构框图如图 11.14 所示，它包括信号采集单元、自校正电路、放大和滤波电路、A/D 转换器、单片机及 LED 显示器。信号采集单元负责采集空气中的 CO_2 浓度信号，然后输入自校正电路进一步克服环境温度变化引起的工作点漂移；经过校正的信号送入放大电路进行电量信号放大，并且由滤波电路滤除工频和其他频率的干扰信号，得到有效的 CO_2 浓度信号输入 A/D 转换器；A/D 转换器将模拟信号转换成数字信号，单片机对数字信号进行进一步的数字滤波和处理，以获得 CO_2 浓度信息，在 LED 显示器上显示测试结果。同时单片机控制程序根据测量值和设定值之间的偏差计算出控制信号，在控制信号的控制下，CO_2 发生器释放出 CO_2，以调节大棚内部的 CO_2 浓度。

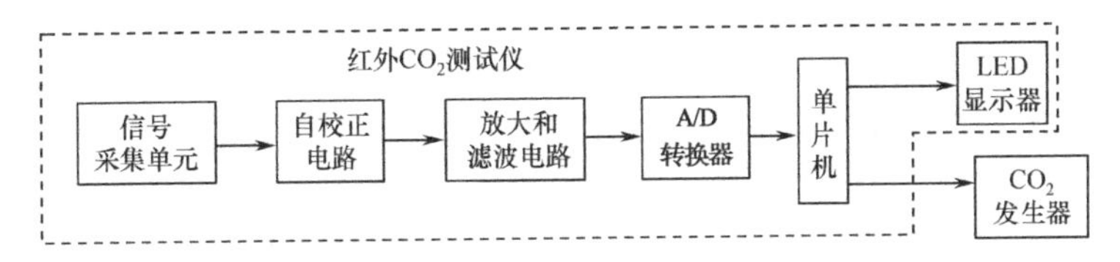

图 11.14　CO_2 送肥系统的结构框图

3. CO_2 送肥系统的关键设备

CO_2 送肥系统包括下列关键设备。

（1）红外 CO_2 测试仪：实时测试大棚内部的 CO_2 浓度。

（2）单片机：进行数据采集、处理、显示测试结果并进行控制运算，计算出控制信号。

（3）CO_2 发生器：及时释放 CO_2。

11.5.3　红外 CO_2 测试仪的设计

1. 红外测试技术的基本工作原理

一般来说，多原子分子如 H_2O、CO_2、CO、N_2O 等都会吸收红外光，在 2～10μm 的近红外光谱范围内，CH_4、CO_2、CO 都有明显的吸收峰。不同气体的红外吸收光谱如图 11.15 所示。在 3.5～4.7μm 内 CO_2 有一个很强的吸收峰，峰值发生在 4.26μm，因此红外 CO_2 测试仪以 4.25μm 波长的红外光作为测量 CO_2 的光源。根据该光源被吸收的程度推算出空气中的 CO_2 浓度。

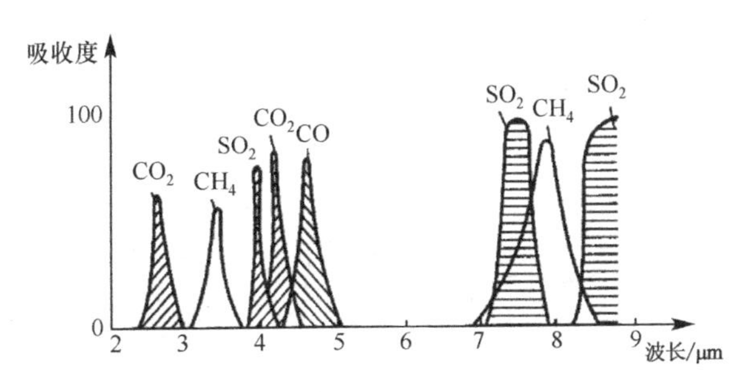

图 11.15　不同气体的红外吸收光谱

由于环境温度的变化影响测量结果，因此本仪器为了克服环境温度的影响采取了一系列措施。

2．红外 CO_2 测试仪的设计

CO_2 信号采集室示意图如图 11.16 所示。

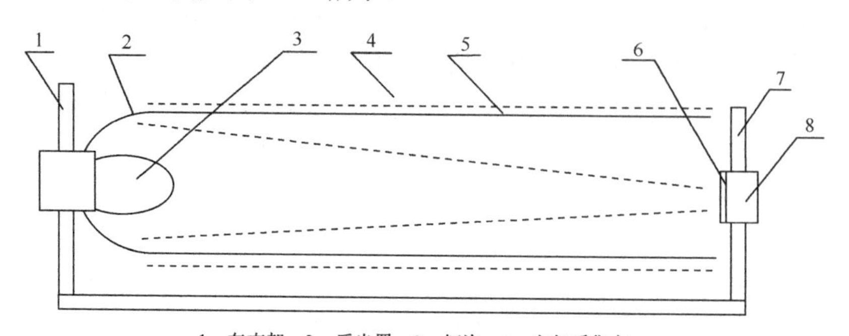

1—左支架；2—反光罩；3—灯泡；4—空气采集室；

5—透气薄膜防护罩；6—滤波片；7—右支架；8—热释电红外传感器

图 11.16　CO_2 信号采集室示意图

为了降低成本，采用普通手电筒灯泡 3 作为光源，经 4.1～4.25μm 滤波片 6 获得 4.1～4.25μm 的红外光。灯泡后面的反光罩对光源起聚焦作用，增加光源的强度。从光源到热释电红外传感器 8 的光路上，CO_2 浓度越高，红外光被吸收得越多，因此热释电红外传感器 8 接收到的红外光信号就越弱，计算机根据光源被吸收的程度就可以推算出空气中的 CO_2 浓度，再求出与设定值之间的偏差，根据一定的算法控制 CO_2 发生器工作。空气采集室 4 有许多小孔，便于空气流通。透气薄膜防护罩 5 是一种既有较好的透气性，又有较好的密封性的薄膜。因为热释电红外传感器 8 对空气的流动特别敏感，利用透气薄膜防护罩既能保证空气流通，又可以减少空气流动对测量结果的影响。热释电红外传感器 8 对温度变化也很敏感，所以在传感器的金属外壳上包裹有塑料隔热层。

3．CO_2 信号的放大与校正

从热释电红外传感器得到的 CO_2 信号极其微弱，温漂、零漂及干扰信号远大于 CO_2 信号。为了获得正确的 CO_2 信号，在多级放大的基础上加入了校正功能，使运放工作点自动校正，以达到克服温漂、零漂的目的。自校正电路，如图 11.17 所示。

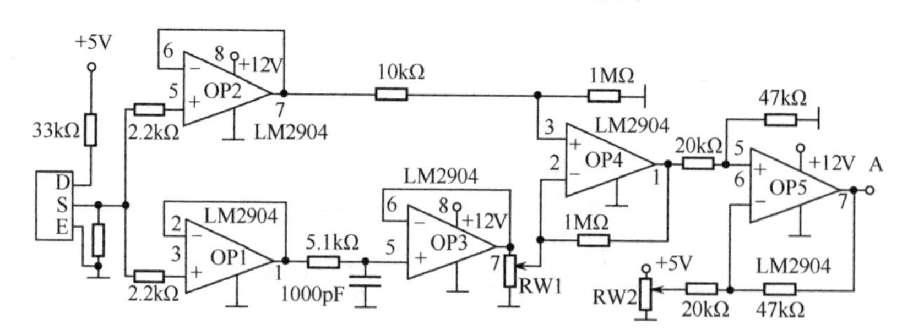

图 11.17　自校正电路

在图 11.17 中，第一级运放（OP1、OP2）完成对信号的取样。第二级运放（OP3）配合 RC 滤波器完成信号的自适应取样。第三、四级运放（OP4、OP5）完成信号的差模放大。该电路对温漂、零漂、信号的波动均能实现自适应抑制，使电路自动工作在线性放大状态。

放大滤波电路如图 11.18 所示。从校正电路来的信号，首先经过双 T 形电阻网络窄带滤波器滤除 50Hz 的工频干扰，再经 OP6 和 OP7 两级放大器放大。这两级使用了同相放大器，因为同相放大器具有很高的输入电阻和很低的输出电阻，并且性能优良，在实际电路中得到了广泛应用。需要强调的是，双 T 形电阻网络窄带滤波器是完全必要的，因为在有交流电的场合，工频干扰往往远大于有效信号，不滤除工频干扰，有效信号可能根本得不到。

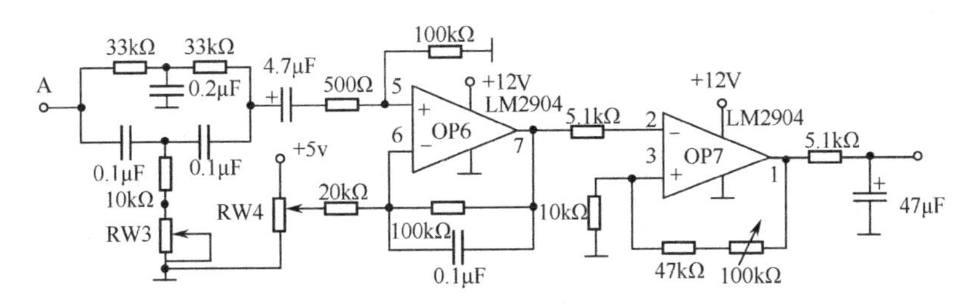

图 11.18　放大滤波电路

为了提高仪表的分辨率，各级运放的放大倍数需要反复调整，并且有几级运放加入了信号强度和放大倍数的微调措施，保证有效信号落在 0.5～4.5V 范围内。400ppm 浓度的信号波形约为 4.5V，1100ppm 浓度的信号波形约为 0.5V，所以每 100ppm 的浓度变化对应的信号波形约为 0.57V，即数字量有 20 多个，就能使仪表分辨率达到相当高的程度。

4．信号的调试

CO_2 浓度是一个成分参数，空气中的 CO_2 浓度变化相当缓慢。为了达到测试的目的，光源波形如图 11.19 所示。在 Pw 时间，光源接通；而在 P1 时间，光源关闭。由于灯光达到稳定状态存在一个过渡过程，所以观察到的测试信号如图 11.20 所示。

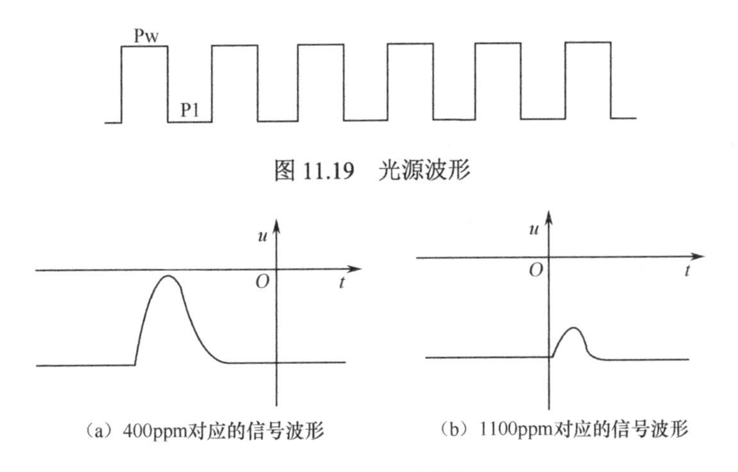

图 11.19　光源波形

（a）400ppm对应的信号波形

（b）1100ppm对应的信号波形

图 11.20　测试信号

5．数字滤波和软件温度补偿

CO_2 信号经放大与校正后，必定包含有各种干扰成分，因此需要采用一系列软件措施，具体内容如下。

（1）对采样信号用不同的滤波方法进行滤波，滤除脉冲干扰和其他低频干扰。

（2）对环境温度周期采样，通过查表，修正温度引起的漂移。

经过一系列的处理之后，系统采集到了反映信号原来面目的足够的信息。对某个信号波形采样的数据如表 11.2 所示。

表 11.2　对某个信号波形采样的数据

采样次数	1	2	3	4	5	6	7	8	9	10	11	12	13
采样数据	03	17	61	BB	F8	F7	EB	C0	73	2E	1C	10	03

6. 仪表读数的校正和显示

经过滤波和温度补偿后，数据的准确性得到了提高，然后用标准的红外 CO_2 测试仪对这些数据进行校正，找到测量数据和 CO_2 浓度值的对应关系。由于在农用环境下并不要求精确地显示测试结果，所以使用 12 个 LED 发光二极管组成温度计式的柱状显示器。标准表显示值与 LED 点亮个数的关系如表 11.3 所示。由标度变换程序控制 LED 点亮个数。

表 11.3　标准表显示值与 LED 点亮个数的关系

标准表显示值	1480	1260	1080	960	840	710	600	510	430	370
LED 点亮个数	12	11	10	9	8	7	6	5	4	3

11.5.4　CO_2 发生器的选择

目前有多种产生 CO_2 的方法，包括燃烧碳水化合物、高压瓶装 CO_2、发酵有机质及化学反应法等，其中高压瓶装 CO_2 和化学反应法适合实现自动控制，只要控制电磁阀的接通与关闭，就可以控制 CO_2 的释放。

11.5.5　单片机采样控制系统的硬件设计

1. 采用先进的 PIC 单片机

本系统采用 PIC 8 位单片机，因为 PIC 单片机具有如下优点。

（1）PIC 单片机从低到高有几十个型号，满足不同层次的应用要求。例如，PIC12C508 仅有 8 个引脚，但有 512 字节 ROM、25 字节 RAM、1 个 8 位定时器、1 根输入线、5 根 I/O 线，可以实现许多电子产品的控制。而 PIC16C74 虽然尚不是最高档型号的 PIC 单片机，但是有 40 个引脚、4000 字节 ROM、192 字节 RAM、8 路 A/D 转换器、3 个 8 位定时器、2 个 CCP 模块、3 个串行口、1 个并行口、11 个中断源、33 个 I/O 接口，可以实现许多复杂的控制。由于 PIC 单片机组成系统时，只要选择满足要求的型号，无须设计过多接口连接电路或扩展硬件，因此硬件设计简单，成本低，性价比高。

（2）PIC 采用 RISC 精简指令系统，即哈佛结构，数据线和指令线分离，取指令和取数据可同时进行，而且指令线宽于数据线，使其指令比 CISC 单片机指令包含更多的处理信息，具有更高的执行效率和更快的速度。同时，PIC 指令多为单字节，程序存储器的空间利用率大大提高，有利于实现超小型化。

（3）采用 PIC 的低价 OTP 型芯片，可使单片机在其应用程序开发完成后立刻上市，实现产品上市零等待。

（4）PIC 由保密熔丝来保护代码，其他人无法读取，保密性极高。

（5）自带看门狗定时器，可以提高程序运行的可靠性。

（6）具有睡眠和低功耗模式，功耗非常低，特别适合由电池甚至纽扣电池供电的便携式应用。

2．单片机采样控制系统硬件框图

本系统包括 CO_2 浓度和温度 2 个模拟量输入，为了方便操作，系统只有 RESET、SET+（设定值增加）和 SET-（设定值减少）3 个键。系统的输出包括 12 个 LED 发光二极管、传感器光源控制和 CO_2 输出控制等十余个开关量输出，所以采用 PIC16F72 完全能够满足控制要求，用户硬件设计工作主要是上述 CO_2 传感器电子电路的设计。采样控制系统电路图如图 11.21 所示。

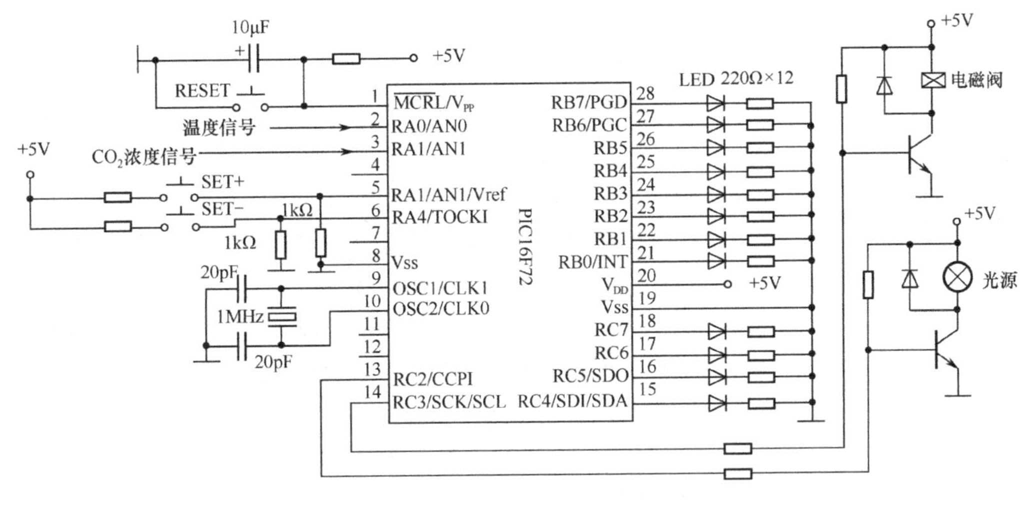

图 11.21　采样控制系统电路图

11.5.6　单片机采样控制系统的软件设计

CO_2 送肥系统实际上是一个采样控制系统。软件的任务主要包括如下内容。

（1）系统初始化，包括对工作变量赋初值、对设定值赋初值、对 I/O 接口赋初值等。

（2）扫描设定值加减键，每按一次，增加或减少一挡设定值。

（3）对系统进行自检，保证系统在正常的情况下投入运行。

（4）控制光源以最佳的频率通断，以便获得理想的信号波形。

（5）以适当的采样频率采集 CO_2 浓度信号，以便获得准确的采样结果。

（6）求取 CO_2 浓度信号的最大值。

（7）虽然硬件已经进行了过滤处理，但是信号中不可避免地还存在干扰，所以需要进行软件数字滤波。

（8）为了进一步克服环境温度变化对采样结果的影响，对环境温度定时采样，并且根据当时的环境温度，对采样结果进行温度补偿。

（9）对数字信号进行标度变换，在柱状 LED 显示器上显示。

（10）对采样信号和设定值进行比较，根据一定的算法得到控制信号值，控制电磁阀的通断。

1．控制系统主程序

控制系统主程序流程图如图 11.22 所示。系统开始工作后，首先关闭中断，以免干扰信号中断系统工作；其次进行系统初始化，对系统资源和输入/输出口进行设置，对工作变量赋初值，包括根据用户对设定值增加或减少的要求设置设定值；最后系统进行自检，自检成功后

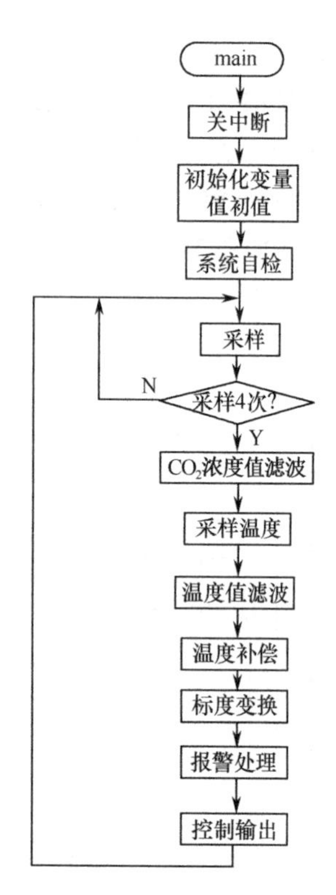

图 11.22　控制系统主程序流程图

开始周而复始地采样和控制工作。

2．采样程序

对 CO_2 浓度信号的采样是在采样整个波形的基础上，求出波形的最大值，并且为了便于对数据进行处理，对 CO_2 浓度信号每采样 4 次，即采样 4 个最大值后进行 1 次各种类型的处理。采样程序流程图如图 11.23 所示。

采样程序包括对光源的通断控制，为了控制光源接通或关闭的持续时间，分别为它们设置了独立的计数器，对定时器 1 的 0.5s 的时间间隔进行计数，T_on 为开灯时间计数器，T_off 为关灯时间计数器，改变计数器 T_on 或 T_off 的值，就可以改变光源通或断的持续时间，即光源的工作频率。光源的工作频率是通过反复实验确定的。

光源接通后，就开始对信号连续采样。为了既保证采样数据的准确性，又不致使数据量太大，采样周期同样是通过反复实验确定的。

每采到 1 个新的 CO_2 浓度值，就调用求最大值程序，并且把最大值及时保存，供后面的滤波和温度补偿程序使用。

图 11.24 所示是进行 1 次采样的程序流程图，主要是对 A/D 转换器的设置和控制。

3．CO_2 发生器的控制

CO_2 发生器采用间隙工作方式。开一段时间，然后关一段时间；再开一段时间，然后又关一段时间，如此往复。开和关的时间比例取决于大棚内 CO_2 浓度的高低，浓度越低，开的时间越长（见图 11.25）；反之，开的时间越短（见图 11.26）。不同浓度值下发生器开关时间分配表如表 11.4 所示。由于开和关的时间都比较短，所以在较长的时间范围内，大棚内的 CO_2 浓度是均匀变化的。

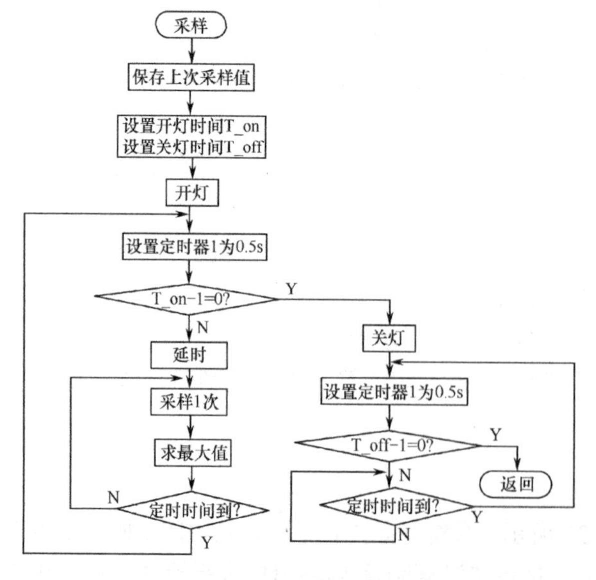

图 11.23　采样程序流程图

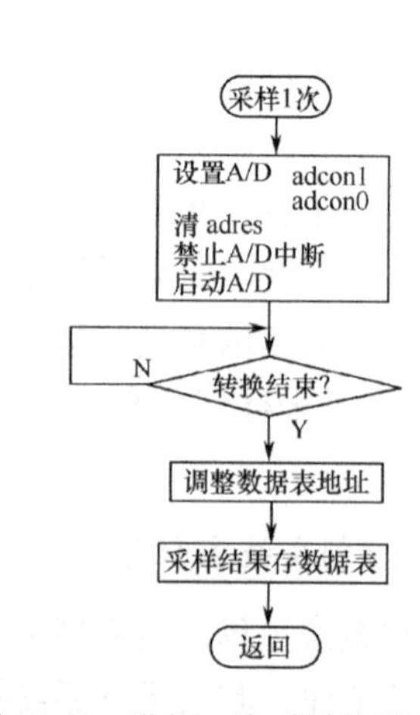

图 11.24　进行 1 次采样的程序流程图

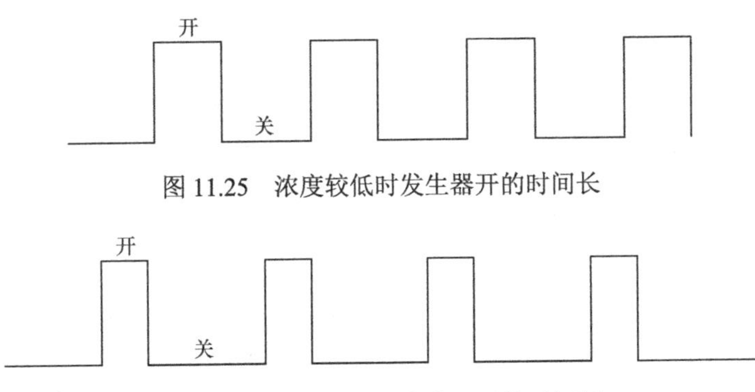

图 11.25　浓度较低时发生器开的时间长

图 11.26　浓度较高时发生器开的时间短

表 11.4　不同浓度值下发生器开关时间分配表

CO_2浓度	发生器开时间/s	发生器关时间/s
很低<400ppm	20	0
较低 400～600ppm	15	5
低 600～800ppm	10	10
中 800～900ppm	5	15
适中 900～1000ppm	2	18
高>1000ppm	0	20

4．CO_2发生器控制程序

CO_2发生器控制程序流程图如图 11.27 所示。控制程序设置了 2 个标志，即 CO2_ON 和 CO2_OFF，还有一个时间计数器 CO2_timer。当 CO2_ON=1 时，表示发生器开。第 1 次进入该控制程序时，标志和时间计数器的值是程序初始化时设定的。设当前 CO_2浓度较低，所以程序设定为 CO2_ON=1，CO2_timer=15。进入该程序后，由于 CO2_ON=1，所以程序转到判断 CO2_ timer−1 是否为 0，由于其不为 0，所以保持 CO2_ON=1，并且向发生器发出一个高电平信号，使发生器的电磁阀接通，即发生器工作，释放 CO_2，然后程序返回主程序。第 2 次进入该程序还是这个情况，直到第 15 次进入该程序后，CO2_timer−1=0，所以程序置 CO2_OFF=1，CO2_ON=0，并且向发生器发出低电平信号，关闭电磁阀，并且根据当时的 CO_2浓度置发生器停止工作时间 CO2_timer=5，然后返回主程序。下一次进入该程序时，由于 CO2_ON=0，CO2_OFF=1，所以进入流程图左边的 CO2_timer−1 是否为 0 的判断，控制发生器停歇时间，直到停歇时间到后，再把 CO2_ON 置为 1，CO2_OFF 置为 0。此后下一次再进入该程序时，由于 CO2_ON=1，CO2_OFF=0，所以进行 CO_2浓度值是否小于设定值的判断，如果小于则置 CO2_ON=1、CO2_OFF=0 和发生器工作时间，即 CO2_timer 的值，使发生器又进入工作状态。显然，正是由于用这种方式控制发生器，使发生器的结构变得比较简单，避免了对肥料的流量或质量的控制，从而无须使用复杂的装置，节省了成本，达到了简单实用的设计目标。

5．软件滤波

尽管采取了各种硬件滤波措施，采样得到的数字信号中仍然可能存在工频或其他频率的干扰信号，因此系统使用了多种数字滤波措施，包括惯性滤波、防脉冲干扰滤波、算术平均滤波、限幅滤波、限速滤波等。

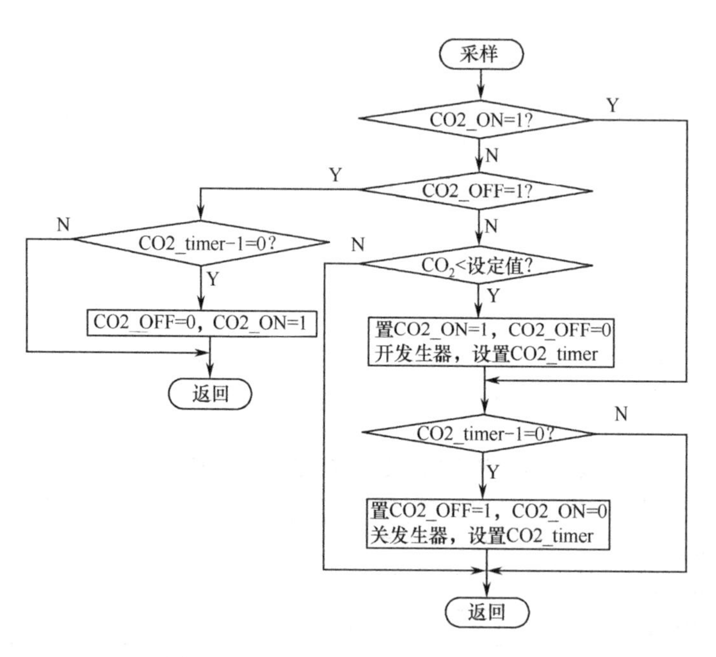

图 11.27　CO_2发生器控制程序流程图

6．软件温度补偿

由于传感器受环境温度的影响，因此使用 LM35 温度传感器对环境温度周期采样。LM35 温度传感器的灵敏度较高，输出信号较大，只需采用一级运放进行信号放大，然后将信号加到 A/D 转换器上进行 A/D 转换。温度补偿程序根据温度值通过查表修正温度引起的漂移。

11.6　数控机床

采用数字程序控制系统的机床叫作数控机床。数字控制技术是以微电子技术为基础，以自动化技术和计算机技术为核心，并综合了机电一体化技术发展起来的。数控机床的发展非常迅速，近 10 年来总产量增加了十倍左右。随着数控技术的发展，数控机床的性能也在不断完善和提高。目前世界上几个著名的数控机床生产厂家的产品都在向系列化、模块化、高性能和成套性方向发展。它们的数控装置采用了 16 位或 32 位微处理器标准总线和软硬件模块化结构，内存容量在 1MB 以上。由于采用了具有高精度、快速响应特性的交流伺服机构，机床进给分辨率达到 0.1μm，装置的稳定运行时间达到 10 000h。由于价格不断下降，操作和编程日趋简化，原来主要用于中小批量、多品种复杂形状加工的数控装置开始用于大批量生产。现在，有些国家的数控技术已达到成熟和普及。

数字控制系统一般包括输入装置、输出装置、控制器及插补器等几个部分。控制器、插补器，以及部分输入、输出装置是由计算机实现的。

11.6.1　车床数字控制器的主要任务

为了便于理解，下面以经济型数控车床为例来说明车床数字控制器的主要任务。

车床进行切削加工时，夹装在车床主输出轴的卡盘上的被加工工件绕轴旋转，安装在溜板箱的刀架上的刀具根据工件形状的要求沿主轴轴线方向或半径方向做横向运动或纵向运动。数字控制器的任务主要包括如下内容。

（1）控制主轴转速。

（2）对溜板箱的纵、横两个方向的步进电动机进行控制，使刀具按规定的轨迹移动。

（3）控制刀架旋转，以达到自动换刀的目的。

图 11.28 所示是数控车床的硬件配置图。

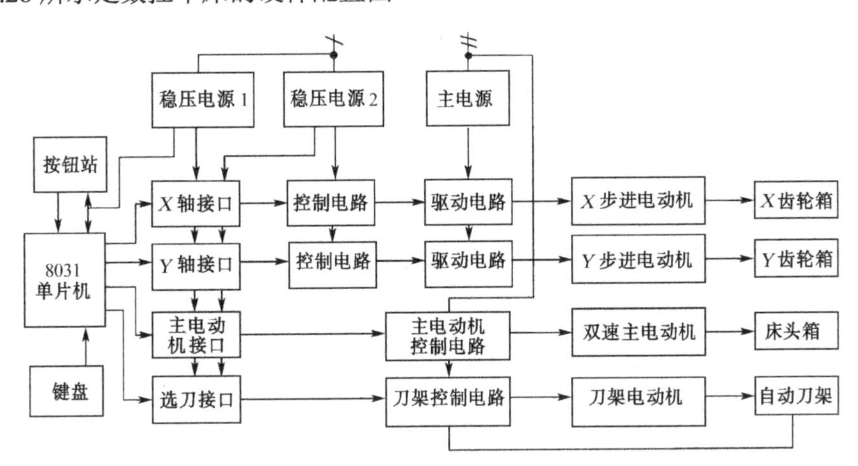

图 11.28　数控车床硬件配置图

11.6.2　逐点比较法的插补原理

1．图纸轴轨迹的近似实现

机械加工的目的是加工出形状和尺寸符合图纸要求的零件。

如果用立式铣床加工出如图 11.29 所示的曲线轮廓 A_0B_0，就必须使铣刀中心相对工件按曲线轨迹 AB 移动。这意味着，铣床工作台的纵向和横向移动在每一瞬间都严格保持一定的内在联系。假如我们把曲线轨迹 AB 分成许多小弧线段 $\overset{\frown}{AA_1}$、$\overset{\frown}{A_1A_2}$、$\overset{\frown}{A_2B}$，并分别用直线段 $\overline{AA_1}$、$\overline{A_1A_2}$、$\overline{A_2B}$ 来代替，倘若所分割的直线段和 AB 的最大误差不超出允许的加工误差，那么就可以用这些直线段近似地代替所需要的曲线轨迹。于是，只要我们能够保证工作台在 t_1 时间内在 x 方向移动 Δx_1，在 y 方向移动 Δy_1；在 t_2 时间内移动 Δx_2、Δy_2；在 t_3 时间内移动 Δx_3、Δy_3，就可以加工出所要求的形状。这种用直线来近似代替曲线的方法就是直线插补法。

如果用车床进行加工，则要求控制刀架的运动，使刀尖的轨迹与图纸要求一致。

除了用直线段来近似代替所要求的轨迹，在数字控制中，还常采用圆弧或非圆二次曲线，即用许多圆弧或非圆二次曲线段来近似代替所需要的轨迹。一般常采用直线+圆弧或直线+圆弧+非圆二次曲线相结合的方法。

2．圆弧和直线的插补法

下面讨论每一段直线或圆弧是如何实现的。

所谓插补法，是指利用给定的基本数据（如起点、终点、直线或圆弧）计算出除起点、终点以外的中间点的数据，从而把给定曲线的形状描绘出来的一种方法。常用的插补法有逐点比较插补计算法（简称逐点比较法）和数字积分插补计算法（简称数字积分法），后来又出现了时间分割插补计算法和样条插补计算法等新的插补法。按插补的功能，插补法又可分为平面插补和空间插补两类，如平面直线插补、平面圆弧插补、平面非圆二次曲线插补，以及空间直线插补、空间圆弧插补等。由于大部分加工零件图都可用直线和圆弧相结合得到，在数字程序控制中，直线和圆弧插补法应用得最为广泛。下面介绍应用得最为广泛的逐点比较法的基本原理。

（1）斜线插补原理。斜线插补是根据斜率判断偏差来决定进给方向的。下面以第一象限斜线 $L1$（见图 11.30）为例推导斜线插补偏差计算公式。

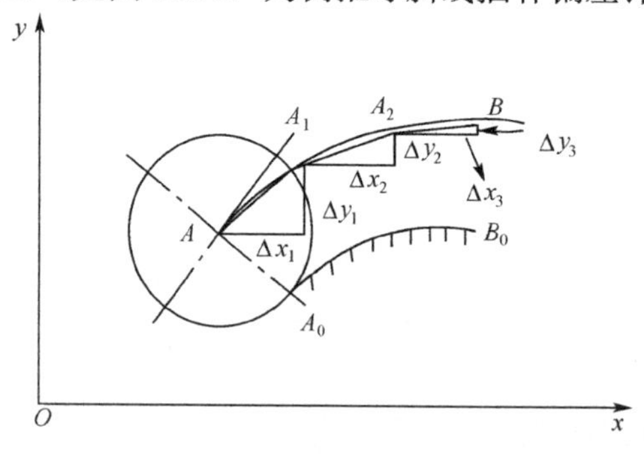

图 11.29 用立式铣床加工曲线轮廓 A_0B_0

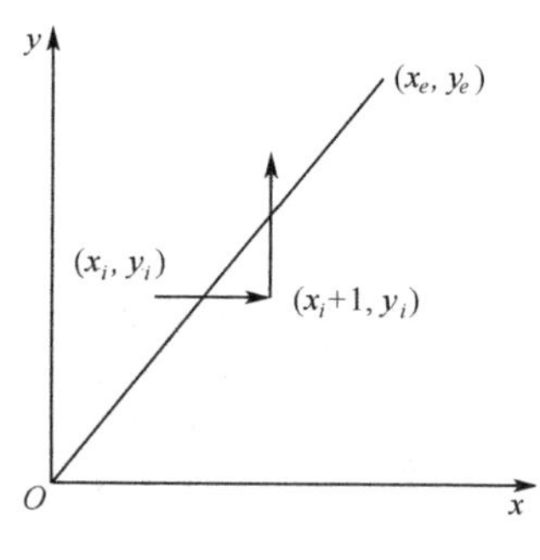

图 11.30 斜线 $L1$

设坐标原点为目标斜线的起点，则目标斜率为

$$\tan\alpha=\frac{y_e}{x_e}$$

平面内任意一点与坐标原点的连线的斜率为

$$\tan\beta=\frac{y_i}{x_i}$$

如果 $\tan\beta>\tan\alpha$，即 $y_ix_e-y_ex_i>0$，则该点处在目标斜线的上侧，应使刀具向 x^+方向进给一步；反之，应向 y^+方向进给一步。因此，根据偏差 $F_i=y_ix_e-y_ex_i$ 大于 0 或小于 0，即可决定溜板箱的走向，也可以决定步进电动机的转向，从而加工出一条符合要求的斜线。

下面简化偏差计算公式。

设在点(x_i,y_i)时，偏差 $F_i>0$，故溜板箱向 x^+方向进给一步而达到(x_i+1,y_i)，于是新的偏差为

$$\begin{aligned}F_{i+1}&=y_i\,x_e-y_e(x_i+1)\\&=y_i\,x_e-y_e\,x_i-y_e\\&=F_i-y_e\end{aligned}$$

因此，根据上一次的偏差和终点坐标，即可计算出本次偏差，从而决定本次的控制走向。同理可以计算出当 $F_i<0$ 时，溜板箱从(x_i,y_i)走向(x_i,y_i+1)，即向 y^+方向进给一步，$F_{i+1}=F_i+x_e$。

各象限内的斜线的偏差和进给关系如表 11.5 所示。

表 11.5 各象限内的斜线的偏差和进给方向的关系

		进给方向	
		$F\geqslant 0$	$F<0$
斜线所在象限	一	x^+	y^+
	二	x^-	y^+
	三	x^-	y^-
	四	x^+	y^-
偏差计算公式		$F=F-y_e$	$F=F+x_e$

（2）圆弧插补原理。圆弧是通过判断当前加工点处于圆内还是圆外来决定溜板箱的走向的，即 $F_i=x_i^2+y_i^2-R^2$。设圆弧的圆心为坐标原点。对于第一象限逆（时针）圆 NR1（见图 11.31），则当 $x_i^2+y_i^2\geqslant R^2$ 时，走 x^-；反之，走 y^+。

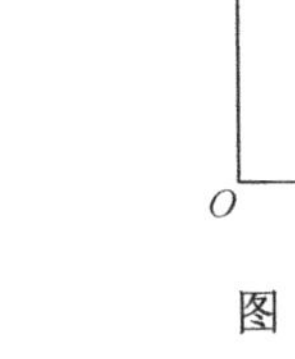

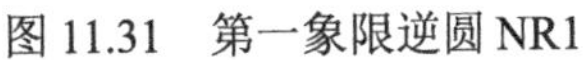

图 11.31　第一象限逆圆 NR1

设在点(x_i,y_i)处偏差为 $F_i>0$，故走 x^-，$x_{i+1}=x_i-1$，从而有

$$F_{i+1}=(x_i-1)^2+y_i^2-R^2$$
$$=x_i^2-2x_i+1+y_i^2-R^2$$
$$=F_i-2x_i+1$$

同理，当 $F_i<0$ 时，走 y^+，$y_{i+1}=y_i+1$，于是有

$$F_{i+1}=F_i+2y_i+1$$

各象限的圆弧的偏差判别公式及走向如表 11.6 所示。表中 SR 代表顺（时针）圆，NR 代表逆圆。

表 11.6　各象限的圆弧的偏差判别公式及走向

		进给方向	
		$F\geqslant 0$	$F<0$
圆弧类型	SR1	y^-	x^+
	SR3	y^+	x^-
	NR2	y^-	x^-
	NR4	y^+	x^+
偏差计算公式		$F=F-2y+1$ $y=y-1$	$F=F+2x+1$ $x=x+1$
圆弧类型	NR1	x^-	y^+
	NR3	x^+	y^-
	SR2	x^+	y^+
	SR4	x^-	y^-
偏差计算公式		$F=F-2x+1$ $x=x-1$	$F=F+2y+1$ $y=y+1$

所以，直线和圆弧的插补法利用直线或圆弧在宏观上近似曲线，但是，每一条直线或圆弧在微观上是阶梯状的，由于每个台阶非常小，所以加工精度可以相当高。

（3）终点判别。判断某一段斜线或圆弧是否已到达终点，以便停止刀具的自动进给，称为终点判别。逐点比较法的终点判别有多种方法。

① 在加工过程中，每走一步就将动点坐标和终点坐标进行比较，直到两者相等为止。

② 设置 x、y 两个方向的计数器，分别存放每个方向应走的步数，每走一步就在相应的计数器中减 1，直到两个计数器都为零。

③ 用一个计数器存放 x、y 两个方向应走步数之和，每走一步就减 1，直到减为零。

④ 为了简化终点判别过程，也可以只判别一个方向是否已达到终点。斜线插补采用 x、y 两个方向中数值大的一个方向作为判别的依据。圆弧插补则要考虑终点所处的位置。圆弧计数方向选取如图 11.32 所示。若终点靠近 y 轴，走到最后几步时，y 方向可能已到达终点了，但 x 方向尚未走完，所以应以 x 方向作为终点判别的依据；相反，若终点靠近 x 轴，则应判别 y 方向。显然，用上述方法选取终点判别的方向（又称计数方向）的目的是尽可能减小加

工误差。

(4) 插补计算过程。整个插补计算过程如图 11.33 所示。开始后，首先判别偏差是大于或等于零还是小于零；然后根据不同的象限和线型（斜线或圆弧）决定是哪个坐标轴走哪个方向。当新的一步进给之后，进行一次偏差计算，以便下一步使用，然后进行终点判别。如果已达到终点，则停止刀具进给，结束该线段的加工；否则开始下一步新的循环，直至到达终点。

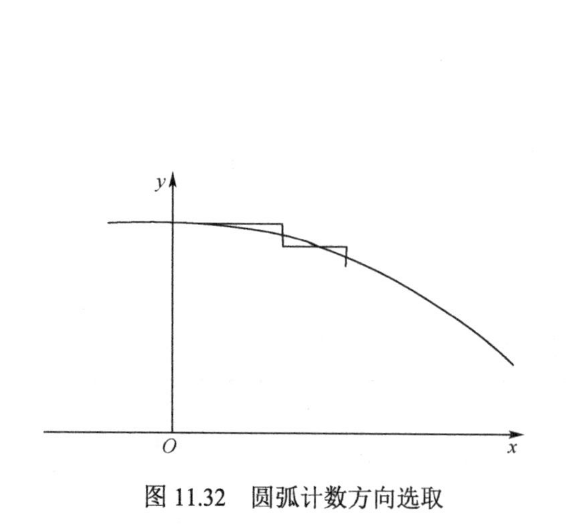

图 11.32　圆弧计数方向选取

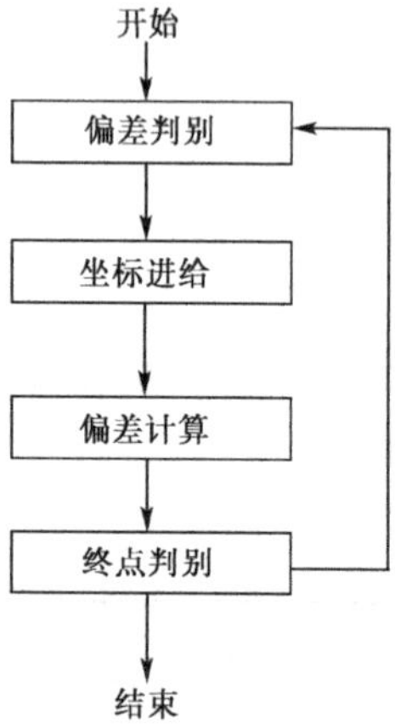

图 11.33　整个插补计算过程

图 11.34 和图 11.35 所示分别是第一象限逆圆 NR1 和第一象限斜线 $L1$ 的插补流程图。

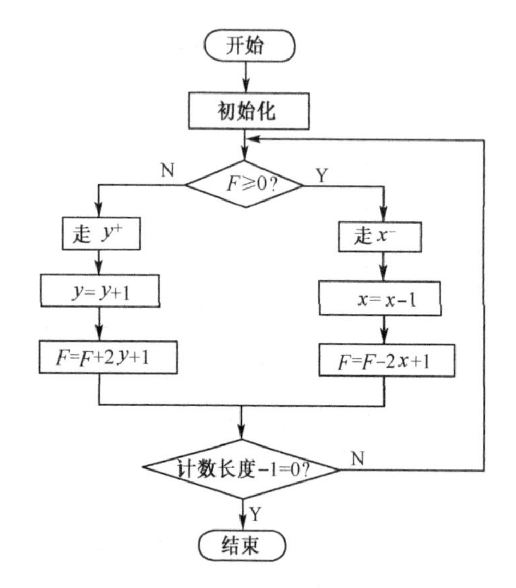

图 11.34　第一象限逆圆的插补流程图 NR1

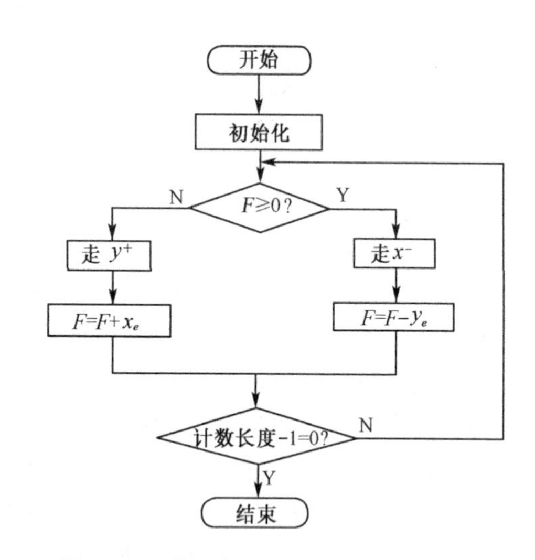

图 11.35　第一象限斜线的插补流程图 $L1$

11.6.3　数字控制中的其他重要概念

1. 数控机床的伺服装置

整个数控机床是一个位置伺服控制系统，计算机是这个控制系统的控制器。伺服装置接收来自计算机的位置进给脉冲或进给速度指令，经过变换和放大后转化为机床工作台的位移。数控机床有开环伺服系统（见图 11.36）和闭环伺服系统（见图 11.37）。

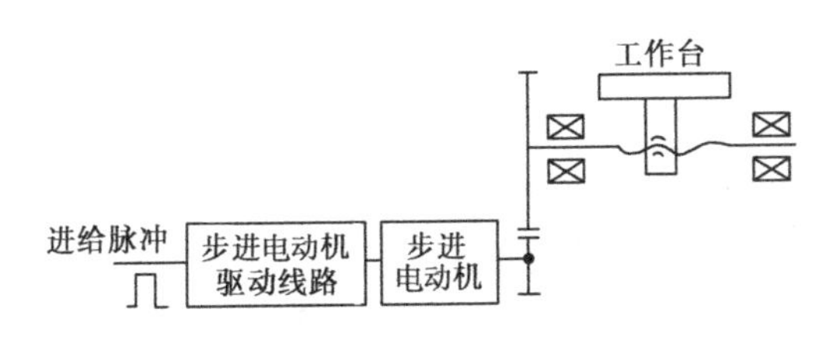

图 11.36　开环伺服系统

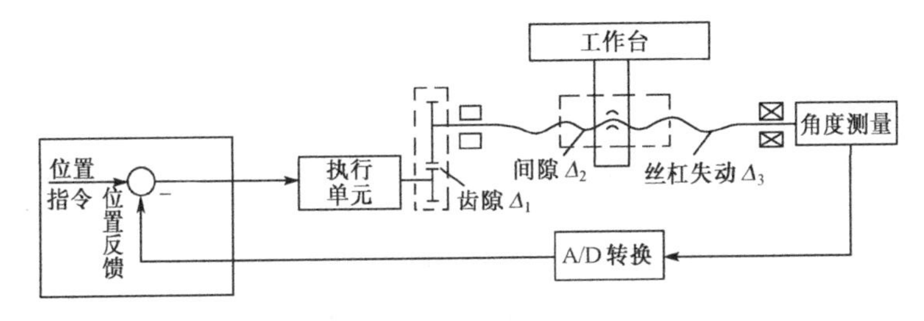

图 11.37　闭环伺服系统

闭环伺服系统按照驱动部件的作用原理分为液压和电气两类。液压伺服系统有很高的力矩增益，特别适合轮廓连续切削机床的控制（这种机床经常工作在低速状态）。液压伺服系统还具有时间常数小、反应速度快、速度平稳等优点，但这种系统结构复杂，维修费用高，还有污染和噪声。电气伺服系统具有响应速度快、效率高、调速范围宽、噪声小、简单可靠等优点。20 世纪 70 年代后期，美国、德国、日本、法国等生产的机床均已开始采用这种系统。这种系统的典型代表是西门子公司的可控硅整流器-直流电动机调速系统（SCR-D）和奇翼公司的脉宽调制器-直流电动机调速系统（PWM-D）。

数控机床的开环系统一般采用步进电动机作为执行元件。与闭环伺服系统相比，开环伺服系统没有位置反馈回路和速度反馈回路，使系统的设备投资成本显著降低，系统简单可靠，主要应用在进给速度和精度不高的中小型机床上。

开环伺服系统有以下特点。

（1）在工作频率范围内，每输入一个电流脉冲，步进电动机就转过一个步距角；没有电流脉冲输入时，转子锁定在原来的位置。

（2）控制进入步进电动机的脉冲数量可以控制它的转动步数；经过滚珠丝杠、螺母可以将步进电动机的角位移转换为拖板的直线位移。

（3）控制进入步进电动机的脉冲频率可以控制其转速；经过滚珠丝杠、螺母体现为拖板进给速度的改变。

（4）改变步进电动机各绕组的通电顺序可以改变其转向，从而改变拖板的运动方向。

（5）为了避免步进电动机发生失步现象，当控制器准备施加到步进电动机上的启动频率或下降频率大于步进电动机的突跳频率时，控制器有能力分别进行自动加速和自动减速控制。

2. 数控机床的程序格式

现代数控机床的数控系统种类很多，程序格式并不相同。但是，数控机床的程序都是由程序号、程序段和其他相应的符号组成的。每一个工件的加工程序都由程序号开始，最后以程序结束符（如 M02）结束。每个程序段由一条或多条命令构成，图 11.38 所示是典型的程序段形式。

下面对程序段内各字进行简单的解释。

（1）语句号字：程序段编号。

（2）准备功能字（G 功能字）：使数控系统做某种操作的准备功能，如 G01 表示直线插补功能；G04 表示暂停功能。

（3）尺寸字：表示点、直线或圆弧的尺寸。

（4）进给速度功能字：表示机床的进给速度。

（5）主轴转速功能字：表示主轴转速（r/min）或切削速度（m/min）。

（6）刀具功能字：指定刀号或刀号加刀具补偿号。

（7）辅助功能字：指定机床的各种辅助动作，如换刀、开冷却液等。

3．数控机床的刀具

随着数控机床结构、功能的发展，数控机床所使用的刀具已不再是普通机床所采用的“一机一刀”模式，而是多种不同类型的刀具在数控机床上轮换使用的模式。这些刀具的几何参数和切削参数已经规范化、典型化，它们转换、装拆的重复精度及其他参数可以满足自动换刀的要求，因此用户不必针对某一把特定的刀具编制程序。

4．刀具半径补偿

程序员编制工件加工程序是按照工件外形尺寸进行的，而机床对刀具的控制是以刀架中心为基准的。因此对铣刀而言，有一个刀具半径补偿问题。对车刀而言，除了刀具半径补偿，还有刀长补偿（见图 11.39）。设车刀刀尖半径为 r，刀心和刀架中心的偏移量为 x、z。刀具补偿的任务就是根据 r、x、z 三个参数，计算出刀架中心的运动轨迹，使刀尖的运动轨迹和图纸规定的形状和尺寸一致。

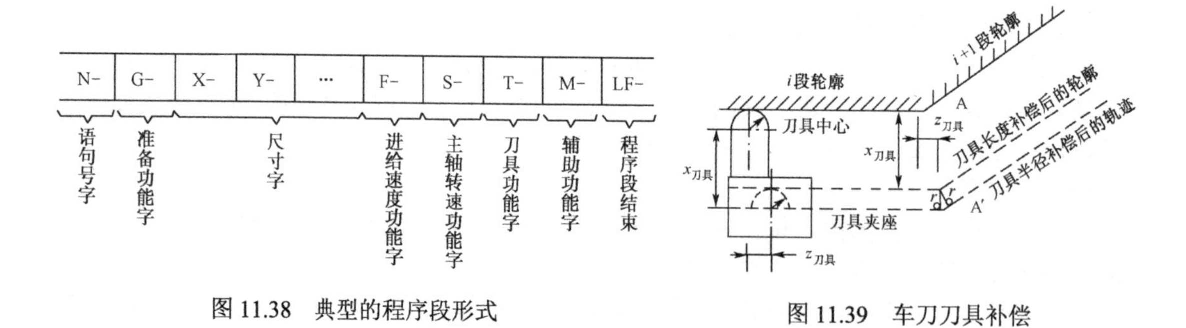

图 11.38　典型的程序段形式

图 11.39　车刀刀具补偿

本 章 小 结

本章介绍了用单片机、PLC 或工业控制计算机组成的各种控制系统或测量仪表，这些系统小到家电，大到分级分布式控制系统。列举较多实例的目的是供不同应用方向的读者选用。在学习这些实例的时候，希望读者注意思考下列内容。

（1）为什么采用这样的控制方案？

（2）硬件配置为何如此选择？处理器、传感器、执行器和输入/输出通道，以及显示器和操作键盘为何如此配置？

（3）软件系统为什么如此设计？包括哪些主要功能模块？

（4）软件和硬件是如何协调工作的？

（5）每个系统有什么特点？

（6）对每个系统能否做一些改进？

如果能从上述诸方面对若干个实例进行分析，能够获得比较透彻的理解，相信会对读者今后的开发工作有所裨益。

练　习　11

1．计算机测控系统开发设计时要遵循哪些基本原则？

2．试说明计算机测控系统开发调试的流程。

3．离线调试和在线调试有什么区别？为什么先要进行离线调试？

4．空调机控制器为什么要用 PIC 单片机？

5．控制系统设置上位机有什么好处？

6．高档 PLC 电厂输煤程控系统的本地站与远程站结构对系统有什么好处？

7．PLC 的通信能力对组成大型控制系统提供了什么方便？

8．试推导第二象限顺圆 SR2 的逐点比较法插补计算公式。

9．试画出第二象限顺圆 SR2 的插补流程图。

10．如果数控机床的刀具没有规范化、典型化，转换、装拆的重复精度不能满足自动换刀的要求，会引起什么后果？

11．列举数控机床常用的伺服装置及其优缺点。

12．开环伺服系统和闭环伺服系统各有什么优缺点？

参考文献

[1] 曹承志. 微型计算机控制新技术[M]. 北京：机械工业出版社，2001.
[2] 俞光昀. PIC 系列单片机原理和开发应用技术[M]. 北京：北京大学出版社，2009.
[3] 袁任光. 可编程序控制器选用与系统设计实例[M]. 北京：机械工业出版社，2010.
[4] 林敏. 计算机控制技术与系统[M]. 北京：中国轻工出版社，1999.
[5] 俞光昀. PIC 系列单片机开发应用技术[M]. 北京：电子工业出版社，2000.
[6] 于海生. 微型计算机控制技术[M]. 北京：清华大学出版社，1999.
[7] 黄继昌，等. 传感器工作原理及应用实例[M]. 北京：人民邮电出版社，1998.
[8] 张淑请，等. 智能仪表设计原理及其应用[M]. 北京：国防工业出版社，1998.
[9] 俞光昀，等. 计算机控制技术[M]. 北京：电子工业出版社，2002.
[10] 谢剑英. 微型计算机控制技术[M]. 北京：国防工业出版社，1989.
[11] 徐爱钧. 智能化测量控制仪表原理与设计[M]. 北京：北京航空航天大学出版社，1995.
[12] 王新贤，蒋富瑞. 实用计算机控制技术手册[M]. 济南：山东科学技术出版社，1994.
[13] 何立民. 单片机应用系统设计[M]. 北京：北京航空航天大学出版社，1994.
[14] 曹琰. 数控机床应用与维修[M]. 北京：电子工业出版社，1994.
[15] 杨善林，等. 计算机控制技术[M]. 北京：中国科学技术大学出版社，1993.
[16] 易传禄，等. 可编程序控制器应用指南[M]. 上海：上海科学普及出版社，1993.
[17] 金以慧，等. 过程控制[M]. 北京：清华大学出版社，1993.
[18] 王永山，等. 微型计算机原理与应用[M]. 西安：西安电子科技大学出版社，1993.
[19] 李诚人. 机床计算机数控[M]. 西安：西北工业大学出版社，1993.
[20] 何立民. 单片机应用技术选编（1）[M]. 北京：北京航空航天大学出版社，1993.
[21] 王常力，等. 集散控制系统的设计与应用[M]. 北京：清华大学出版社，1993.
[22] 蒋慰孙. 过程与控制[M]. 北京：化学工业出版社，1992.
[23] 王锦标，等. 过程计算机控制[M]. 北京：清华大学出版社，1992.
[24] 慎大刚，等. 化工自动化及仪表[M]. 杭州：浙江大学出版社，1991.
[25] 王骥程，等. 化工过程控制工程[M]. 北京：化学工业出版社，1991.
[26] 张蕴端. 化工自动化及仪表[M]. 上海：华东化工学院出版社，1990.
[27] 吴麒. 自动控制原理[M]. 北京：清华大学出版社，1990.
[28] 余人杰，等. 计算机控制技术[M]. 西安：西安交通大学出版社，1989. 1.
[29] 周春晖. 化工过程控制原理[M]. 北京：化学工业出版社，1982.
[30] 刘传玺，等. 传感与检测技术[M]. 北京：机械工业出版社，2011. 8.
[31] 张玫，等. 机器人技术[M]. 北京：机械工业出版社，2016. 1.
[32] 扬立云. 机器人技术基础[M]. 北京：机械工业出版社，2018. 1.